“十二五”普通高等教育本科国家级规划教材
陕西省优秀教材

自动控制原理

（第三版）

主编 千 博 过润秋 屈胜利 段学超

西安电子科技大学出版社

内 容 简 介

本书依据高等院校“自动控制原理”课程的教学要求，全面、系统地介绍了经典控制理论的基本内容。全书共8章，内容分别为绪论、控制系统数学模型、时域分析法、根轨迹法、频域分析法、控制系统的综合与校正、非线性控制系统、采样控制系统。

本书注重基本概念，突出重点，淡化繁冗的数学推导，结合实际，取材合理，结构严谨，叙述流畅，语言简明易懂，举例丰富，在各章最后安排了基于MATLAB的设计实例，每章末均附有习题。本书既可用作高等院校电子技术、自动化、电气工程、测控技术等专业的教学用书，也适合作为各类成人教育相关专业的教材，同时，亦可供广大读者自学，还可作为科技人员和研究生的参考用书。

图书在版编目(CIP)数据

自动控制原理 / 千博等主编. —3版. 一西安：西安电子科技大学出版社，2018.6(2024.8重印)

ISBN 978-7-5606-4925-2

Ⅰ. ①自…　Ⅱ. ①千…　Ⅲ. ①自动控制理论　Ⅳ. ①TP13

中国版本图书馆CIP数据核字(2018)第105845号

责任编辑　云立实　刘小莉

出版发行　西安电子科技大学出版社(西安市太白南路2号)

电　　话　(029)88202421　88201467　　邮　　编　710071

网　　址　www.xduph.com　　电子邮箱　xdupfxb001@163.com

经　　销　新华书店

印刷单位　咸阳华盛印务有限责任公司

版　　次　2018年6月第3版　2024年8月第26次印刷

开　　本　787毫米×1092毫米　1/16　印张 20.75

字　　数　493千字

定　　价　49.00元

ISBN 978-7-5606-4925-2

XDUP　5227003-26

前　言

“自动控制原理”是自动化类、电气类、电子信息类、仪器类等专业的主要课程之一，是自动化、电气工程和测控技术专业的核心课程，主要讲述经典控制理论的基本内容，是研究自动控制技术的基础理论课。本课程的指导思想和主要教学目标是使学生掌握自动控制系统的基本理论、基本概念、分析和设计方法，培养学生理论联系实际能力，提高综合设计能力，为更深入地学习现代控制策略和研究分析各种自动控制系统打下理论基础。

编者在修编本书第三版的过程中，力求使内容符合教学大纲的基本要求，并保持了第一版和第二版的语言特点和写作方法，力求使课程内容简明易懂、循序渐进、深入浅出和联系实际，同时力求具有较好的系统性、连续性和完整性，便于教学和自学。书中包含了编者多年来在科研和教学实践中积累的经验和体会，希望帮助读者更好地掌握本课程的内容。本书始终强调基本概念，力求避免高深难懂的数学论证。书中例题丰富，配有详细的分析解答，可以帮助读者更好地理解相关内容知识，并在8个章节中安排了基于 MATLAB 的设计实例。书中每章的最后均配有习题，并在书末给出了两套考试样题和答案，以帮助读者自检自测。

本书第一版由西安电子科技大学杨庚辰、过润秋两位老师编写，于 1994 年由西安电子科技大学出版社出版。本书第二版由西安电子科技大学千博、过润秋等老师对全书进行修订。此次修订由西安电子科技大学千博老师负责，千博、过润秋、屈胜利、段学超老师任主编，对全书各章节内容做了大幅度修改和增删。

本书是西安电子科技大学出版社组织，经过严格筛选，由专家评比遴选并经国家新闻出版总署批准、教育部备案的高等学校电子信息类专业规划教材。本书的公开出版发行受到了国内相关高校的一致好评。本书注重内容质量，使用效果很好，畅销全国。本书 2014 年 9 月被国家教育部评为“十二五”普通高等教育本科国家级规划教材，2016 年 6 月被评为“陕西省优秀教材”。

在编写本书过程中，作者参阅了大量文献资料，在此对这些文献的作者表示诚挚的感谢。同时，在编写过程中作者还得到了西安电子科技大学董瑞军、张杰、侯一凡、曾志、徐文龙等多位老师的大力支持和帮助，在此表示诚挚的感谢。

由于编者水平有限，不当之处在所难免，恳请广大读者批评指正。

编　者

2018 年 3 月

目　录

第一章　绪　论

第一节　引　言

自20世纪以来，自动控制科学和技术发展得非常迅速。在现代科学技术的许多领域中，自动控制技术起着越来越重要的作用。它已广泛地应用于工农业生产、交通运输等国民经济各部门中，以及国防建设、航空航天事业及核动力等诸多尖端技术领域中。

所谓自动控制，是指在无人直接参与的情况下，利用控制器操纵被控对象，使被控量自动地按预先规定的规律运行。“自动”是相对于“人工操作”而言的，自动控制既可代替人工操作、减轻人的重复劳动，又可在人无法忍受的环境下(如高温、缺氧等)工作，还可以具有人工操作达不到的速度和精度。

自动控制系统一般由控制器和被控对象组成。自动控制系统的功能及组成是多种多样的，其结构有简有繁。它可以简单到只是控制一个物理量(如温度、速度、电平)，也可以是包括整个企业全部过程的大系统，还可以是抽象的社会、生态、经济系统等等。

自动控制原理是研究自动控制技术的基础理论。20世纪40年代末，以反馈控制原理为基础的自动控制理论已经形成比较完整的体系，称为经典控制理论。它以传递函数为工具，研究单输入-单输出(SISO)的自动控制系统的分析与设计问题，主要研究方法有时域法、频率响应法和根轨迹法。这些理论已经成熟，并在工程技术中得到广泛的应用。本书主要介绍这些内容。

单输入-单输出(SISO)系统如图1-1所示。

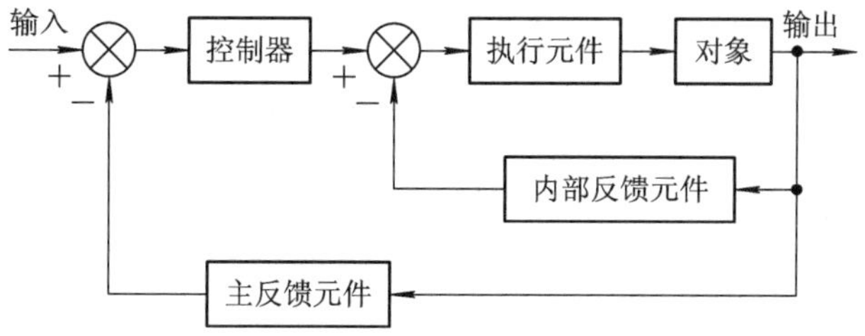

图1-1　单输入-单输出(SISO)系统

现代控制理论是以状态空间法为基础，研究多输入-多输出(MIMO)、变参数、非线性等控制系统的理论。它是在经典控制理论的基础上发展起来的，是对经典控制理论的重大突破。由于微电子技术、计算技术、航天技术等学科的高度发展和工程实践的需要，现代控制理论近年来得到迅速发展，它为自动控制理论和自动控制技术发展提供了美好的前景。多输入-多输出(MIMO)系统如图 1-2 所示。

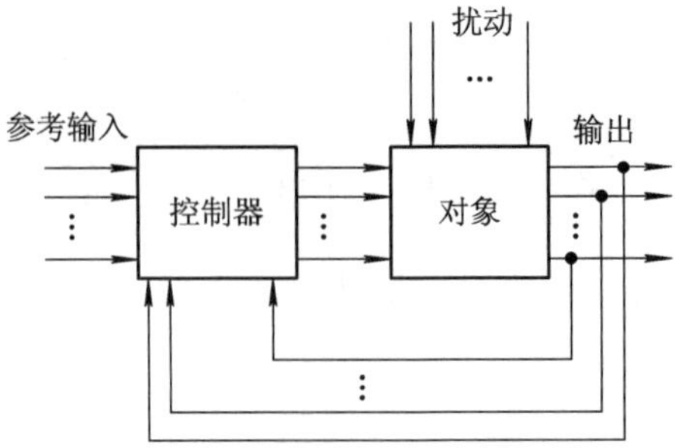

图 1-2　多输入-多输出(MIMO)系统

第二节　开环控制系统和闭环控制系统

控制系统的控制方式主要有开环控制、闭环控制(也称为负反馈控制)和复合控制(也称为开闭环控制)。自动控制理论主要的研究对象是用闭环控制方式组成的控制系统。

一、开环控制系统

如果控制系统的输出量对系统的控制作用没有任何影响，则称这种控制系统为开环控制系统。图 1-3 表示的直流电动机转速控制系统就是开环控制系统。图中控制系统的输入量为给定电压 u_r，输出量(被控制量)是电动机或负载的转速 n，电动机激磁电压 u_j 是常量。调整电位器的旋臂的位置，可改变输入量 u_r，从而得到不同的电机转速 n。如果出现力矩扰动，电动机转速就随之改变，要维持给定的转速不变，就要调整电位器旋臂位置，改变输入电压 u_r。它的输出量 n 对输入量(控制作用)无影响，故属开环控制系统。

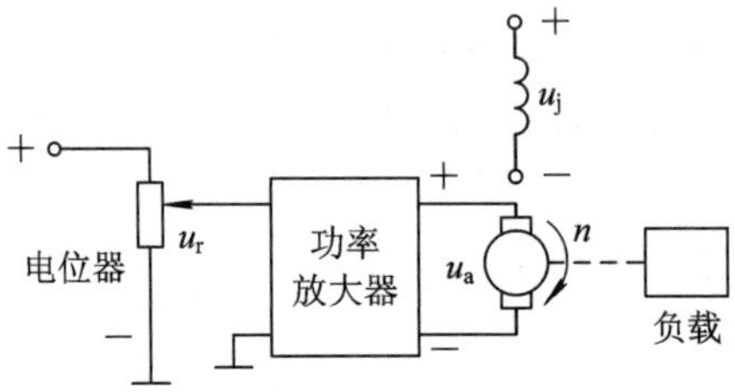

图 1-3　直流电动机转速开环控制系统

开环控制系统的原理方框图如图 1-4 所示。这种控制方式也称为按扰动控制。

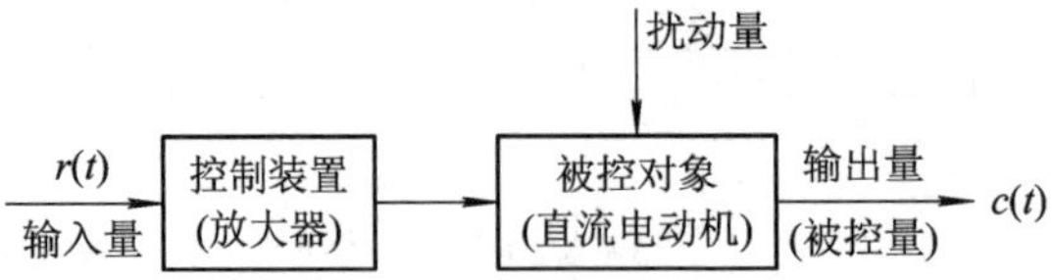

图 1-4　开环控制系统方框图

由上述工作过程可知，开环控制系统结构简单、成本低、工作稳定性好；但它不具备自动修正被控输出量偏差的能力，因此系统的精度低。

二、闭环控制系统

控制系统的输出量对控制作用有影响的系统，称为闭环控制系统，也称为负反馈控制系统。

图 1－5 所示的控制系统为直流电动机转速闭环控制系统。它的工作过程是：由测速发电机将电动机的实际转速 n 测量出来，并转换成与输入相同的物理量电压 u_f，然后反馈到输入端，与给定电压 u_r 相比较，其偏差值 u_e（$u_e = u_r - u_f$）经放大后，用来控制电动机的转速 n，使电动机保持在给定的转速状态下运转。如果有扰动使负载增大，则电机转速下降，测速发电机输出电压 u_f 减小，与给定电压 u_r 比较后的偏差电压 u_e 增大，电枢电压相应增大，从而使电机转速提高；反之亦然。这样就使系统基本上恒速运转。

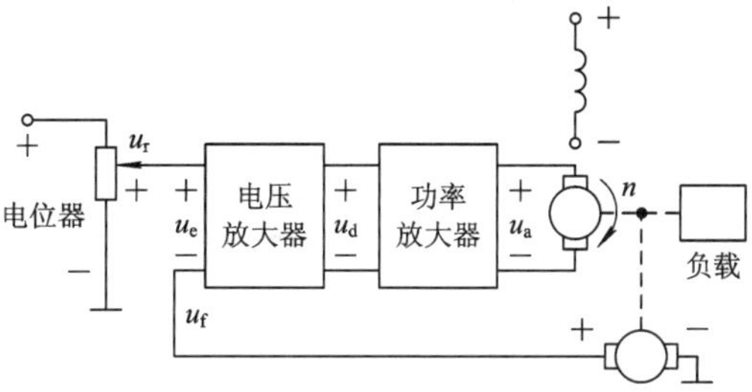

图 1－5　直流电动机转速闭环控制系统

闭环控制系统的原理方框图如图 1－6 所示，这种控制方式也称为按偏差控制。

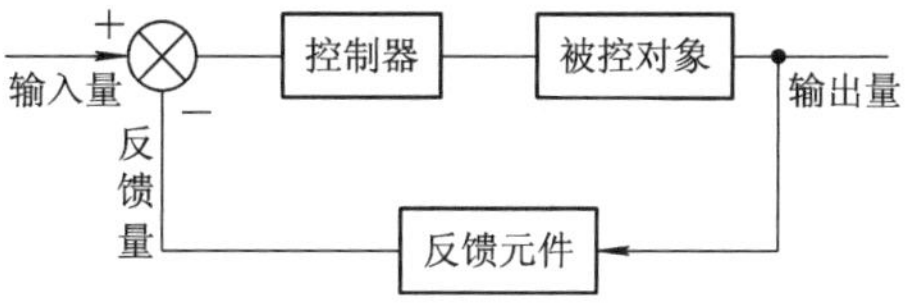

图 1－6　闭环控制系统方框图

反馈控制系统一个突出的优点是不管什么原因引起被控量偏离给定值时，就一定有相应的控制作用产生，而这种控制作用将减小或消除偏差，使被控量趋近于恢复到要求值，即有自动修正输出量的能力。但闭环控制系统不仅使用元件多，结构复杂，而且由于反馈作用，如果系统参数配合不当，调节过程则可能变得很差，甚至出现发散或等幅振荡等不稳定情况。当然，只有按负反馈原理组成的闭环控制系统才能实现自动控制。

三、复合控制方式

按扰动控制方式在技术上较按偏差控制方式简单，但它只适用于扰动是可测量的场合，而且一个补偿装置只能补偿一个扰动因素，对其余扰动均不起补偿作用。因此，比较合理的一种控制方式是把按偏差控制与按扰动控制结合起来，对于主要扰动采用适当的补偿装置实现按扰动控制，同时，再组成反馈控制系统实现按偏差控制，以消除其余扰动产生的偏差。这样，系统的主要扰动已被补偿，反馈控制系统就比较容易设计，控制效果也会更好。这种按偏差控制和按扰动控制相结合的控制方式称为复合控制方式。图 1－7 所示为一种同时按偏差和扰动控制电动机速度的复合控制系统原理线路图和方框图。

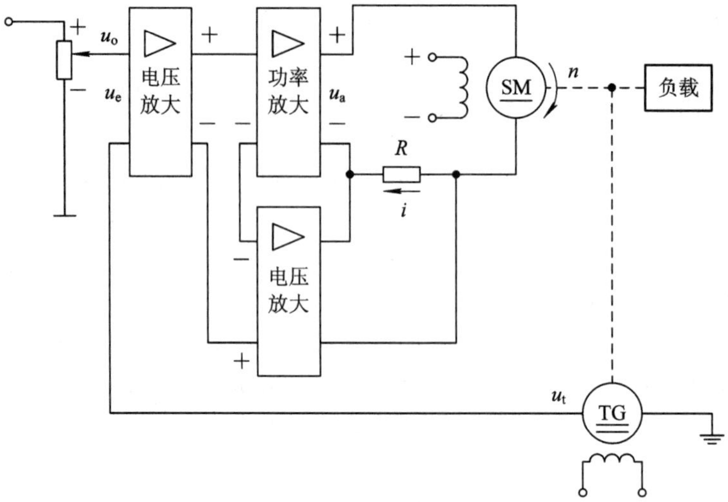

(a) 线路图

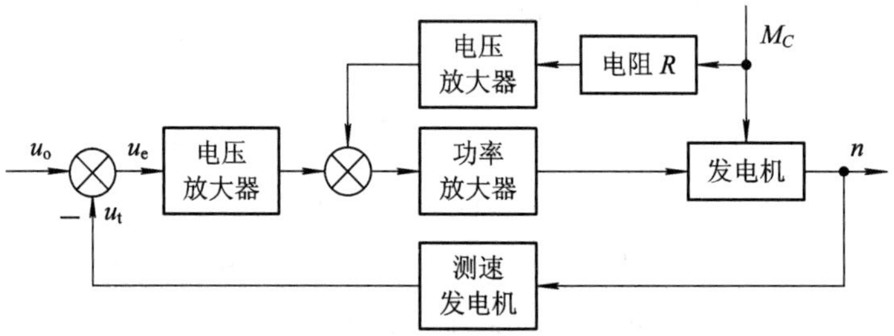

(b) 方框图

图 1-7　电动机速度复合控制系统

第三节　自动控制系统的构成

在各种各样的控制系统中，反馈控制是最基本的控制方式。一个典型的反馈控制系统是由被控制对象和控制器组成的，其中控制器又是由一些基本的功能性部件或元件构成的。在典型情况下，由以下这些基本部件或元件构成控制器，统称为控制装置，共同完成控制任务。

1. 测量元件

测量元件的作用是检测被控制的物理量。如果被控制的物理量是非电量，就要采用专门的测量元件把它转换成电量，以便处理。例如用自整角机或电位器测量轴的转角，用测速发电机测量转速，用热电偶测量温度等。可以认为：测量元件是用电的手段测量非电量的元件。优良的测量元件是优良的控制系统的关键。随着控制技术应用的日益广泛，被控制的物理量日益多样化，有时需要使用相当复杂的贵重装置作为控制系统的测量元件。

2. 整定元件

整定元件的作用是给出代表被控制量的整定值的信号。整定元件给出的信号必须准确、稳定。它的精度通常应当高于要求实现的控制精度。但整定元件给出的信号的数值不一定要等于整定值，而可以与整定值保持一定的函数关系，例如正比关系。

3. 比较元件

比较元件的作用是对测量元件与整定元件给出的信号进行比较，给出二者的差值。差动放大器、差动变压器、差动齿轮组和电桥电路等都是常用的比较元件。

4. 放大元件

比较元件给出的误差信号通常比较微弱，不足以驱动控制量的变化，所以一般都需加以放大，这就是放大元件的职能。放大元件必须能输出足够的功率，方能实现控制。各种电子放大器是最常用的放大元件，其放大倍数越大，系统的反应越敏感。通常，只要系统稳定，放大倍数应适当大些。

5. 执行元件

执行元件的作用是直接推动被控制对象或其某一部件，使被控制量发生变化，如控制系统中的执行电动机、阀门等。

6. 校正元件

设计得不好的控制系统，其控制的质量可能低劣，甚至可能无法实现控制功能。因此实际控制系统中通常总要加入某种装置来校正控制器的动态性质，使之与被控制对象的动态性质相适应，使二者的总体能配合适当，很好地实现控制的目的。这些附加的参数可调整的装置就是校正元件。可以说，校正元件的职能是根据误差信号形成适当的控制作用，或者说是实现适当的控制规律。校正装置是控制系统中很重要的部分。实际控制系统中使用的校正装置的结构和参数往往需要通过复杂的计算和工程设计方能求出。最简单的校正装置是由电阻器和电容器构成的无源电路网络。复杂的校正装置可以含有电子计算机，工程上常称为调节器。

7. 能源元件

能源元件的作用是为整个控制器提供能源(电源)。它不涉及控制系统的运动规律，所以在研究控制系统的运动和动态设计问题时，常忽略而不提。

在一个实际的自动控制系统中，上述的每一种职能元件往往并非正好就是一个实体的元件。常有使用几个实体元件共同实现某一职能的情形，反之，也常有一个实体元件兼任几种职能的情形。

典型反馈控制系统的基本组成如图 1－8 所示。比较元件可用“⊗”代表。

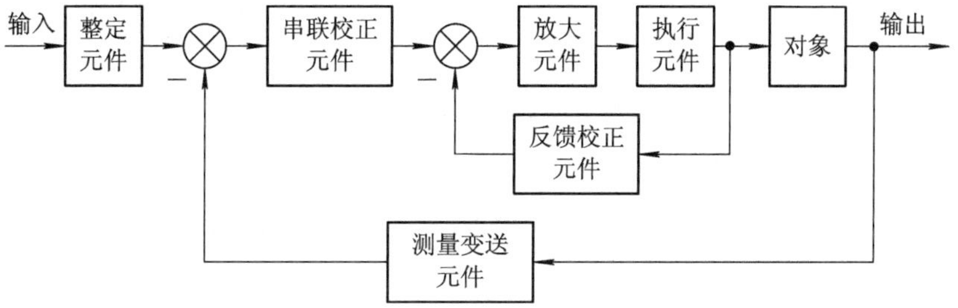

图 1－8 典型反馈控制系统的基本组成

第四节　自动控制系统的分类

自动控制系统的种类很多，应用范围也十分广泛，它们的结构、性能和控制任务也各不相同。因此，其分类方法很多。

一、按给定输入信号的性质分类

按给定输入信号的性质，即输入作用可以是不变的，也可以是随机的，控制系统可分为恒值控制系统、随动系统和程序控制系统。

1. 恒值控制系统

在恒值控制系统中，给定值是不变的。但由于扰动的存在，将使被控量偏离期望值，控制系统能根据偏差产生控制作用，使被控量恢复到期望值，以克服扰动作用的影响。前面所举的电动机转速控制系统，当给定值不变时，就是一恒值控制系统。

2. 随动系统

随动系统的给定值是预先不知道的随时间任意变化的函数。控制系统能够使被控量以尽可能小的误差跟随给定值(即输入量)的变化。随动系统也能克服各种扰动作用的影响。

图 1-9(a)、(b)分别为一位置随动系统的原理图及方框图。控制系统是控制工作机械的位置，使之按指令电位器(或称给定电位器)给定的规律变化。操作者移动指令电位器的滑臂，则滑臂的角度位置被转换成为电压 u_r，被控对象的位置由反馈电位器检测并转换成反馈电压 u_f。当工作机械位置与指令信号位置有偏差时，通过两个电位器组成的桥式电路得到偏差电压 $u_e=u_r-u_f$。即当给定量 θ_r 与被控量 θ_c 不等时，电位器便有偏差电压 u_e 输出。u_e 经放大后，使执行电动机连同工作机械和输出电位器的滑臂一起跟随给定值 θ_r，直至 $\theta_c=\theta_r$，执行电动机便停止运转。不管 θ_r 以什么规律变化，θ_c 都能跟随其变化，故称之为随动系统。由图 1-9(b)看出，这种系统属于单位反馈系统。

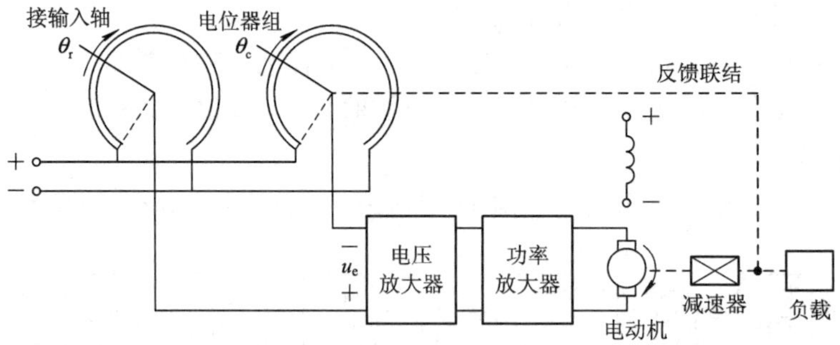

(a) 位置随动系统原理图

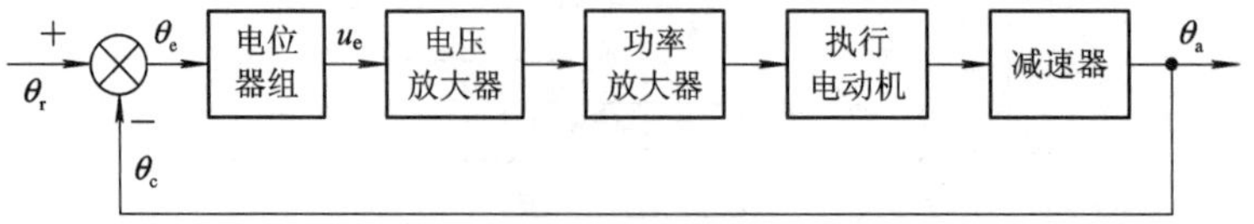

(b) 位置随动系统方框图

图 1-9　位置随动系统

3. 程序控制系统

给定值按预先编制的程序变化的控制系统，称为程序控制系统。这类系统往往适用于特定的生产工艺或工业过程，按所需要的控制规律给定输入，要求输出按预期的规律变化。由于变化规律已知，可根据要求事先选择方案，保证控制性能和精度。机械加工中的程序控制机床就是一个典型的例子。

二、线性系统和非线性系统

根据组成自动控制系统的主要元件的动态方程式的特征，也就是系统的数学模型，控制系统可分为线性控制系统和非线性控制系统。

1. 线性控制系统

由线性元件组成的系统称为线性控制系统。该系统的运动方程式用线性微分方程描述，其主要特点是具有齐次性和叠加性。系统响应与初始状态无关，系统的稳定性与输入信号无关。

线性微分方程式的系数为常数时，称为定常线性系统。本课程主要研究定常线性系统。

2. 非线性控制系统

在自动控制系统中，凡含有一个或一个以上非线性元件的系统称为非线性控制系统。非线性系统用非线性微分方程描述且不能用叠加原理，系统响应与初始状态有极大的关系。

三、连续控制系统和离散控制系统

根据控制系统中传送的信号性质是连续的还是离散的，控制系统可分为连续控制系统和离散控制系统。

1. 连续控制系统

系统中各部分信号都是连续函数形式的模拟量，此系统就称做连续控制系统。如前所述的直流电动机转速控制系统和随动系统都属于连续控制系统。

2. 离散控制系统

所谓离散控制系统，是指在控制系统的一处或多处的信号为脉冲序列或数码传递系统。

如果在系统中使用了采样开关，将连续函数形式的信号转变为脉冲列形式信号去控制系统，则称此系统为采样控制系统。

如果在系统中采用了数字计算机或数字控制器，其信号是以数码形式传递，则称此系统为采样数字控制系统，或简称数字控制系统。

通常把采样控制系统和数字控制系统称为离散控制系统或采样控制系统。描述离散控制系统运动用差分方程式。同连续控制系统一样，离散控制系统也有线性和非线性离散控制系统之分。

四、按系统的输入与输出信号的数量划分

根据控制系统中输入与输出信号的数量是单个的还是两个以上的，控制系统可分为单变量系统和多变量系统。

1. 单变量系统(SISO)

单变量系统只有一个输入量和一个输出量，所谓单变量，是从系统外部变量的描述来分类的，不考虑系统内部的通路与结构。也就是说，如果给定的输入是单一的，那么响应也是单一的。但系统内部的结构回路可以是多回路的，内部变量显然也是多种形式的。内部变量可称为中间变量，输入与输出变量称为外部变量。对系统的性能分析，只研究外部变量之间的关系。

2. 多变量系统(MIMO)

多变量系统有多个输入量和多个输出量。一般地说，当系统输入与输出信号大于一个时，就称为多变量系统。多变量系统的特点是变量多，回路也多，而且相互之间呈现多路耦合，研究起来比单变量系统复杂得多。多变量系统是现代控制理论研究的主要对象。在数学上以状态空间法为基础，讨论多变量、变参数、非线性、高精度、高效能等控制系统的分析和设计。

随着现代科技的飞速发展，对控制技术的要求越来越高，控制系统设备越来越复杂，数字计算机的参与，使复杂系统的精确控制成为可能。自 20 世纪 60～70 年代以来，不论是确定性系统的最佳控制，还是随机系统的最佳控制，乃至复杂系统的自适应和自学习控制，以及鲁棒控制等，都得到了充分地研究。自动控制不仅在工程技术领域得到了日益广泛的应用，而且在生物、化学、环境、经济管理和社会科学等领域日益发挥着重要的作用。

第五节　对自动控制系统的基本要求

为了使被控对象按预定的规律变化，自动控制系统必须具备一定的性能。对这些性能的基本要求主要包括稳定性好、响应速度快和精确度高。

一、稳定性

任何一个能够正常工作的控制系统，首先必须是稳定的。由于控制系统是具有反馈作用的闭环系统，因此，系统有可能趋向振荡或不稳定。不稳定的系统是无法工作的。

稳定的控制系统在阶跃信号或扰动信号的作用下，其响应的暂态过程应该是收敛的，如图 1-10(a)所示。若系统设计不当，则在阶跃信号或扰动信号的作用下，响应的幅值振荡可能成为等幅振荡，甚至成为振幅逐渐增大的发散振荡，发生这种情况的系统称为不稳定系统，如图 1-10(b)所示。

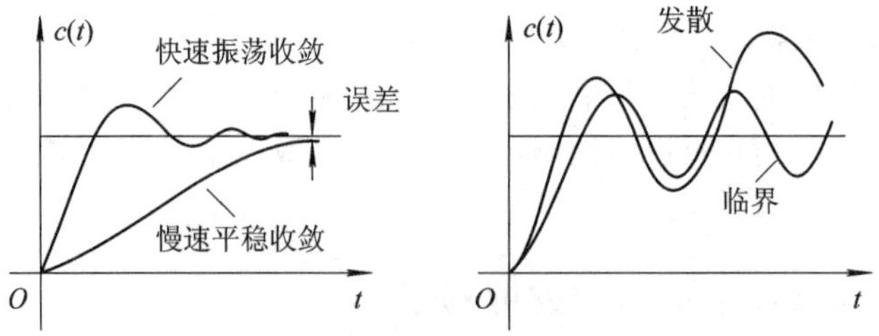

(a) 稳定系统　　(b) 不稳定系统

图 1-10　控制系统响应

系统稳定性包括两方面的含义：一是系统稳定，叫做绝对稳定性，即通常所说的稳定性；另一方面的含义是输出响应振荡的强烈程度，称为相对稳定性。例如系统是绝对稳定的，但是在阶跃信号作用下，响应振荡很强烈，而且振荡的衰减很慢，我们就说此系统虽属稳定系统，但相对稳定性很差。

考虑到实际系统中元件的参数和特性都会产生一些变化，因此，要求系统不但必须是稳定的，而且还应有一定的稳定裕度，以保证在元件参数略有变化时，系统仍能保持稳定。

二、快速性(即暂态质量)

在实际工作中，不仅要求系统稳定，而且要求被控量能迅速按照输入信号所规定的形式变化，即要求系统动态响应过程具有一定的快速性和变化的平稳性。由于系统中总包含一些惯性元件，因此在输入信号作用下，其响应总要经过暂态过程之后才能达到稳态。快速性是指过渡过程时间长短，反映系统快速复现信号的能力。平稳性反映动态过程的振荡程度及偏离量大小，过大的波动可能会使系统运动部件受损。上升时间就反映了系统响应的快速性。超调量反映了系统的平稳性。调整时间既反映了系统响应的快速性，也反映了平稳性。

三、精确度(即稳态性能)

要求系统稳态精度高，一般用稳态误差评价。系统在输入信号的作用下，其响应经过暂态过程进入稳态后，系统输出值与期望值之间存在的误差叫做稳态误差。

要求系统没有误差是不可能的。因为反馈控制系统本身就建立在偏差控制的基础之上，如果主反馈信号与输入信号之间不存在偏差，则系统就不会产生控制作用。控制系统产生误差的主要因素：

(1) 系统本身的原理性误差。它与系统的结构有关，又与输入信号的性质有关。

(2) 由于系统的结构和元件的特性不够完善以及非线性因素造成的误差。如传动机构中的齿隙、偏心、机械摩擦以及电磁元件的饱和、死区、磁滞等非线性因素所引起的误差。

(3) 系统内部或外部存在的各种干扰所产生的误差。如放大器中的起伏噪声、温度漂移、电磁元件中的杂散耦合、机械振动和风力矩等所引起的干扰误差等。

【习　题】

1-1　举出几个开环控制系统和闭环控制系统的例子。说明其工作原理。

1-2　图1-11所示为一随动系统。试说明其工作原理并画出方块图。

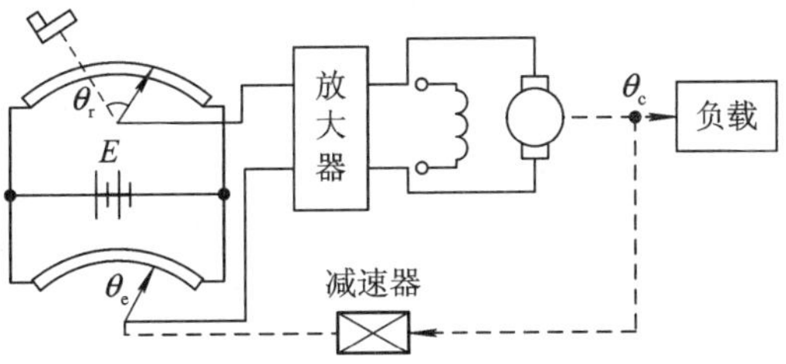

图 1-11

1-3　图 1-12 所示为水位自动控制系统的示意图。说明系统的工作原理、组成，并画出方块图。

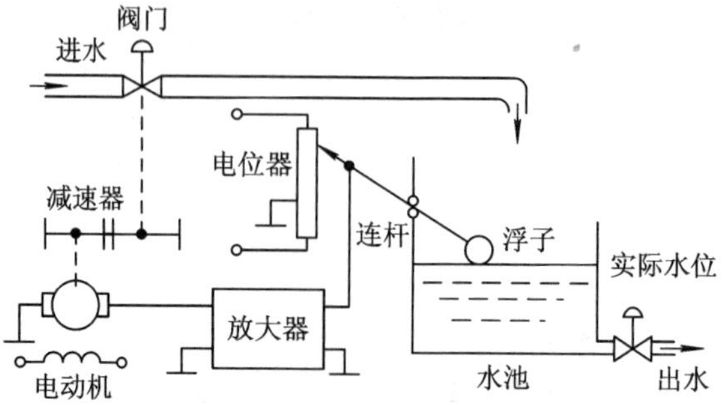

图 1-12

1-4　图 1-13 所示为一温度控制系统原理图。指出系统输入量和被控量，说明控制器各部分的作用，并画出系统方块图。

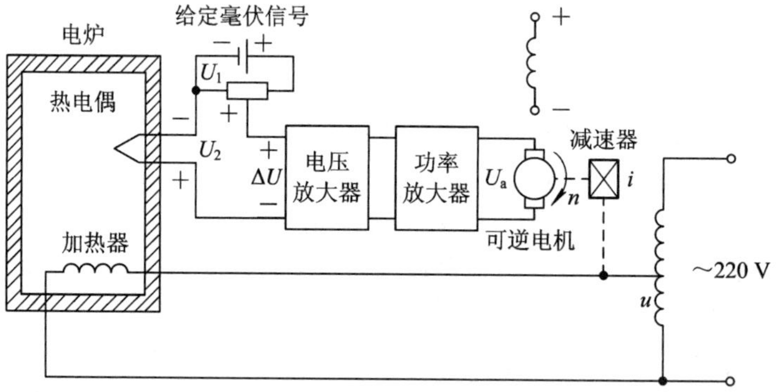

图 1-13

1-5　图 1-14(a)和图 1-14(b)所示均为自动调压系统。设空载时，图 1-14(a)与图 1-14(b)发电机端电压均为 110 V。试问带上负载后，图 1-14(a)与图 1-14(b)哪个系统能保持 110 V 电压不变？哪个系统的电压会略低于 110 V？为什么？

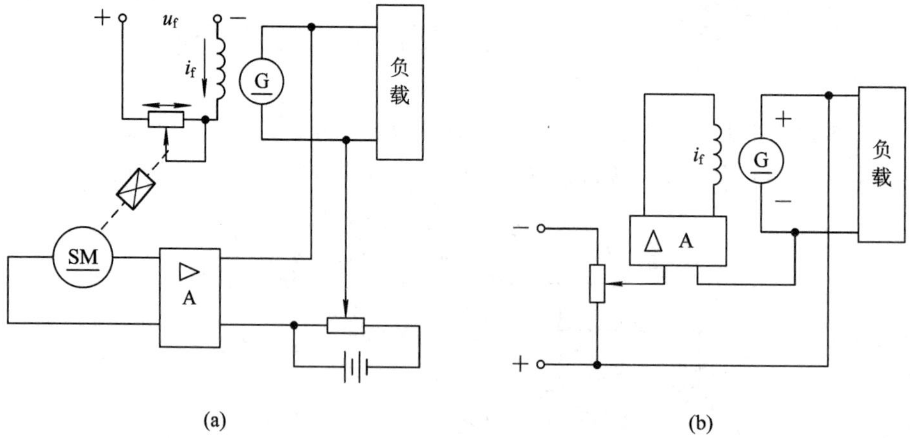

图 1-14

1-6 图 1-15 所示为水温控制系统示意图。冷水在热交换器中由通入的蒸汽加热，从而得到一定温度的热水。冷水流量变化用流量计测量。试绘制系统方块图，并说明为了保持热水温度为期望值，系统如何工作？系统的被控对象和控制装置各是什么？

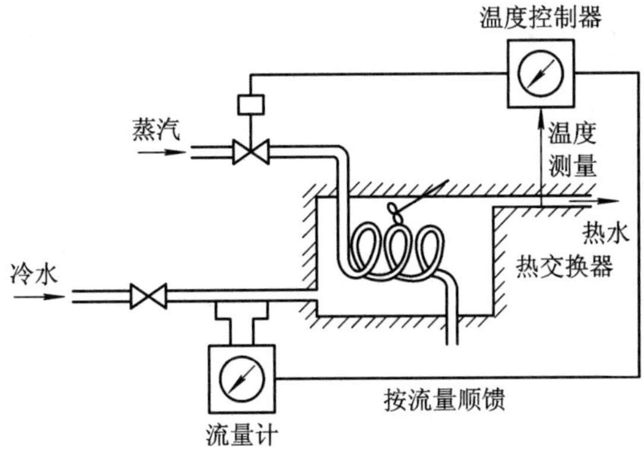

图 1-15

第二章　控制系统数学模型

控制理论的主要任务是系统分析、系统设计(综合)及系统测试(辨识)与仿真。系统分析就是对于一个给定的控制系统，知道它的运动有哪些性质和特性，计算系统的性能指标。系统设计(综合)就是设计一个控制系统，使其运动具有给定的性能和特征，并确定其系统结构、环节种类和参数。系统测试(辨识)与仿真的目的在于帮助分析系统提供模型，检验设计的正确性，提供修正依据。无论是系统分析还是系统设计都必须首先要建立系统的数学模型，确定模型的结构和参数。描述系统在运动过程中各变量之间相互关系的数学表达式，称为数学模型。在经典控制理论中，采用输入-输出的描述方法。时域分析中常用的数学模型有微分方程、传递函数，频域分析中常用的数学模型有频率特性函数。

一个物理系统，要处理的问题不同或要求达到的精度不同，可以设计得到不同的数学模型。在建立模型过程中，根据系统的实际结构、参数及计算所要求的精度，忽略一些次要因素，如分布参数、随时间变化的参数等，使数学模型既能准确地反映系统的动态本质，又能简化分析计算工作。系统的数学模型具有相似性和简化性。相似性就是不同的系统都可用相同的数学模型描述；简化性就是指一个物理系统的数学模型不是唯一的。由于精度要求和应用条件不同，可以用不同复杂程度的数学模型来表达。至于选取哪种模型，则取决于研究的目的。

简化的数学模型通常是一个线性微分方程式，它描述的系统称为线性系统，如线性微分方程的系数是常数，称相应的系统为线性定常系统。本书主要研究线性定常系统。凡能用微分方程描述的系统，都是连续时间系统。如果系统中含有数字计算机或数字元件，须用差分方程来描述，称这种系统为离散时间系统。若系统中存在非线性，须用非线性微分方程来描述，称这种系统为非线性系统。

第一节　微 分 方 程

微分方程是自动控制系统数学模型最基本的形式。传递函数、动态结构图和频率特性函数都可由它演化而来。用解析法列写微分方程的一般步骤：

(1) 根据系统或元件的工作原理，确定系统和各元件的输入、输出变量及内部中间变量。

(2) 从输入端开始，按照信号的传递顺序，依据各变量所遵循的物理或化学定律，按技术要求忽略一些次要因素，并考虑相邻元件的彼此影响，列出微分方程，一般为微分方程组。

(3) 消去中间变量，求得描述输入量与输出量关系的微分方程式。

(4) 标准化。将与输入变量有关的各项放在等号右侧，与输出变量有关的各项放在等号左侧，并按降幂排列。最后将系数归化为具有一定物理意义的形式。

例 2-1　试列写图 2-1 所示的 RC 无源网络的微分方程。给定输入量为 u_r，输出量为 u_c。

解　根据克希霍夫定律，可写出

$$u_r = Ri + \frac{1}{C}\int i\,dt \tag{2-1}$$

$$u_c = \frac{1}{C}\int i\,dt \tag{2-2}$$

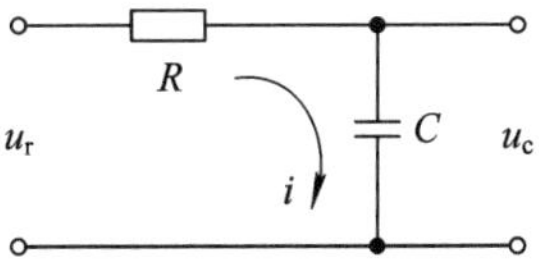

图 2-1　RC 网络

式中，i 为流经电阻 R 和电容器 C 的电流。从上面两式中消去中间变量 i，得

$$RC\frac{du_c}{dt} + u_c = u_r \tag{2-3}$$

令 $RC=T$，上式可写作

$$T\frac{du_c}{dt} + u_c = u_r \tag{2-4}$$

T 称为 RC 网络的时间常数。RC 网络的动态数学模型为一个一阶常系数微分方程。

例 2-2　图 2-2 所示为一由弹簧、质量、阻尼器组成的机械振动系统。试写出系统的数学模型。已知输入量为外力 F，输出量为位移 y。

解　根据牛顿第二运动定律，有

$$m\frac{d^2y}{dt^2} = \sum F_i \tag{2-5}$$

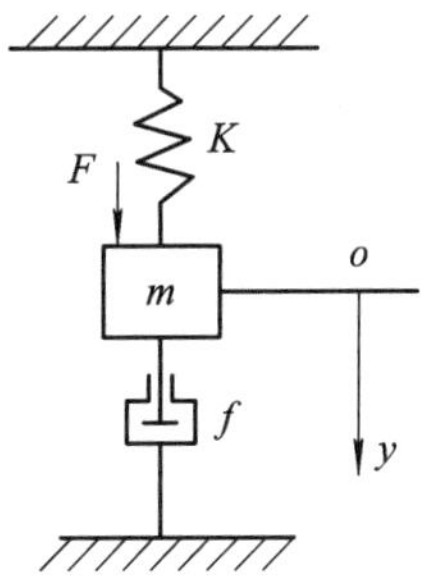

图 2-2　机械振动系统

式中：$\sum F_i$ 为作用在物体 m 上的合力；$\sum F_i = F - F_v - F_K$，其中阻尼器的黏滞摩擦阻力

$$F_v = f\frac{dy}{dt} \tag{2-6}$$

弹簧力

$$F_K = Ky \tag{2-7}$$

将式(2-6)、式(2-7)代入式(2-5)，并标准化，得机械系统的动态运动方程式为

$$m\frac{d^2y}{dt} + f\frac{dy}{dt} + Ky = F \tag{2-8}$$

它为一个二阶常系数微分方程。

例 2-3　求图 2-3 所示的有源网络的微分方程。给定 u_r 为输入量，u_c 为输出量。

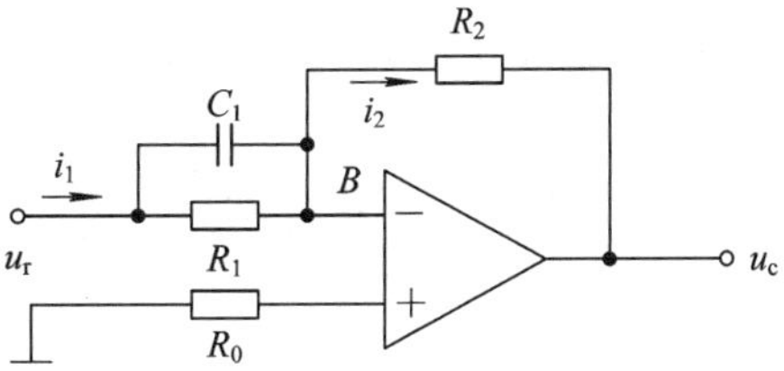

图 2-3　有源网络

解　运算放大器工作时，$u_B\approx 0$(称 B 点为虚地)，故 $i_1=i_2$。根据电流定律，有

$$C_1\frac{\mathrm{d}u_r}{\mathrm{d}t}+\frac{u_r}{R_1}=-\frac{u_c}{R_2} \tag{2-9}$$

或

$$C_1R_1\frac{\mathrm{d}u_r}{\mathrm{d}t}+u_r=-\frac{R_1}{R_2}u_c$$

$$\tau\frac{\mathrm{d}u_r}{\mathrm{d}t}+u_r=-Ku_c \tag{2-10}$$

式中：$\tau=C_1R_1$；$K=R_1/R_2$；微分方程是一个一阶常系数微分方程。

例 2-4　试列写电枢控制的他激直流电动机的微分方程。以电枢电压为输入量，以电机转角为输出量。

电动机原理如图 2-4 所示。图中：R_a 表示电枢电阻，L_a 表示电枢电感，i_a 表示电枢电流，u_a 表示电枢输入电压，i_f表示固定激磁电流，E_b 表示电枢反电势，θ_m 表示电机转角，f_m 表示电动机黏滞摩擦系数，J_m 表示电动机转动惯量。

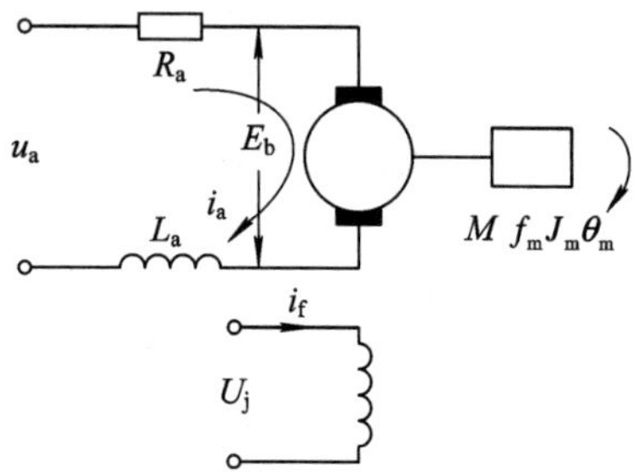

图 2-4　直流电动机原理图

解　因为激磁电流为固定值，故激磁磁通为常量。由克希霍夫定律，得到电枢回路的微分方程为

$$L_a\frac{\mathrm{d}i_a}{\mathrm{d}t}+R_ai_a+E_b=u_a \tag{2-11}$$

电动机电枢反电势 E_b 与电枢角速度成正比，即

$$E_b=K_b\frac{\mathrm{d}\theta_m}{\mathrm{d}t} \tag{2-12}$$

式中，K_b 为反电势系数。

根据刚体转动的牛顿定律，得电枢力矩平衡微分方程式

$$J_m\frac{\mathrm{d}^2\theta_m}{\mathrm{d}t^2}+f_m\frac{\mathrm{d}\theta_m}{\mathrm{d}t}=M \tag{2-13}$$

电动机电磁转矩 M 正比于电枢电流 i_a，即

$$M=K_ai_a \tag{2-14}$$

式中，K_a为力矩常数。

由以上四个公式得

$$L_aJ_m\frac{\mathrm{d}^3\theta_m}{\mathrm{d}t^3}+(L_af_m+R_aJ_m)\frac{\mathrm{d}^2\theta_m}{\mathrm{d}t^2}+(R_af_m+K_aK_b)\frac{\mathrm{d}\theta_m}{\mathrm{d}t}=K_au_a \tag{2-15}$$

直流电动机的运动方程式为三阶常数微分方程。通常，电枢绕组的电感 L_a 较小，若忽略不计，则运动方程简化为

$$J_m\frac{\mathrm{d}^2\theta_m}{\mathrm{d}t^2}+\left(f_m+\frac{K_aK_b}{R_a}\right)\frac{\mathrm{d}\theta_m}{\mathrm{d}t}=\frac{K_a}{R_a}u_a \tag{2-16}$$

令电动机机电时常数为

$$T_m=\frac{R_aJ_m}{R_af_m+K_aK_b}$$

电动机增益系数为

$$K_{\mathrm{m}}=\frac{K_{\mathrm{a}}}{R_{\mathrm{a}}f_{\mathrm{m}}+K_{\mathrm{b}}K_{\mathrm{a}}}$$

则式(2-16)可简化为

$$T_{\mathrm{m}}\frac{\mathrm{d}^2\theta_{\mathrm{m}}}{\mathrm{d}t^2}+\frac{\mathrm{d}\theta_{\mathrm{m}}}{\mathrm{d}t}=K_{\mathrm{m}}u_{\mathrm{a}} \tag{2-17}$$

例 2-5　某位置随动系统的原理图如图 2-5 所示。系统输入轴角位移为 r，输出轴角位移为 c。列写系统的微分方程。

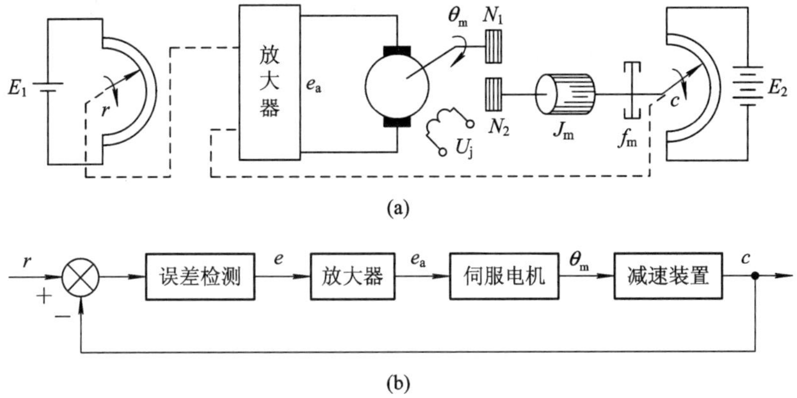

图 2-5　位置随动系统

解　(1) 误差检测器的输出电压正比于输入轴与输出轴的角偏差

$$e=K_{\mathrm{e}}(r-c) \tag{2-18}$$

式中，K_{e} 为检测器的比例系数。

(2) 放大器的输出电压正比于输入电压(忽略放大器时常数)：

$$e_{\mathrm{a}}=K_{\mathrm{f}}e \tag{2-19}$$

式中，K_{f}为放大器的放大倍数。

(3) 根据例 2-4 的结果，直流伺服电动机的运动方程式为

$$J_{\mathrm{m}}\frac{\mathrm{d}^2\theta_{\mathrm{m}}}{\mathrm{d}t^2}+\left(f_{\mathrm{m}}+\frac{K_{\mathrm{a}}K_{\mathrm{b}}}{R_{\mathrm{a}}}\right)\frac{\mathrm{d}\theta_{\mathrm{m}}}{\mathrm{d}t}=\frac{K_{\mathrm{a}}}{R_{\mathrm{a}}}e_{\mathrm{a}} \tag{2-20}$$

(4) 减速器的运动方程式为

$$c=\frac{N_1}{N_2}\theta_{\mathrm{m}}=n\theta_{\mathrm{m}} \tag{2-21}$$

式中，$n=N_1/N_2$，为齿轮减速器传动比的倒数。

(5) 将式(2-18)～式(2-21)合并，消去中间变量 e、e_{a}、θ_{m}，得

$$J_{\mathrm{m}}\frac{\mathrm{d}^2c}{\mathrm{d}t^2}+\left(f_{\mathrm{m}}+\frac{K_{\mathrm{a}}K_{\mathrm{b}}}{R_{\mathrm{a}}}\right)\frac{\mathrm{d}c}{\mathrm{d}t}+\frac{K_{\mathrm{a}}K_{\mathrm{e}}K_{\mathrm{f}}n}{R_{\mathrm{a}}}c=\frac{K_{\mathrm{a}}K_{\mathrm{e}}K_{\mathrm{f}}n}{R_{\mathrm{a}}}r \tag{2-22}$$

令 $K=K_{\mathrm{e}}K_{\mathrm{f}}K_{\mathrm{a}}n/R_{\mathrm{a}}$ 为系统的增益常数，$F=f_{\mathrm{m}}+(K_{\mathrm{a}}K_{\mathrm{b}}/R_{\mathrm{a}})$为系统的阻尼系数，$\omega_{\mathrm{n}}=\sqrt{K/J_{\mathrm{m}}}$为系统的无阻尼自然振荡频率，$\zeta=\frac{F}{2\omega_{\mathrm{n}}J_{\mathrm{m}}}=\frac{F}{2\sqrt{KJ_{\mathrm{m}}}}$为系统的阻尼比，则式(2-22)可改写为

$$\frac{d^2c}{dt^2}+2\zeta\omega_n\frac{dc}{dt}+\omega_n^2c=\omega_n^2r \tag{2-23}$$

第二节　非线性微分方程线性化

严格地讲，控制系统元部件的输入-输出特性几乎不同程度地都具有非线性关系。只是在很多情况下，非线性因素较弱，被近似看做线性特性。但是有一些元部件，非线性程度比较严重，其动态数学模型为非线性微分方程，而非线性微分方程求解非常困难。因此，在理论研究时总是力图将非线性问题在合理可能的条件下简化处理成线性问题。假如非线性元件的变量，在动态过程中对某一工作状态偏离很小，那么元件的输出量与输入量之间，可近似为线性关系。

基本方法如下所述。

(1) 设元件的输入量 $x(t)$ 和输出量 $y(t)$ 的非线性函数为

$$y=f(x) \tag{2-24}$$

在系统工作点(x_0, y_0)的邻域内，式(2-24)中的 $y(t)$可表示成泰勒级数，即

$$y=f(x_0)+\frac{df(x_0)}{dx}(x-x_0)+\frac{1}{2!}\frac{d^2f(x_0)}{dx^2}(x-x_0)^2+\cdots \tag{2-25}$$

式中：

$$\frac{df(x_0)}{dx}=\left.\frac{df(x)}{dx}\right|_{x=x_0}$$

$$\frac{df^2(x_0)}{dx^2}=\left.\frac{d^2f(x)}{dx}\right|_{x=x_0}$$

因为变量 x 偏离工作点 x_0的范围较小，所以增量$(x-x_0)$的高次项可以忽略不计，故可近似得到

$$y=f(x_0)+\frac{df(x_0)}{dt}(x-x_0)$$

即

$$y-y_0=K(x-x_0) \tag{2-26}$$

式中：

$$y_0=f(x_0)$$

$$K=\left.\frac{df(x)}{dx}\right|_{x=x_0}$$

式(2-26)表达了非线性元件在工作点处进行小偏差线性化的基本方程。

(2) 设多变量系统的输入量 x_1、x_2和输出量 y 的非线性函数为

$$y=f(x_1, x_2) \tag{2-27}$$

则系统在工作点 (y_0, x_{10}, x_{20}) 的邻域内，式(2-27)的泰勒级数为

$$\begin{aligned}y=&f(x_{10}, x_{20})+f_{x_1}(x_{10}, x_{20})(x_1-x_{10})+f_{x_2}(x_{10}, x_{20})(x_2-x_{20})\\&+\frac{1}{2!}[f_{x_1x_1}(x_{10}, x_{20})(x_1-x_{10})^2+2f_{x_1x_2}(x_{10}, x_{20})(x_1-x_{10})(x_2-x_{20})\\&+f_{x_2x_2}(x_{10}, x_{20})(x_2-x_{20})^2]+\cdots\end{aligned} \tag{2-28}$$

同理，由于各变量在工作点处偏离很小，忽略高阶无穷小项，近似得

$$y-y_0=K_1(x_1-x_{10})+K_2(x_2-x_{20}) \tag{2-29}$$

式中：

$$y_0=f(x_{10},\ x_{20})$$

$$K_1=f_{x_1}(x_{10},\ x_{20})=\left.\frac{\partial f(x_1,\ x_2)}{\partial x_1}\right|_{\substack{x_1=x_{10}\\ x_2=x_{20}}}$$

$$K_2=f_{x_2}(x_{10},\ x_{20})=\left.\frac{\partial f(x_1,\ x_2)}{\partial x_2}\right|_{\substack{x_1=x_{10}\\ x_2=x_{20}}}$$

式(2-29)是描述多变量非线性系统在工作点处进行小偏差线性化处理的基本方程。

例 2-6　图 2-6 所示为两相交流伺服电动机工作原理图。$u\sim$为固定交流激磁电压；u_r 为控制电压，即输入变量 $u_r=U_r\sin\omega t$。改变控制电压的大小和相位，就可控制电动机的转矩 M_m 和转向，输出变量为 θ_m，列写交流伺服电动机的微分方程。

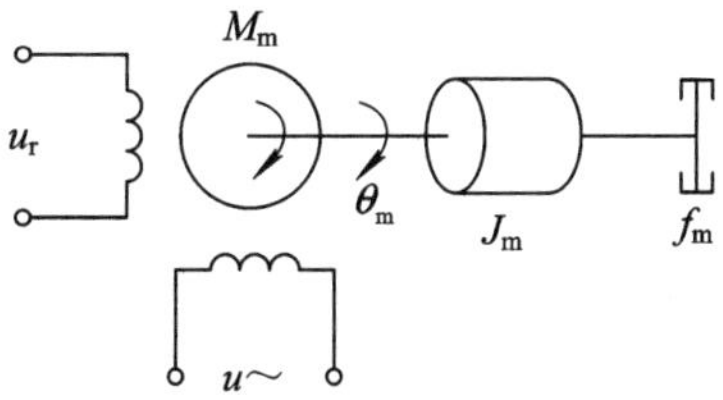

图 2-6　交流伺服电动机

解　(1) 两相交流伺服电动机的力矩平衡方程为

$$M_m=J_m\frac{d^2\theta_m}{dt^2}+f_m\frac{d\theta_m}{dt} \tag{2-30}$$

(2) 伺服电动机的电磁力矩 M_m 是控制电压幅度 U_r 和角速度 $\Omega=d\theta_m/dt$ 的非线性函数，即 $M_m=f(U_r,\Omega)$，特性如图 2-7 所示。

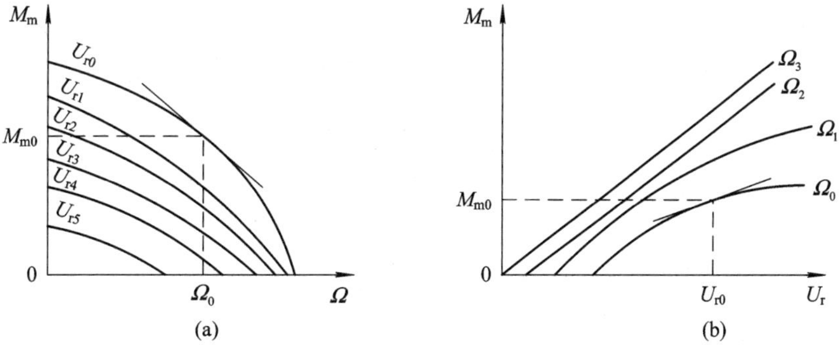

图 2-7　交流伺服电动机力矩特性

设伺服电动机处于平衡工作状态时，相应的各值为 $M_m=M_{m0}$、$U_r=U_{r0}$、$\Omega=\Omega_0$。并假定在工作点的邻域内，$M_m=f(U_r,\Omega)$ 是连续函数，则在工作点展开的泰勒级数(忽略高次项)近似为

$$M_{\mathrm{m}}-M_{\mathrm{m0}}=f_{U_{\mathrm{r}}}(U_{\mathrm{r0}},\Omega_0)(U_{\mathrm{r}}-U_{\mathrm{r0}})+f_{\Omega}(U_{\mathrm{r0}},\Omega_0)(\Omega-\Omega_0) \tag{2-31}$$

若在图 2-7 的特性曲线的工作点处作切线，则

$$f_{U_{\mathrm{r}}}(U_{\mathrm{r0}},\Omega_0)=\left.\frac{\partial M_{\mathrm{m}}}{\partial U_{\mathrm{r}}}\right|_{\substack{U_{\mathrm{r}}=U_{\mathrm{r0}}\\ \Omega=\Omega_0}}=\tan\alpha=K_{\mathrm{u}}$$

$$f_{\Omega}(U_{\mathrm{r0}},\Omega)=\left.\frac{\partial M_{\mathrm{m}}}{\partial \Omega}\right|_{\substack{U_{\mathrm{r}}=U_{\mathrm{r0}}\\ \Omega=\Omega_0}}=-\tan\beta=-K_{\Omega}$$

K_{r}、K_{Ω} 均为正常数，将其代入式(2-31)，得

$$M_{\mathrm{m}}-M_{\mathrm{m0}}=K_{\mathrm{U}}(U_{\mathrm{r}}-U_{\mathrm{r0}})-K_{\Omega}(\Omega-\Omega_0) \tag{2-32}$$

若取工作点值为(0，0)，则有

$$M_{\mathrm{m}}=K_{\mathrm{u}}U_{\mathrm{r}}-K_{\Omega}\Omega \tag{2-33}$$

将式(2-33)代入式(2-30)，并消去中间变量，得交流伺服电动机的微分方程式：

$$J_{\mathrm{m}}\frac{\mathrm{d}^2\theta_{\mathrm{m}}}{\mathrm{d}t^2}+(f_{\mathrm{m}}+K_{\Omega})\frac{\mathrm{d}\theta_{\mathrm{m}}}{\mathrm{d}t}=K_{\mathrm{U}}U_{\mathrm{r}} \tag{2-34}$$

需要指出，对不同的工作点，斜率 K_{U}、K_{Ω} 是不同的。

第三节 传递函数

微分方程是线性元件或系统的最基本的数学模型。它是在时间域内描述控制系统动态性能的数学模型，可用拉普拉斯变换法将微分方程转化为代数方程，得到控制系统的一种关于复变量 s 的数学模型即传递函数。传递函数是经典控制理论中最基本、最重要的数学模型，它是在复数域中描述线性系统，不仅可以表征系统的动态性能，而且可以借其研究系统的结构或参数变化对系统性能的影响，为控制系统的设计与综合提供方便。

一、传递函数的定义

线性定常系统在零初始条件下，输出量的拉氏变换与输入量的拉氏变换之比，称为该系统的传递函数。

设描述系统或元件的微分方程一般表示形式为

$$a_n\frac{\mathrm{d}^n c(t)}{\mathrm{d}t^n}+a_{n-1}\frac{\mathrm{d}^{n-1}c(t)}{\mathrm{d}t^{n-1}}+\cdots+a_1\frac{\mathrm{d}c(t)}{\mathrm{d}t}+a_0c(t)$$

$$=b_m\frac{\mathrm{d}^m r(t)}{\mathrm{d}t^m}+b_{m-1}\frac{\mathrm{d}^{m-1}r(t)}{\mathrm{d}t^{m-1}}+\cdots+b_1\frac{\mathrm{d}r(t)}{\mathrm{d}t}+b_0r(t) \tag{2-35}$$

式中：$c(t)$ 表示系统或元件的输出量；$r(t)$ 表示系统或元件的输入量；a_0、$a_1\cdots a_n$ 及 b_0、$b_1\cdots b_m$ 是与系统结构、参数有关的常数。

设初始条件为零，对式(2-35)两边进行拉氏变换，得

$$(a_ns^n+a_{n-1}s^{n-1}+\cdots+a_1s+a_0)C(s)=(b_ms^m+\cdots+b_0)R(s)$$

则该系统或元件的传递函数为

$$G(s)=\frac{C(s)}{R(s)}=\frac{b_ms^m+a_{m-1}s^{m-1}+\cdots+b_0}{a_ns^n+a_{n-1}s^{n-1}+\cdots+a_0} \tag{2-36}$$

二、关于传递函数的几点讨论

(1) 传递函数是一种数学模型，与系统的微分方程相对应。

(2) 传递函数是经拉氏变换导出的，拉氏变换是一种线性积分运算，因此传递函数的概念只适用于线性定常系统。

(3) 传递函数是在零初始条件下定义的，即在零时刻之前，系统处于相对静止状态。因此传递函数原则上不能反映系统在非零初始条件下的全部运动规律。

(4) 传递函数只取决于系统的结构、元件参数，与输入信号的形式无关。

(5) 控制系统传递函数分子多项式的阶次总是低于、至多等于分母多项式的阶次，即 $m \leqslant n$。这是由于系统中总是含有惯性元件以及受到系统能源的限制。

(6) 传递函数描述的是一对确定的变量之间的传递关系，即一个输入与一个输出之间的传递关系，称为单变量系统描述，对系统内部变量的特性不能反映，因而又称为外部描述。

(7) 系统的传递函数 $G(s)$ 为系统冲击响应 $h(t)$ 的拉氏变换，即 $G(s)=\mathscr{L}[h(t)]$。

(8) 传递函数与系统的输入输出的位置有关，传递函数一旦确定，系统在一定的输入信号下的动态特性就确定了。

三、传递函数的两种表示形式

1. 零、极点表示法(简称首 1 法)

式(2-36)是传递函数的最基本的形式，它可改写成如下形式：

$$G(s)=\frac{C(s)}{R(s)}=\frac{b_m s^m+b_{m-1}s^{m-1}+\cdots+b_0}{a_n s^n+a_{n-1}s^{n-1}+\cdots+a_0}=\frac{K_0(s-z_1)(s-z_2)\cdots(s-z_m)}{(s-p_1)(s-p_2)\cdots(s-p_n)} \quad (2-37)$$

式中：$K_0=b_m/a_n$，称为根轨迹增益，简称根增益，也叫根比例系数；z_1，z_2，…，z_m 为分子多项式方程的根，同时使 $G(s)=0$，故称为传递函数的零点；p_1，p_2，…，p_n 为分母多项式方程的根，同时使 $G(s)=\infty$，故称为传递函数的极点，或传递函数的特征根。z_i、p_j 可以是实数，也可以是复数，若为复数，必为共轭成对出现。

在复数平面上(s 平面)表示传递函数的零点和极点时，称为传递函数的零极点分布图。在图中用“∘”表示零点，用“×”表示极点。

传递函数的零极点表示法在根轨迹法中使用。

2. 时常数表示法(简称尾 1 法)

时常数表示法又叫传递系数表示法。

传递函数 $G(s)$ 也可写成如下形式：

$$G(s)=\frac{C(s)}{R(s)}=\frac{b_m s^m+b_{m-1}s^{m-1}+\cdots+b_0}{a_n s^n+a_{n-1}s^{n-1}+\cdots+a_0}$$

$$=\frac{K\prod_{i=1}^{m_1}(\tau_i s+1)\prod_{k=1}^{m_2}(\tau_k^2 s^2+2\zeta_k\tau_k s+1)}{s^{\nu}\prod_{j=1}^{n_1}(T_j s+1)\prod_{l=1}^{n_2}(T_l^2 s^2+2\zeta_l T_l s+1)} \quad (2-38)$$

式中：K 为传递函数的传递系数，也叫开环增益或静态增益，习惯上也叫放大系数；τ_i、τ_k、T_j、T_l 称为时常数。由于二次项因式是由共轭零点或共轭极点演变而来的，因此 ζ_k、ζ_l 必定小于 1 而大于零。它是传递函数的典型环节表示形式。

传递函数的时常数表示法在频率特性法中使用。在分析系统静态误差(精度)时，也使用该表示法。

第四节　典型环节及其传递函数

不同控制系统的组成、所用的元部件及其功能都是不同的，但从控制理论的角度出发，只要数学模型相同，其动态性能必须相同。因此，不论控制系统的物理功能有何不同，都认为它们是由几种典型单元组成的。从式(2-38)的传递函数的基本因子来看有七种因式，并称之为典型环节。线性系统的传递函数的典型环节有比例(放大)环节、积分环节、惯性环节、振荡环节、微分环节、延迟环节等，即无论控制系统简单还是复杂，其传递函数都是由这样的典型环节组合而成的。有时一个元部件要用两个或几个典型环节表示，而一个典型环节也可能要用几个元部件实现。

1. 比例(放大)环节

比例环节的微分方程式为

$$c(t) = Kr(t)$$

传递函数为

$$G(s) = K \tag{2-39}$$

式中，K 为比例系数、传递系数或放大系数。比例环节方框图如图 2-8 所示。

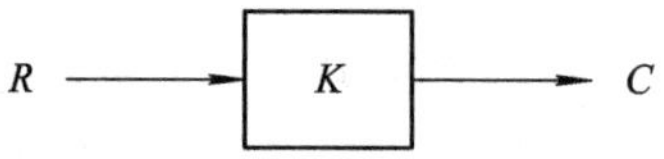

图 2-8　比例环节

2. 惯性环节

惯性环节的微分方程式为

$$T\frac{\mathrm{d}c(t)}{\mathrm{d}t} + c(t) = r(t)$$

传递函数为

$$G(s) = \frac{1}{Ts+1} \tag{2-40}$$

惯性环节方框图如图 2-9 所示。

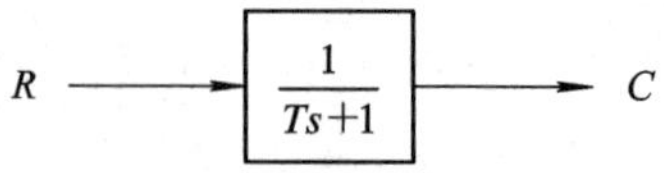

图 2-9　惯性环节

3. 积分环节

积分环节微分方程式为

$$c(t) = \int r(t)\mathrm{d}t$$

传递函数为

$$G(s) = \frac{1}{s} \tag{2-41}$$

积分环节方框图如图 2-10 所示。

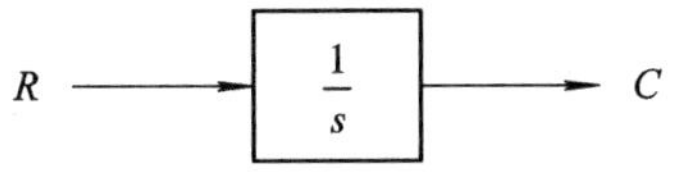

图 2-10　积分环节

例 2-7　试求图 2-4 直流电动机的传递函数，并讨论其组成环节。

解　由例 2-4 中的式(2-17)得直流电动机的微分方程式为

$$T_{\mathrm{m}}\frac{\mathrm{d}^2\theta_{\mathrm{m}}}{\mathrm{d}t^2} + \frac{\mathrm{d}\theta_{\mathrm{m}}}{\mathrm{d}t} = K_{\mathrm{m}}u_{\mathrm{a}}$$

对上式两边进行拉氏变换，有

$$T_{\mathrm{m}}s^2\theta_{\mathrm{m}}(s) + s\theta_{\mathrm{m}}(s) = K_{\mathrm{m}}U_{\mathrm{a}}(s)$$

传递函数为

$$G(s) = \frac{\theta_{\mathrm{m}}(s)}{U_{\mathrm{a}}(s)} = \frac{K_{\mathrm{m}}}{T_{\mathrm{m}}s^2 + s} = \frac{K_{\mathrm{m}}}{s(T_{\mathrm{m}}s + 1)} \tag{2-42}$$

由式(2-42)知，直流伺服电机由三个典型环节组成，即比例环节、积分环节、惯性环节。

4. 振荡环节

振荡环节的微分方程式为

$$T^2\frac{\mathrm{d}^2c(t)}{\mathrm{d}t^2} + 2\zeta T\frac{\mathrm{d}c(t)}{\mathrm{d}t} + c(t) = r(t)\quad (0 < \zeta < 1)$$

传递函数为

$$G(s) = \frac{1}{T^2s^2 + 2T\zeta s + 1} \tag{2-43}$$

振荡环节方框图如图 2-11 所示。例 2-2 中的机械系统的传递函数由一个比例环节和一个振荡环节组成。

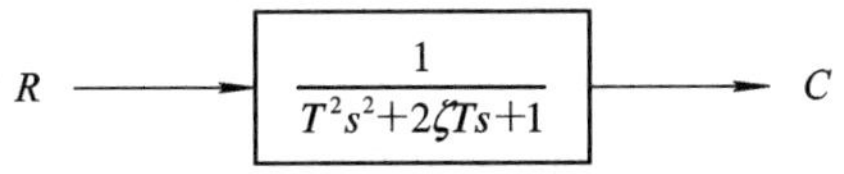

图 2-11　振荡环节

5. 微分环节

微分环节在传递函数中有三种类型，即理想微分环节、一阶微分环节、二阶微分环节。它们的微分方程式分别为

$$c(t) = K\frac{\mathrm{d}r(t)}{\mathrm{d}t}$$

$$c(t) = \tau\frac{\mathrm{d}r(t)}{\mathrm{d}t} + r(t)$$

$$c(t) = \tau^2 \frac{\mathrm{d}^2 r(t)}{\mathrm{d}t^2} + 2\zeta\tau \frac{\mathrm{d}r(t)}{\mathrm{d}t} + r(t)$$

相应传递函数分别为

$$G(s) = Ks \tag{2-44}$$

$$G(s) = \tau s + 1 \tag{2-45}$$

$$G(s) = \tau^2 s^2 + 2\tau\zeta s + 1 \tag{2-46}$$

微分环节的方框图如图 2-12 所示。

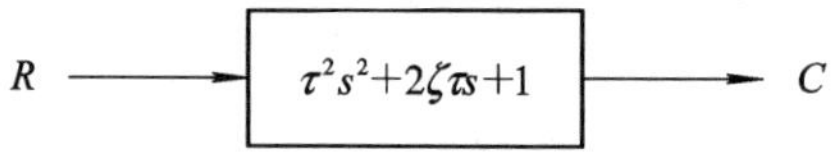

图 2-12 微分环节

6. 延迟环节

延迟环节又称滞后环节。延迟环节的输出经一个延迟时间 τ 后，完全复现输入信号，其输入/输出关系是

$$c(t) = r(t-\tau)$$

根据拉氏变换延迟定理可得其传递函数为

$$G(s) = \mathrm{e}^{-\tau s}$$

例 2-8 求图 2-13 所示 RC 网络的传递函数。

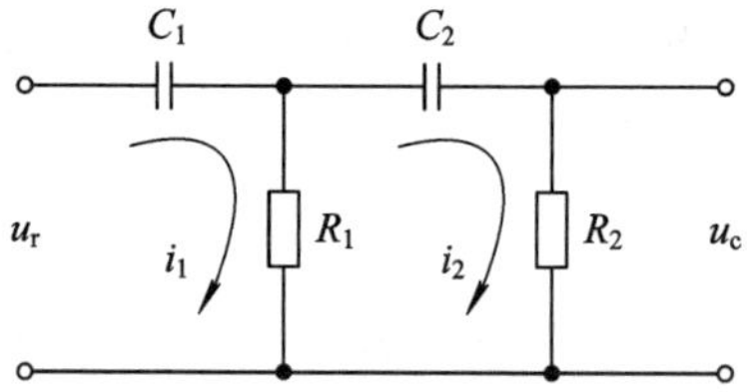

图 2-13 RC 网络

解 由电路知识写出微分方程

$$u_r = \frac{1}{C_1}\int i_1\,\mathrm{d}t + R_1(i_1 - i_2) \tag{2-47}$$

$$0 = -R_1(i_1 - i_2) + \frac{1}{C_2}\int i_2\,\mathrm{d}t + R_2 i_2 \tag{2-48}$$

$$u_c = R_2 i_2 \tag{2-49}$$

设初始条件为零，对上三式分别进行拉氏变换得

$$\begin{cases} U_r(s) = \dfrac{1}{C_1 s} I_1(s) + R_1[I_1(s) - I_2(s)] \\ 0 = -R_1[I_1(s) - I_2(s)] + \dfrac{1}{C_2 s} I_2(s) + R_2 I_2(s) \\ U_c(s) = R_2 I_2(s) \end{cases}$$

消去联立方程组中的中间变量 $I_1(s)$、$I_2(s)$，得

$$G(s) = \frac{U_c(s)}{U_r(s)} = \frac{R_1R_2C_1C_2s^2}{R_1R_2C_1C_2s^2 + (R_1C_1 + R_2C_2 + R_1C_2)s + 1} \tag{2-50}$$

由上式可得出，两级高通滤波器的传递函数由二阶纯微分环节和振荡环节组成。

例 2-9　图 2-14 是由电阻 R、电感 L 和电容 C 组成的无源网络，试列写：

(1) 以 $u_r(t)$ 为输入量，以 $u_c(t)$ 为输出量的网络微分方程；

(2) 求该无源网络的传递函数 $U_c(s)/U_r(s)$。

解　(1) 设回路电流为 $i(t)$，由克希霍夫定律可写出回路方程为

$$L\frac{\mathrm{d}i(t)}{\mathrm{d}t}+\frac{1}{C}\int i(t)\mathrm{d}t+Ri(t)=u_r(t)$$

$$u_c(t)=\frac{1}{C}\int i(t)\mathrm{d}t$$

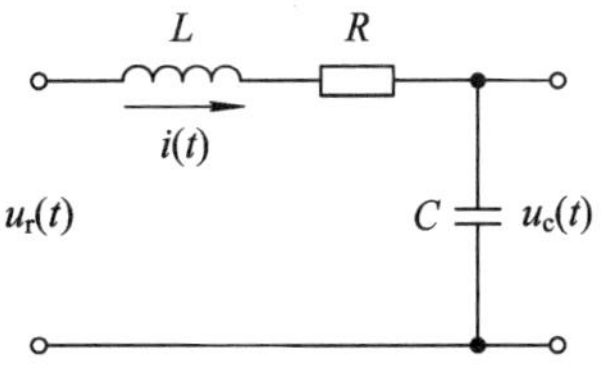

图 2-14　RLC 无源网络

消去中间变量 $i(t)$，便得到描述网络输入/输出关系的微分方程为

$$LC\frac{\mathrm{d}^2u_c(t)}{\mathrm{d}t^2}+RC\frac{\mathrm{d}u_c(t)}{\mathrm{d}t}+u_c(t)=u_r(t) \tag{2-51}$$

显然，这是一个二阶线性微分方程，也就是图 2-14 所示无源网络的时域数学模型。

(2) 在零初始条件下，对方程(2-51)中各项求拉氏变换，并令 $U_c(s)=\mathscr{L}[u_c(t)]$，$U_r(s)=\mathscr{L}[u_r(t)]$，可得 s 的代数方程为

$$(LCs^2+RCs+1)U_c(s)=U_r(s)$$

由传递函数定义，得网络传递函数为

$$G(s)=\frac{U_c(s)}{U_r(s)}=\frac{1}{LCs^2+RCs+1} \tag{2-52}$$

为了改善控制系统的性能，常在系统中引入无源网络或有源网络作为校正元件。无源网络通常是由电阻、电容和电感组成的。有源网络通常是由运放再加上电阻、电容和电感组成的。

可以用两种方法求取无源网络的传递函数。一种方法是先列写网络的微分方程，然后在零初始条件下进行拉氏变换，从而得到输出变量与输入变量之间的传递函数，如例 2-9 所用方法。另一种方法是引用复数阻抗直接列写网络的代数方程，然后求其传递函数。在例 2-9 中，用复数阻抗表示电阻时仍为 R，电容 C 的复数阻抗为 $1/(Cs)$，电感 L 的复数阻抗为 Ls。这样，图 2-14 的 RLC 无源网络用复数阻抗表示后的电路如图 2-15 所示。图中，$Z_1=R+Ls$，$Z_2=1/(Cs)$。由图可直接写出电路的传递函数为

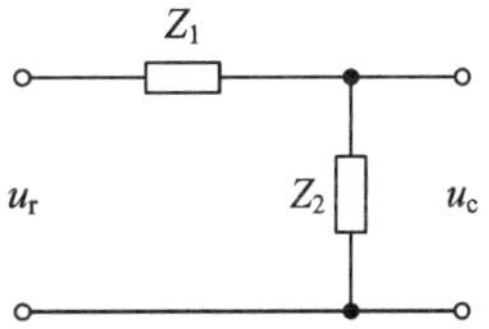

图 2-15　用复数阻抗表示的 RLC 电路

$$\frac{U_c(s)}{U_r(s)}=\frac{Z_2}{Z_1+Z_2}=\frac{1}{LCs^2+RCs+1}$$

应该注意，求取无源网络传递函数时，一般假设网络输出端接有无穷大负载阻抗，输入内阻为零，否则应考虑负载效应。例如在图 2-16 中，两个 RC 网络不相连接时，可视为空载，其传递函数分别是

$$G_1(s)=\frac{U(s)}{U_r(s)}=\frac{1}{R_1C_1s+1}$$

$$G_2(s)=\frac{U_c(s)}{U(s)}=\frac{1}{R_2C_2s+1}$$

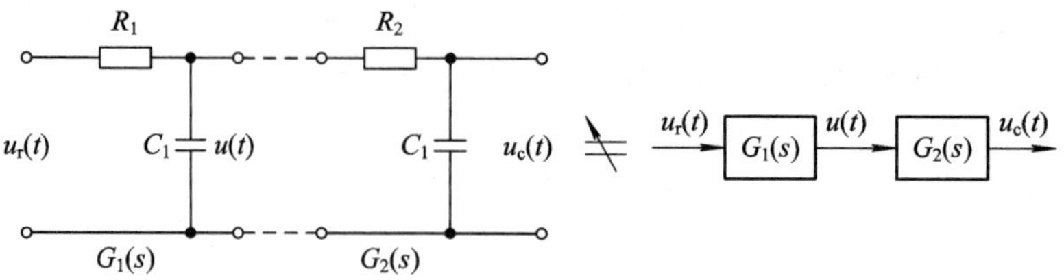

图 2-16　负载效应示例

若将 $G_1(s)$ 与 $G_2(s)$ 两个方框串联连接，如图 2-16 右端所示，则其传递函数为

$$\frac{U_c(s)}{U_r(s)}=\frac{U(s)}{U_r(s)}\cdot\frac{U_c(s)}{U(s)}=G_1(s)G_2(s)=\frac{1}{R_1R_2C_1C_2s^2+(R_1C_1+R_2C_2)s+1}$$

但是，若将两个 RC 网络直接连接，则由电路微分方程可求得连接后电路的传递函数为

$$G(s)=\frac{U_c(s)}{U_r(s)}=\frac{1}{R_1R_2C_1C_2s^2+(R_1C_1+R_2C_2+R_1C_2)s+1}$$

显然，$G(s)\neq G_1(s)$，$G_2(s)$，$G(s)$ 中增加的项 R_1C_2 是由负载效应产生的。如果 R_1C_2 与其余项相比数值很小可略而不计时，则有 $G(s)\approx G_1(s)G_2(s)$。这时，要求后级网络的输入阻抗足够大，或要求前级网络的输出阻抗趋于零，或在两级网络之间接入隔离放大器。

第五节　动态结构图

控制系统的动态结构图(简称结构图)是将系统所有元件都用方框表示，在方框中标明其传递函数，按照信号传递方向把各方框依次连接起来的一种图形。结构图能清楚地表明系统的组成和信号的传递过程，还能表示出系统信号传递过程中的数学关系。所以结构图是一种将系统图形化的数学模型，是分析和计算系统传递函数的有力工具。

一、动态结构的组成

控制系统的结构图不论多么复杂或多么简单，它有且仅有 4 个基本要素。

(1) 函数方框，也叫关系框、环节，表示对信号进行数学变换。方框中写入元件或系统的传递函数，如图 2-17(a)所示。方框的输出变量等于方框的输入变量与传递函数的乘积，即

$$U_c(s)=G(s)U_r(s)$$

(2) 信号线，带有箭头的有向线段。箭头表示信号的传递方向，线上标明信号的象函数，如图 2-17(b)所示。

(3) 分支点(测量点、引出点)，表示信号引出或测量位置。从同一位置引出的信号，在数值和性质方面完全相同，如图 2-17(c)所示。

(4) 综合点(相加点，比较点)，对两个以上信号进行加减运算。“+”表示相加，“-”表示相减，通常

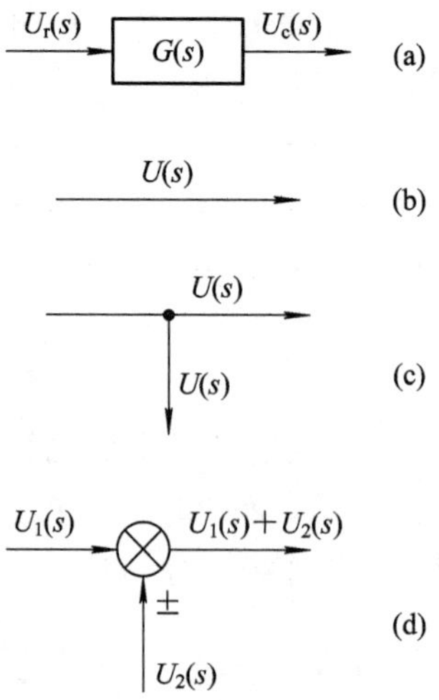

图 2-17　结构图组成基本要素

“＋”号可以省略不写，如图 2－17(d)所示。

二、系统动态结构图的建立

建立系统结构图的一般步骤：

(1) 列写控制系统各元件的微分方程。

(2) 对各元件的微分方程进行拉氏变换，求取传递函数，标明各元件的输入量与输出量。

(3) 按照系统中各变量的传递顺序，依次将各元件的结构图连接起来，输入变量置于左端，输出变量置于右端，便得到系统的结构图。

例 2－10　位置随动系统如图 2－5 所示，试建立系统的结构图。

解　该位置随动系统应用直流伺服电动机作执行元件，将例 2－4 和例 2－5 的微分方程在零初始条件下进行拉氏变换，得到以下方程：

$$E(s) = K_e[R(s) - C(s)] \tag{a}$$

$$E_a(s) = K_f E(s) \tag{b}$$

$$E_a(s) = R_a I_a(s) + L_a s I_a(s) + E_b(s) \tag{c}$$

$$E_b(s) = K_b s\theta_m(s) \tag{d}$$

$$J_m s^2\theta_m(s) + f_m s\theta_m(s) = M(s) - M_L(s) \tag{e}$$

$$M(s) = K_a I_a(s) \tag{f}$$

$$C(s) = n\theta_m(s) \tag{g}$$

下一步是标明各元件的输入量与输出量，并将传递函数写入方框中，如图 2－18 所示。

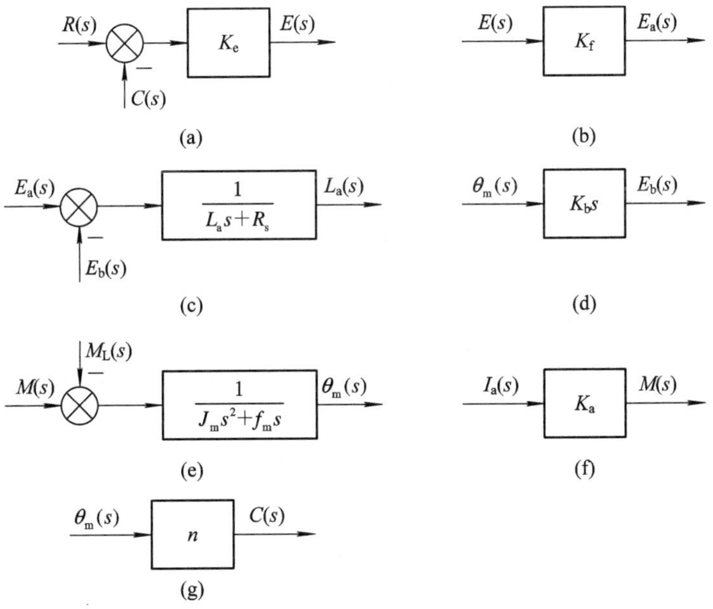

图 2－18　方程组各式方框图

最后将方框图连接起来，得到系统的动态结构图，如图 2－19 所示。

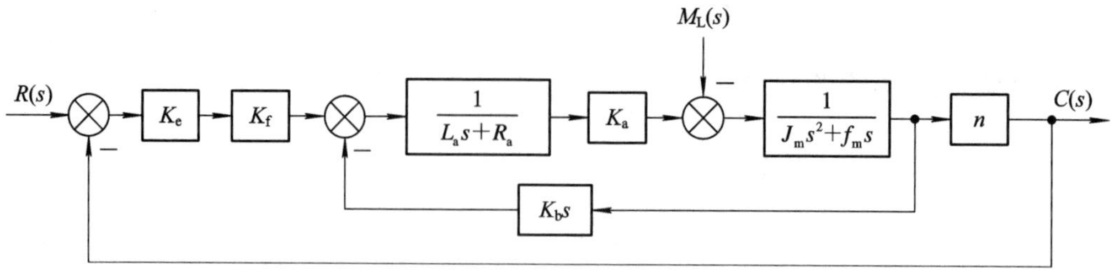

图 2-19　随动系统结构图

三、结构图等效变换

为分析计算系统的动态性能，需要求出系统总的传递函数，但是一个复杂的结构图，其方框的连接必然是错综复杂的。为了得到系统的输入量与输出量之间的传递函数，必须对系统的结构图进行简化。结构图的变换相当于在结构图上进行数学方程运算，因此必须遵循变换前后数学关系保持不变的原则，通常又叫结构图等效变换。

1. 环节的合并

1）串联方框等效

设有三个方框串联，如图 2-20 所示。一个方框的输出量是后一个方框的输入量。假定各方框间不存在负载效应，则有

$$X_1(s) = G_1(s)\ R(s)$$

$$X_2(s) = G_2(s)\ X_1(s)$$

$$C(s) = G_3(s)\ X_2(s)$$

从上三式中消去 $X_1(s)$和 $X_2(s)$，得

$$G(s) = \frac{C(s)}{R(s)} = G_1(s)G_2(s)G_3(s) \tag{2-53}$$

式(2-53)说明，多个串联方框的等效传递函数等于各方框传递函数的乘积。

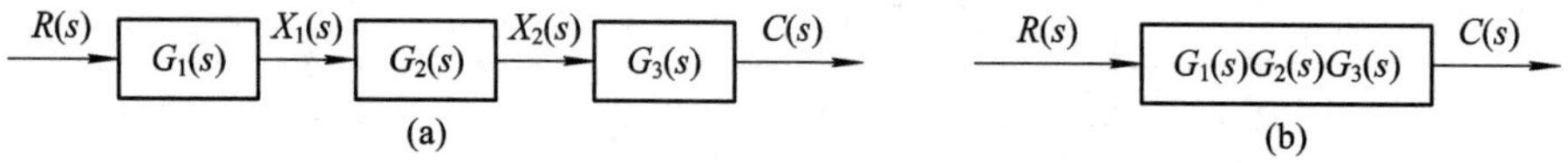

图 2-20　串联方框等效

2）并联方框等效

两个或多个方框具有同一个输入，而以各方框输出的代数和为总输出，这种结构形式称为并联连接，如图 2-21 所示。由图可知：

$$C_1(s) = G_1(s)R(s)$$

$$C_2(s) = G_2(s)R(s)$$

$$C_3(s) = G_3(s)R(s)$$

$$C(s) = C_1(s) + C_2(s) + C_3(s)$$

所以

$$G(s) = \frac{C(s)}{R(s)} = G_1(s) + G_2(s) + G_3(s) \tag{2-54}$$

上式表明，并联连接的等效传递函数等于各方框传递函数之和。

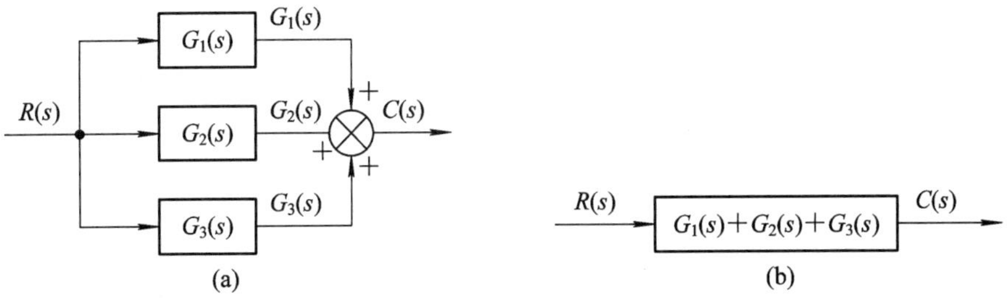

图 2-21　并联方框等效

3）反馈连接

图 2-22(a)所示为反馈连接。输出信号经反馈方框与输入信号相比较，各变量的关系为

$$C(s) = G(s)E(s)$$
$$E(s) = R(s) - B(s)$$
$$B(s) = C(s)H(s)$$
$$C(s) = E(s)G(s)$$

由上述方程得

$$C(s) = [R(s) - H(s)C(s)]G(s)$$

等效传递函数为

$$\Phi(s) = \frac{C(s)}{R(s)} = \frac{G(s)}{1 + G(s)H(s)} \tag{2-55}$$

$\Phi(s)$ 表示闭环传递函数。若是正反馈连接，则等效传递函数为

$$\Phi(s) = \frac{G(s)}{1 - G(s)H(s)} \tag{2-56}$$

若是单位负反馈系统，即 $H(s) = 1$，则等效传递函数为

$$\Phi(s) = \frac{G(s)}{1 + G(s)} \tag{2-57}$$

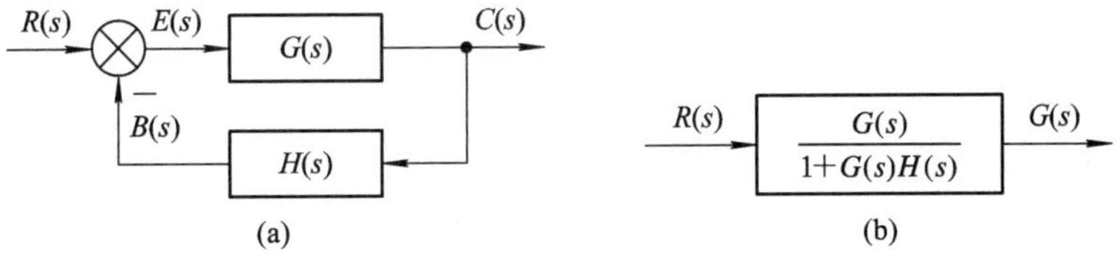

图 2-22　反馈连接

2. 信号相加点和分支点的移动和互换

1）信号相加点的移动

信号相加点移动的原则是，原信号不变，移动后保证相加结果不变。图 2-23 清楚地表示出相加点移动的等效方法，图 2-23(a)表示相加点往前移，图 2-23(b)表示相加点往后移。

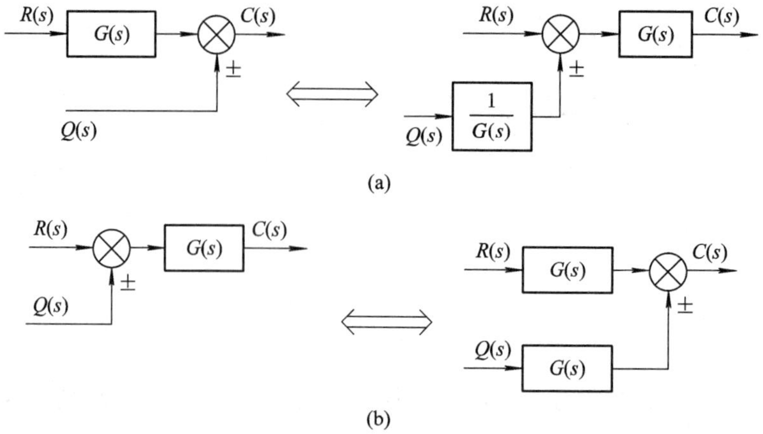

图 2-23　相加点移动

2) 信号分支点移动

信号分支点移动的原则是，原各点信号不变，信号分支点移动后要保证该分支信号不变。分支点移动的等效结构图如图 2-24 所示。其中，图 2-24(a)表示分支点前移，图 2-24(b)表示分支点后移。

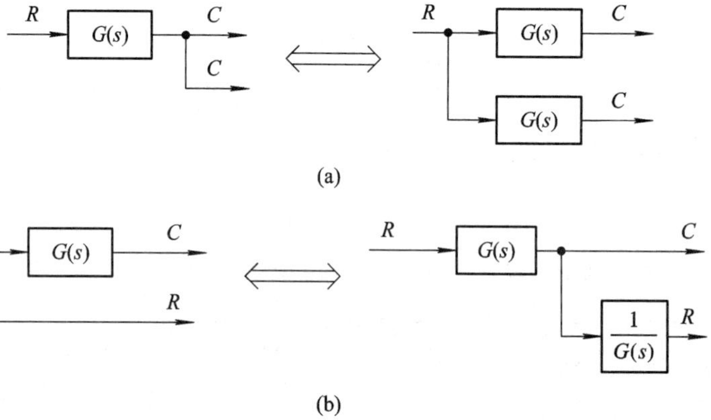

图 2-24　分支点移动

3) 信号相加点互换

根据加法交换律，两个或多个相邻相加点位置互换时，互换前后的结果不变，即在结构图简化过程中，可以根据需要，交换相邻的相加点的位置。

4) 信号分支点的互换

若干个引出点相邻，表明是同一个信号送到多处。因此，相邻分支点互换位置完全不改变信号的性质，即这种变换不需作任何传递函数的变换。

必须强调，相邻的分支点和相加点位置是不能交换的，否则会引出错误的结果。

表 2-1 汇集了结构图简化(等效变换)的常用基本规则，可供查用。

表 2-1　结构图简化(等效变换)的基本规则

等效变换	原始构图	变换后结构图	运算关系
串联	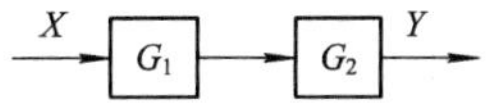	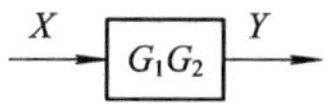	(1) 串联等效 $Y(s)=G_1(s)G_2(s)X(s)$
并联	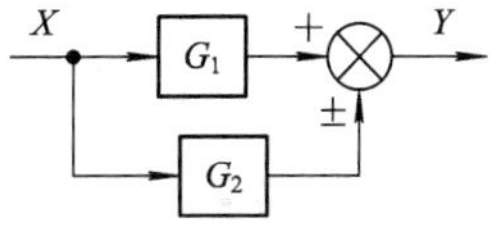	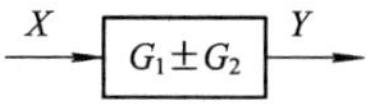	(2) 并联等效 $Y(s)=[G_1(s)\pm G_2(s)]X(s)$
反馈 (反并联)	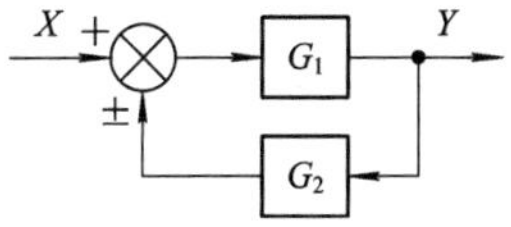	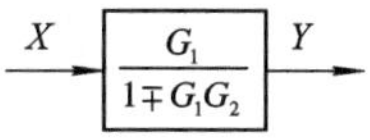	(3) 反馈等效 $Y(s)=\dfrac{G_1(s)}{1\mp G_1(s)G_2(s)}X(s)$
综合点 后移	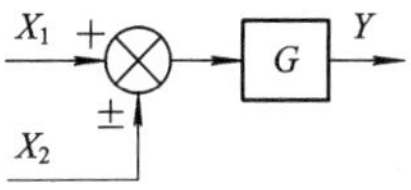	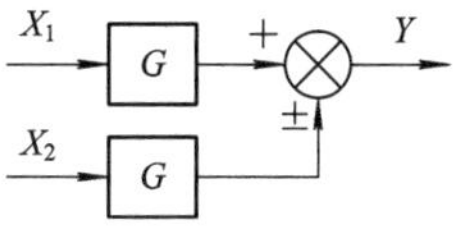	(4) 综合点后移 $Y(s)=[X_1(s)\pm X_2(s)]G(s)$ $=X_1(s)G(s)\pm X_2(s)G(s)$
综合点 前移	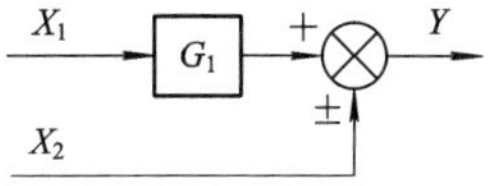	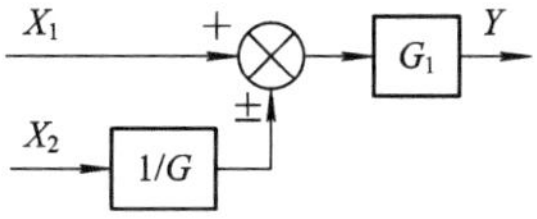	(5) 综合点前移 $Y(s)=X_1(s)G_1(s)\pm X_2(s)$ $=\left[X_1(s)\pm\dfrac{X_2(s)}{G_1(s)}\right]G_1(s)$
引出点 后移	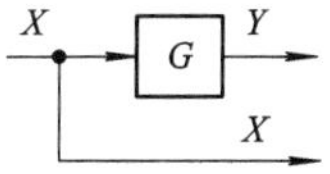	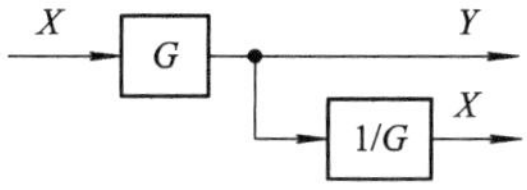	(6) 引出点后移 $Y(s)=X(s)G(s)$ $X(s)=X(s)G(s)\dfrac{1}{G(s)}$
引出点 前移	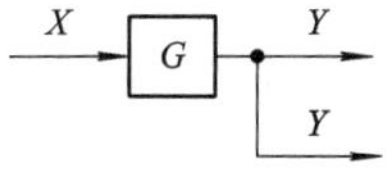	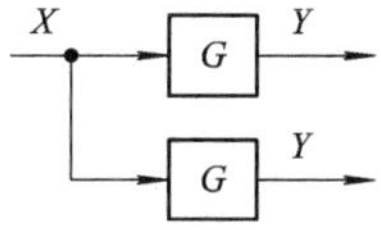	(7) 引出点前移 $Y(s)=X(s)G(s)$
综合点 之间移动	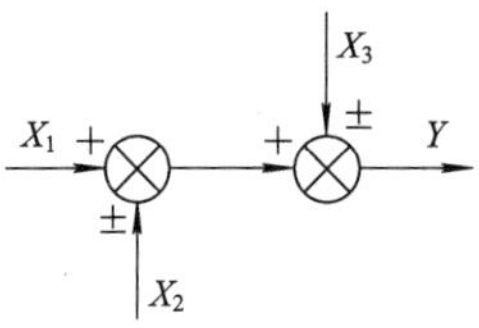	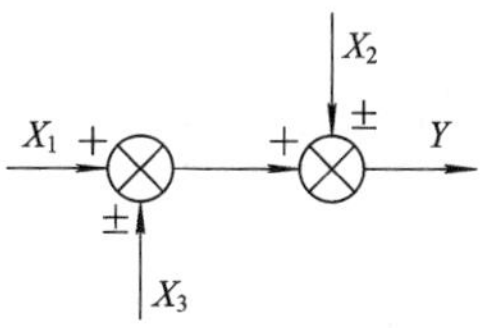	(8) 综合点交换 $Y(s)=X_1(s)\pm X_2(s)\pm X_3(s)$ $=X_1(s)\pm X_3(s)\pm X_2(s)$
等效单位 反馈	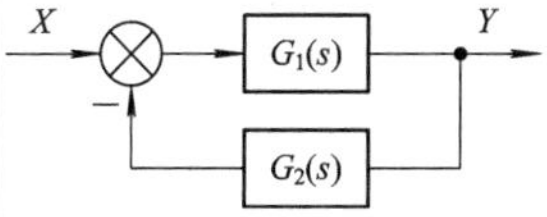	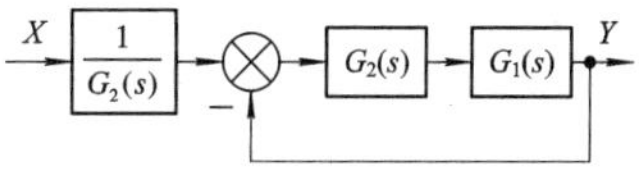	(9) 等效单位反馈 $\dfrac{Y(s)}{X(s)}=\dfrac{1}{G_2(s)}\dfrac{G_1(s)G_2(s)}{1+G_1(s)G_2(s)}$

四、结构图简化示例

根据结构图等效变换的基本规则，就可将复杂的结构图简化，求出系统的传递函数。

例 2-11　控制系统如图 2-25(a)所示，简化结构图并求出系统的闭环传递函数 $C(s)/R(s)$。

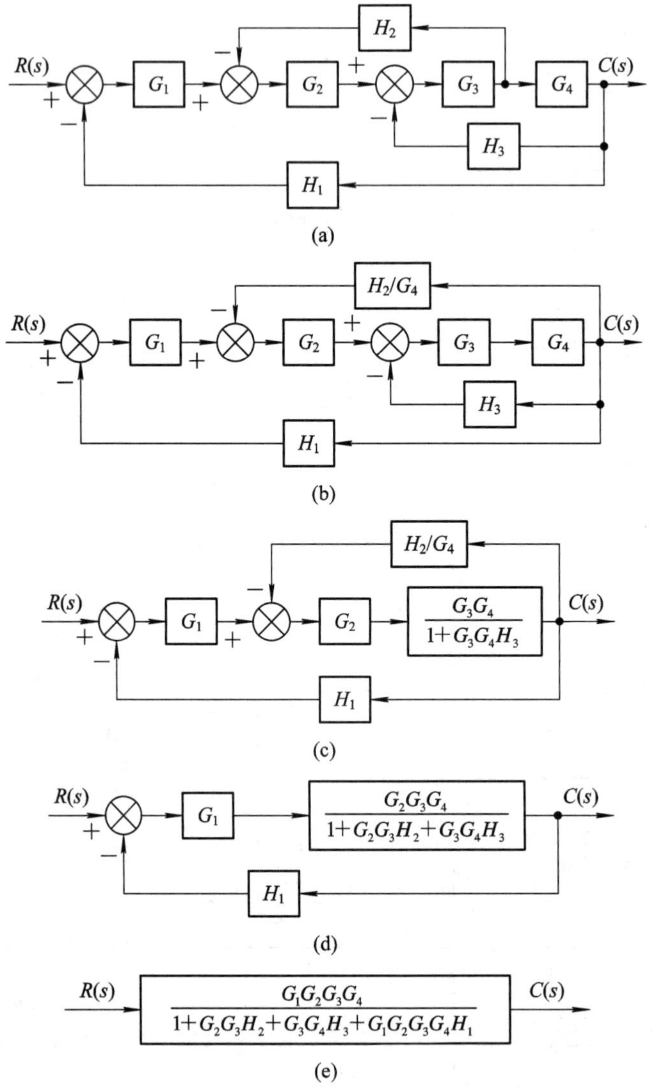

图 2-25　结构图简化

解　简化过程及结果如图 2-25(b)、(c)、(d)、(e)所示，下面简要说明简化次序。

(1) 将含有 H_2 负反馈支路的分支点，移到 G_4 的输出点，则应在反馈支路中串加 $1/G_4$ 的传递函数，如图 2-25(b)所示。

(2) 由 G_3、G_4 和 H_3 构成的局部反馈回路，以传递函数 $\dfrac{G_3G_4}{1+G_3G_4H_3}$ 代替，如图 2-25(c)所示。

(3) 把 G_2、$\dfrac{H_2}{G_4}$和 $\dfrac{G_3G_4}{1+G_3G_4H_3}$ 所组成的局部反馈回路，等效为 $\dfrac{G_2G_3G_4}{1+G_3G_4H_3+G_2G_3H_2}$，如图 2-25(d) 所示。

(4) 根据反馈回路的等效规则，得系统的闭环传递函数为

$$\Phi(s)=\frac{C(s)}{R(s)}=\frac{G_1G_2G_3G_4}{1+G_2G_3H_2+G_3G_4H_3+G_1G_2G_3G_4H_1}$$

以上将 $G_1(s)$、$G_2(s)$ 等写成 G_1、G_2 纯属为了简便。

例 2-12　系统结构图如图 2-26(a)所示，简化结构图，并计算传递函数 $C(s)/R(s)$。

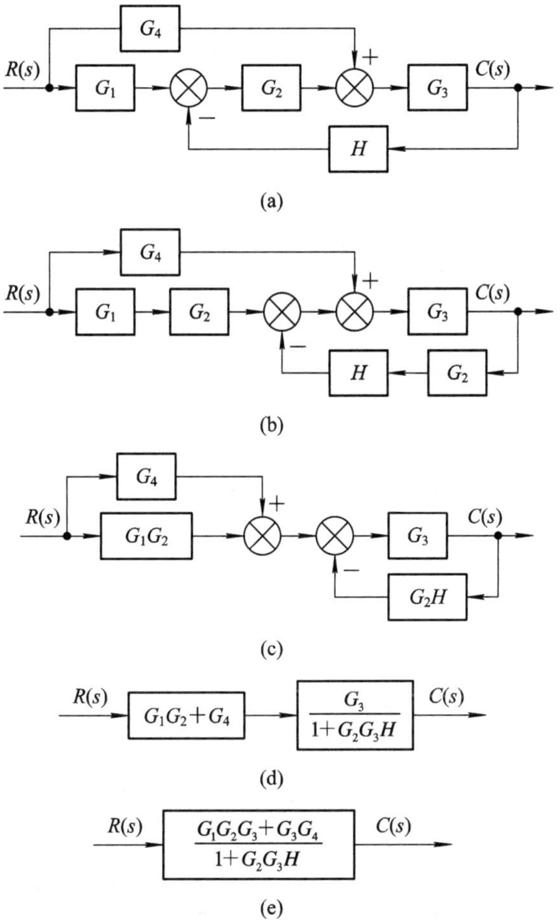

图 2-26　结构图简化过程

解　结构图简化过程如图 2-26(b)、(c)、(d)、(e)所示，最后的计算结果为

$$\frac{C(s)}{R(s)}=\frac{G_1G_2G_3+G_3G_4}{1+G_2G_3H}$$

例 2-13　图 2-27(a)所示是一个多环系统结构图，试对其进行化简并求闭环传递函数。

此系统中有多个交错连接的回路，可将所有信号引出点均移至 G_4 的输出端，即可得到若干相互独立的回路，如图 2-27(b)所示。

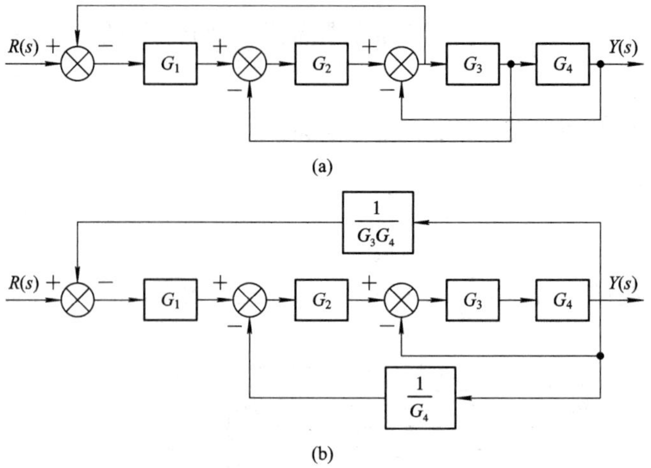

图 2-27 例 2-13 图

(a) 多环系统结构图；(b) 变换后的多环系统结构图

再利用基本简化公式，就可得到系统的闭环传递函数为

$$G_b(s)=\frac{Y(s)}{R(s)}=\frac{G_1G_2G_3G_4}{1+G_1G_2+G_2G_3+G_3G_4}$$

例 2-14 控制系统的结构图如图 2-28(a)所示。试化简系统的结构图并求出系统的传递函数。

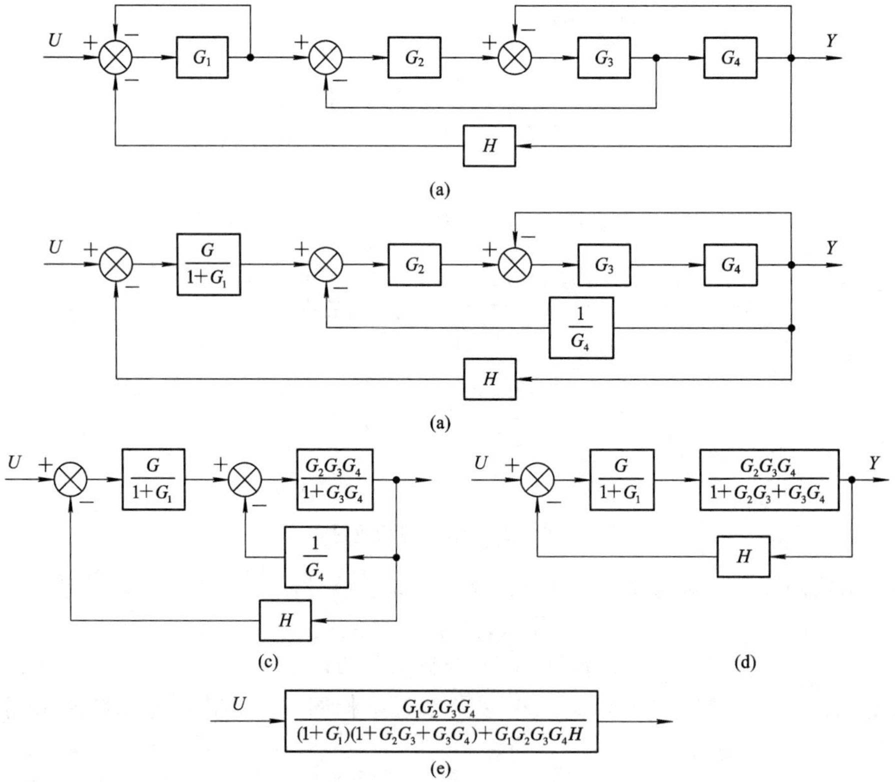

图 2-28 例 2-14 图

解　经过分离点后移、反馈回路等效变换、串联等效变换等步骤，可得出系统的传递函数 $\Phi(s)$ 为

$$\Phi(s)=\frac{Y(s)}{U(s)}$$

$$=\frac{G_1(s)G_2(s)G_3(s)G_4(s)}{[1+G_1(s)][1+G_2(s)G_3(s)+G_3(s)G_4(s)]+G_1(s)G_2(s)G_3(s)G_4(s)H(s)}$$

等效变换过程见图 2-28(b)、(c)、(d)、(e)。

第六节　用梅逊公式求传递函数

应用信号流图和梅逊(S. J. Mason)公式，可不经任何动态结构图变换，得出系统的传递函数。信号流图由已知的动态结构图直接翻译而得。信号流图常用的术语或元素有输入节点、输出节点、混合节点、通道、开通道、闭通道、前向通道、传输、通道传输、回环传输、自回环传输等。只有熟练掌握和理解这些概念后，方可应用梅逊公式求系统的传递函数。这里只给出公式，不作证明。

梅逊公式的一般形式为

$$G(s)=\frac{\sum_{k=1}^{n}P_k\Delta_k}{\Delta} \tag{2-58}$$

式中：$G(s)$ 为待求的总传递函数；P_k 为从输入端到输出端第 k 条前向通路的总传递函数；Δ_k 为与第 k 条前向通路不接触部分的 Δ 值，也就是不接触部分的系数行列式，称为第 k 条前向通路的余因子。Δ 为特征式，且有

$$\Delta=1-\sum L_i+\sum L_iL_j-\sum L_iL_jL_k+\cdots \tag{2-59}$$

式(2-59)中：$\sum L_i$ 为所有回路的开环传递函数之和；$\sum L_iL_j$ 为所有两个互不接触回路的传递函数乘积之和；$\sum L_iL_jL_k$ 为所有 3 个互不接触回路的传递函数乘积之和。

回路传递函数是指反馈回路的前向通路和反馈通路的传递函数的乘积，并且包含代表反馈极性的正、负号。

例 2-15　控制系统结构图如图 2-29 所示。

不经结构图简化，用梅逊公式求系统的传递函数。

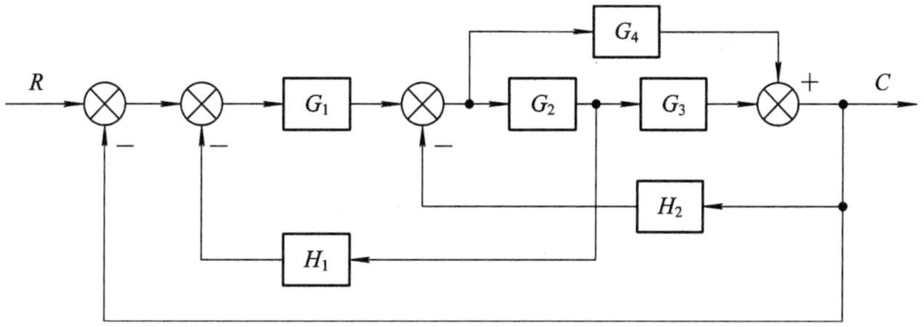

图 2-29　系统结构图

解　从图中可见有两条前向通路：第一条前向通路的传递函数 $P_1=G_1G_2G_3$，第一条

前向通路的余因子 $\Delta_1=1$；第二条前向通路的传递函数 $P_2=G_1G_4$，第二条前向通路的余因子 $\Delta_2=1$。

反馈回路有 5 个，各回路传递函数分别是

$$L_1=-G_1G_2H_1$$
$$L_2=-G_2G_3H_2$$
$$L_3=-G_1G_2G_3$$
$$L_4=-G_1G_4$$
$$L_5=-G_4H_2$$

且各回路互相接触，因而特征式

$$\Delta=1+G_1G_2H_1+G_2G_3H_2+G_1G_2G_3+G_1G_4+G_4H_2$$

由梅逊公式得系统的传递函数

$$\frac{C(s)}{R(s)}=\frac{G_1G_2G_3+G_1G_4}{1+G_1G_2H_1+G_2G_3H_2+G_1G_2G_3+G_1G_4+G_4H_2}$$

第七节 自动控制系统的传递函数

自动控制系统在工作过程中受到两类信号的作用：一类是有用信号，称做输入信号 $r(t)$；另一类是扰动，称做干扰信号 $n(t)$。输入信号 $r(t)$ 通常加在系统输入端，而干扰信号 $n(t)$ 一般是作用在受控对象上或其他元部件上。闭环控制系统典型结构图可用图 2-30 表示。

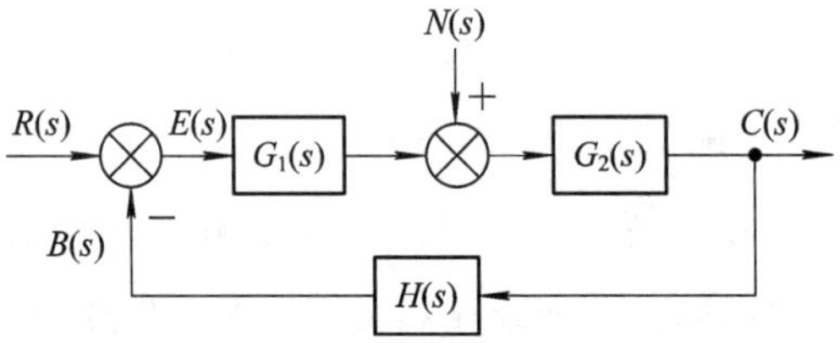

图 2-30 闭环系统典型结构

基于后面章节的需要，针对图 2-30 所示系统，下面介绍几个重要的自动控制系统传递函数的概念。

一、系统的开环传递函数

图 2-30 中，将 $H(s)$ 的输出通路断开，这时前向通路传递函数 $G_1(s)G_2(s)$ 与反馈通路传递函数 $H(s)$ 的乘积 $G_1(s)G_2(s)H(s)$ 称为该系统的开环传递函数。这里的开环传递函数并不是绪论中所述的开环控制系统的传递函数，而是指闭环系统的开环传递函数，即

$$G(s)=\frac{B(s)}{E(s)}=G_1(s)G_2(s)H(s) \tag{2-60}$$

二、系统的闭环传递函数

如不加特殊说明，闭环传递函数是指在输入信号作用下 $[n(t)=0]$ 的闭环传递函数，

用 $\Phi(s)$ 表示。图 2－30 表示的系统，其闭环传递函数为

$$\Phi(s)=\frac{C(s)}{R(s)}=\frac{G_1(s)G_2(s)}{1+G_1(s)G_2(s)H(s)} \tag{2-61}$$

对应的系统输出为

$$C(s)=\frac{G_1(s)G_2(s)}{1+G_1(s)G_2(s)H(s)}R(s)$$

它仅取决于闭环传递函数及输入信号。

三、干扰信号 $n(t)$ 作用下的闭环传递函数

为研究干扰对系统的影响，需求出 $c(t)$ 对 $n(t)$ 之间的传递函数，即 $n(t)$ 作用下的闭环传递函数。令 $r(t)=0$，求得图 2－31 所示系统的干扰作用下的闭环传递函数为

$$\Phi_n(s)=\frac{C(s)}{N(s)}=\frac{G_2(s)}{1+G_1(s)G_2(s)H(s)} \tag{2-62}$$

对应的系统输出为

$$C_n(s)=\Phi_n(s)N(s)=\frac{G_2(s)}{1+G_1(s)G_2(s)H(s)}N(s) \tag{2-63}$$

式(2－62)表明干扰的作用对系统输出将产生影响。

当 $|G_1(s)G_2(s)H(s)|\gg 1$ 时，有

$$C_n(s)\approx\frac{N(s)}{G_1(s)H(s)} \tag{2-64}$$

从式(2－63)可以看出，要减小扰动信号对系统输出的影响，可以适当提高扰动作用点之前 $G_1(s)$ 的增益。

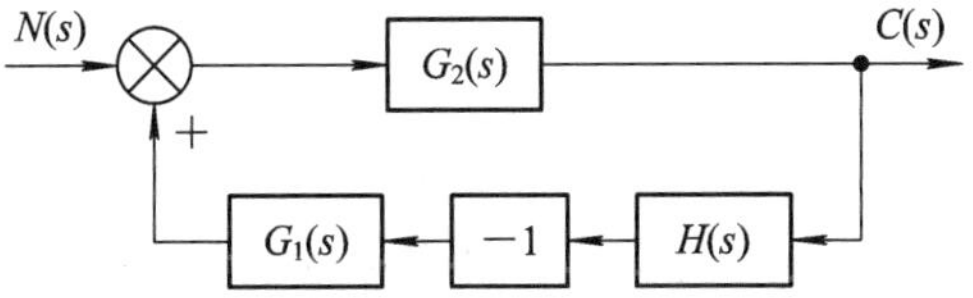

图 2－31　$n(t)$ 作用下的系统结构图

四、系统的总输出

如图 2－30 所示系统，在输入信号 $r(t)$ 和扰动信号 $n(t)$ 同时作用时，根据线性系统的基本性质叠加原理可得，系统总输出为

$$C(s)=\frac{G_1(s)G_2(s)}{1+G_1(s)G_2(s)H(s)}\cdot R(s)+\frac{G_2(s)}{1+G_1(s)G_2(s)H(s)}\cdot N(s) \tag{2-65}$$

五、闭环系统的误差传递函数

研究分析系统，除了要了解输出量随输入信号变化的规律之外，经常需要关注控制过程中误差的变化规律，因为它的大小直接反映了系统的控制精度，因此，寻求系统误差 $e(t)$ 和输入信号 $r(t)$ 及干扰作用 $n(t)$ 之间的误差传递函数就十分必要。在此设定输出量的测量值 $b(t)$ 与给定信号 $r(t)$ 之差为系统的误差，即

$$e(t) = r(t) - b(t) \quad 或 \quad E(s) = R(s) - B(s) \tag{2-66}$$

误差传递函数反映了系统的稳态误差性能，利用它可以求出各种不同情况下系统的稳态误差，因此必须求得闭环系统的误差传递函数。

(1) 当 $r(t)$作用时，设 $n(t)=0$，闭环系统的误差传递函数为 $\Phi_e(s)$。如图 2-30 所示系统，因为

$$R(s) - E(s)G_1(s)G_2(s)H(s) = E(s)$$

$$R(s) = (1 + G_1(s)G_2(s)H(s))E(s)$$

所以，得闭环系统的误差传递函数为

$$\Phi_e(s) = \frac{E(s)}{R(s)} = \frac{1}{1 + G_1(s)G_2(s)H(s)} \tag{2-67}$$

该函数可描述闭环系统的稳态性能。

(2) 当 $n(t)$作用时，设 $r(t)=0$，系统误差传递函数为 $\Phi_{en}(s)$。如图 2-30 所示系统，因为

$$(N(s) + E(s)G_1(s))G_2(s)H(s) = -E(s)$$

$$G_2(s)H(s)N(s) = -(1 + G_1(s)G_2(s)H(s))E(s)$$

所以闭环系统误差传递函数为

$$\Phi_{en}(s) = \frac{E(s)}{N(s)} = \frac{-G_2(s)H(s)}{1 + G_1(s)G_2(s)H(s)} \tag{2-68}$$

(3) 系统的总误差为

$$\begin{aligned} E(s) &= \Phi_e(s)R(s) + \Phi_{en}(s)N(s) \\ &= \frac{R(s)}{1 + G_1(s)G_2(s)H(s)} - \frac{G_2(s)H(s)N(s)}{1 + G_1(s)G_2(s)H(s)} \end{aligned} \tag{2-69}$$

考察式(2-61)、(2-62)、(2-67)、(2-68)，可以看出它们具有相同的分母，均为 $1+G_1(s)G_2(s)H(s)=1+G(s)$，可认为它们具有相同的闭环极点，故系统的稳定特性是一致的，这是闭环反馈控制的特征。这表明，无论系统中哪个变量作输出，或哪个外作用作输入，对同一反馈系统即同一闭合回路其闭环传递函数的分母相同，因此，同一闭环系统的特征方程是不变的，它与输入信号无关，也与输出信号引出点无关。但传递函数分子不同，这表明对同一系统，输入信号位置不同或输出位置不同闭环传递函数就会有不同的零点。

第八节　利用 MATLAB 求系统的传递函数

一、利用 MATLAB 进行数学模型转换

表征控制系统的数学表达式有微分方程、差分方程、传递函数、频率特性等。连续控制系统通常采用微分方程来描述。对于连续的 SISO(单输入、单输出)控制系统，设输入量为 $r(t)$，输出量为 $y(t)$，则其微分方程为

$$a_n\frac{d^{(n)}y(t)}{dt^n}+a_{n-1}\frac{d^{(n-1)}y(t)}{dt^{n-1}}+\cdots+a_1\frac{dy(t)}{dt}+a_0y(t)$$
$$=b_m\frac{d^mr(t)}{dt^m}+b_{m-1}\frac{d^{m-1}r(t)}{dt^{m-1}}+\cdots+b_1\frac{dr(t)}{dt}+b_0r(t)$$

基于此，可得系统的传递函数(Transfer Function)为

$$G(s)=\frac{Y(s)}{R(s)}=\frac{b_ms^m+b_{m-1}s^{m-1}+\cdots+b_1s+b_0}{a_ns^n+a_{n-1}s^{n-1}+\cdots+a_1s+a_0}\triangleq\frac{\text{num}(s)}{\text{den}(s)}$$

num(s)和 den(s)分别为系统的分子多项式和分母多项式。在使用 MATLAB 进行控制系统的模型转换时，按照如下的格式将分子多项式和分母多项式的系数输入到 MATLAB 的工作区：

$$\text{num}=[b_m,\ b_{m-1},\ \cdots,\ b_0]$$
$$\text{den}=[a_n,\ a_{n-1},\ \cdots,\ a_0]$$

例 2-16　设某控制系统的传递函数为

$$G(s)=\frac{8s^2+24s+16}{s^4+12s^3+47s^2+60s}$$

试采用 MATLAB 求其零点、极点和增益，并将传递函数写成零极点形式。

解　输入以下脚本命令：

```
num=[8, 24, 16];
den=[1, 12, 47, 60, 0];
sys=tf(num, den);
sys1=zpk(sys),
```

运行结果为

```
Iero/pole/gain:
8(s+2)(s+1)
----------------------
s(s+5)(s+4)(s+3)
```

即表明零极点形式的传递函数为

$$G(s)=\frac{8(s+2)(s+1)}{s(s+3)(s+4)(s+5)}$$

例 2-17　设某控制系统的传递函数为

$$G(s)=\frac{10(s+1)(s+2)}{s(s+4)(s+6)(s+25)(s+30)}$$

试采用 MATLAB 求其零点、极点和增益，并将传递函数写成零极点形式。

解　输入以下脚本命令：

```
zeros=[-1, -2];
poles=[ 0, -4, -6, -25, -30];
k=10;
sys=zpk(zeros, poles, k);
sys1=tf(sys),
```

运行结果为

```
Transfer function:
10s^2+30s+20
------------------------------------------------------
s^5+65s^4+1324s^3+8820s^2+18000s
```

即表明标准形式的传递函数为

$$G(s)=\frac{10s^2+30s+20}{s^5+65s^4+1324s^3+8820s^2+18000s}$$

二、利用MATLAB求系统的传递函数

一个复杂控制系统通常由若干个典型环节组成，必须求解出其整体传递函数才能对系统的性能进行分析，从而研究输入对输出的影响。本章前面介绍的结构图等效变换化简能够解决控制系统传递函数的手工求解。此外，还可以在MATLAB软件中利用程序对控制系统中的多环节串联、并联以及反馈连接进行化简。下面通过例子介绍化简变换方法。

1. 串联等效

将两个环节串联连接，串联后的传递函数可以通过series命令求得，其调用格式为

```
sys=series(sys1, sys2)
```

其中，sys1，sys2分别是两个串联环节的传递函数。或

```
[num, den]=series(num1, den1, num2, den2)
```

其中：num1、den1分别是其中一个串联环节传递函数的分子、分母多项式系数；num2、den2分别是另一个串联环节传递函数的分子、分母多项式系数。

例2-18　已知某系统框图中有两个环节串联，如图2-32所示，求它们串联后的等效传递函数。

解　用MATLAB求解，其程序如下：

```
num1=[1, 1]; den1=[1 10];
num2=[10]; den2=[1, 5];
[num, den]=series(num1, den1, num2, den2);
sys=tf(num,den),
```

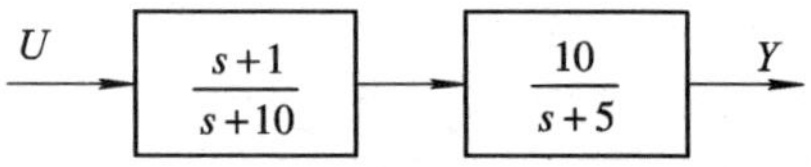

图2-32　两个环节串联

运行结果为

```
Transfer function:
10s+10
----------------------
s^2+15s+50
```

即表明两个环节串联后的传递函数为

$$G(s)=\frac{Y(s)}{U(s)}=\frac{10s+10}{s^2+15s+50}$$

2. 并联等效

将两个环节并联连接，并联后的传递函数可以通过parallel命令求得，其调用格式为

```
sys=parallel(sys1, sys2)
```

其中，sys1、sys2 分别是两个串联环节的传递函数。或

```
[num, den]=parallel(num1, den1, num2, den2)
```

其中：num1、den1 分别是其中一个并联环节传递函数的分子、分母多项式系数；num2、den2 分别是另一个并联环节传递函数的分子、分母多项式系数。

例 2-19　已知某系统框图中有两个环节并联，如图 2-33 所示，求它们并联后的等效传递函数。

解　用 MATLAB 求解，其程序如下：

```
num1=[1, 1]; den1=[1 10 ];
num2=[10]; den2=[1, 5];
[num, den]=parallel(num1, den1, num2, den2);
sys=tf(num, den)
```

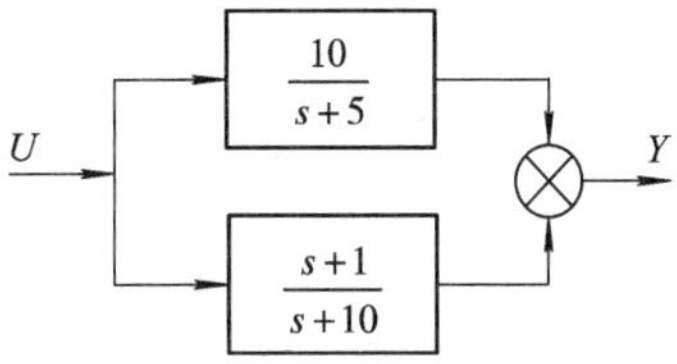

图 2-33　两个环节并联

运行结果为

```
Transfer function:
s^2+16s+105
-----------------------
s^2+15s+50
```

即表明两个环节串联后的传递函数为

$$G(s)=\frac{Y(s)}{U(s)}=\frac{s^2+16s+105}{s^2+15s+50}$$

3. 反馈等效

具有反馈连接的结构图，可以通过 feedback 命令求得化简后的传递函数，其调用格式为

```
[num, den]=feedback(num1, den1, num2, den2, ign);
```

式中：sign 为可选参数；sign＝－1 表示负反馈；sign＝1 表示正反馈。函数默认值为负反馈。

例 2-20　已知某具有负反馈的系统框图如图 2-34 所示，求反馈后的等效传递函数。

解　用 MATLAB 求解，其程序如下：

```
num1=[1, 1]; den1=[1 10 ];
num2=[1]; den2=[1, 5];
[num, den]=feedback(num1, den1, num2, den2);
sys=tf(num, den)
```

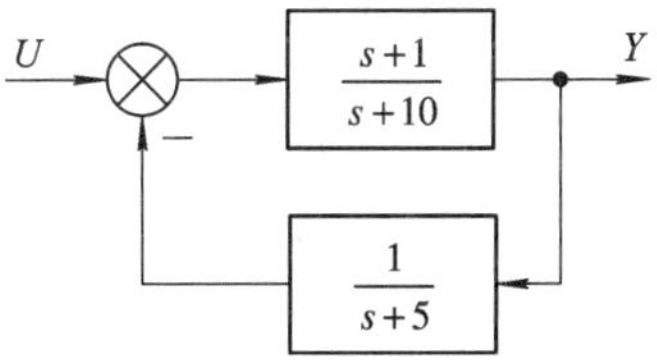

图2-34　具有反馈环节的控制系统

运行结果为

```
Transfer function:
s^2+6s+5
-----------------------
s^2+16s+51
```

即表明两个环节串联后的传递函数为

$$G(s)=\frac{Y(s)}{U(s)}=\frac{s^2+6s+5}{s^2+16s+51}$$

有了以上几个基本操作，便可方便快捷地利用 MATLAB 进行控制系统的结构图变换化简。读者可自行验证本章前述的各个例题。

【习　　题】

2-1　试列写图 2-35 所示各网络的微分方程。其中，u_1 为输入变量，u_2 为输出变量。

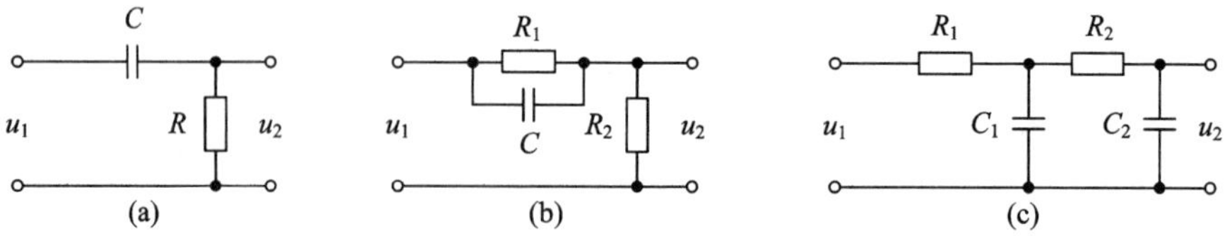

图 2-35

2-2　试列写图 2-36 所示机械系统的微分方程式。其中，F 为输入变量，y_1 和 y_2 为输出变量。

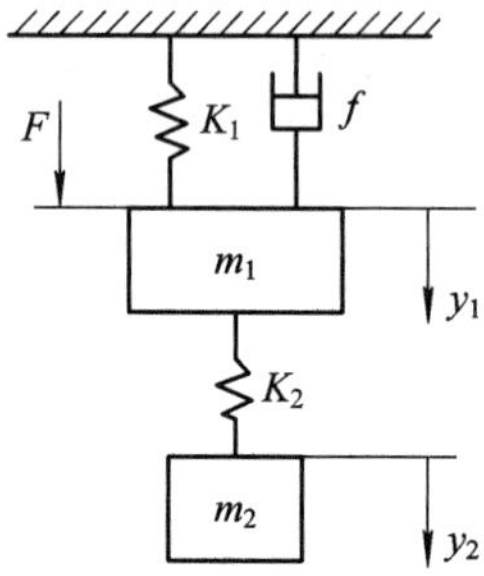

图 2-36

2-3　试求图 2-37 所示各运算放大器的传递函数 $U_c(s)/U_r(s)$ 。

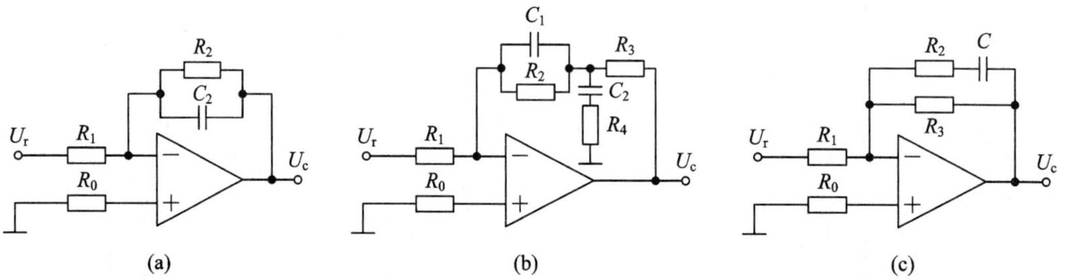

图 2-37

2-4　管道中通过阀门的流量 q 与阀门前后的压差 p 的平方根成正比，即

$$q = K\sqrt{p}$$

设系统在流量 q_0 附近作微小变化，试将流量方程线性化。

2-5　系统的微分方程组如下：

$$x_1(t) = r(t) - c(t) + n_1(t)$$

$$x_2(t) = K_1 x_1(t)$$

$$x_3(t) = x_2(t) - x_5(t)$$

$$T\frac{\mathrm{d}x_4(t)}{\mathrm{d}t} = x_3(t)$$

$$x_5(t) = x_4(t) - K_2 n_2(t)$$

$$K_0 x_5(t) = \frac{\mathrm{d}^2 c(t)}{\mathrm{d}t^2} + \frac{\mathrm{d}c(t)}{\mathrm{d}t}$$

其中，K_0、K_1、K_2、T 均为正常数。试建立系统的动态结构图，并求传递函数 $C(s)/R(s)$、$C(s)/N_1(s)$、$C(s)/N_2(s)$。

2-6　已知某系统满足的微分方程组为

$$e(t) = 10r(t) - b(t)$$

$$6\frac{\mathrm{d}c(t)}{\mathrm{d}t} + 10c(t) = 20e(t)$$

$$20\frac{\mathrm{d}b(t)}{\mathrm{d}(t)} + 5b(t) = 10c(t)$$

(1) 画出系统的结构图；

(2) 求传递函数$\dfrac{C(s)}{R(s)}$及$\dfrac{E(s)}{R(s)}$。

2-7　变换并化简图 2-38 所示各系统的结构图，并求传递函数 $C(s)/R(s)$。

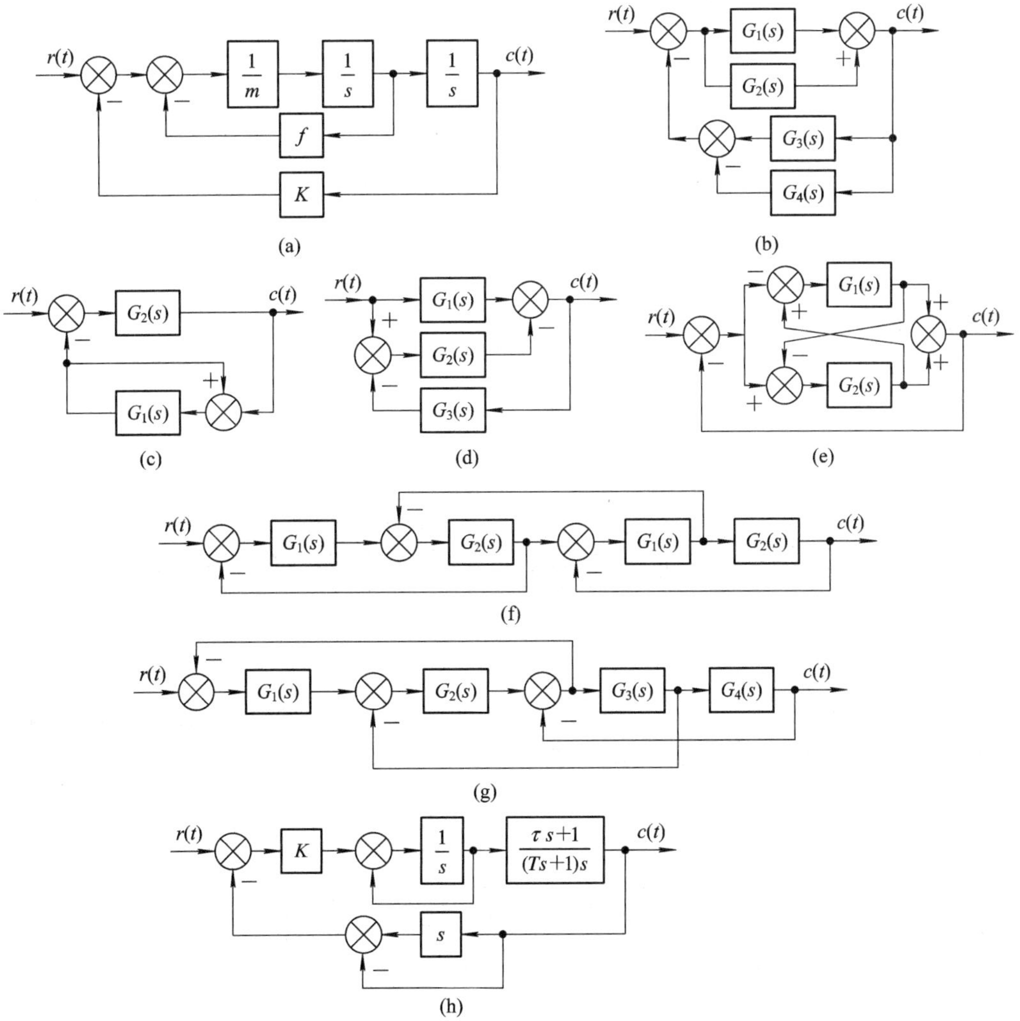

图 2-38

2-8　一发电机电动机组如图2-39所示。

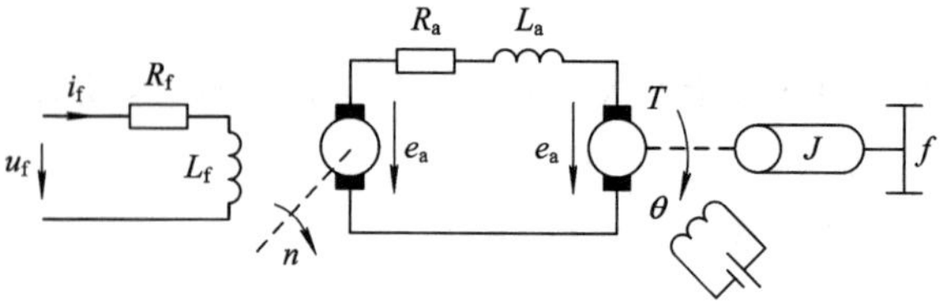

图 2-39

其中：R_f—— 发电机激磁绕组的电阻；

L_f—— 发电机激磁绕组的电感；

u_f—— 发电机激磁绕组上的输入电压；

i_f—— 发电机激磁绕组的电流；

R_a—— 两电枢绕组的电阻；

L_a—— 两电枢绕组的电感；

e_a—— 发电机电枢感应电势；

i_a—— 电枢电流；

n —— 发电机电枢转子的恒定转速；

e_b—— 电动机电枢反电势；

θ —— 电动机轴角位移；

T —— 电动机产生的主动力矩；

J —— 电动机和折合到电动轴上的总的等效转动惯量；

f —— 折合至电动机轴上总的等效黏滞摩擦系数。

试建立输出量θ对输入量u_f的动态方程，并求其传递函数。

2-9　试求图2-40所示系统的$C(s)/R(s)$、$C(s)/N(s)$。欲消除干扰的影响，求$G_0(s)$。

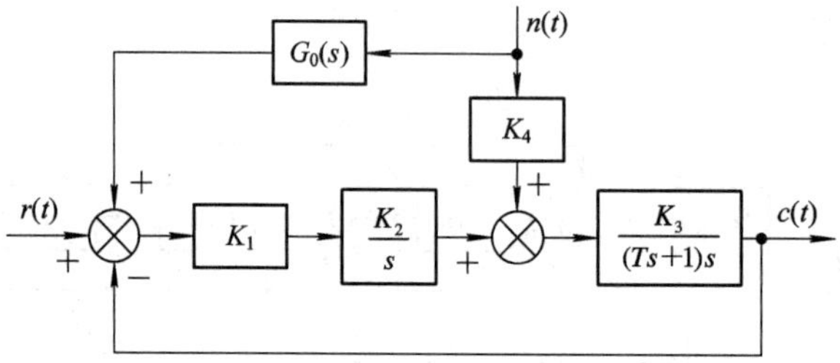

图 2-40

2-10　用梅逊公式求习题2-7中各系统的传递函数。并与用结构图简化求得结果相比较。

2-11　试求图2-41所示系统的传递函数$C(s)/R(s)$、$C(s)/N(s)$、$E(s)/R(s)$和$E(s)/N(s)$。

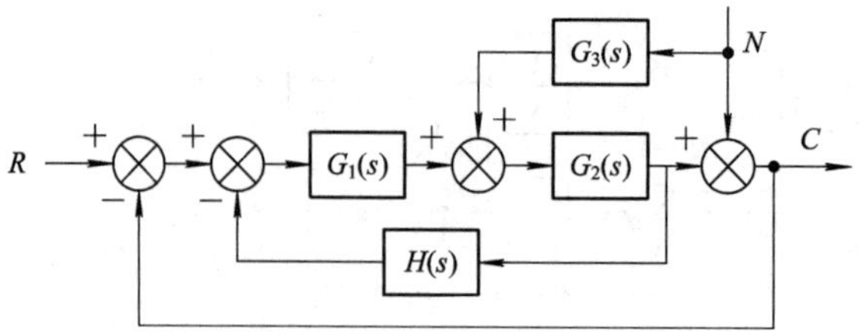

图 2-41

第三章　时域分析法

在经典控制理论中，常用的分析方法有时域分析法、根轨迹法和频率响应法。所谓时域分析，就是根据控制系统的时域响应来分析系统的稳定性、暂态性能和稳态精度。与其他分析方法比较，时域分析法是一种直接分析方法，具有直观和准确的优点，并能提供系统时间响应的全部信息。尤其适用于对二阶系统性能的分析与计算。对三阶以上的高阶系统则可采用频率响应法或根轨迹分析法。

怎样分析系统：首先建模，二是规定典型信号，三是求出系统输出，对系统进行研究分析。分析一个控制系统的运动，必须先判定该系统是否稳定。即使负反馈控制系统是稳定的，它的运动质量也有优劣之分。图 3－1 表示三个系统输出变化过程。系统 1 过慢，系统 2 超调量过大，系统 3 的动态性能比另两个系统好。动态性能的优劣及精度的高低在工程上也至关重要。

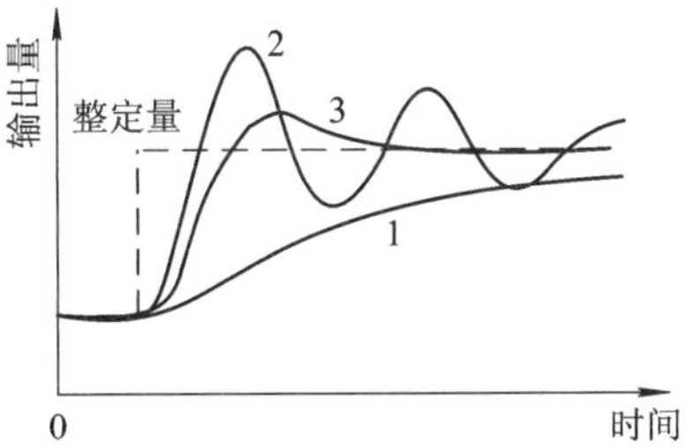

图 3－1　随动系统的动态性能

第一节　典型输入信号

一个系统的时间响应 $c(t)$不仅取决于系统本身的结构、参数，还同系统的初始状态和输入信号有关。

规定控制系统的初始状态均为零状态，即在 $t=0^-$ 时刻，输出信号及其各阶导数均为零。也就是说，在输入作用加于系统之前，系统是相对静止的。

在通常的情况下，自动控制系统外加输入信号是时间的随机函数，或不能用简单的数学形式来表示。为了在分析、设计各种自动控制系统时，有一个对不同系统的性能进行比较的基础，必须规定一些典型的试验信号，即典型输入信号。试验信号应具有以下特点：首先，典型试验信号能够反映系统的实际工作情况，或比系统可能遇到的情况更恶劣；其次，这些信号可以用简单的数学形式来描述；其三，这些信号易于通过实验产生，以便由实验来验证控制系统的设计结果。常用典型信号有以下五种。

1. 阶跃函数

阶跃函数的定义为

$$r(t)=\begin{cases}R & (t\geqslant 0)\\ 0 & (t<0)\end{cases}\tag{3-1}$$

式中，R 为常数，称为阶跃函数的阶跃值。$R=1$ 的阶跃函数称为单位阶跃函数，记为 $1(t)$，如图3-2所示，其拉氏变换为

$$R(s)=\mathscr{L}[r(t)]=\mathscr{L}[1(t)]=\frac{1}{s}\tag{3-2}$$

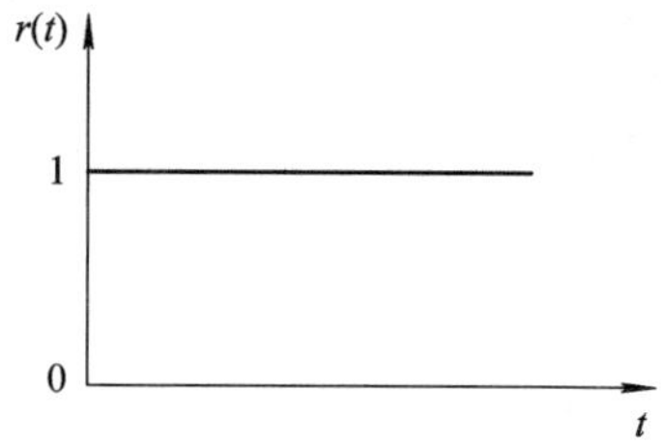

图 3-2　单位阶跃函数

该信号主要在分析系统的动态性能指标和精度指标时用到。

2. 斜坡函数(等速度函数)

斜坡函数的定义为

$$r(t)=\begin{cases}Rt & (t\geqslant 0)\\ 0 & (t<0)\end{cases}\tag{3-3}$$

它等于阶跃函数对时间的积分，斜坡函数的导数就是阶跃函数。当 $R=1$ 时，称为单位斜坡函数，如图 3-3 所示。

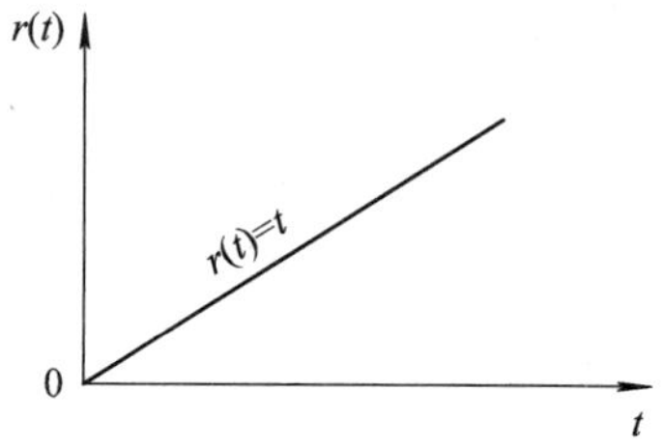

图 3-3　单位斜坡函数

单位斜坡函数的拉氏变换为

$$R(s)=\mathscr{L}[r(t)]=\frac{1}{s^2}\tag{3-4}$$

该信号主要在分析系统的精度指标时用到。

3. 抛物线函数(等加速度函数)

抛物线函数的定义为

$$r(t)=\begin{cases}\dfrac{1}{2}Rt^2 & (t\geqslant 0)\\ 0 & (t<0)\end{cases}\tag{3-5}$$

当 $R=1$ 时，称为单位抛物线函数，如图 3-4 所示。单位抛物线函数的拉氏变换为

$$R(s)=\mathscr{L}[r(t)]=\mathscr{L}\left[\frac{1}{2}t^2\right]=\frac{1}{s^3}\tag{3-6}$$

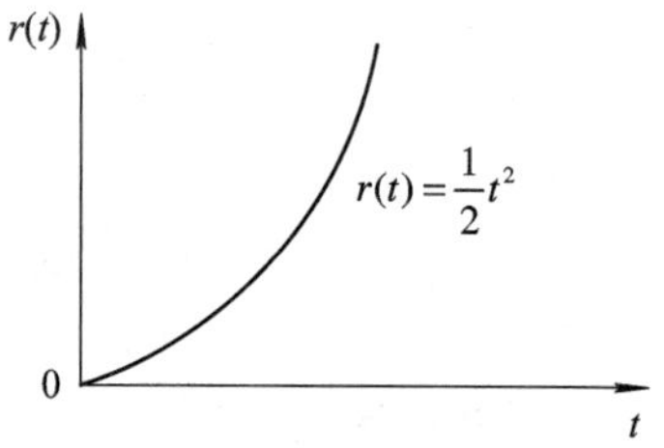

图 3-4　单位抛物线函数

该信号主要在分析系统的精度指标时用到。

4. 单位脉冲函数

脉冲函数又称冲激函数。单位脉冲函数记为 $\delta(t)$，其定义为

$$\begin{cases}r(t)=\delta(t)=\begin{cases}\infty & (t=0)\\ 0 & (t\neq 0)\end{cases}\\ \displaystyle\int_{-\infty}^{\infty}\delta(t)\,\mathrm{d}t=1\end{cases}\tag{3-7}$$

拉氏变换为

$$R(s) = \mathscr{L}[\delta(t)] = 1 \tag{3-8}$$

脉冲函数只是数学上的概念，在工程控制系统中是不可能发生的。但是引入单位脉冲函数后，对线性系统的分析、研究将十分方便。在实际的控制系统中，只要输入信号的强度足够，并且持续时间短到与系统的时间常数相比可以忽略不计时，则可认为输入信号为脉冲函数。

该信号主要在分析系统稳定性时用到。

5. 正弦函数

典型正弦函数为

$$r(t) = A\sin\omega t \tag{3-9}$$

式中：A 为振幅；ω 为角频率。

以正弦函数作为输入信号，当输入频率变化时，就可以求得系统在不同频率的输入作用时的稳态响应，这种响应称为频率响应。有关频率响应的内容将在第五章中详细介绍。

第二节　系统的时域性能指标

系统的时域性能指标主要指稳定性、动态性能指标和稳态性能指标。稳定性本身就是一项最重要的指标，系统只有在稳定的情况下，才有动态性能指标和稳态性能指标，并且用这两类性能指标来评价系统的优劣。

一个稳定的控制系统，其时间响应从时间顺序上，可以划分为动态和稳态两个过程。动态过程又称为暂态过程或过渡过程，是指系统从初始状态到接近最终状态的响应过程；稳态过程是时间 t 趋于无穷时系统的输出状态。动态和稳态两个过程的特点反映了控制系统的性能。

一、稳定性

若线性控制系统在初始扰动为单位脉冲函数 $\delta(t)$ 作用下，其动态过程随时间的推移逐渐衰减并趋于零，即 $\lim\limits_{t\to\infty} c(t)=0$，则称系统稳定；反之，若在初始作用影响下，系统的动态过程随时间的推移而发散，即 $\lim\limits_{t\to\infty} c(t)=\infty$，则称系统不稳定。

二、动态性能指标

描述稳定的系统在单位阶跃函数作用下，动态过程随时间 t 的变化状况的指标，称为动态性能指标。初始条件为零时，控制系统单位阶跃响应曲线如图 3-5 所示。各动态性能指标定义如下。

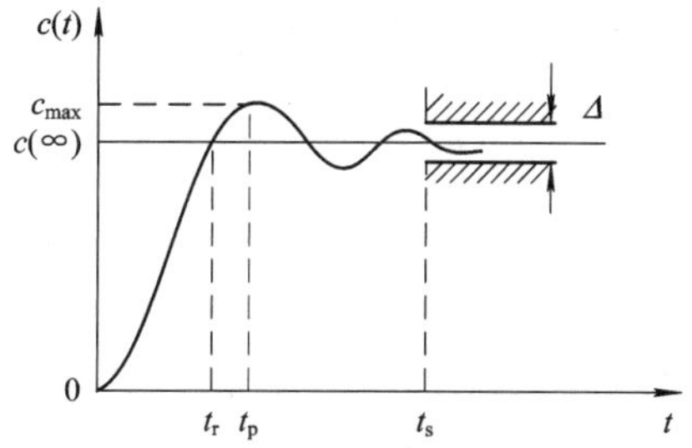

图 3-5　单位阶跃响应

1. 上升时间 t_r

系统的阻尼系数不同，规定上升时间的范围也不同，如过阻尼系统的上升时间定义为响应由稳态值的 10%上升到稳态值的 90%所需要的时间。而欠阻尼系统的上升时间则定义为响应由零值上升到第一次到达稳态值所需的时间。

2. 峰值时间 t_p

阶跃响应由零值上升到第一个峰值所需的时间，称为峰值时间。

3. 最大超调量 $\sigma\%$

最大超调量(简称超调量)的定义如下：

$$\sigma\% = \frac{c(t_p) - c(\infty)}{c(\infty)} \times 100\% \tag{3-10}$$

式中：$c(t_p)$ 是响应的最大瞬时值；$c(\infty)$ 是响应的稳态值。

4. 调整时间 t_s

调整时间是指当 $c(t)$ 和 $c(\infty)$ 之间误差达到规定的允许值，并且以后不再超过此值所需的最短时间。调整时间又称做过渡过程时间。用数学形式表示为满足下列不等式所需的最短时间：

$$|c(t) - c(\infty)| \leqslant \Delta \tag{3-11}$$

式中，Δ 为规定的误差允许值。通常取 Δ 为稳态值的 2%或 5%。

除上述指标外，还有延迟时间 t_d，指响应曲线第一次达到其终值一半所需的时间；振荡次数 N，指在调整时间内，响应曲线上下振荡的次数。

以上各种动态性能指标中常用的动态性能指标多为上升时间、超调量和调整时间。上升时间 t_r、峰值时间 t_p 均表征系统响应初始阶段的快慢；超调量 $\sigma\%$是反映系统响应过程的平稳性，调整时间 t_s 表示系统过渡过程的持续时间，从总体上反映了系统的快速性和平稳性。

三、稳态性能指标(精度指标)

系统的稳态性能指标用稳态误差 e_{ss}(也称为静态误差)来描述，通常在阶跃函数、斜坡函数或加速度函数作用下进行测定或计算，分别称为位置误差、速度误差和加速度误差。当时间趋于无穷时，若系统的输出量不等于输入量，或输出量的期望值不等于输出量的实际值，则系统存在稳态误差。稳态误差反映了控制系统复现输入信号的控制精度或抗扰动能力的一种度量。

第三节　控制系统的稳定性

任何一个自动控制系统正常运行的首要条件是，它必须是稳定的。因此，判别系统的稳定性和使系统处于稳定的工作状态，是自动控制的基本问题之一。

一、稳定的基本概念

设系统处于某平衡状态，由于扰动的作用，系统偏离了原来的平衡状态，但当扰动消失后，经过足够长的时间，系统恢复到原来的起始平衡状态，则称这样的系统是稳定的，或具有稳定性；否则，系统是不稳定的。稳定性是系统去掉扰动以后，系统自身的一种恢复能力，是系统本身固有的特性。它仅仅取决于系统的结构参数，而与初始条件及输入信号无关。

从上节稳定性的定义我们得到，如果系统所有的闭环特征根(闭环极点)都分布存在 s

平面左半部，则系统的暂态分量随时间增加逐渐消失为零，这种系统是稳定的。如果有一个或一个以上的闭环特征根位于 s 平面右半部，则此系统是不稳定的。如果有部分根位于 s 平面虚轴上，而其余根位于左半 s 平面，则系统是临界稳定。临界稳定也属于不稳定，它是不稳定的一种特殊情况。

综上所述，线性系统稳定的充分必要条件：系统闭环特征方程式所有的根均位于 s 平面左半部(不包括虚轴)。这个稳定性判据也称为极点、稳定性判据。但是对于高阶系统，求解特征方程式的根是件很困难的工作。因此，一般都采用间接方法来判别特征方程的根是否全部位于 s 的左半平面。

二、劳斯(Routh)判据

1. 系统稳定的必要条件

1) 一阶系统

一阶系统的特征方程为

$$a_1 s + a_0 = 0$$

特征方程的根为

$$s = -\frac{a_0}{a_1}$$

特征方程的根为负的必要条件是 a_1、a_0 必须大于零。

2) 二阶系统

设二阶系统的特征方程为

$$a_2 s^2 + a_1 s + a_0 = 0$$

特征方程式的根为

$$s_{1,2} = -\frac{a_1}{2a_2} \pm \sqrt{\left(\frac{a_1}{2a_2}\right)^2 - \frac{a_0}{a_2}}$$

使特征根全部位于 s 左半平面的条件：a_0、a_1、a_2 均为正值。

3) 高阶系统

设高阶系统的特征方程式为

$$a_n s^n + a_{n-1} s^{n-1} + \cdots + a_1 s + a_0 = a_n(s - p_1)(s - p_2)\cdots(s - p_n) = 0 \tag{3-12}$$

式中，p_1、p_2、…、p_n 为特征根。由式(3-53)求得特征根与系数的关系为

$$\begin{cases} \dfrac{a_{n-1}}{a_n} = (-1)\sum\limits_{i=1}^{n} p_i \\ \dfrac{a_{n-2}}{a_n} = \sum\limits_{\substack{i=1\\j=1}}^{n} p_i p_j \quad (i \neq j) \\ \dfrac{a_{n-3}}{a_n} = \sum\limits_{\substack{i=1\\j=1\\k=1}}^{n} p_i p_j p_k \quad (i \neq j \neq k) \\ \quad\vdots \\ \dfrac{a_0}{a_n} = (-1)^n \prod\limits_{i=1}^{n} p_i \end{cases} \tag{3-13}$$

由式(3-13)可知，式(3-12)的所有特征根均位于 s 左半平面的必要条件：

(1) 特征方程多项式的所有系数具有相同符号。

(2) s 多项式所有的系数都不为零。

如果系统的特征方程式不满足上述条件，则可立即断定系统是不稳定的；如果满足上述条件，则断定系统不一定是稳定的，因为它只是必要条件。

2. 劳斯判据

1) 劳斯行列表

应用劳斯稳定判据时，必须借助特征方程式的系数编制一个表格，此表格称为劳斯行列表，其编制方法如下所示。

设系统特征方程式为

$$a_n s^n + a_{n-1} s^{n-1} + \cdots + a_1 s + a_0 = 0$$

编制出的劳斯行列表为

$$\begin{array}{llllll}
s^n & a_n & a_{n-2} & a_{n-4} & a_{n-6} & \cdots \\
s^{n-1} & a_{n-1} & a_{n-3} & a_{n-5} & a_{n-7} & \cdots \\
s^{n-2} & b_1 & b_2 & b_3 & b_4 & \cdots \\
s^{n-3} & c_1 & c_2 & c_3 & c_4 & \cdots \\
s^{n-4} & d_1 & d_2 & d_3 & d_4 & \cdots \\
\vdots & \vdots & \vdots & \vdots & & \\
s^2 & e_1 & e_2 & & & \\
s^1 & f_1 & & & & \\
s^0 & g_1 & & & &
\end{array}$$

表中各元素由下列公式计算：

$$b_1 = -\frac{1}{a_{n-1}}\begin{vmatrix} a_n & a_{n-2} \\ a_{n-1} & a_{n-3} \end{vmatrix},\quad b_2 = -\frac{1}{a_{n-1}}\begin{vmatrix} a_n & a_{n-4} \\ a_{n-1} & a_{n-5} \end{vmatrix},\quad b_3 = -\frac{1}{a_{n-1}}\begin{vmatrix} a_n & a_{n-6} \\ a_{n-1} & a_{n-7} \end{vmatrix},\quad \cdots$$

直到其余的 b 值均为零；

$$c_1 = -\frac{1}{b_1}\begin{vmatrix} a_{n-1} & a_{n-3} \\ b_1 & b_2 \end{vmatrix},\quad c_2 = -\frac{1}{b_1}\begin{vmatrix} a_{n-1} & a_{n-5} \\ b_1 & b_3 \end{vmatrix},\quad c_3 = -\frac{1}{b_1}\begin{vmatrix} a_{n-1} & a_{n-7} \\ b_1 & b_4 \end{vmatrix},\quad \cdots$$

$$d_1 = -\frac{1}{c_1}\begin{vmatrix} b_1 & b_2 \\ c_1 & c_2 \end{vmatrix},\quad d_2 = -\frac{1}{c_1}\begin{vmatrix} b_1 & b_3 \\ c_1 & c_3 \end{vmatrix},\quad d_3 = -\frac{1}{c_1}\begin{vmatrix} b_1 & b_4 \\ c_1 & c_4 \end{vmatrix},\quad \cdots$$

一直计算到第 n 行。下面几行元素较少，最后一行只有一个元素。

2) 劳斯判据

系统稳定的充要条件：劳斯行列表左边第一列所有元素均为正值或同号，即特征根均位于 s 左半平面；反之，如果第一列元素出现负值，系统是不稳定的，且元素符号改变的次数等于特征方程右根的个数。

3) 判断稳定性

应用劳斯判据判断系统的稳定性，不需求出特征根，这对高阶系统尤为方便。然而，劳斯判据不能说明为了避免系统不稳定，应该采取的校正途径。

例 3-1 系统的特征方程式为

$$s^4+3s^3+3s^2+2s+2=0$$

试用劳斯判据判定系统的稳定性。

解 根据编制劳斯行列表的方法，编制劳斯行列表如下：

$$\begin{array}{llll}
s^4 & 1 & 3 & 2 \\
s^3 & 3 & 2 & 0 \\
s^2 & -\dfrac{(1)\cdot(2)-(3)\cdot(3)}{3}=\dfrac{7}{3} & -\dfrac{(1)\cdot(0)-(3)\cdot(2)}{3}=2 & 0 \\
s^1 & -\dfrac{3}{7}\left[(3)\cdot(2)-\left(\dfrac{7}{3}\right)\cdot(2)\right]=-\dfrac{4}{7} & 0 & \\
s^0 & \dfrac{7}{4}\left[\left(\dfrac{7}{3}\right)\cdot(0)-\left(-\dfrac{7}{4}\right)\cdot(2)\right]=2 & &
\end{array}$$

由于劳斯行列表第一列元素符号改变次数为 2，即由 7/3 变为 $-4/7$，再由 $-4/7$ 变为 2，所以系统是不稳定的，且有两个根位于 s 右半平面。

例 3-2 已知系统的结构图如图 3-6 所示，试确定使系统稳定的 K 值范围。

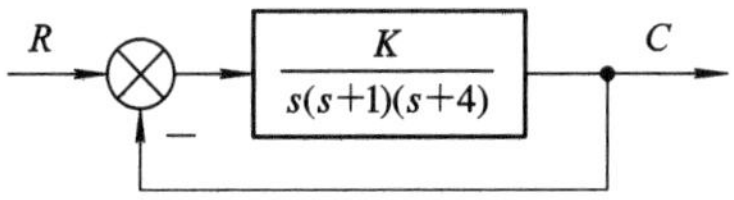

图 3-6 例 3-2 结构图

解 闭环系统的传递函数为

$$\Phi(s)=\frac{K}{s^3+5s^2+4s+K}$$

特征方程式为

$$s^3+5s^2+4s+K=0$$

劳斯行列表为

$$\begin{array}{lcc}
s^3 & 1 & 4 \\
s^2 & 5 & K \\
s^1 & \dfrac{20-K}{5} & 0 \\
s^0 & K &
\end{array}$$

为使系统稳定，劳斯行列表第一列元素全部为正值，即

$$\begin{cases} K>0 \\ 20-K>0 \end{cases}$$

因此 K 的取值范围是 $0<K<20$。这是利用劳斯判据，求解系统参数的稳定域。

例 3-3 设控制系统的特征方程式为

$$s^5+s^4+3s^3+3s^2+2s+2=0$$

试判断该系统的稳定性。

解 作劳斯行列表：

$$\begin{array}{cccc}
s^5 & 1 & 3 & 2 \\
s^4 & 1 & 3 & 2 \\
s^3 & 0 & 0 & 0
\end{array}$$

劳斯行列表第三行的全部元素都为零。如果仅对系统的稳定性感兴趣，那么计算到第三行系数后就可不必往下计算了。因为第一列元素不完全是正的，系统肯定是不稳定的。如果还要了解某些根的性质，就必须完成行列表。

对于出现某一行元素全为零的情况，可用靠该行上面一行的元素作为系数构成一个辅助方程式：

$$Q(s) = s^4 + 3s^2 + 2 = 0$$

并用对 s 求一次导数所得到的新方程式

$$4s^3 + 6s = 0$$

的系数代替全为零的该行的系数，继续完成劳斯行列表。对该题继续完成行列表如下：

$$\begin{array}{llll}
s^5 & 1 & 3 & 2 \\
s^4 & 1 & 3 & 2 \\
s^3 & 4 & 6 & \\
s^2 & \dfrac{3}{2} & 2 & \leftarrow \text{辅助方程导数的系数} \\
s^1 & \dfrac{2}{3} & & \\
s^0 & 2 & &
\end{array}$$

第一列元素符号并不改变，所以系统无右半 s 平面的根，但因为原来有一行元素为零，所以系统是不稳定的。说明特征方程有位于 s 平面虚轴上的根。这类根可由辅助方程式求得。由辅助方程式得

$$s_{1,2}^2 = -1, -2$$

所以有

$$s_{1,2} = \pm \mathrm{j} \qquad s_{3,4} = \pm \mathrm{j}\sqrt{2}$$

例 3-4　某系统特征方程式为

$$s^4 + 2s^3 + s^2 + 2s + 1 = 0$$

试用劳斯稳定判据判断其稳定性。

解　在编制劳斯行列式时，如发现某一行中的第一列元素为零，而其他元素不为零，即可判定该系统不稳定。这时如需了解根的情况，可用一个很小的正数 ε 代替这个为零的元素，并继续完成劳斯行列表。本例属于这种情况，即

$$\begin{array}{llll}
s^4 & 1 & 1 & 1 \\
s^3 & 2 & 2 & 0 \\
s^2 & 0(\approx \varepsilon) & 1 & \\
s^1 & 2 - \dfrac{2}{\varepsilon} & & \\
s^0 & 1 & &
\end{array}$$

由于 ε 是很小的正数，s^1 行第一列元素就是一个绝对值很大的负数。劳斯行列表第一列元素符号改变两次，说明系统有两个特征根位于 s 右半平面。若 ε 上、下行第一列元素符号相同，说明系统有特征根位于 s 平面虚轴上。

3. 劳斯稳定判据的应用

为了使稳定的控制系统具有良好的动态性能，即不仅要求系统的全部特征根在 s 左半平面，而且还希望能与虚轴有一定的距离 α。α 通常称为给定稳定度，简称稳定度。应用劳斯稳定判据可以确定稳定度 α，使系统特征根全部位于 $s=-\alpha$ 垂线之左的参数取值范围，还可以确定系统一个或两个可调参数对系统稳定性的影响，即确定一个或两个使系统稳定的参数取值范围。

例 3-5　设比例-积分(PI)控制系统如图 3-7 所示。其中，K_1 为与积分器时间常数有关的待定参数。已知参数 $\zeta=0.2$ 及 $\omega_n=86.6$，试用劳斯判据确定使闭环系统稳定的 K_1 取值范围。如果要求闭环系统的极点全部位于 $s=-1$ 垂线之左，问此时 K_1 取值范围应取多少？

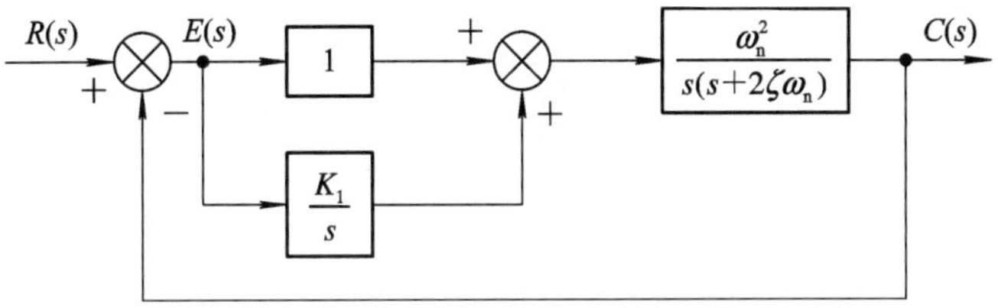

图 3-7　比例-积分控制系统

解　根据图 3-7 可写出系统的闭环传递函数为

$$\Phi(s)=\frac{\omega_s^2(s+K_1)}{s^3+2\zeta\omega_n s^2+\omega_n^2 s+K_1\omega_n^2}$$

系统的闭环特征方程为

$$D(s)=s^3+2\zeta\omega_n s^2+\omega_n^2 s+K_1\omega_n^2=0$$

代入已知的 ζ 与 ω_n，得

$$D(s)=s^3+34.6s^2+7500s+7500K_1=0$$

列出相应的劳斯表为

s^3	1	7500
s^2	34.6	$7500K_1$
s^1	$\frac{34.6\times7500-7500K_1}{34.6}$	0
s^0	$7500K_1$	

根据劳斯稳定判据，令劳斯表中第一列各元素为正，求得 K_1 的取值范围为

$$0<K_1<34.6$$

当要求闭环极点全部位于 $s=-1$ 垂线左边时，可令 $s=s_1-1$，代入原特征方程，得到如下新特征方程：

$$(s_1-1)^3+34.6(s_1-1)^2+7500(s_1-1)+7500K_1=0$$

整理得

$$s_1^3+31.6s_1^2+7433.8s_1+(7500K_1-7466.4)=0$$

相应的劳斯表为

s_1^3	1	7433.8
s_1^2	31.6	$7500K_1-7466.4$
s_1^1	$\dfrac{31.6\times7433.8-(7500K_1-7466.4)}{31.6}$	0
s_1^0	$7500K_1-7466.4$	

令劳斯表中第一列各元素为正，得使全部闭环极点位于 $s=-1$ 垂线之左的 K_1 取值范围：

$$1<K_1<32.3$$

如果需要确定系统其他参数，例如时间常数对系统稳定性的影响，方法类似。一般情况，这种待定参数不能超过两个。

例 3-6　图 3-8 为由一个积分环节和两个惯性环节所组成的闭环系统，试分析系统中增益 K 及时间常数 T_1 和 T_2 的大小对系统稳定性的影响。

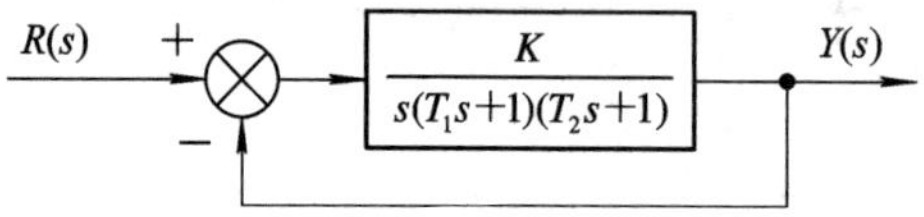

图 3-8　三阶闭环系统

解　系统的闭环传递函数为

$$G(s)=\frac{K}{s(T_1s+1)(T_2s+1)+K}$$

其中，K 为系统的开环增益。系统的特征方程为

$$D(s)=s(T_1s+1)(T_2s+1)+K=T_1T_2s^3+(T_1+T_2)s^2+s+K=0$$

列出相应的劳斯表为

s^3	T_1T_2	1
s^2	T_1+T_2	K
s^1	$-\dfrac{T_1T_2K-(T_1+T_2)}{T_1+T_2}$	
s^0	K	

系统稳定时，应满足

$$T_1+T_2>KT_1T_2$$

即

$$K<\frac{1}{T_1}+\frac{1}{T_2}=K_c$$

所以，当 $K>K_c$ 时，系统不稳定；当 $K=K_c$ 时，系统为临界稳定。

由此可知，系统参数 K、T_1 和 T_2 对系统稳定性的影响如下：

(1) 当 $0<K<K_c$ 时，系统是稳定的。

(2) 增大时间常数 T_1 和(或)T_2，对系统的稳定性不利，将使系统的增益 K 的取值范围变小。

(3) 减少时间常数的个数，对系统稳定性有利，如对于本例的三阶系统，若减少一个时间常数，则系统变成为二阶系统，其允许增益 K 可为无穷大。

三、霍尔维茨(Hurwitz)判据

设系统的特征方程为

$$a_n s^n + a_{n-1} s^{n-1} + \cdots + a_1 s + a_0 = 0$$

并且 a_n 为正值。用各项系数按下列格式构成霍尔维茨行列式：

$$\boldsymbol{D}_n = \begin{vmatrix} a_{n-1} & a_{n-3} & a_{n-5} & \cdots & 0 \\ a_n & a_{n-2} & a_{n-4} & \cdots & 0 \\ 0 & a_{n-1} & a_{n-3} & \cdots & 0 \\ 0 & a_n & a_{n-2} & \cdots & 0 \\ \vdots & \vdots & \vdots & & \vdots \\ 0 & 0 & 0 & \cdots & a_0 \end{vmatrix}$$

该行列式为 $n\times n$ 阶；其主对角线上各元素依次为 a_{n-1}，a_{n-2}，…，a_0；式中各列元素是以主对角线上元素为基准，自上而下按下标递增的顺序排列；其余元素(即对应于下标大于 n 或小于 0 的元素)均填入零。

霍尔维茨判据系统特征方程的全部根都为稳定根的充分和必要条件是霍尔维茨行列式的各阶主子式均大于零，即

$$\boldsymbol{D}_1 = a_{n-1} > 0;\quad \boldsymbol{D}_2 = \begin{vmatrix} a_{n-1} & a_{n-3} \\ a_n & a_{n-2} \end{vmatrix} > 0;\ \cdots;\ \boldsymbol{D}_n > 0$$

当 n 增大时，霍尔维茨判据的计算量也迅速增大。所以，霍尔维茨判据通常只用于 $n\leqslant 6$ 的系统。实际运算中往往采用劳斯判据，但霍尔维茨判据为稳定性判断提供了不同的手段、途径，所以仍具有理论价值。霍尔维茨判据的实质和劳斯判据是一样的。

例 3-7　设系统特征方程为

$$2s^4 + s^3 + 3s^2 + 5s + 10 = 0$$

试用霍尔维茨判据判断该系统的稳定性。

解　观察特征方程，可知满足系统稳定的必要条件。所以，列出的 4 阶霍尔维茨行列式如下：

$$\boldsymbol{D} = \begin{vmatrix} 1 & 5 & 0 & 0 \\ 2 & 3 & 10 & 0 \\ 0 & 1 & 5 & 0 \\ 0 & 2 & 3 & 10 \end{vmatrix}$$

不难求出：$\boldsymbol{D}_1=1>0$，$\boldsymbol{D}_2=-7<0$，$\boldsymbol{D}_3=-45<0$，$\boldsymbol{D}_4=-450<0$。

所以系统是不稳定的。

第四节　一阶系统时域分析

由一阶微分方程描述的系统，称为一阶系统。图 3-9 所示的自动控制系统就是一阶控制系统。它的传递函数为

$$\Phi(s) = \frac{C(s)}{R(s)} = \frac{1}{Ts+1} \qquad (3-14)$$

式中，$T>0$，系统总是稳定的。

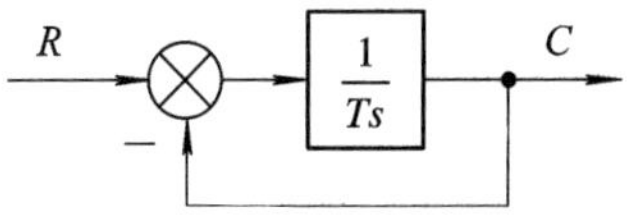

图 3-9　一阶控制系统

一、一阶系统的单位阶跃响应

因为单位阶跃输入信号的拉氏变换为

$$R(s)=\frac{1}{s}$$

则输出信号的拉氏变换为

$$C(s)=\Phi(s)\cdot R(s)=\frac{1}{Ts+1}\frac{1}{s}$$

求 $C(s)$ 的拉氏反变换，可得单位阶跃响应为

$$c(t)=\mathscr{L}^{-1}\left[\frac{1}{Ts+1}\frac{1}{s}\right]=\mathscr{L}^{-1}\left[\frac{1}{s}-\frac{1}{s+\frac{1}{T}}\right]=1-e^{-\frac{t}{T}}\qquad(t\geqslant 0)\qquad(3-15)$$

或写成

$$c(t)=c_{ss}+c_{tt}$$

式中：$c_{ss}=1$，代表稳态分量；$e_{tt}=-e^{-\frac{t}{T}}$，代表暂态分量；当 t 趋于无穷，c_{tt} 衰减为零。单位阶跃响应曲线如图 3-10 所示。

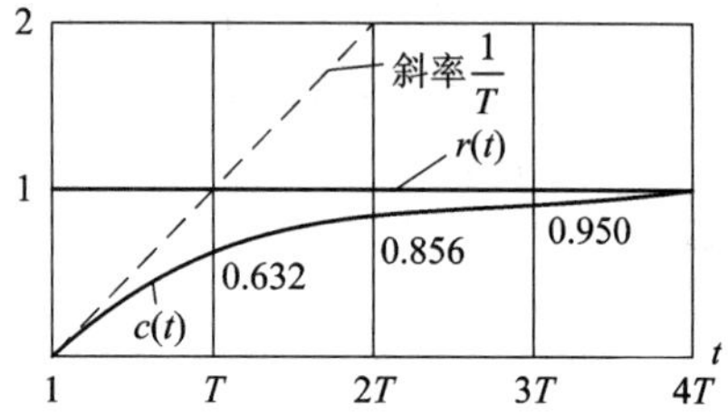

图 3-10　一阶系统单位阶跃响应

响应曲线的初始斜率为

$$\left.\frac{dn(t)}{dt}\right|_{t=0}=\left.\frac{1}{T}e^{-\frac{t}{T}}\right|_{t=0}=\frac{1}{T}\qquad(3-16)$$

上式表明，一阶系统的单位阶跃响应如果以初速度等速上升至稳态值 1，所需的时间恰好为 T。

时间常数 T 是表征响应特性的唯一参数。它与输出值有确定的对应关系：

$$t=T,\qquad c(T)=0.632$$
$$t=2T,\qquad c(2T)=0.865$$
$$t=3T,\qquad c(3T)=0.950$$
$$t=4T,\qquad c(4T)=0.982$$

因一阶系统响应无超调量，所以主要的性能指标是调整时间 t_s，一般取 $t_s=3T$(s)(对应 5%误差范围)，$t_s=4T$(s)(对应 2%误差范围)。

系统的时间常数 T 越小，调整时间 t_s 越小，响应过程的快速性也越好。

由图 3-10 可知，图 3-9 所示一阶系统的单位阶跃响应是没有稳态误差的，即 $e_{ss}=0$。

二、一阶系统的单位斜坡响应

单位斜坡函数的拉氏变换为

$$R(s)=\frac{1}{s^2}$$

$$C(s)=\frac{1}{Ts+1}\frac{1}{s^2}=\frac{1}{s^2}-\frac{T}{s}+\frac{T^2}{Ts+1}\qquad(3-17)$$

求式(3-17)的拉氏反变换，得单位斜坡响应的表达式为

$$c(t) = t - T + T\mathrm{e}^{-\frac{t}{T}} \quad (3-18)$$

式中：响应的稳态分量 $c_{ss}=t-T$；暂态分量 $c_{tt}=T\mathrm{e}^{-\frac{t}{T}}$，当时间 t 趋于无穷时，暂态分量衰减为零。

显然，一阶系统的单位斜坡响应存在稳态误差。输入信号即是输出量的期望值，稳态误差为

$$\begin{aligned} e_{ss} &= \lim_{t\to\infty} r(t) - c(t) \\ &= \lim_{t\to\infty}[t - c(t)] \\ &= \lim_{t\to\infty}[t - (t - T + T\mathrm{e}^{-\frac{t}{T}})] \\ &= T \end{aligned}$$

即稳态误差等于时间常数 T，如图 3-11 所示。

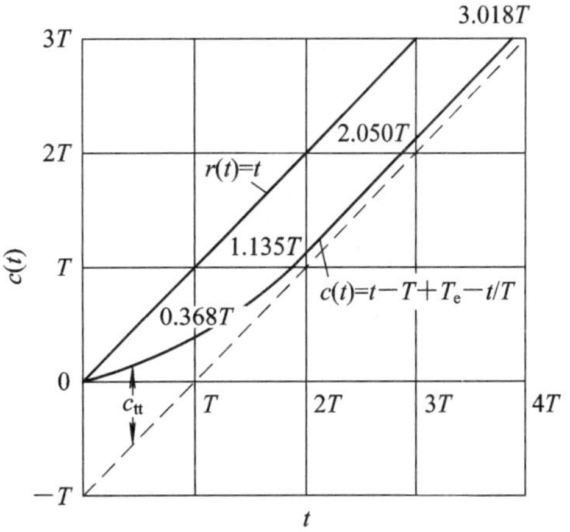

图 3-11　一阶系统单位斜坡响应

三、一阶系统单位脉冲响应

若输入信号为单位脉冲函数，则

$$R(s) = \mathscr{L}[\delta(t)] = 1$$

$$C(s) = \frac{1}{Ts+1} \quad (3-19)$$

求式(3-19)的拉氏反变换，得单位脉冲响应表达式

$$c(t) = \frac{1}{T}\mathrm{e}^{-\frac{t}{T}} \quad (3-20)$$

式中，$T>0$，暂态解中的指数因子将具有负的幂次，即 $\lim\limits_{t\to\infty} c(t)=0$，系统总是稳定。

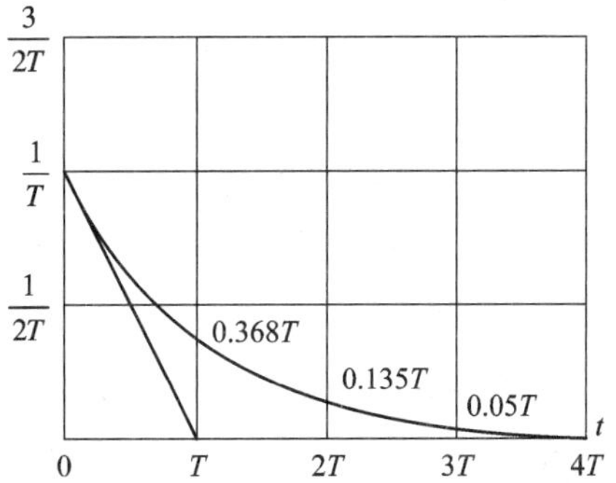

图 3-12　一阶系统单位脉冲响应

由于单位脉冲函数、单位阶跃函数、单位斜坡函数有以下关系：

$$\delta(t) = \frac{\mathrm{d}}{\mathrm{d}t}[1(t)] = \frac{\mathrm{d}^2}{\mathrm{d}t^2}[t] \quad (3-21)$$

因此单位斜坡响应的导数是单位阶跃响应，单位阶跃响应的导数为单位脉冲响应。

单位脉冲响应曲线如图 3-12 所示。

第五节　二阶系统时域分析

一、典型二阶系统

典型的二阶系统结构图如图 3-13 所示。系统开环传递函数为

$$G(s)=\frac{\omega_n^2}{s^2+2\zeta\omega_n s} \tag{3-22}$$

系统闭环传递函数为

$$\Phi(s)=\frac{\omega_n^2}{s^2+2\zeta\omega_n s+\omega_n^2} \tag{3-23}$$

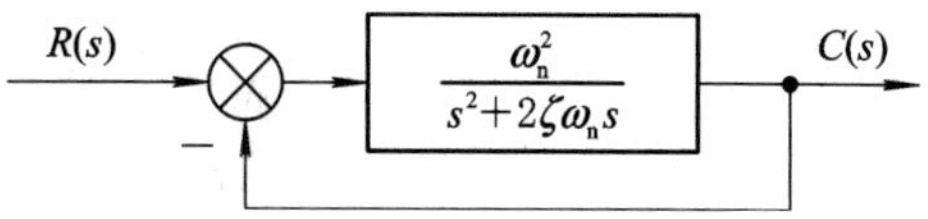

图 3-13　典型二阶系统结构图

式中：ζ 为典型二阶系统的阻尼比；ω_n 为无阻尼振荡频率或自然振荡角频率。

二阶系统的特征方程为

$$s^2+2\zeta\omega_n s+\omega_n^2=0 \tag{3-24}$$

方程的特征根为

$$s_{1,2}=-\zeta\omega_n\pm\omega_n\sqrt{\zeta^2-1} \tag{3-25}$$

当 $0<\zeta<1$ 时，称为欠阻尼状态，特征根为一对实部为负的共轭复数；

当 $\zeta=1$ 时，称为临界阻尼状态，特征根为两个相等的负实数；

当 $\zeta>1$ 时，称为过阻尼状态，特征根为两个不相等的负实数；

当 $\zeta=0$ 时，称为无阻尼状态，特征根为一对纯虚数；

当 $\zeta<0$ 时，称为负阻尼状态。

ζ 和 ω_n 是二阶系统两个重要的参数，系统的响应特性完全由这两个参数来描述。$\zeta>0$，表示系统稳定；$\zeta=0$，表示系统临界稳定；$\zeta<0$，表示系统不稳定。

二、典型二阶系统的阶跃响应

二阶系统的时域分析主要研究二阶系统的单位阶跃响应。由于闭环特征根与阻尼比有密切关系，因此阻尼比不同，单位阶跃响应形式也不同。下面分几种情况来分析二阶系统的暂态特性。

1. 欠阻尼二阶系统单位阶跃响应

在二阶系统中，欠阻尼二阶系统尤属多见。闭环传递函数为

$$\frac{C(s)}{R(s)}=\Phi(s)=\frac{\omega_n^2}{s^2+2\zeta\omega_n s+\omega_n^2}$$

闭环特征根为

$$s_{1,2}=-\zeta\omega_n\pm j\omega_n\sqrt{1-\zeta^2} \tag{3-26}$$

当输入信号为单位阶跃函数时：

$$\begin{aligned}C(s)&=\frac{\omega_n^2}{s^2+2\zeta\omega_n s+\omega_n^2}\frac{1}{s}\\&=\frac{1}{s}-\frac{s+\zeta\omega_n}{(s+\zeta\omega_n)^2+[\omega_n\sqrt{1-\zeta^2}]^2}-\frac{\zeta\omega_n}{(s+\zeta\omega_n)^2+[\omega_n\sqrt{1-\zeta^2}]^2}\end{aligned}$$

求 $C(s)$ 的拉氏反变换，得欠阻尼二阶系统的单位阶跃响应为

$$c(t)=1-e^{-\zeta\omega_n t}\left[\cos\omega_n\sqrt{1-\zeta^2}\,t+\frac{\zeta}{\sqrt{1-\zeta^2}}\sin\omega_n\sqrt{1-\zeta^2}\,t\right] \tag{3-27}$$

通常将式(3-27)化简为

$$c(t)=1-\frac{e^{-\zeta\omega_n t}}{\sqrt{1-\zeta^2}}\sin\left[\sqrt{1-\zeta^2}\,\omega_n t+\varphi\right] \tag{3-28}$$

式中：

$$\varphi=\arctan\frac{\sqrt{1-\zeta^2}}{\zeta}=\arccos\zeta \tag{3-29}$$

响应曲线如图 3-14 所示。

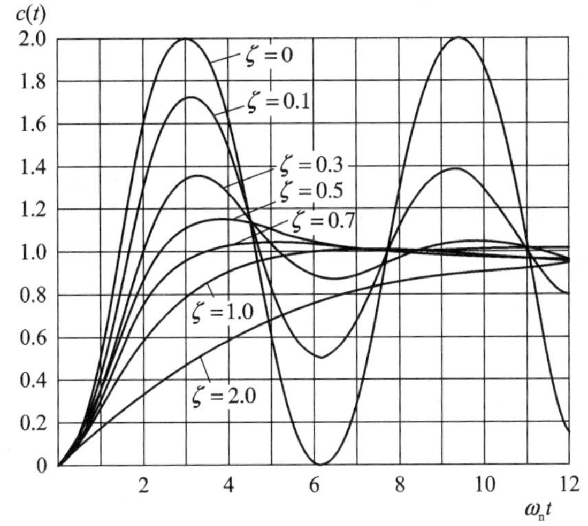

图 3-14　典型二阶系统阶跃响应

2. 临界阻尼状态的单位阶跃响应

$\zeta=1$ 时，系统的传递函数为

$$\frac{C(s)}{R(s)}=\frac{\omega_n^2}{(s+\omega_n)^2} \tag{3-30}$$

在单位阶跃函数作用下，系统输出的拉氏变换为

$$C(s)=\frac{\omega_n^2}{(s+\omega_n)^2}\frac{1}{s}=\frac{1}{s}-\frac{\omega_n}{(s+\omega_n)^2}-\frac{1}{s+\omega_n} \tag{3-31}$$

求上式拉氏反变换，得单位阶跃响应：

$$c(t)=1-(1+\omega_n t)e^{-\omega_n t} \tag{3-32}$$

由图 3-14 可知，临界阻尼状态的单位阶跃响应是单调上升的，不出现振荡现象。

3. 过阻尼状态的单位阶跃响应

过阻尼二阶系统的特征根是两个不相等的负实数，即

$$s_{1,2}=-\zeta\omega_n\pm\omega_n\sqrt{\zeta^2-1}\qquad(\zeta>1)$$

当输入信号为单位阶跃函数时，输出量的拉氏变换为

$$C(s)=\frac{\omega_n^2}{(s-s_1)(s-s_2)}\frac{1}{s} \tag{3-33}$$

对式(3-30)进行部分分式展开，其拉氏反变换为

$$c(t)=1-\frac{\omega_n}{2\sqrt{\zeta^2-1}}\left(\frac{e^{-s_2 t}}{s_2}-\frac{e^{-s_1 t}}{s_1}\right) \tag{3-34}$$

将 s_1 和 s_2 值代入上式，有

$$c(t)=1-\frac{1}{2\sqrt{\zeta^2-1}}\left[\frac{e^{-(\zeta-\sqrt{\zeta^2-1})\omega_n t}}{\zeta-\sqrt{\zeta^2-1}}-\frac{e^{-(\zeta+\sqrt{\zeta^2-1})\omega_n t}}{\zeta+\sqrt{\zeta^2-1}}\right] \tag{3-35}$$

上式表明，系统响应不会超过稳态值 1，即过阻尼二阶系统的单位阶跃响应是非振荡的。响应曲线如图 3-14 所示。

4. 无阻尼状态的单位阶跃响应

无阻尼二阶系统的特征根为一对纯共轭虚数，其实质与欠阻尼系统相似。将欠阻二阶系统的单位阶跃响应表示式(3-28)中的 ζ 用 0 代替，即得到无阻尼二阶系统的单位阶跃响应：

$$c(t)=1-\sin(\omega_n t+90°)=1-\cos(\omega_n t) \tag{3-36}$$

它以无阻尼自然振荡频率作等幅(幅值为 1)振荡，系统属不稳定系统。在工程控制系统中或大或小总是存在黏滞阻尼效应的，即阻尼比不可能为零，所以振荡频率总是小于无阻尼自然振荡频率，振幅总是衰减的。

无阻尼二阶系统的响应曲线如图 3-14 所示。

表 3-1 给出了二阶系统特征根在 s 平面上的位置及系统结构参数 ζ、ω_n 与单位阶跃响应的关系。ζ 越小，系统响应的振荡越激烈，当 $\zeta\geqslant1$ 时，$c(t)$ 变成单调上升，变成非振荡过程。

表 3-1　典型二阶系统单位阶跃响应

阻尼系数	特征方程的根	根在复平面上位置	单位阶跃响应
$\zeta=0$ (无阻尼)	$s_{1,2}=\pm j\omega_n$	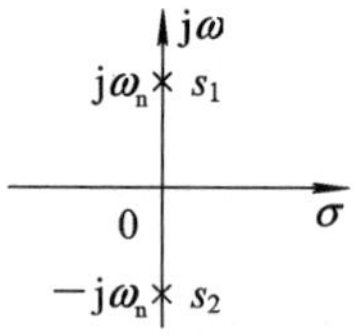	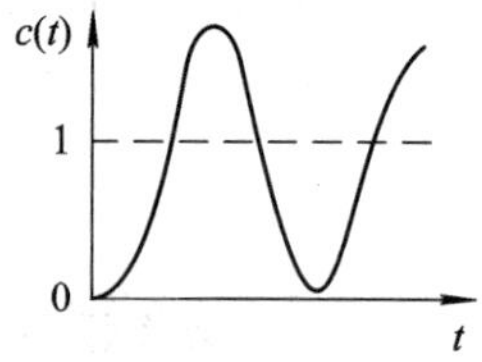
$0<\zeta<1$ (欠阻尼)	$s_{1,2}=-\zeta\omega_n\pm j\omega_n\sqrt{1-\zeta^2}$	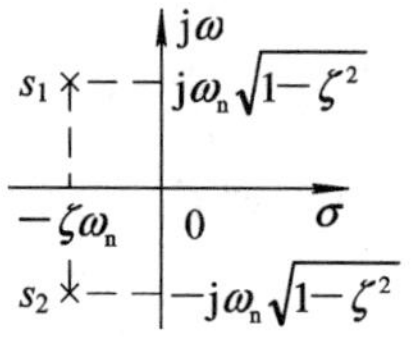	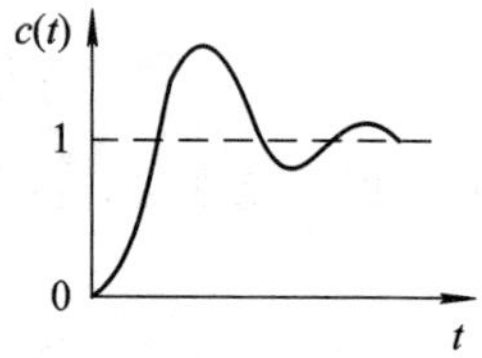
$\zeta=1$ (临界阻尼)	$s_{1,2}=-\zeta\omega_n$	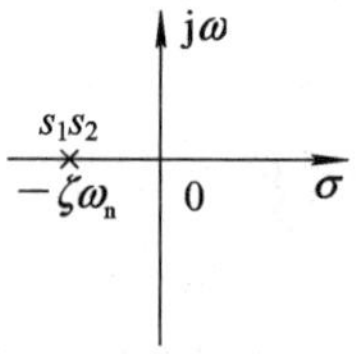	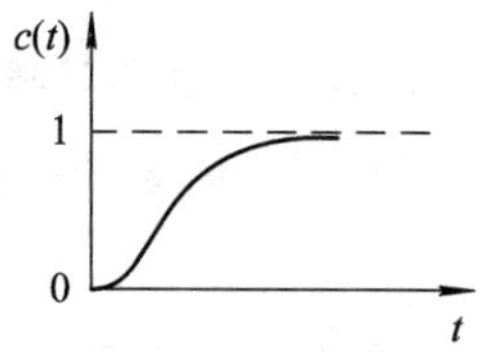
$\zeta>1$ (过阻尼)	$s_{1,2}=-\zeta\omega_n\pm\omega_n\sqrt{\zeta^2-1}$	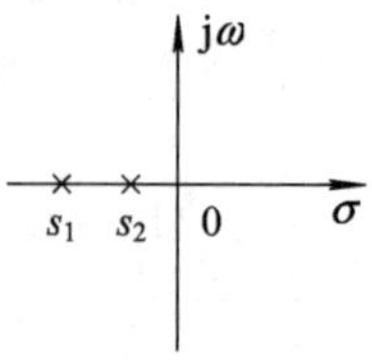	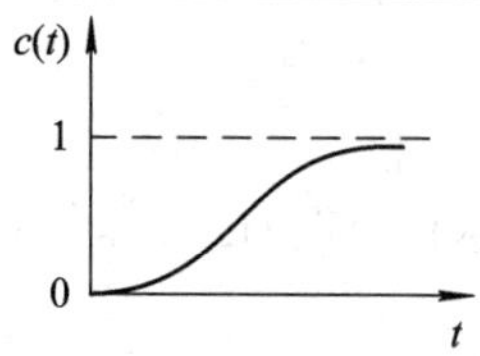

以上 1、2、3 三种情况下，系统的稳态误差 $e_{ss}=0$，第 4 种情况的系统临界稳定也属于不稳，故无精度可言。

三、典型二阶系统的动态性能指标

下面主要讨论欠阻尼典型二阶系统的性能指标。在推导计算公式之前，必须说明欠阻尼二阶系统闭环特征根的位置与系统特征参量 σ、ζ、ω_n、ω_d 的关系。由图 3-15 知，衰减系数 $\sigma(\sigma=\zeta\omega_n)$是闭环极点到虚轴的距离；振荡频率 $\omega_d(\omega_d = \omega_n\sqrt{1-\zeta})$ 是闭环极点到实轴之间的距离。无阻尼振荡频率 ω_n 是闭环极点到原点的距离；若直线 $0s_1$ 与负实轴的夹角为 φ，则阻尼比 ζ 就等于 φ 角的余弦，即

$$\zeta = \cos\varphi \tag{3-37}$$

而此 φ 角就是欠阻尼二阶系统单位阶跃响应的初相角。

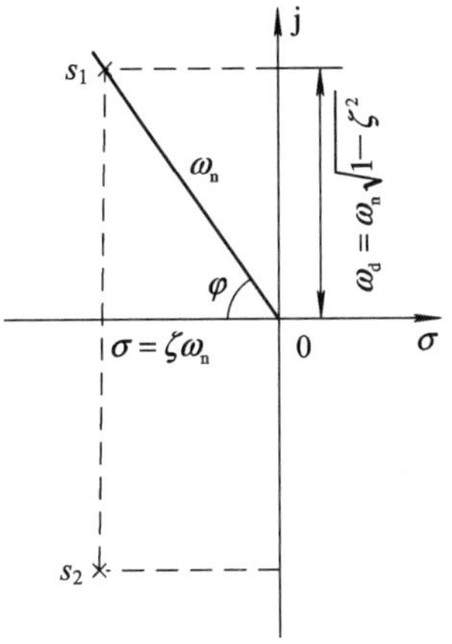

图 3-15 欠阻尼二阶系统特征根与特征量

1. 上升时间 t_r

根据定义，当 $t=t_r$ 时，$c(t_r)=1$。由欠阻尼二阶系统的单位阶跃响应式(3-28)得

$$c(t_r) = 1 - \frac{e^{-\zeta\omega_n t_r}}{\sqrt{1-\zeta^2}}\cdot\sin(\omega_n\sqrt{1-\zeta^2}\,t_r+\varphi) = 1$$

则

$$\frac{e^{-\zeta\omega_n t_r}}{\sqrt{1-\zeta^2}}\sin(\omega_n\sqrt{1-\zeta^2}\,t_r+\varphi) = 0$$

因为$\dfrac{1}{\sqrt{1-\zeta^2}}\neq 0$，$e^{-\zeta\omega_n t_r}\neq 0$，所以上式成立必须是 $\sin(\omega_n\sqrt{1-\zeta^2}\,t_r+\varphi)=0$，即

$$\omega_n\sqrt{1-\zeta^2}\,t_r+\varphi = \pi$$

上升时间为

$$t_r = \frac{\pi-\varphi}{\omega_n\sqrt{1-\zeta^2}} \tag{3-38}$$

或

$$t_r = \frac{\pi-\varphi}{\omega_d} \tag{3-39}$$

增大自然频率 ω_n 或减小阻尼比 ζ，均能减小 t_r，从而加快系统的初始响应速度。

2. 峰值时间 t_p

把式(3-28)的两边对时间求导，并令其等于零，可得

$$\left.\frac{dc(t)}{dt}\right|_{t=t_p} = \frac{\zeta\omega_n}{\sqrt{1-\zeta^2}} e^{-\zeta\omega_n t_p} \sin\left(\omega_n\sqrt{1-\zeta^2}\, t_p + \varphi\right) - \omega_n e^{-\zeta\omega_n t_p} \cos\left(\omega_n\sqrt{1-\zeta^2}\, t_p + \varphi\right) = 0$$

移项得

$$\tan\left(\omega_n\sqrt{1-\zeta^2}\, t_p + \varphi\right) = \frac{\sqrt{1-\zeta^2}}{\zeta}$$

因为 $\tan\varphi = \dfrac{\sqrt{1-\zeta^2}}{\zeta}$，所以

$$\omega_n\sqrt{1-\zeta^2}\, t_p = n\pi \quad (n = 1,\ 2,\ \cdots)$$

由定义知，t_p 为第一个峰值所需时间，取 $n=1$，得到

$$t_p = \frac{\pi}{\omega_n\sqrt{1-\zeta^2}} \tag{3-40}$$

或

$$t_p = \frac{\pi}{\omega_d} \tag{3-41}$$

3. 最大超调量

当 $t=t_p$ 时，系统响应出现最大值，把式(3-40)代入式(3-28)，得

$$c(t_p) = 1 - \frac{1}{\sqrt{1-\zeta^2}} e^{-\zeta\pi/\sqrt{1-\zeta^2}} \sin(\pi+\varphi)$$

因为 $\sin(\pi+\varphi) = -\sin\varphi = -\sqrt{1-\zeta^2}$，所以

$$c(t_p) = 1 + e^{-\zeta\pi/\sqrt{1-\zeta^2}}$$

$$\sigma\% = \frac{c(t_p) - c(\infty)}{c(\infty)} 100\% = e^{-\zeta\pi/\sqrt{1-\zeta^2}}\, 100\% \tag{3-42}$$

最大超调量仅由阻尼比 ζ 决定。ζ 愈小，$\sigma\%$ 愈大，$\sigma\%$ 与 ζ 的关系见图 3-16。

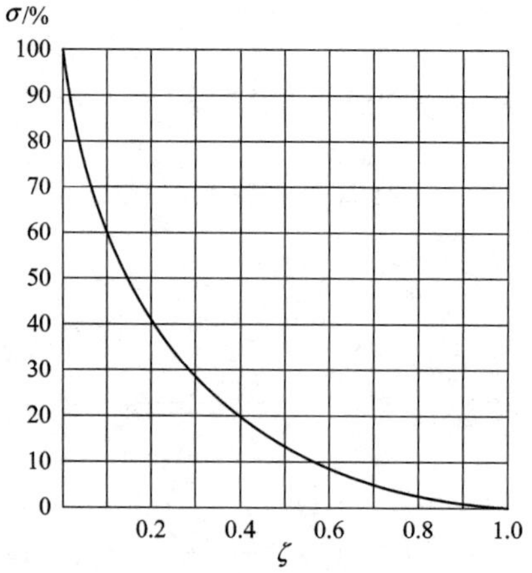

图 3-16　二阶系统 $\sigma\%$ 与 ζ 的关系

4. 调整时间 t_s

根据调整时间的定义，t_s 应由下式求得

$$\left|\frac{1}{\sqrt{1-\zeta^2}}e^{-\zeta\omega_n t_s}\sin(\omega_n\sqrt{1-\zeta^2}\,t_s+\varphi)\right|\leqslant\Delta \tag{3-43}$$

但是，由式(3-43)求解 t_s 十分困难，我们用衰减正弦振荡的包络线近似地代替正弦衰减振荡，描述单位阶跃响应的包络线是 $1\pm\frac{1}{\sqrt{1-\zeta^2}}e^{-\zeta\omega_n t_s}$，如图 3-17 所示。响应曲线总是在上下包络线之间，故可将式(3-43)近似写为

$$\left|\frac{1}{\sqrt{1-\zeta^2}}e^{-\zeta\omega_n t_s}\right|\leqslant\Delta$$

即

$$t_s=-\frac{1}{\zeta\omega_n}\ln(\Delta\sqrt{1-\zeta^2}) \tag{3-44}$$

如果系统阻尼比较小，$\sqrt{1-\zeta^2}\approx 1$，则 $t_s=-\frac{1}{\zeta\omega_n}\ln\Delta$。

对于 $\Delta=0.05$，有

$$t_s=\frac{3}{\zeta\omega_n} \tag{3-45}$$

对于 $\Delta=0.02$，有

$$t_s=\frac{4}{\zeta\omega_n} \tag{3-46}$$

式(3-45)和式(3-46)表明，调整时间与闭环极点的实数值成反比，即极点距离虚轴越远，系统调整时间越短。

直接由式(3-43)确定调整时间相当困难，图 3-17 给出了无因次调整时间 $\omega_n t_s$ 与阻尼比 ζ 之间的关系曲线。若 ω_n 一定，当 $\zeta=0.707$ 时，调整时间最小。曲线的不连续性是由于 ζ 值的微小变化可能引起调整时间的显著变化而造成的。

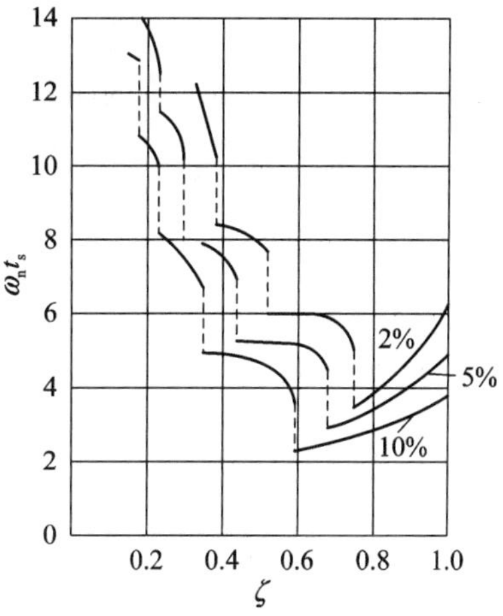

图 3-17 ζ 与 t_s 的关系

例 3-8 单位反馈控制系统开环传递函数为

$$G(s)=\frac{K}{s(Ts+1)}$$

若 $K=16\ s^{-1}$、$T=0.25$ s，试求：

(1) 典型二阶系统的参数 ζ、ω_n；

(2) 暂态性能指标 $\sigma\%$、t_s；

(3) 欲使 $\sigma\%=16\%$，当 T 不变时 K 应取何值。

解 (1) 闭环系统传递函数为

$$\Phi(s)=\frac{K}{Ts^2+s+K}=\frac{\frac{K}{T}}{s^2+\frac{1}{T}s+\frac{K}{T}}$$

与典型二阶系统闭环传递函数表示式(3-20)相比较得

$$\omega_n = \sqrt{\frac{K}{T}} = \sqrt{\frac{16}{0.25}} = 8 \quad (\text{rad/s})$$

$$\zeta = \frac{1}{2\sqrt{KT}} = \frac{1}{2\sqrt{16 \times 0.25}} = 0.25$$

(2)

$$\sigma\% = e^{-\frac{\pi\zeta}{\sqrt{1-\zeta^2}}} \times 100\% = e^{-\frac{\pi\times 0.25}{\sqrt{1-0.25^2}}} \times 100\% = 44.4\%$$

$$t_s = \frac{4}{\zeta\omega_n} = \frac{4}{0.25 \times 8} = 2.0 \text{ s} \quad (取\ \Delta = 0.02)$$

$$t_s \approx \frac{3}{\zeta\omega_n} = \frac{3}{0.25 \times 8} = 1.5 \text{ s} \quad (取\ \Delta = 0.05)$$

(3) 为使 $\sigma\%=16\%$，可计算出 $\zeta=0.5$(也可查阅图 3-17)。

$$\zeta = \frac{1}{2\sqrt{KT}} = 0.5$$

$$K = \frac{1}{4 \times T \times 0.5^2} = \frac{1}{4 \times 0.25 \times 0.25} = 4 \text{ s}^{-1}$$

即 K 值应减小 4 倍。

例 3-9 系统结构如图 3-18 所示。要求系统性能指标为 $\sigma\%=20\%$，$t_p=1$ s。试确定系统的 K 值和 A 值，并计算 t_r 和 t_s 值。

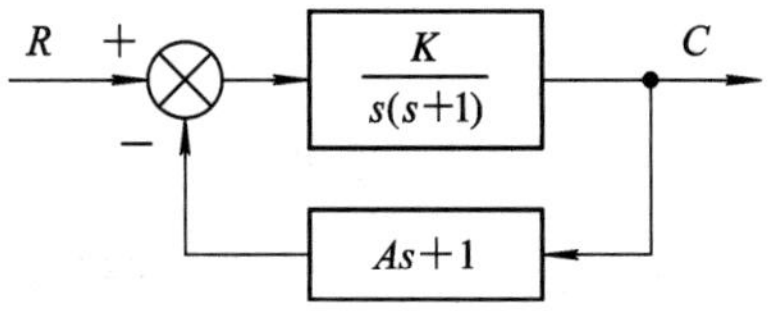

图 3-18 例 3-2 系统结构图

解 由结构图求出系统的闭环传递函数：

$$\Phi(s) = \frac{C(s)}{R(s)} = \frac{K}{s^2 + (1+KA)s + K}$$

与标准形式相比较，得

$$\omega_n = \sqrt{K}$$

$$2\zeta\omega_n = 1 + KA$$

由给定的 $\sigma\%$ 求取相应的阻尼比 ζ，即

$$\frac{\pi\zeta}{\sqrt{1-\zeta^2}} = \ln\frac{1}{\sigma} = 1.61$$

解得 $\zeta=0.456$。

根据 t_p 值求取自然频率 ω_n，即

$$t_p = \frac{\pi}{\omega_n\sqrt{1-\zeta^2}} = 1 \text{ s}$$

则

$$\omega_n = \frac{\pi}{t_p\sqrt{1-\zeta^2}} = \frac{3.14}{\sqrt{1-0.456^2}} = 3.53 \text{ rad/s}$$

$$K = \omega_n^2 = 12.5$$

再由 $2\zeta\omega_n=1+KA$，解得

$$A = \frac{2\zeta\omega_n - 1}{K} = \frac{2 \times 0.456 \times 3.53 - 1}{12.5} = 0.178$$

最后，用公式计算 t_r、t_s：

$$t_r = \frac{\pi - \varphi}{\omega_n\sqrt{1-\zeta^2}} = 0.65 \text{ s}$$

$$t_s = \frac{4}{\zeta\omega_n} = 1.86\ \text{s} \quad (\Delta = 0.02)$$

$$t_s = \frac{3}{\zeta\omega_n} = \frac{3}{8 \times 0.25} = 1.5\ \text{s} \quad (\Delta = 0.05)$$

例 3－10　已知单位负反馈二阶系统的单位阶跃响应曲线如图 3－19 所示，试求出系统的开环传递函数。

解　由系统的单位阶跃响应曲线，直接求出超调量

$$\sigma\% = 30\% = 0.3$$

峰值时间

$$t_p = 0.1\ \text{s}$$

由超调量和峰值时间的计算式(3－53)和式(3－52)，得

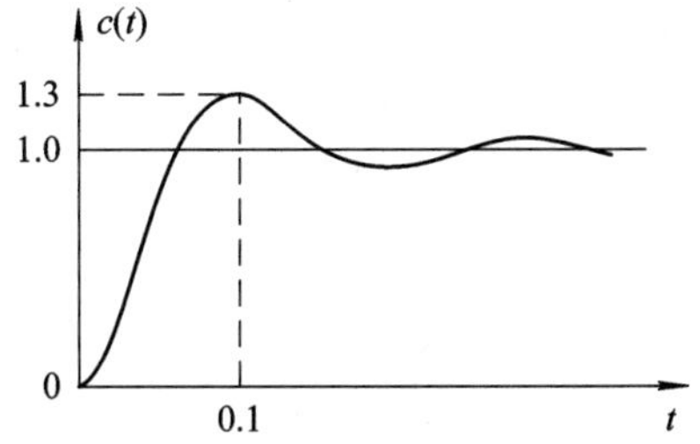

图 3－19　例 3－10 系统的单位阶跃响应曲线

$$e^{-\frac{\zeta}{\sqrt{1-\zeta^2}}\pi} \times 100\% = 0.3$$

$$\frac{\pi}{\omega_n\sqrt{1-\zeta^2}} = 0.1$$

求解上述两式，得到

$$\zeta = 0.357, \quad \omega_n = 3.36\ \text{rad/s}$$

于是二阶系统的开环传递函数为

$$G(s) = \frac{\omega_n^2}{s(s+2\zeta\omega_n)} = \frac{3.36^2}{s(s+2\times 0.357\times 3.36)} = \frac{11.3}{s(s+2.4)}$$

四、具有零点的二阶系统分析

当二阶系统具有闭环零点时，它的阶跃响应与典型二阶系统不同。假定二阶系统的闭环传递函数为

$$\Phi(s) = \frac{\omega_n^2(\tau s+1)}{s^2+2\zeta\omega_n s+\omega_n^2} \tag{3-47}$$

它是在典型二阶系统基础上增加一个零点 $-z=-1/\tau$ 而形成的，闭环传递函数也可写成以下形式：

$$\Phi(s) = \frac{\omega_n^2(s+z)}{z(s^2+2\zeta\omega_n s+\omega_n^2)} \tag{3-48}$$

如果系统为欠阻尼，输入信号为单位阶跃函数，则有

$$C(s) = \Phi(s)\cdot R(s) = \frac{\omega_n^2(\tau s+1)}{s(s^2+2\zeta\omega_n s+\omega_n^2)}$$

$$= \frac{\omega_n^2}{s(s^2+2\zeta\omega_n s+\omega_n^2)} + \frac{\omega_n^2\tau}{s^2+2s\zeta\omega_n+\omega_n^2}$$

单位阶跃响应为

$$C(t) = 1 - \frac{e^{-\zeta\omega_n t}}{\sqrt{1-\zeta^2}}\sin(\omega_d t+\varphi) + \frac{\tau\omega_n}{\sqrt{1-\zeta^2}}e^{-\zeta\omega_n t}\sin\omega_d t \quad (t>0) \tag{3-49}$$

为了定量说明附加零点对二阶系统性能的影响，用参数 α 表示附加零点与典型二阶系统复数极点至虚轴距离之比，即

$$\alpha = \frac{z}{\zeta\omega_n} \tag{3-50}$$

系统阶跃响应既与阻尼比 ζ、自然频率 ω_n 有关，还与零点或 α 有关。对于一定的 ζ 值，以 α 为参变量和以 $\omega_n t$ 为横坐标作出的单位阶跃响应曲线如图 3-20 所示。图中取 $\zeta=0.5$。

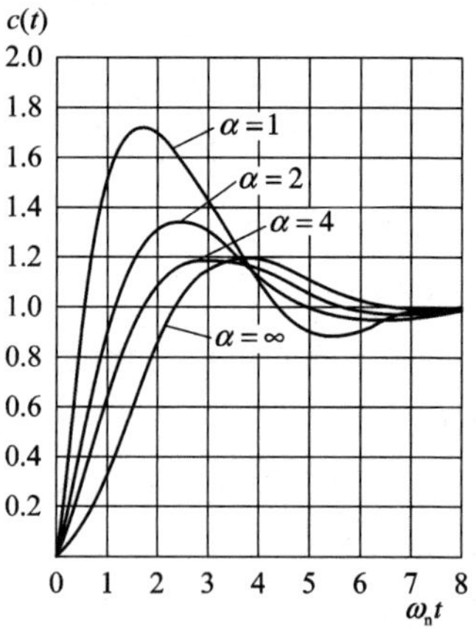

图 3-20　具有零点二阶系统单位阶跃响应

观察图中各曲线，可得如下结论：

(1) 当其他条件不变时，附加闭环零点，将使二阶系统超调量增大，上升时间、峰值时间减小。

(2) 随着附加零点从极点左侧向极点越靠近，上述影响就越显著。

(3) 当零点距虚轴很远时(一般 $\alpha>5$)，零点的影响可以忽略。

五、欠阻尼二阶系统的单位斜坡响应

当输入信号为单位斜坡函数时，有

$$R(s) = \frac{1}{s^2}$$

$$C(s) = \frac{\omega_n^2}{s^2 + 2\zeta\omega_n s + \omega_n^2}\frac{1}{s^2}$$

将上式展开成部分分式，然后进行拉氏反变换得

$$C(t) = t - \frac{2\zeta}{\omega_n} + \frac{e^{-\zeta\omega_n t}}{\omega_n\sqrt{1-\zeta^2}}\sin(\omega_d t + \beta) \quad (t > 0) \tag{3-51}$$

式中：

$$\beta = 2\arctan\frac{\sqrt{1-\zeta^2}}{\zeta} = 2\varphi$$

由式(3-51)可以看出，二阶系统单位斜坡响应由两部分组成，一部分是稳态分量，即

$$c_{ss} = t - \frac{2\zeta}{\omega_n}$$

另一部分是暂态分量，即

$$c_{tt} = \frac{e^{-\zeta\omega_n t}}{\omega_n\sqrt{1-\zeta^2}}\sin(\omega_d t + \beta)$$

系统响应曲线如图 3-21 所示。

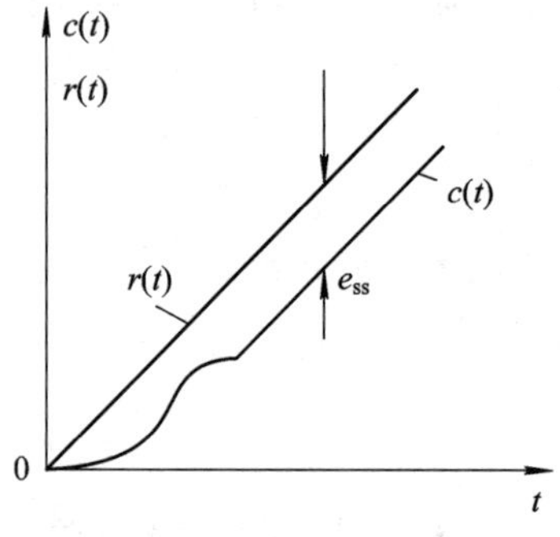

图 3-21　二阶系统单位斜坡响应

由于系统的误差为

$$e(t) = r(t) - c(t) = t - t + \frac{2\zeta}{\omega_n} - \frac{e^{-\zeta\omega_n t}}{\omega_n\sqrt{1-\zeta^2}}\sin(\omega_d t + \beta)$$

当 t 趋于无穷大时，稳态误差为

$$e_{ss} = \lim_{t \to \infty} e(t) = \frac{2\zeta}{\omega_n} \tag{3-52}$$

由响应曲线可看出，稳态输出是一个与输入等斜率的斜坡信号，但在位置上有一个常值误差，其值为 $2\zeta/\omega_n$。此误差只能通过改变系统参数来减小，但是不能消除。

要减小斜坡响应的稳态误差，需要加大二阶系统的自然频率和减小阻尼比，显然这对系统响应的平稳性是不利的。因此，单靠改变系统参数无法解决上述矛盾。在系统设计时，必须采取其他措施，达到既可减小稳态误差，又不影响其平稳性，具体方法在以后的内容中介绍。

第六节　高阶系统分析

凡是用高阶微分方程描述的系统，均称为高阶系统。从复频的观点来看，凡是闭环传递函数 s 的最高幂次 $n>2$ 即三阶以上的系统，称为高阶系统。

为研究方便，将高阶系统闭环传递函数表示为零、极点的形式。假定零点均为实数，则

$$\Phi(s) = \frac{C(s)}{R(s)} = \frac{K\prod_{i=1}^{m}(s+z_i)}{\prod_{j=1}^{n_1}(s+s_j)\prod_{k=1}^{n_2}(s^2+2\zeta_k\omega_{nk}s+\omega_{nk}^2)} \tag{3-53}$$

当输入信号为单位阶跃函数时，则有

$$C(s) = \frac{K\prod_{i=1}^{m}(s+z_i)}{s\prod_{j=1}^{n_1}(s+s_j)\prod_{k=1}^{n_2}(s^2+2\zeta_k\omega_{nk}s+\omega_{nk}^2)} \tag{3-54}$$

式中，$n_1+2n_2=n$。

假定系统所有极点各不相同，将式(3-54)用部分分式展开，并求拉氏反变换，得系统单位阶跃响应的一般表示式为

$$c(t) = 1+\sum_{j=1}^{n_1}A_j\mathrm{e}^{-s_jt}+\sum_{k=1}^{n_2}\mathrm{e}^{-\zeta_k\omega_{nk}t}\left[B_k\cos\left(\sqrt{1-\zeta^2}\,\omega_{nk}t\right)+C_k\sin\left(\sqrt{1-\zeta^2}\,\omega_{nk}t\right)\right] \tag{3-55}$$

由式(3-54)可知，高阶系统的单位阶跃响应与闭环传递函数的零点、极点分布有关。定量研究高阶系统的暂态性能是一件复杂的工作。因此在时域分析法中，将高阶系统近似成二阶系统或一阶系统来研究。因为离虚轴近的左极点对系统暂态性能影响较大，离虚轴较远的左极点对暂态性能影响较小。我们把离虚轴较近的极点称为主导极点。在工程分析中常用主导极点代替整个系统。在高阶稳定系统中，主导极点往往是一对共轭复数，因为这可以得到最小的调整时间和较高的精度。用一对共轭复数极点代替系统的全部极点，也就是说将高阶系统近似为二阶系统来分析。近似的前提是：共轭复数极点与虚轴的距离是其他一些极点离虚轴距离的五分之一左右，而且附近又没有闭环零点存在。

第七节 控制系统的稳态误差分析

一、稳态误差的基本概念

稳态误差是控制系统时域指标之一，用来说明稳态响应的性能的优劣。稳态误差仅对稳定的系统有意义。稳态误差不仅与系统的类型(传递函数)有关，还与输入信号有关。

1. 稳态误差定义

设系统的结构图如图 3-22 所示。

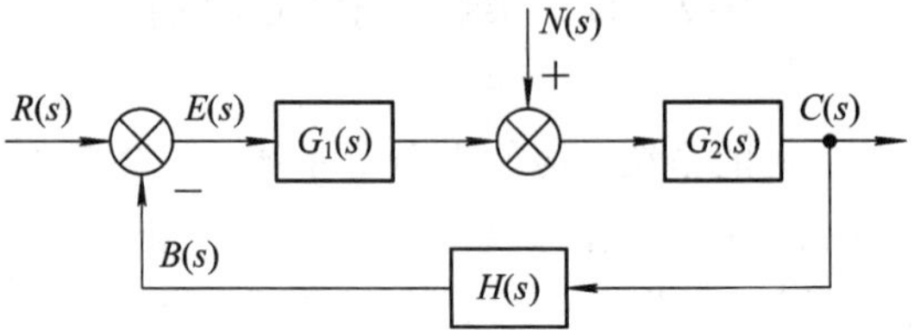

图 3-22 典型闭环控制系统

所谓误差，一般是指给定信号 $r(t)$ 与主反馈信号 $b(t)$ 之间的差，以 $e(t)$ 表示，即

$$e(t)=r(t)-b(t)$$

当时间 $t\to\infty$ 时，此差值就是稳态误差，以 e_{ss} 表示，即

$$e_{ss}=\lim_{t\to\infty}[r(t)-b(t)] \tag{3-56}$$

必须说明，误差有两种不同的定义方法。一种是上面所采用的从系统输入端定义的方法，它等于系统的输入信号与主反馈信号之差。这种方法定义的误差，在实际系统中是可以测量的，因而具有一定的物理意义。另一种误差定义方法是由系统的输出端定义，它定义为系统输出量希望值与输出量实际值之差。这种方法定义的误差，在性能指标提法中经常用到，但在实际系统中有时无法测量，因而只有数学意义。

对于单位反馈系统输出量的希望值就是输入信号 $r(t)$，因而两种误差定义的方法是一致的。对于图 3-18 所示的非单位反馈系统，两种定义的误差具有如下简单的关系：

$$E'(s)=\frac{E(s)}{H(s)} \tag{3-57}$$

由上式可见，从系统输入端定义的误差 $E(s)$ 与输出端定义的误差 $E'(s)$ 两者之间有确定关系，$E(s)$ 可以直接或间接地表示 $E'(s)$，故本书以下叙述的误差均采用从系统输入端定义的误差。

2. 系统的类型

由于稳态误差与系统结构有关，故介绍控制系统按其开环结构特点的分类方法。

设开环传递函数有以下形式：

$$G(s)H(s)=\frac{K\prod_{i=1}^{m}(\tau_i s+1)}{s^{\gamma}\prod_{j=1}^{n-\gamma}(T_j s+1)} \tag{3-58}$$

式中，ν 为开环传递函数积分环节的数目(或称无差度)。

控制系统按 ν 的不同值可分为以下几种：

(1) 当 $\nu=0$ 时，系统是 0 型系统(有差系统)。

(2) 当 $\nu=1$ 时，系统是Ⅰ型系统(一阶无差系统)。

(3) 当 $\nu=2$ 时，系统是Ⅱ型系统(二阶无差系统)。

ν 大于 2 的系统很少见。γ 的大小反映了系统跟踪阶跃输入信号、斜坡输入信号、抛物线输入信号的能力。系统的无差度越高，稳态误差越小，但稳定性变差。

二、误差传递函数

1. 原理性误差传递函数

设控制系统如图 3-23 所示，误差信号为

$$\begin{aligned}E(s) &= R(s) - B(s)\\ &= R(s) - \frac{G(s)H(s)}{1+G(s)H(s)}\cdot R(s)\\ &= \frac{1}{1+G(s)H(s)}\cdot R(s) \qquad (3-59)\end{aligned}$$

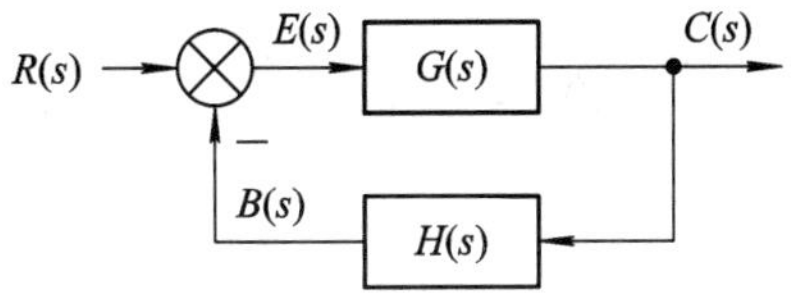

图 3-23　闭环控制系统

由式(3-59)可得原理性误差传递函数：

$$\Phi_e(s) = \frac{E(s)}{R(s)} = \frac{1}{1+G(s)H(s)} \tag{3-60}$$

不同输入信号的稳态误差，可由终值定理求得，即

$$\begin{aligned}e_{ss} &= \lim_{t\to\infty} e(t) = \lim_{s\to 0}[s\cdot E(s)]\\ &= \lim_{s\to 0}[s\cdot \Phi_e(s)\cdot R(s)] = \lim_{s\to 0}\left[\frac{sR(s)}{1+G(s)H(s)}\right]\end{aligned} \tag{3-61}$$

例 3-11　如图 3-23 所示控制系统，已知

$$G(s) = \frac{\omega_n^2}{s(s+2\zeta\omega_n)},\qquad H(s) = 1$$

求系统输入单位阶跃信号和单位斜坡信号时的稳态误差。

解　系统的误差传递函数为

$$\frac{E(s)}{R(s)} = \frac{1}{1+G(s)H(s)} = \frac{s(s+2\zeta\omega_n)}{s(s+2\zeta\omega_n)+\omega_n^2}$$

当输入单位阶跃信号时，$R(s)=1/s$，则稳态误差为

$$e_{ss} = \lim_{s\to 0}\frac{s\cdot R(s)}{1+G(s)H(s)} = \lim_{s\to 0}\left[s\,\frac{s(s+2\zeta\omega_n)}{s(s+2\zeta\omega_n)+\omega_n^2}\cdot\frac{1}{s}\right] = 0$$

当输入单位斜坡信号时，$R(s) = \frac{1}{s^2}$，则稳态误差为

$$e_{ss} = \lim_{s\to 0} s\cdot E(s) = \lim_{s\to 0}\left[\frac{s^2(s+2\zeta\omega_n)}{s(s+2\zeta\omega_n)+\omega_n^2}\cdot\frac{1}{s^2}\right] = \frac{2\zeta}{\omega_n}$$

上述解与二阶系统时域响应分析中所求的稳态误差结果式(3-52)相同，其优点是不需要求出时间响应的表达式。

2. 干扰误差传递函数

干扰误差传递函数的形式随干扰信号源在系统中作用点的改变而不同。

1) 干扰信号作用在系统的前向通道

在图 3-24(a)所示的控制系统中，干扰信号作用在前向通道中，为了研究干扰信号所引起的系统误差，根据线性系统的叠加原理，令输入信号为零，系统等效方块图如图 3-24(b)所示。

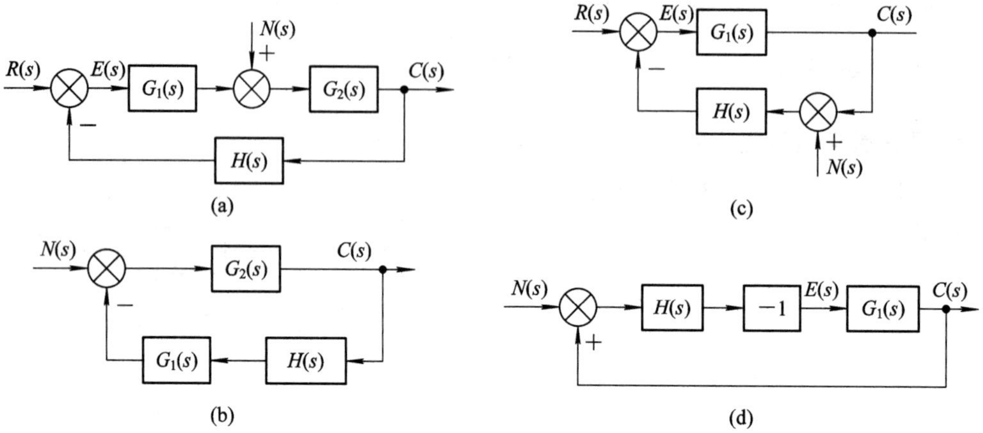

图 3-24　有干扰的控制系统

由图可得

$$\frac{C(s)}{N(s)}=\frac{G_2(s)}{1+G_1(s)G_2(s)H(s)} \tag{3-62}$$

在输入信号 $R(s)$ 为零的情况下，有

$$E(s)=-C(s)H(s) \tag{3-63}$$

故干扰误差传递函数为

$$\Phi_{en}(s)=\frac{E(s)}{N(s)}=-\frac{G_2(s)H(s)}{1+G_1(s)G_2(s)H(s)} \tag{3-64}$$

干扰引起系统的稳态误差为

$$e_{ss}=\lim_{s\to 0}\left[-\frac{G_2(s)H(s)}{1+G_1(s)G_2(s)H(s)}\cdot sN(s)\right] \tag{3-65}$$

对于图 3-24(a)所示的系统，如果给定的输入信号和干扰信号同时作用时，由式(3-60)和式(3-64)可知总的误差传递函数为

$$E(s)=\frac{1}{1+G_1(s)G_2(s)H(s)}\cdot R(s)-\frac{G_2(s)H(s)}{1+G_1(s)G_2(s)H(s)}\cdot N(s) \tag{3-66}$$

上式等号右边第一项是给定输入所引起的误差，第二项是由扰动引起的误差。

2) 干扰信号作用在反馈回路中

干扰信号源作用点在反馈回路的结构图及等效方块图如图 3-24(c)、(d)所示。同样假定输入信号为零，扰动输出与扰动信号的关系为

$$\frac{C(s)}{N(s)}=\frac{-G_1(s)H(s)}{1+G(s)H(s)} \tag{3-67}$$

$$E(s) = \frac{C(s)}{G(s)} \tag{3-68}$$

$$\Phi_{en}(s) = \frac{E(s)}{N(s)} = -\frac{H(s)}{1+G(s)H(s)} \tag{3-69}$$

干扰引起的稳态误差为

$$e_{ss} = \lim_{s \to 0}\left[-\frac{H(s)}{1+G(s)H(s)} \cdot s \cdot N(s)\right] \tag{3-70}$$

三、静态误差系数和稳态误差

1. 位置误差系数 K_p

在单位阶跃 $r(t)=1(t)$ 输入下，$R(s) = 1/s$，根据输入信号引起的稳态误差，由式(3-61)得

$$e_{ss} = \lim_{s \to 0}\left[\frac{s}{1+G(s)H(s)} \cdot \frac{1}{s}\right] = \frac{1}{1+\lim\limits_{s \to 0} G(s)H(s)}$$

令

$$K_p = \lim_{s \to 0} G(s)H(s) = G(0)H(0) \tag{3-71}$$

K_p称为静态位置误差系数。系统的稳态误差为

$$e_{ss} = \frac{1}{1+K_p} \tag{3-72}$$

根据式(3-71)和式(3-72)，可求得不同类型系统的位置静态误差系数 K_p 和稳态误差 e_{ss} 为

对于 0 型系统：$K_p=K$，$e_{ss}=\dfrac{1}{1+K}$

对于 Ⅰ 型系统：$K_p=\infty$，$e_{ss}=0$

对于 Ⅱ 型系统：$K_p=\infty$，$e_{ss}=0$

2. 速度误差系数 K_v

在单位斜坡函数 $r(t)=t$ 作用下，$R(s) = 1/s^2$。根据输入信号引起的稳态误差，由式(3-61)得

$$e_{ss} = \lim_{s \to 0} \frac{s}{1+G(s)H(s)} \cdot \frac{1}{s^2} = \frac{1}{\lim\limits_{s \to 0} sG(s)H(s)}$$

令

$$K_v = \lim_{s \to 0} sG(s)H(s)$$

K_v 称为系统的静态速度误差系数。系统的稳态误差为

$$e_{ss} = \frac{1}{K_v} \tag{3-73}$$

根据式(3-73)，对于不同类型系统，相应的静态速度误差系数 K_v 和稳态误差 e_{ss} 为

对于 0 型系统：$K_v=0$，$e_{ss}=\infty$

对于 Ⅰ 型系统：$K_v=K$，$e_{ss}=\dfrac{1}{K}$

对于 Ⅱ 型系统：$K_v=\infty$，$e_{ss}=0$

由上可知，0 型系统不能实现正常跟踪斜坡函数输入。

3. 加速度误差系数 K_a

在单位抛物线函数 $r(t)=\frac{1}{2}t^2$ 作用下，$R(s)=1/s^3$。由输入引起的稳态误差，可通过式(3-61)得到，即

$$e_{ss}=\lim_{s\to 0}\left[\frac{s}{1+G(s)H(s)}\cdot\frac{1}{s^3}\right]=\frac{1}{\lim\limits_{s\to 0}s^2G(s)H(s)} \tag{3-74}$$

令

$$K_a=\lim_{s\to 0}s^2G(s)H(s) \tag{3-75}$$

K_a称为系统的静态加速度误差系数。系统的稳态误差为

$$e_{ss}=\frac{1}{K_a} \tag{3-76}$$

根据式(3-75)和式(3-76)，可求得不同类型系统的加速度静态误差系数 K_a 和稳态误差 e_{ss} 为

对于 0 型系统：$K_a=0$，$e_{ss}=\infty$

对于Ⅰ型系统：$K_a=0$，$e_{ss}=\infty$

对于Ⅱ型系统：$K_a=K$，$e_{ss}=\frac{1}{K}$

由上可见，加速度信号输入时，0 型系统和Ⅰ型系统皆无法工作，其稳态误差趋于无穷大。

现将三种典型输入信号作用下，0 型、Ⅰ型、Ⅱ型三种类型系统的静态误差系数和稳态误差列于表 3-2 中。

表 3-2 典型输入信号作用下的稳态误差

系统类型	静态误差系数			典型输入作用下稳态误差		
				位置输入 $r(t)=A(t)$	速度输入 $r(t)=Bt$	加速度输入 $r(t)=\frac{1}{2}Ct^2$
	K_p	K_v	K_a	$e_{ss}=\frac{A}{1+K_p}$	$e_{ss}=\frac{B}{K_v}$	$e_{ss}=\frac{C}{K_a}$
0 型系统	K	0	0	$\frac{A}{1+K}$	∞	∞
Ⅰ型系统	∞	K	0	0	$\frac{B}{K}$	∞
Ⅱ型系统	∞	∞	K	0	0	$\frac{C}{K}$

由表 3-1 可以看出，在相同的输入信号下，增大系统的型号(增加积分环节个数 ν)和开环放大系数 K 可以减小稳态误差。

当系统的输入信号 $r(t)=A+Bt+\frac{1}{2}Ct^2$ 时，利用叠加原理可得系统的稳态误差为

$$e_{ss}=\frac{A}{1+K_p}+\frac{B}{K_v}+\frac{C}{K_a}$$

必须指出，增大开环放大系数 K 和系统的型号虽然可减小稳态误差，但往往会导致系统的稳定性恶化。

例 3-12　单位负反馈控制系统的开环传递函数为

$$G(s)=\frac{K}{s(as+1)(bs^2+cs+1)}$$

试求：

(1) 位置误差系数，速度误差系数和加速度误差系数；

(2) 当参考输入分别为 $r\times1(t)$、$rt\times1(t)$ 和 $rt^2\times1(t)$时，系统的稳态误差。

解　根据误差系数公式，有

位置误差系数为

$$K_p=\lim_{s\to0}G(s)=\lim_{s\to0}\frac{K}{s(as+1)(bs^2+cs+1)}=\infty$$

速度误差系数为

$$K_v=\lim_{s\to0}sG(s)=\lim_{s\to0}s\cdot\frac{K}{s(as+1)(bs^2+cs+1)}=K$$

加速度误差系数为

$$K_a=\lim_{s\to0}s^2G(s)=\lim_{s\to0}s^2\cdot\frac{K}{s(as+1)(bs^2+cs+1)}=0$$

对应于不同的参考输入信号，系统的稳态误差有所不同。

参考输入为 $r\times1(t)$，即阶跃函数输入时系统的稳态误差为

$$e_{ss}=\frac{r}{1+K_p}=\frac{r}{1+\infty}=0$$

参考输入为 $rt\times1(t)$，即斜坡函数输入时系统的稳态误差为

$$e_{ss}=\frac{r}{K_v}=\frac{r}{K}$$

参考输入为 $rt^2\times1(t)$，即抛物线函数输入时系统的稳态误差为

$$e_{ss}=\frac{2r}{K_a}=\frac{2r}{0}=\infty$$

例 3-13　单位反馈控制系统的开环传递函数为

$$G(s)=\frac{10}{s(1+T_1s)(1+T_2s)}$$

输入信号为 $r(t)=A+\omega t$，A 为常量，$\omega=0.5(\text{rad/s})$。试求系统的稳态误差。

解　实际系统的输入信号，往往是阶跃函数、斜坡函数和抛物线函数等典型信号的组合。此时，输入信号的一般形式可表示为

$$r(t)=r_0+r_1t+\frac{1}{2}r_2t^2$$

系统的稳态误差可应用叠加原理求出，即系统的稳态误差是各部分输入所引起的误差的总和。所以，系统的稳态误差可按下式计算：

$$e_{ss}=\frac{r_0}{1+K_p}+\frac{r_1}{K_v}+\frac{r_2}{K_a}$$

对于本例，系统的稳态误差为

$$e_{ss}=\frac{A}{1+K_p}+\frac{\omega}{K_v}$$

本题给定的开环传递函数中只含一个积分环节，即系统为Ⅰ型系统，所以

$$K_p=\infty$$

$$K_v=\lim_{s\to 0}sG(s)=\lim_{s\to 0}s\cdot\frac{10}{s(1+T_1s)(1+T_2s)}=10$$

系统的稳态误差为

$$e_{ss}=\frac{A}{1+K_p}+\frac{\omega}{K_v}=\frac{A}{1+\infty}+\frac{\omega}{10}=\frac{\omega}{10}=\frac{0.5}{10}=0.05$$

例 3-14　控制系统的结构图如图 3-25 所示。假设输入信号为 $r(t)=at$(a 为任意常数)。试通过适当地调节 K_i 的值，使系统对斜坡输入的响应的稳态误差能达到零。

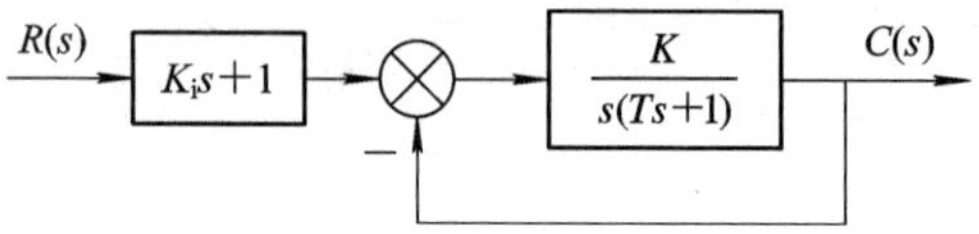

图 3-25　例 3-14 控制系统的结构图

解　系统的闭环传递函数为

$$\frac{C(s)}{R(s)}=\frac{K(K_is+1)}{s(Ts+1)+K}$$

即

$$C(s)=\frac{K(K_is+1)}{Ts^2+s+K}\cdot R(s)$$

因此

$$R(s)-C(s)=\left[\frac{Ts^2+s-KK_is}{Ts^2+s+K}\right]\cdot R(s)$$

当输入信号为 $r(t)=at$ 时，系统的稳态误差为

$$e_{ss}=\lim_{s\to 0}s\left[\frac{Ts^2+s-KK_is}{Ts^2+s+K}\right]\cdot\frac{a}{s^2}=\lim_{s\to 0}\frac{a(Ts+1-KK_i)}{Ts^2+s+K}$$

$$=\lim_{s\to 0}\frac{a[Ts+(1-KK_i)]}{Ts^2+s+K}=\frac{a(1-KK_i)}{K}$$

要使系统对斜坡输入的响应的稳态误差为零，即 $e_{ss}=0$，必须满足

$$1-KK_i=0$$

所以

$$K_i=\frac{1}{K}$$

四、干扰引起的稳态误差计算

如图 3-24(a)所示的控制系统，设 $G_1(s)=\dfrac{K_1W_1(s)}{s^{\upsilon}}$，$G_2(s)=\dfrac{K_2W_2(s)}{s^{\mu}}$，其中，$W_1(s)$、$W_2(s)$为惯性环节或振荡环节串联而成，故 $W_1(0)=W_2(0)=1$。

设 $R(s)=0$，由干扰信号引起的误差为

$$E_n(s) = \frac{G_2(s)}{1+G_1(s)G_2(s)}N(s) \tag{3-77}$$

干扰作用下的稳态误差为

$$e_{ssn} = \lim_{s\to 0} sE_n(s) = \lim_{s\to 0} s\frac{G_2(s)}{1+G_1(s)G_2(s)}N(s) \tag{3-78}$$

根据 $\upsilon+\mu$ 的值不同，可以分为以下几种情况。

1. $\upsilon+\mu=0$

在阶跃扰动的作用下：

$$N(s) = \frac{A}{s},\quad e_{ssn} = \frac{K_2 A}{1+K_1K_2} \approx \frac{A}{K_1}\ (K_1K_2 \gg 1)$$

在斜坡扰动的作用下：

$$N(s) = \frac{A}{s^2},\quad e_{ssn} = \infty$$

2. $\upsilon+\mu=1$

(1) $\upsilon=1$，$\mu=0$。

在阶跃扰动的作用下：

$$N(s) = \frac{A}{s},\quad e_{ssn} = 0$$

在斜坡扰动的作用下：

$$N(s) = \frac{A}{s^2},\quad e_{ssn} = \frac{A}{K_1}$$

(2) $\upsilon=1$，$\mu=1$。

在阶跃把动的作用下：

$$N(s) = \frac{A}{s},\quad e_{ssn} = \frac{A}{K_1}$$

在斜坡扰动的作用下：

$$N(s) = \frac{A}{s^2},\quad e_{ssn} = \infty$$

可见，扰动信号后引起的稳态误差只与作用点前的前向通道传递函数 $G_1(s)$有关，$G_1(s)$中 $\upsilon=1$ 对应的系统中阶跃响应稳态误差为 0，斜坡扰动稳态误差与 $G_1(s)$的增益 K_1 成反比。扰动稳态误差与作用点后的 $G_2(s)$的增益和是否含有积分环节无关。

3. $\upsilon+\mu=2$

(1) $\upsilon=2$，$\mu=0$，对于阶跃和斜坡扰动引起的稳态误差均为 0。

(2) $\upsilon=1$，$\mu=1$，对于阶跃扰动稳态误差为 0，对于斜坡扰动稳态误差为 $e_{ssn}=\dfrac{A}{K_1}$。

(3) $\upsilon=0$，$\mu=2$，对于阶跃扰动信号 $e_{ssn}=\dfrac{K_2A}{1+K_1K_2}$，对于斜坡扰动信号 $e_{ssn}=\infty$。

因此，控制闭环中积分环节的个数，以及积分环节相对于干扰作用点的位置，均影响干扰信号引起的稳态误差，要针对具体情况进行分析。

第八节　改善系统性能的措施

一、改善系统暂态性能的措施

提高系统的暂态性能指标，通常采用误差信号的比例加微分控制和输出量的速度反馈控制，以改善系统的超调量 $\sigma\%$ 和调整时间 t_s。

1. 误差信号的比例-微分控制

图 3-26 是为提高典型二阶系统的暂态性能指标具有比例微分控制的系统结构图。系统的被控对象同时受误差信号和误差微分信号的控制。τ_d 为微分时间常数。

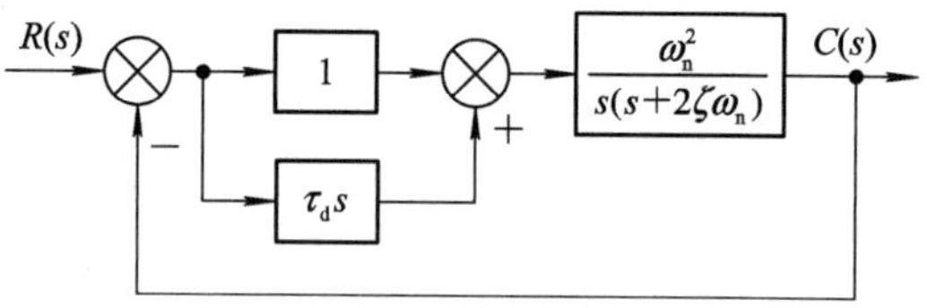

图 3-26　比例微分控制的二阶系统

图 3-26 所示系统的开环传递函数为

$$G(s)=\frac{\omega_n^2(1+\tau_d s)}{s(s+2\zeta\omega_n)}$$

闭环传递函数为

$$\Phi(s)=\frac{C(s)}{R(s)}=\frac{\omega_n^2(1+\tau_d s)}{s^2+(2\zeta\omega_n+\tau_d\omega_n^2)s+\omega_n^2} \tag{3-79}$$

特征方程与典型二阶系统的特征方程相比较，有

$$2\zeta_d\omega_n=2\zeta\omega_n+\tau_d\omega_n^2$$

所以等效阻尼系数 ζ_d 为

$$\zeta_d=\zeta+\frac{1}{2}\tau_d\omega_n \tag{3-80}$$

由上式可知，引入比例-微分控制虽不改变系统的自然频率 ω_n，但可使系统的等效阻尼比增大，从而使系统超调量减小，改善系统的平稳性。

由式(3-79)看出，引入信号微分控制，使闭环传递函数出现零点，从而使系统响应速度加快。适当选择开环放大系数 K 和微分时间常数 τ_d，可使系统在小于规定的超调量情况下，提高系统的快速性。微分控制对噪声有明显的放大作用，当系统输入端噪声严重时，一般不宜采用。

例 3-15　若原典型二阶系统的阻尼比 $\zeta=0.25$，自然频率 $\omega_n=8$ rad/s，为改善系统性能，引入比例-微分控制，为使等效阻尼比 $\zeta_d=0.5$，试确定 τ_d 值，并讨论加入微分环节后对系统超调量的影响。

解　由式(3-80)，得

$$\tau_d=\frac{(\zeta_d-\zeta)\times 2}{\omega_n}=\frac{(0.5-0.25)\times 2}{8}=0.0625$$

附加零点为

$$-z=-\frac{1}{\tau_d}=-16$$

参数 α 为

$$\alpha=\frac{z}{\zeta_d\omega_n}=\frac{16}{0.5\times 8}=4$$

由图 3-15 知，当 $\zeta=0.5$、$z/(\omega_n\zeta)=4$ 时，附加零点几乎不影响超调量。因此本系统的超调量从 0.25 增加到 $\zeta_d=0.5$，超调量由原来的 44.4%降低到了 16%。

2. 速度反馈控制

图 3-27 所示系统为具有速度反馈控制的二阶系统。将输出量的速度信号 $dc(t)/dt$ 采用负反馈形式反馈到输入端，并与误差信号 $e(t)$ 相比较，构成一个内回路。

由图 3-27 得闭环传递函数为

$$\Phi(s)=\frac{C(s)}{R(s)}=\frac{\omega_n^2}{s^2+(2\zeta\omega_n+K_t\omega_n^2)s+\omega_n^2} \tag{3-81}$$

与典型二阶系统的特征式相比较，得等效阻尼比 ζ_t 为

$$\zeta_t=\zeta+\frac{1}{2}K_t\omega_n \tag{3-82}$$

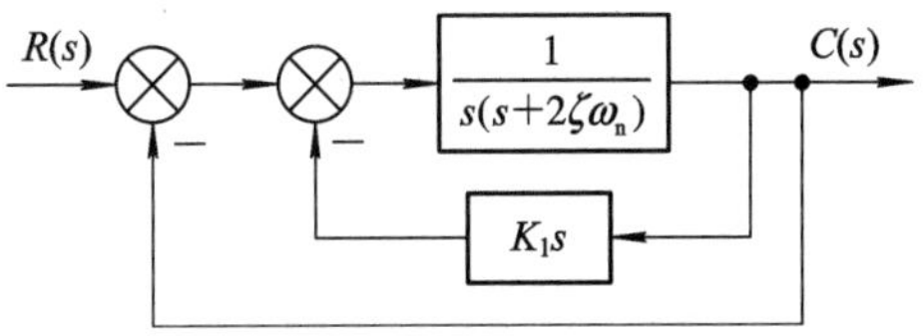

图 3-27　速度反馈二阶系统

速度反馈与比例-微分控制一样，不影响系统的自然频率，但可增大系统的阻尼比，因而也可改善系统的动态性能。

必须注意，引入速度反馈将降低系统的开环放大系数。

例 3-16　设原系统与例 3-15 相同，欲通过速度反馈使系统阻尼比由原来的 $\zeta=0.25$ 提高到 0.5。试计算 K_t 值和加入速度反馈后的系统暂态性能指标。

解　由式(3-82)得

$$K_t=\frac{(\zeta_t-\zeta)\times 2}{\omega_n}=\frac{(0.5-0.25)\times 2}{8}=0.0625$$

由此计算，有

$$\sigma\%=e^{-\frac{\zeta\pi}{\sqrt{1-\zeta^2}}}\times 100\%=16\%$$

$$t_s=\frac{4}{\zeta\omega_n}=1.03\ \text{s}\ (\text{取}\ \Delta=0.02)$$

二、改善系统稳态性能(减小稳态误差)的措施

我们从误差分析中知道，为减小原理性稳态误差，可增加前向通道积分环节个数或增大开环放大系数。但一般系统的积分环节不能超过两个，放大系数也不能随意增大，否则会引起系统暂态过程变差，甚至造成系统不稳定。在不能靠增加积分环节个数或增大开环放大系数来提高系统的精度时，通常采用复合控制系统来减小稳态误差。

1. 减小反映输入信号的稳态误差

减小由输入信号引起的稳态误差的复合控制系统如图 3-28 所示。$G_r(s)$ 为顺馈通道的传递函数。图中：

$$\Phi(s)=\frac{C(s)}{R(s)}=\frac{[G_1(s)+G_r(s)]G_2(s)}{1+G_1(s)G_2(s)}$$

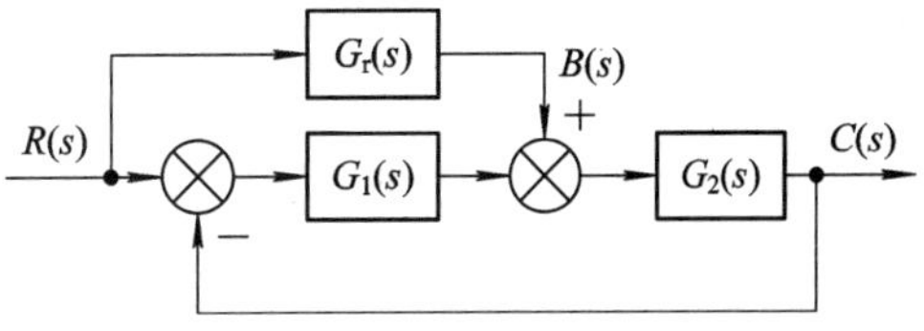

图 3-28　复合控制系统

稳态误差为

$$E(s) = R(s) - C(s) = \frac{1 - G_2(s)G_r(s)}{1 + G_1(s)G_2(s)} \cdot R(s) \tag{3-83}$$

要使稳态误差为零，由上式看出，必须满足

$$G_r(s) = \frac{1}{G_2(s)} \tag{3-84}$$

由于传递函数 $G_2(s)$ 一般较为复杂，很难做到使 $G_r(s)$ 恒等于 $1/G_2(s)$ 。在实际系统中，为便于实现，通常只作到部分补偿，使顺馈通道的传递函数具有较简单的形式。参看第六章第四节。

2. 减小反映干扰信号的稳态误差

图 3-29 是对干扰作用进行补偿的复合控制系统。由图知：

$$C(s) = \frac{[1 + G_1(s)G_n(s)]G_2(s)}{1 + G_1(s)G_2(s)} \times N(s) \tag{3-85}$$

要使稳态误差为零，必须满足

$$G_n(s) = -\frac{1}{G_1(s)} \tag{3-86}$$

实现对外部干扰作用的完全补偿。参看第六章第四节。

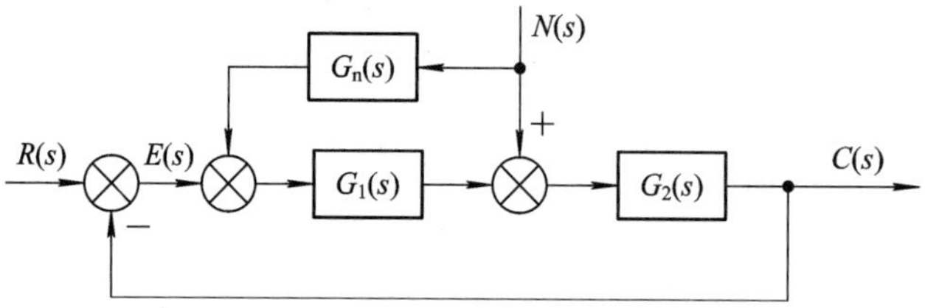

图 3-29　补偿扰动的复合控制系统

第九节　利用 MATLAB 进行时域分析

MATLAB 是一个高精度的科学计算语言，它将计算可视化和编程结合在一个容易使用的环境中，已成为目前最为流行的科学与工程计算的软件工具之一。利用 MATLAB 可以方便地进行控制系统的时域分析。要想判断系统的稳定性，只要求出系统的闭环极点，即闭环传递函数的分母多项式的根即可，而分析系统的动态特性，只要求出系统的阶跃响应即可。这些利用 MATLAB 是十分方便的。

利用 MATLAB 控制系统工个箱中所提供的求取连续系统的单位阶跃响应函数 step()、单位冲激响应函数impulse()、任意输入信号下的响应函数 lsim()等函数可方便地求出系统在该信号作用下的响应。

例 3-17　已知二阶系统传递函数为

$$G(s) = \frac{\omega_n^2}{s^2 + 2\zeta\omega_n s + \omega_n^2}$$

假设 $\omega_n = 1$，试在同一张图上绘制出当阻尼比 ζ 分别为 0、0.1、0.3、0.5、0.7、1.0、2.0 时系统的单位阶跃响应曲线。

解　根据题目要求，用 MATLAB 函数实现的程序代码如下：

```
clear
t=0:.01:10;
ze=[0, .1, .3, .5, .7, 1, 2];
for i=1:length(ze)
    num=1; den=[1, 2 * ze(i), 1];
    y(:, i)=step(num, den, t);
    end
    plot(t, y, 'k', t, ones(length(t)), 'k')
    axis([0, 10, 2, 2.2])
    xlabel('Time(sec)', 'FontSize', 8)
    ylabel('Response', 'FontSize', 8)
    text(3.5, 2, '\zeta=0', 'FontSize', 8)
    text(3, 1.77, '0.1', 'FontSize', 8)
    text(3, 1.42, '0.3', 'FontSize', 8)
    text(3, 1.2, '0.5', 'FontSize', 8)
    text(3.5, 1.08, '0.7', 'FontSize', 8)
    text(3, .75, '1', 'FontSize', 8)
    text(3, .48, '2', 'FontSize', 8)
```

运行该程序得到如图 3－30 所示的结果。

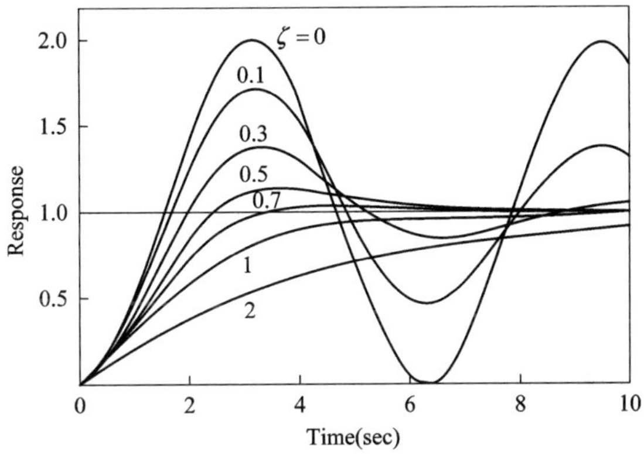

图 3－30　二阶系统阻尼比变化时的阶跃响应曲线簇

例 3－18　设单位负反馈二阶系统的开环传递函数为

$$G(s)=\frac{1.25}{s^2+s}$$

试计算系统的动态性能指标上升时间 t_r、峰值时间 t_p、超调量 $\sigma\%$和调整时间 t_s。

解　根据题目要求，用 MATLAB 编写的程序代码如下：

```
clear
num=1.25;
den=[1 1 0];
sys=tf(num, den);                    %建立系统的开环传递函数模型
sys=feedback(sys, 1);                %建立系统的闭环传递函数模型
```

```
[y, t]=step(sys);                                    %求出该系统的单位阶跃响应
ytr=find(y>=1);
rise_time=t(ytr(1))                                  %计算上升时间
[ymax, tp]=max(y);
peak_time=t(tp)                                      %计算峰值时间
max_overshoot=ymax-1                                 %计算超调量
s=length(t);
while y(s)>0.98 & y(s)<1.02
    s=s-1;
end
settling_time=t(s+1)                                 %计算调整时间
plot(t, y, 'k', t, ones(length(t), 1), 'k-.')        %绘制响应曲线
axis([0 10 0 2.2])
title('Plot of Unit-Setp Response Curves', 'Position', [5 2.22], 'FontSize', 8)
xlabel('Time(sec)', 'Position', [9.8-0.15], 'FontSize', 8)
ylabel('Response', 'Position', [-0.25 1], 'FontSize', 8)
```

运行该程序得到如图 3-31 所示的如下结果：

```
rise_time=
    2.0982
peak_time=
    3.0920
max_overshoot=
    0.207555
settling_time=
    7.5092
```

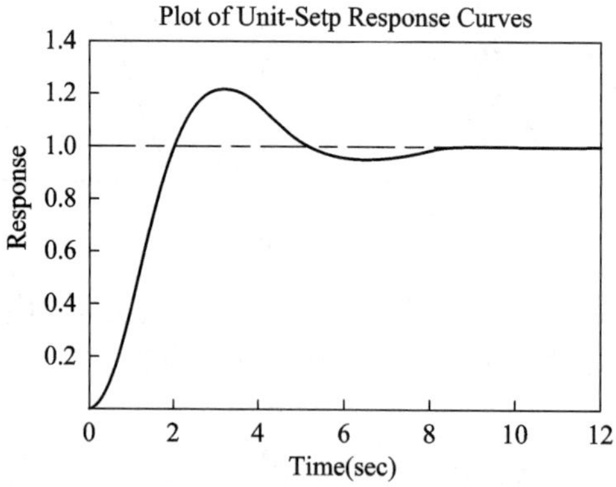

图 3-31　二阶系统的阶跃响应曲线

【习　　题】

3-1　某控制系统单位阶跃响应为

$$c(t)=1+0.2e^{-60t}-1.2e^{-10t}$$

(1) 求该系统的闭环传递函数；

(2) 求该系统的单位脉冲响应。

3-2 一阶控制系统的闭环传递函数为

$$\Phi(s)=\frac{1}{Ts+1}$$

求该系统的单位阶跃响应和单位斜坡响应。

3-3 某温度计量系统如图 3-32 所示。现用温度计测量容器内的水温，发现需 1 min 的时间才能指示其实际水温的 98%。如果使容器内的水温以 10℃/min 的速度线性增加，试求温度计的稳态指示误差。

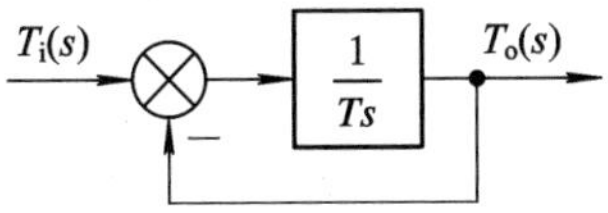

图 3-32

3-4 控制系统闭环传递函数为

$$\Phi(s)=\frac{\omega_n^2}{s^2+2\zeta\omega_n s+\omega_n^2}$$

试在 s 平面上绘出满足下列各要求的系统特征根的可能位于的区域。

$$\begin{cases}1.\ 1>\zeta\geqslant 0.707,\ \omega_n\geqslant 2\ \text{rad/s}\\2.\ 0<\zeta\leqslant 0.5,\ 2\leqslant\omega_n<4\ \text{rad/s}\\3.\ 0.5\leqslant\zeta<0.707,\ \omega_n\leqslant 2\ \text{rad/s}\end{cases}$$

3-5 设单位反馈系统开环传递函数为

$$G(s)=\frac{4}{s(s+2)}$$

试求系统的单位阶跃响应。

3-6 设典型二阶系统单位阶跃响应曲线如图3-33所示。如果该系统属单位反馈系统，试确定其开环传递函数并计算调整时间 $t_s(\Delta=0.02)$。

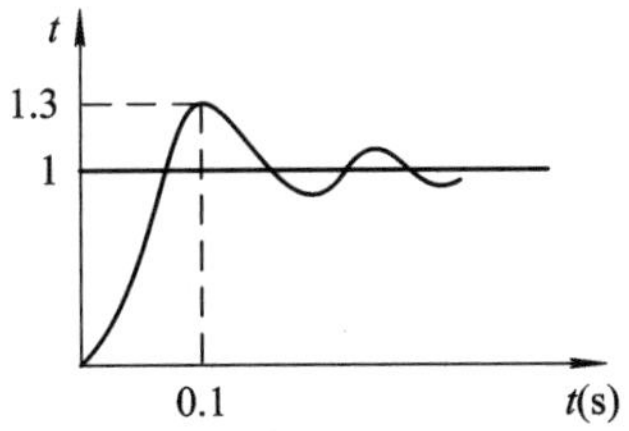

图 3-33

3-7 设单位反馈控制系统的开环传递函数为

$$G(s)=\frac{K}{s(0.1s+1)}$$

试分别求当 $K=10\ \text{s}^{-1}$ 和 $K=20\ \text{s}^{-1}$ 时，系统的阻尼比 ζ、无阻尼自然频率 ω_n、单位阶跃响应的超调量 $\sigma\%$ 及峰值时间 t_p，并讨论 K 的大小对暂态性能的影响。

3-8 设闭环系统的传递函数为

$$\frac{C(s)}{R(s)}=\frac{\omega_n^2}{s^2+2\zeta\omega_n s+\omega_n^2}$$

(1) 试求 $\zeta=0.1$、$\omega_n=5$ rad/s，$\zeta=0.1$、$\omega_n=10$ rad/s，$\zeta=0.1$、$\omega_n=1$ rad/s 时单位阶跃响应的超调量 $\sigma\%$ 和调整时间 $t_s(\Delta=0.05)$；

(2) 试求 $\zeta=0.5$，$\omega_n=5$ rad/s 时单位阶跃响应的超调量 $\sigma\%$ 和调整时间 $t_s(\Delta=0.05)$；

(3) 讨论系统参数 ζ、ω_n 与暂态过程的关系。

3-9 设典型二阶系统的单位阶跃响应为

$$c(t)=1-1.25e^{-1.2t}\sin(1.6t+53.1^\circ)$$

试求系统的超调量 $\sigma\%$、峰值时间 t_p、调整时间 t_s 和上升时间 t_r。

3-10 试用劳斯稳定判据确定具有下列特征方程式的系统稳定性。

(1) $0.02s^3+0.3s^2+s+20=0$；

(2) $s^5+12s^4+44s^3+48s^2+s+1=0$；

(3) $s^6+3s^5+5s^4+9s^3+8s^2+6s+4=0$；

(4) $s^4+3s^3+s^2+10=0$。

3-11 设单位反馈系统的开环传递函数为

$$G(s)=\frac{K}{s(s+1)(s+2)}$$

试用劳斯判据，确定使系统稳定的 K 的取值范围。

3-12 已知系统的闭环特征方程为

$$(s+1)(s+1.5)(s+2)+K_0=0$$

试用劳斯判据确定使得系统闭环特征根的实部小于 -1 的最大 K_0 值。

3-13 试用劳斯稳定判据判断下列系统的稳定性(均为单位反馈系统)。

(1) $G(s)=\dfrac{10(s+1)}{s(s-1)(s+5)}$；

(2) $G(s)=\dfrac{100}{s(s^2+8s+24)}$；

(3) $G(s)=\dfrac{3s+1}{s^2(300s^2+600s+50)}$。

3-14 系统的特征方程式为

$$s^4+2s^3+2s^2+4s+2=0$$

试用劳斯判据确定系统的稳定性。若不稳定，试确定在 s 右半平面的闭环极点数。

3-15 已知单位反馈系统的开环传递函数如下，试分别求出当输入信号为 $u(t)$、t 和 $\frac{1}{2}t^2$ 时系统的稳态误差。

(1) $G(s)=\dfrac{10}{(0.1s+1)(0.5s+1)}$；

(2) $G(s)=\dfrac{7(s+3)}{s(s+4)(s^2+2s+2)}$；

(3) $G(s)=\dfrac{8(0.5s+1)}{s^2(0.1s+1)}$。

3-16 某典型二阶系统，当输入单位阶跃信号时，$\sigma\%=15\%$，$t_s=2s(\Delta=0.05)$，试求系统在单位斜坡输入时的稳态误差。

3-17　已知单位反馈系统的开环传递函数为

(1) $G(s)=\dfrac{100}{(0.1s+1)(s+5)}$；

(2) $G(s)=\dfrac{50}{s(0.1s+1)(s+5)}$；

(3) $G(s)=\dfrac{10(2s+1)}{s^2(s^2+6s+10)}$。

试求：

(1) 位置误差系数、速度误差系数和加速度误差系数；

(2) 输入 $r(t)=2t$ 时的稳态误差；

(3) 输入 $r(t)=2+2t+t^2$ 时的稳态误差。

3-18　某系统如图 3-34 所示。试求干扰信号 $F_1(s)$、$F_2(s)$ 单独作用时的稳态误差（$f_1(t)$、$f_2(t)$均为单位阶跃信号）。其中：$G_1(s)=\dfrac{K_1}{T_1s+1}$，$G_2(s)=\dfrac{K_2(\tau s+1)}{T_2s+1}$，$G_3(s)=\dfrac{K_3}{s(T_3s+1)}$；$\tau>T_1$，$\tau>T_2$；$K_1=5$，$K_2=10$，$K_3=100$。

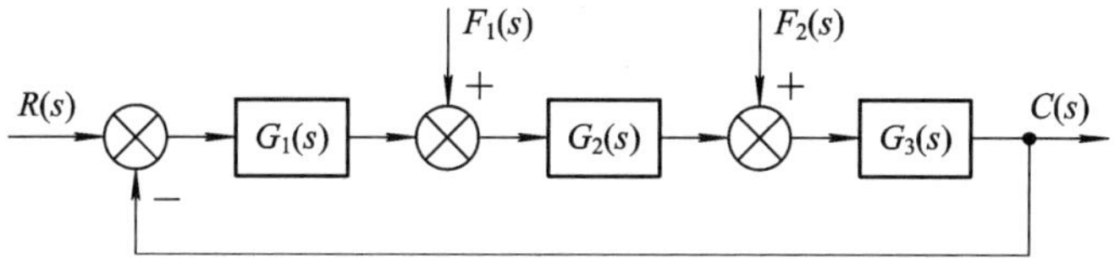

图 3-34

3-19　设单位负反馈系统的开环传递函数为

$$G(s)=\frac{K_o}{(s+2)(s+4)(s^2+6s+25)}$$

要求确定引起闭环系统持续振荡时的 K_o 值和相应的振荡频率 ω。

3-20　试确定图 3-35 所示系统的稳定性。

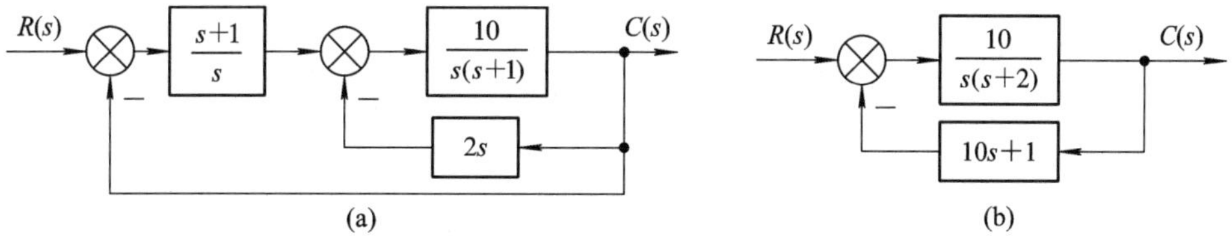

图 3-35

3-21　如图 3-36 所示系统，如果 $\zeta=0.2$，$\omega_n=86.6$ rad/s，试确定系统稳定时 K 的取值范围。

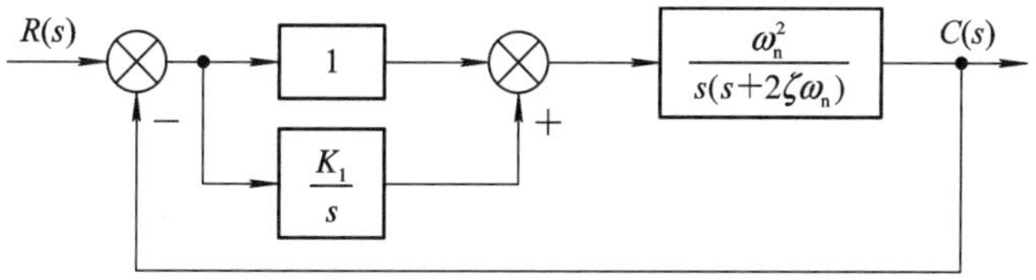

图 3-36

3－22 某控制系统如图 3－37 所示，其中 K_1、K_2 为正常数，$\beta \geqslant 0$，试分析：

(1) β 值的大小对系统稳定性的影响；

(2) β 值的大小对阶跃作用下系统动态品质 t_s、$\sigma\%$ 的影响；

(3) β 值的大小对等速作用下($r(t)=at$)系统稳态误差的影响。

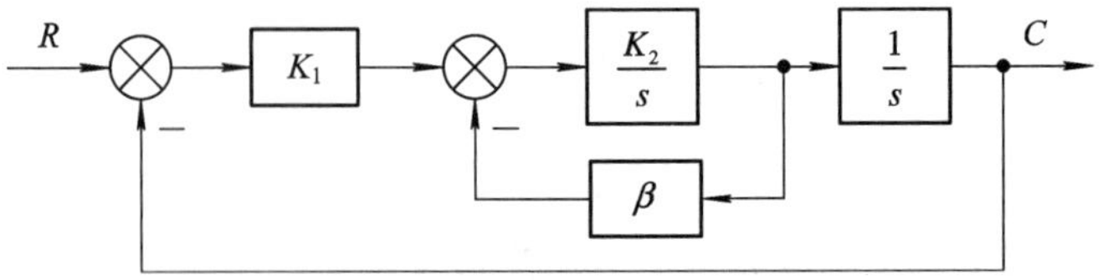

图 3－37

3－23 设有恒速系统如图 3－38 所示。$N_r(s)$为给定转速，$N_c(s)$为输出转速，M 为电磁转矩，M_c 为负载转矩，$E(s)$为误差。试设计调节器的传递函数 $G(s)$，使扰动 M_c 作用下的转速稳定误差为零。

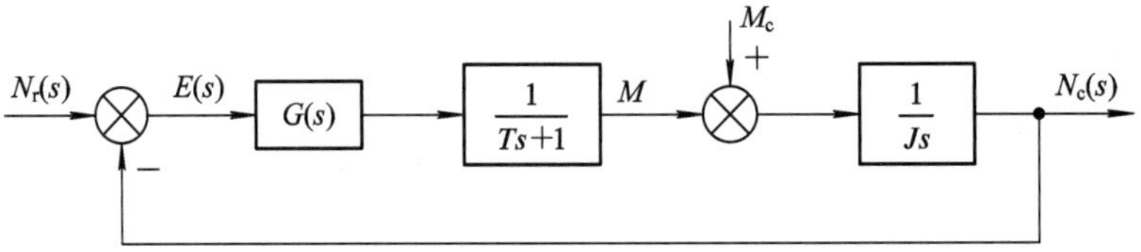

图 3－38

3－24 若复合控制系统结构图如图 3－39 所示。控制作用和扰动作用同时加入，且 $r(t)=n(t)=t$，为使稳态误差 $e_{ss}=0$，试求 K_b 值。

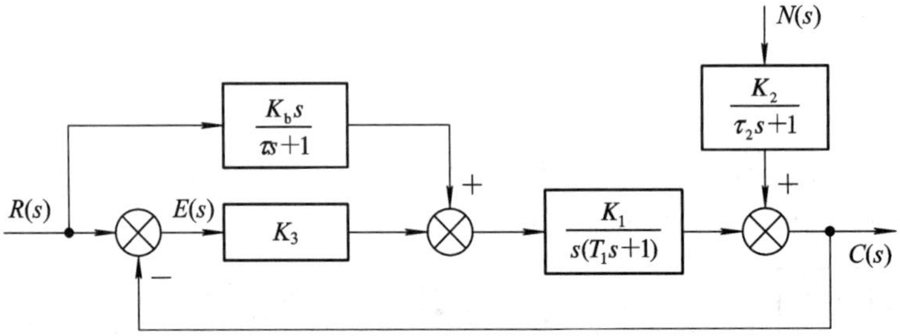

图 3－39

第四章　根 轨 迹 法

控制系统闭环传递函数的极点决定了系统的稳定性和动态响应的基本特征，而闭环零点则影响系统的动态响应的形态。所以，对闭环控制系统的响应来说，闭环传递函数的特征根，即闭环极点是起主导作用的。闭环特征方程一般是高次代数方程，求解很复杂，还不能看出系统参数对闭环极点分布的影响。鉴于此，需要探索不解高次代数方程，也能求出系统闭环特征方程的根，进而求出系统闭环动态特性的有效方法。1948 年，美国人伊文思(W. R. Evans)提出的根轨迹法就是这样一种方法。它虽然是求解闭环极点，但不用代数法求解，而是利用图解法，使复杂问题变得简单。它可直接由开环传递函数绘出闭环极点的变化趋势，提供一定意义上的闭环系统设计的整体感。因此，根轨迹法在工程实践中获得了广泛应用。

根轨迹法在数字计算机很发达的今天，仍具有重要意义，其最重要的价值在于它的图解思想、控制系统整体感及隐藏在绘制规则背后的规律，使控制工程师能够对控制系统有深入的理解，分析系统性能，确定系统结构和参数及综合校正装置。

根轨迹法以系统的传递函数为基础，因此它只适用于线性系统。根轨迹法仍属时域理论，用时域性能指标研究和评价系统。

第一节　根轨迹的基本概念

负反馈系统开环传递函数的某一参数变化时，闭环特征根在 s 平面上移动的轨迹，称为根轨迹。一般取根增益 K_o 为可变参数，于是，根轨迹就可以这样定义：当根增益从 $K_o=0$ 变化到 $K_o=+\infty$ 时，闭环特征方程根的轨迹就称为根轨迹。由于根轨迹是根据开环零、极点绘出来的，因此它能指出开环零、极点与系统闭环极点(特征根)之间的关系。利用根轨迹能够分析系统的动态特性，以及参数变化对动态响应特性的影响。还可以根据动态特性的要求，确定可变参数。

为了具体说明根轨迹的概念，设控制系统如图 4-1 所示。闭环传递函数为

$$\Phi(s)=\frac{C(s)}{R(s)}=\frac{K}{s(0.5s+1)+K}$$

$$=\frac{K_o}{s^2+2s+K_o}$$

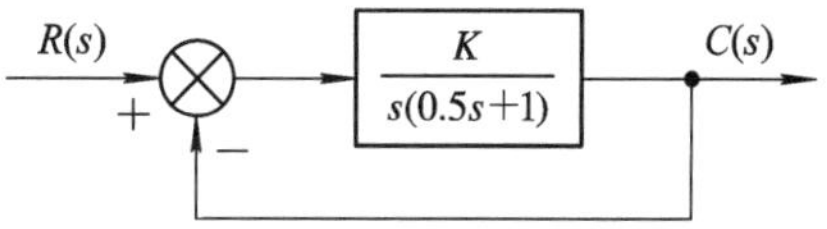

图 4-1　闭环控制系统

式中：K 为开环增益；K_o 为根增益。

闭环特征方程式 $s^2+2s+K_o=0$ 的根是

$$s_{1,2}=-1\pm\sqrt{1-K_o}$$

当 $K_o=0$ 时，$s_1=0$，$s_2=-2$，即根轨迹的起点

当 $K_o=0.75$ 时，$s_1=-0.5$，$s_2=-1.5$

当 $K_o=1$ 时，$s_1=-1$，$s_2=-1$

当 $K_o=2$ 时，$s_1=-1+j1$，$s_2=-1-j1$

当 $K_o=5$ 时，$s_1=-1+j2$，$s_2=-1-j2$

⋮

令根增益 K_o 从 0 变化到∞，用解析法求特征根的全部数值，将这些数值标注在 s 平面上，并连成光滑的粗实线，如图 4-2 所示。图上的粗实线就称为该系统的根轨迹。其箭头表示随着 K_o 值的增加，根轨迹的变化趋势，而标注的数值则代表与特征根位置相应的根增益 K_o 的数值。

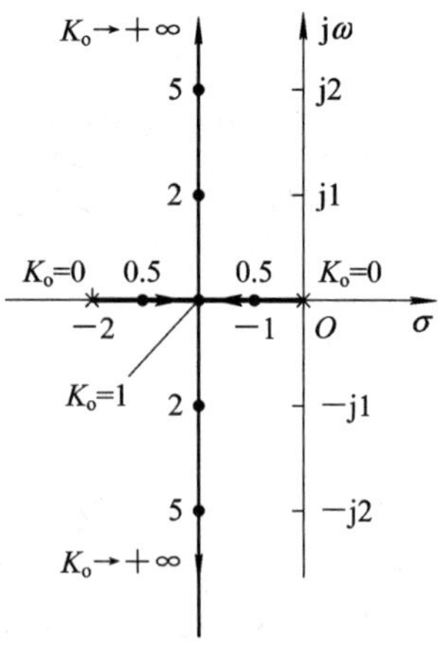

图 4-2　二阶系统根轨迹图

根据图 4-2 所示的根轨迹图，可以获得系统的下述性能。

1. 稳定性

因为根轨迹全部位于 s 平面的左半部，故闭环系统对所有 $K_o>0$ 的值都是稳定的。

2. 稳态性能

因为开环传递函数有一个极点位于 s 平面原点(图中用×号表示)，所以系统为Ⅰ型系统，阶跃作用下的稳态误差为零，静态速度误差系数 K_v 即为根轨迹上对应的 K 值。

3. 暂态性能

(1) 当 $0<K_o<1$ 即 $0<K<0.5$ 时，闭环特征根为两个实根，系统呈过阻尼状态，阶跃响应为非周期过程(即单调过程)。

(2) 当 $K_o=1$ 即 $K=0.5$ 时，闭环特征根为两个相等的实根，系统处于临界阻尼状态。

(3) 当 $K_o>1$ 即 $K>0.5$ 时，闭环特征根变为一对共轭复数，系统呈欠阻尼状态，阶跃响应变为衰减振荡过程，有超调量出现。

上述分析表明，根轨迹与系统性能之间有密切的联系。利用根轨迹不仅能够分析闭环系统的动态性能以及参数变化对系统动态性能的影响，而且还可以根据对系统暂态特性的要求确定可变参数和调整开环零、极点位置以及改变它们的个数。这就是说，根轨迹法可用来解决线性系统的分析和综合问题。由于它是一种图解求根的方法，比较直观，避免了求解高阶系统特征根的麻烦。这种不用求解闭环方程的根，而利用开环零极点求出闭环极点的根轨迹，研究系统性能的方法叫做根轨迹分析法，简称根轨迹法。

第二节　根轨迹方程

采用根轨迹法分析和设计系统，必须绘制出根轨迹图。用数学解析法逐个求出闭环特征方程的根再绘制根轨迹图，十分困难且没有意义。重要的是找到一些规律，以便根据开环传递函数与闭环传递函数的关系以及开环传递函数零点和极点的分布，迅速绘出闭环系统的根轨迹。这种作图方法的基础就是根轨迹方程。

一、根轨迹方程

控制系统的一般结构图如图 4-3 所示，其闭环传递函数为

$$\Phi(s)=\frac{G(s)}{1+G(s)H(s)} \tag{4-1}$$

闭环特征方程是

$$1+G(s)H(s)=0 \tag{4-2}$$

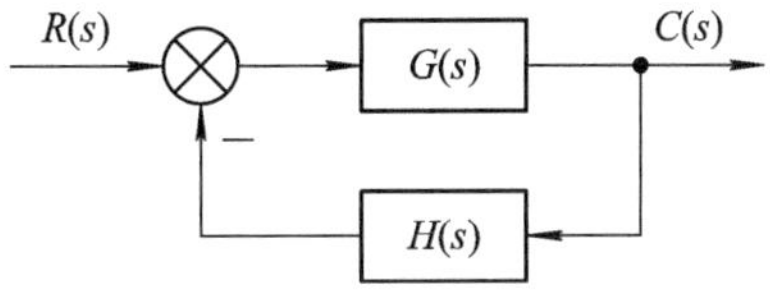

图 4-3　控制系统结构图

绘制闭环系统的根轨迹所依据的关系式称为根轨迹方程。就其实质来说，根轨迹方程就是闭环的特征方程式。为了能从开环传递函数的零点、极点的分布来描绘根轨迹，需要把特征方程式的形式稍作变换。将式(4-2)中的开环传递函数化成如下形式：

$$G(s)H(s)=\frac{K_o(s-z_1)(s-z_2)\cdots(s-z_m)}{(s-p_1)(s-p_2)\cdots(s-p_n)}=\frac{K_o\prod_{i=1}^{m}(s-z_i)}{\prod_{j=1}^{n}(s-p_j)} \tag{4-3}$$

式中：K_o 为根轨迹增益；$z_i(i=1,2,\cdots,m)$为系统开环传递函数零点；$p_j(j=1,2,\cdots,n)$为系统开环传递函数极点。

式(4-2)的特征方程式可表示为

$$\frac{K_o\prod_{i=1}^{m}(s-z_i)}{\prod_{j=1}^{n}(s-p_j)}=-1 \tag{4-4}$$

上式为闭环特征方程式的另一种表达形式，又称为根轨迹方程。当可变参数 K_o 从 0 变化到∞时，由根轨迹方程可在 s 平面上描绘出闭环系统的全部根轨迹。根轨迹方程常简写为 $G(s)H(s)=-1$ 或 $G_0(s)=1$。

根轨迹方程为一复数方程式，根据等号两边相角和幅值相等的条件，可得到绘制根轨迹的两个基本条件，即

$$\text{幅值条件}\quad \frac{K_o\prod_{i=1}^{m}|s-z_i|}{\prod_{j=1}^{n}|s-p_j|}=1\quad\text{或}\quad\frac{\prod_{i=1}^{m}|s-z_i|}{\prod_{j=1}^{n}|s-p_j|}=\frac{1}{K_o} \tag{4-5}$$

$$\text{相角条件}\quad \sum_{i=1}^{m}\angle(s-z_i)-\sum_{j=1}^{n}\angle(s-p_j)=(2k+1)180^\circ \tag{4-6}$$

式中：$k=0,\pm1,\pm2,\cdots$；$\angle(s-z_i)$为从开环有限零点 z_i 到点 s 的向量相角；$\angle(s-p_i)$为从开环极点 p_j 到点 s 的向量相角。在测量相角时规定以逆时针方向为正。相角条件的含义是，对任何正 k 值，在 s 平面上从 $G(s)H(s)$ 的各零点和极点分别向某点 s 引向量，如果从各零点所引向量的相角之和减去从各极点所引向量的相角之和等于 180°的奇数倍时，那么该点 s 就是根轨迹上的点。

式(4-5)与根增益 K_o 有关，而式(4-6)与 K_o 无关，将满足相角条件的 s 值代入式

(4-5)中，可求得一个对应的 K_o 值。这就是说，s 值如果满足相角条件，则必定同时满足幅值条件。因此相角条件是决定根轨迹的充分必要条件，而当需要确定根轨迹上各点的 K_o 值时，才使用幅值条件。

二、根轨迹方程的应用

1. 用相角条件求根轨迹曲线

根据相角条件可判断 s 平面上的点是否在根轨迹上，这样就可以用试探法来绘制根轨迹，现举例说明。

例 4-1　设单位负反馈系统的开环传递函数为

$$G_o(s)=\frac{K_o}{s(s+1)}$$

判断点 $s_1(-1, \mathrm{j}1)$ 和 $s_2(-0.5, -\mathrm{j}1)$ 是否在其根轨迹上。

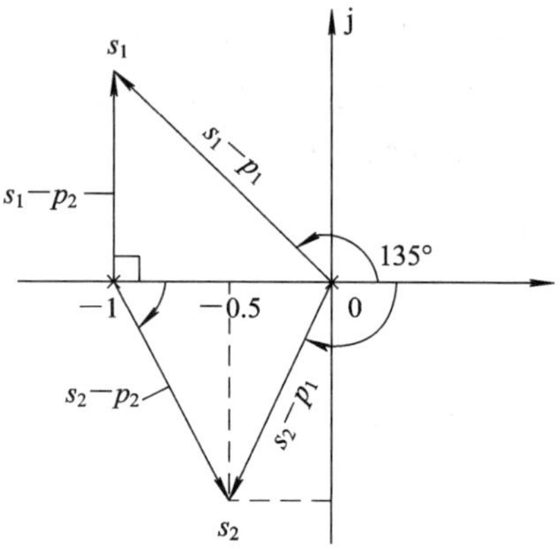

图 4-4　例 4-1 向量图

解　将开环零、极点表示在图 4-4 上(无开环零点)，其中 $p_1=0$，$p_2=-1$。作 p_1、p_2 引向 s_1 的矢量 (s_1-p_1)、(s_1-p_2)。

用量角器量得(也可通过计算得到)

$$\angle(s_1-p_1)=135^\circ$$
$$\angle(s_1-p_2)=90^\circ$$

$$\sum_{i=1}^{m}\angle(s_1-z_i)-\sum_{j=1}^{n}\angle(s_1-p_j)=-\angle(s_1-p_1)-\angle(s_1-p_2)=-225^\circ$$

不满足相角条件，所以 s_1 不在根轨迹上，即 s_1 不是该系统的闭环极点。

同样用作 p_1、p_2 引向 s_2 的矢量，并用量角器量得该两向量的相角：

$$\angle(s_2-p_1)=-116.5^\circ$$
$$\angle(s_2-p_2)=-63.5^\circ$$

$$\sum_{i=1}^{m}\angle(s_2-z_i)-\sum_{j=1}^{n}\angle(s_2-p_j)=-\angle(s_2-p_1)-\angle(s_2-p_2)=+180^\circ$$

满足相角条件，说明 s_2 是该系统的闭环极点，在根轨迹上。

此例说明，通过选择若干试验点，检查这些点是否满足相角条件，由那些满足相角条件的点可连成根轨迹，这就是绘制根轨迹的试探法。

2. 用幅值条件确定 K_o 值

应用幅值条件，可确定根轨迹上各点所对应的 K_o 值。

例 4-2　求例 4-1 中根轨迹上 s_2 点$(-0.5, -\mathrm{j}1)$对应的 K_o 值。

解　根据式(4-5)幅值条件得

$$\begin{aligned}K_o&=\frac{|s-p_1|\cdot|s-p_2|\cdots|s-p_n|}{|s-z_1|\cdot|s-z_2|\cdots|s-z_m|}\\&=|s_2-p_1|\cdot|s_2-p_2|=|-0.5-\mathrm{j}-0|\cdot|-0.5-\mathrm{j}+1|\\&=1.118\times1.118=1.25\end{aligned}$$

用试探法绘制根轨迹是很麻烦的，也是十分困难的。实际绘制根轨迹的方法是根据一些基本规则描绘出近似的根轨迹，简称法则，再利用试探法在根轨迹的重要部分进行修正。随着计算机的迅猛发展，相继出现了绘制根轨迹的计算机软件，这是对传统根轨迹法的一个有力的支持手段，是绘制根轨迹的新方法。

第三节　绘制根轨迹的基本法则

当系统根轨迹以根轨迹增益 K_o 或开环增益 K 为参变量时，按以下各规则绘制根轨迹，可方便地绘制出所要求的根轨迹。如果以系统的其他参数为参变量时，经过适当变换，以下法则仍能使用。这些法则也反映了根轨迹所具有的基本性质。

一、根轨迹分支数(法则一)

根轨迹在 s 平面上的分支数等于闭环特征方程的阶数 n，也就是说，分支数等于开环传递函数的极点数。

二、根轨迹对称于实轴(法则二)

实际系统闭环特征方程的系数都是实数，其特征根为实数根或共轭复数根，因此根轨迹对称于实轴。

三、根轨迹的起点和终点(法则三)

根轨迹起始于开环极点，终止于开环零点，如果 $n \neq m$，则有$(n-m)$条根轨迹终止于无穷远处。

根轨迹的起点是对应于系统参数 $K_o=0$ 时，特征根在 s 平面上的位置；而根轨迹的终点则是对应于 $K_o=\infty$时，特征根在 s 平面上的分布位置。

由式(4-5)可知，当 $K_o=0$ 时，必有 $s=p_j(j=1, 2, \cdots, n)$，故 n 条根轨迹必起始于开环传递函数的极点。而当 $K_o=\infty$时，必有 $s=z_i(i=1, 2, \cdots, m)$，故有 m 条根轨迹必终止于开环传递函数的零点。

在控制系统中，开环传递函数分子多项式的阶次 m 总是小于分母多项式的阶次 n，因此有 $n-m$ 条根轨迹的终点将在无穷远处。证明如下：

将式(4-5)左边取极限，得

$$\lim_{s\to\infty}\frac{|s-z_1||s-z_2|\cdots|s-z_m|}{|s-p_1||s-p_2|\cdots|s-p_n|}=\lim_{s\to\infty}|s^{m-n}|\to 0=\frac{1}{K_o}$$

上式表明，当特征根 $s\to\infty$时，必对应于 $K_o\to\infty$。如果把有限数值的零点称为有限零点，而把无穷远处的零点叫做无限零点，则我们可以说，根轨迹必终止于 m 个有限零点和 $n-m$ 个无限零点。此时开环传递函数的零点数和极点数是相等的。

例 4-3　已知单位反馈控制系统的开环传递函数为

$$G(s)=\frac{K(\tau s+1)}{s(Ts+1)}\qquad(\tau>T>0)$$

试确定根轨迹的分支数及起点、终点。

解　将开环传递函数改写成

$$G_o(s)=\frac{K(\tau s+1)}{s(Ts+1)}=\frac{K_o(s+1/\tau)}{s(s+1/T)}$$

式中，$K_o=K\frac{\tau}{T}$。

开环传递函数分母多项式的最高阶次 $n=2$，故根轨迹的分支数为 2(即有两条根轨迹)。

开环有两个极点：$p_1=0$，$p_2=-1/T$；

开环有一个有限零点：$z_1=-1/\tau$。

根轨迹起始于开环极点，即起始于 0 和 $-1/T$。其中一条根轨迹终止于开环零点，即 $-1/\tau$，另一条终止于无穷远处。其根轨迹图如图 4-5 所示。

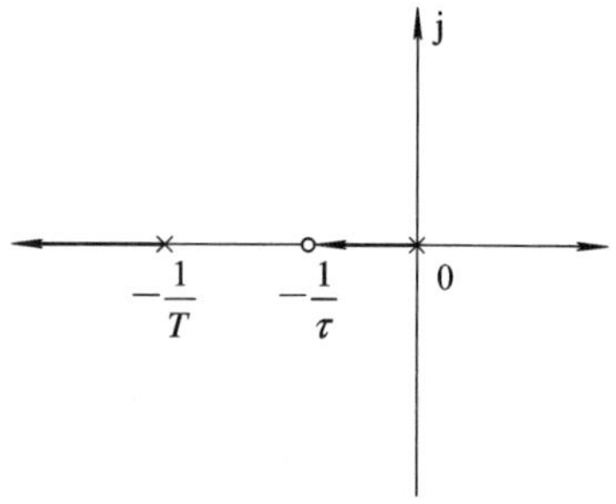

图 4-5　例 4-3 系统的根轨迹

四、实轴上的根轨迹(法则四)

在坐标轴上向右看去，实轴上凡有奇数个零点和极点的区段就是根轨迹的一部分。即实轴上根轨迹区段的右侧，实数零点和实数极点数目之和应为奇数。

图 4-6 所示系统在 s 平面上 3 个开环极点 p_1、p_2、p_3 和 1 个开环零点 z_1 的一种分布情况，其中 p_1、p_2 是一对共轭极点，p_3、z_1 分别是实数极点和零点。

为在实轴上确定属于根轨迹的线段，首先在实轴极点 p_3 与实轴零点 z_1 之间任选一个试验点 s_1，从图 4-6 中可看到：

(1) 开环共轭极点 p_1、p_2 到 s_1 的相角之和为 $\angle(s_1-p_1)+\angle(s_1-p_2)=0°$(或 360°)。这说明 p_1、p_2 的存在并不影响由式(4-6)所规定的相角条件，即开环传递函数的共轭复数极点和零点，对实轴上根轨迹的位置没有影响。实轴上的根轨迹仅取决实轴上的开环极点和零点。

(2) 如果实数开环零点 z_1 位于 s_1 的左方，则向量的相角为 $\angle(s_1-z_1)=0°$，这说明左侧实数零点的存在也不影响相角条件。这一判断同样适用于位于 s_1 点左侧的开环实数极点。因此，在绘制实轴上根轨迹时，可以不必考虑它左侧的实数零、极点。

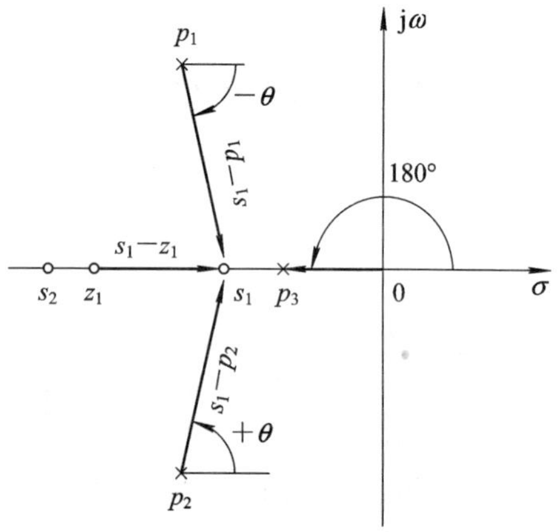

图 4-6　实轴上的根轨迹

(3) 向量 s_1 与位于其右侧的开环实数极点 p_3 的向量差$(s-p_3)$的相角 $\angle(s-p_3)=180°$。这一判断对位于 s_1 点右侧的开环实数零点也同样成立。

综合上述可知，按照相角条件，若实轴上某试验点 s_1 右方的实数极点和实数零点的总个数为奇数时，则该试验点 s_1 就在根轨迹上。

同理，在图 4-6 中的试验点 s_2 不在根轨迹上。

五、根轨迹的渐近线(法则五)

如果开环零点数 m 小于极点数 n，当根增益 $K_o\to\infty$时，有 $n-m$ 条根轨迹趋向无穷远处，渐近线就是决定这 $n-m$ 条根轨迹趋向无穷远处的方位。渐近线法则包含 3 个参数，即渐近线条数、渐近线夹角和渐近线与实轴的交点。

(1) 渐近线的条数(分支数)，有 $n-m$ 条。

(2) 渐近线的夹角 φ_a。假设在无穷远处有特征根 s_k，则 s 平面上所有开环有限零点 z_i 和极点 p_j 的向量相角都相等，即 $\angle(s_k-z_i)=\angle(s_k-p_j)=\varphi_a$，用它代入相角条件式(4-6)，得

$$\sum_{i=1}^{m}\angle(s_k-z_i)-\sum_{j=1}^{n}\angle(s_k-p_j)=m\varphi_a-n\varphi_a=(2k+1)\pi$$
$$(k=0,\ \pm 1,\ \pm 2,\ \cdots)$$

所以渐近线的夹角为

$$\varphi_a=\frac{(2k+1)\pi}{n-m}\qquad(k=0,\ \pm 1,\ \pm 2,\ \cdots)\tag{4-7}$$

当 $k=0$ 时，渐近线的夹角最小，k 增大时，夹角值重复出现，所以独立的渐近线只有 $n-m$ 条。

(3) 渐近线与实轴的交点 σ_a。假定在无穷远处有闭环特征根 s_k，则 s 平面上所有的开环有限零点 z_i 和极点 p_j 到 s_k 的向量长度都相等。于是我们可以认为，对于无限远闭环极点 s_k 而言，所有开环零、极点都汇集在一起，其位置为 σ_a，如图 4-7 中所示，它就是所求渐近线的交点。

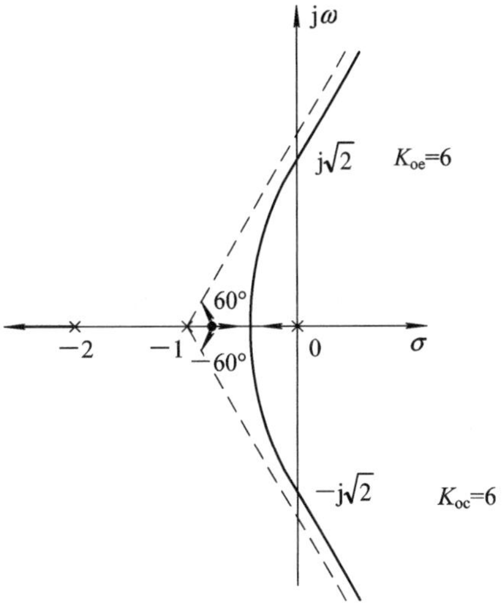

图 4-7　根轨迹图

当 $K_o\to\infty$ 和 $s_k\to\infty$ 时，可认为 $z_i=p_j=\sigma_a$，则幅值条件式(4-5)的倒数形式改写为

$$\frac{(s-p_1)\cdots(s-p_n)}{(s-z_1)\cdots(s-z_m)}=(s-\sigma_a)^{n-m}=-K_o\tag{4-8}$$

上式右边展开式为

$$(s-\sigma_n)^{n-m}=s^{n-m}-\sigma_n(n-m)s^{n-m-1}+\cdots$$

而式(4-12)的左边可用长除法处理为

$$s^{n-m}-[(p_1+p_2+p_3+\cdots+p_n)-(z_1+z_2+\cdots+z_m)]s^{n-m-1}+\cdots$$

当 $s\to\infty$时，上述两个相等的多项式可略去除前两项以外的其他项，故可以只考虑两个多项式的第二项，即 s^{n-m-1}项的系数相等的条件，得

$$\sigma_a(n-m)=(p_1+p_2+\cdots+p_n)-(z_1+z_2+\cdots+z_m)$$

所以渐近线与实轴的交点为

$$\sigma_a=\frac{(p_1+p_2+\cdots+p_n)-(z_1+z_2+\cdots+z_m)}{n-m}$$

即

$$\sigma_a=\frac{\sum_{j=1}^{n}p_j-\sum_{i=1}^{m}z_i}{n-m}\tag{4-9}$$

由于极点和零点必为实数或共轭复数，它们的虚部是互相抵消的，所以 σ_a 必为实数。在用式(4-9)计算时，只要把 $G(s)H(s)$ 的极点和零点的实数部分代入即可。

例 4-4　已知控制系统的开环传递函数为

$$G(s)H(s)=\frac{K_{\circ}}{s(s+1)(s+2)}$$

试确定根轨迹渐近线在 s 平面上的位置。

解　从已知的开环传递函数的极点和零点数看出，该系统的根轨迹有 3 条渐近线，由式(4-9)可知它们在实轴上的交点为

$$\sigma_a=\frac{p_1+p_2+p_3}{n-m}=\frac{0-1-2}{3-0}=-1$$

渐近线与实轴正方向的夹角由式(4-7)得

$$k=0,\quad \varphi_{a_1}=\frac{180^\circ}{n-m}=\frac{180^\circ}{3}=60^\circ$$

$$k=1,\quad \varphi_{a_2}=\frac{(2+1)180^\circ}{n-m}=180^\circ$$

$$k=2,\quad \varphi_{a_3}=\frac{(2\times2+1)180^\circ}{n-m}=300^\circ$$

上面求得的 3 条渐近线在 s 平面上的位置，如图 4-7 所示。

六、根轨迹的分离点和会合点(法则六)

两条根轨迹分支在 s 平面上的某点相遇，然后又立即分开的点，叫做根轨迹的分离点(或会合点)。它对应于特征方程中的二重根。由于根轨迹具有共轭对称性，分离点与会合点必须是实数或共轭复数成对出现。在一般情况下，分离点与会合点位于实轴上。

在图 4-8 上画出了两条根轨迹。它们分别从开环极点 p_1 与 p_2 出发，随着根增益 $K_{\circ}$ 的增大会合于 a 点，接着从 a 点分离，进入复平面。然后再自复平面回到实轴，会合于 b 点，再从 b 点分离。最后，一条根轨迹终止于开环有限零点 z_1，另一条趋于无穷远。我们把从实轴上分离的 a 点称做分离点，把汇合于实轴上的 b 点称做会合点。

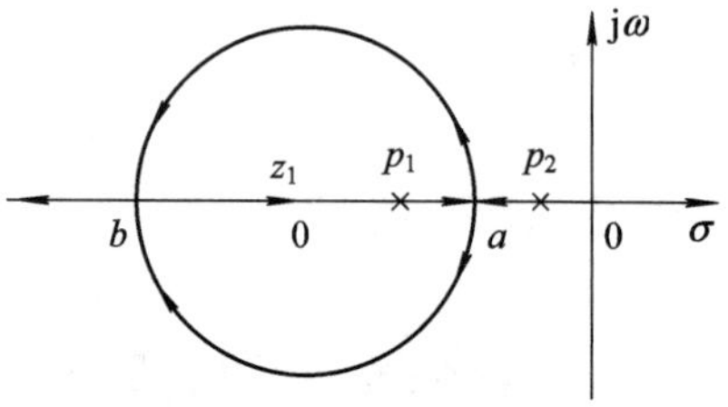

图 4-8　分离点与会合点

分离点与会合点的求法有多种，下面仅介绍两种。

1. 重根法求分离点和会合点

按重根法求分离点和会合点的方法如图 4-8 所示，无论分离点或会合点，都表示特征方程式在该点上出现重根。只要找到这些重根，就可以确定分离点或会合点的位置。

若代数方程 $f(x)=0$ 具有重根 x_1，则必然同时满足 $f'(x_1)=0$，$f''(x_1)=0$。

系统闭环特征方程 $1+G(s)H(s)=0$，为求其重根，令

$$G(s)H(s)=K_{\circ}\frac{N(s)}{D(s)}$$

式中，$N(s)$、$D(s)$ 分别为开环传递函数分子多项式与分母多项式，则闭环特征方程式及其导数可改写为

$$\begin{cases}K_o N(s)+D(s)=0\\K_o N'(s)+D'(s)=0\end{cases}$$

由以上联立方程式消去 K_o，可得

$$D'(s)N(s)-N'(s)D(s)=0 \tag{4-10}$$

为便于记忆，式(4-10)可写成

$$\frac{\mathrm{d}}{\mathrm{d}s}[G(s)H(s)]=0 \tag{4-11}$$

由于

$$\frac{\mathrm{d}}{\mathrm{d}s}\left[\frac{1}{G(s)H(s)}\right]=\frac{\frac{\mathrm{d}}{\mathrm{d}s}[G(s)H(s)]}{[G(s)H(s)]^2}$$

既然可以用式(4-11)确定分离点，同样可用下式确定根轨迹的分离点：

$$\frac{\mathrm{d}}{\mathrm{d}s}\left[\frac{1}{G(s)H(s)}\right]=0$$

即

$$\frac{\mathrm{d}}{\mathrm{d}s}\left[\frac{D(s)}{N(s)}\right]=0 \tag{4-12}$$

一般，$D(s)$ 的阶次高于 $N(s)$ 的，因此用式(4-12)确定根轨迹的分离点比式(4-11)要方便些。

在一般情况下，如果根轨迹位于实轴上两相邻开环极点之间，则这两极点之间至少存在一个分离点；如果根轨迹位于两相邻开环零点之间(其中一个零点可位于无穷远处)，那么，这两个零点之间至少存在一个会合点。

2. 工程法求分离点和会合点

分离点(或会合点)的坐标 d 是下列方程的解：

$$\sum_{i=1}^{m}\frac{1}{d-z_i}=\sum_{j=1}^{n}\frac{1}{d-p_j} \tag{4-13}$$

式中：z_i 为各开环零点的坐标值；p_j 为各开环极点的坐标值。

如果开环系统无有限零点，则在上式中取

$$\sum_{j=1}^{n}\frac{1}{d-p_j}=0$$

证明式(4-13)的方法有多种，参见文献[7]、[8]。也可根据相角条件用图4-9为例说明如下。在图中相邻的两极点 p_1、p_2 之间选一试验点 s_x，其坐标为$(-d_1, \varepsilon)$，其中 ε 为正极小量。如果 s_x 是根轨迹上的点，则根据相角条件有

$$\theta_1+\theta_2-\theta_3=0$$

由于上式中角度值都很小，可认为

$$\frac{\varepsilon}{p_3-d_1}+\frac{\varepsilon}{p_2-d_1}-\frac{\varepsilon}{d_1}=0$$

即

$$\frac{1}{p_3-d_1}+\frac{1}{p_2-d_1}-\frac{1}{d_1}=0$$

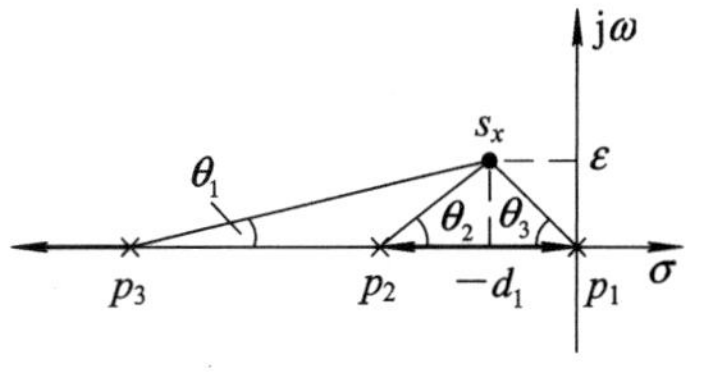

图 4-9　分离点位置的确定

由于 ε 极小，故 d_1 可近似认为是分离点。

例 4-5　已知控制系统开环传递函数为

$$G(s)H(s)=\frac{K_o}{s(s+1)(s+2)}$$

试求根轨迹在实轴上的分离点。

解　[方法一]　用式(4-12)求分离点：

$$D(s)=s(s+1)(s+2),\quad N(s)=1$$

$$\frac{\mathrm{d}}{\mathrm{d}s}\left[\frac{D(s)}{N(s)}\right]=\frac{\mathrm{d}}{\mathrm{d}s}[s(s+1)(s+2)]=3s^2+6s+2=0$$

解出 $s_1=-0.423$，$s_2=-1.578$。

这两个解哪一个是分离点呢？根据实轴上根轨迹的确定方法可知，s_2 不在根轨迹上，也就不可能是分离点。s_1 为此系统的分离点。

[方法二]　用式(4-13)求分离点：

$$\sum_{j=1}^{3}\frac{1}{s-p_j}=\frac{1}{s}+\frac{1}{s+1}+\frac{1}{s+2}=0$$

即

$$3s^2+6s+2=0$$

解出 $s_1=-0.423$，$s_2=-1.578$(舍去)，即 s_1 为此系统的分离点。

例 4-6　已知 $D(s)=s(s+2)+K^*(s+4)=0$，求闭环系统根轨迹的分离点和会合点。

解　因

$$D(s)=s(s+2)+K^*(s+4)=0$$

所以

$$G(s)H(s)=\frac{K^*(s+4)}{s(s+2)}$$

[方法一]　按式(4-10)先写出 $D=s(s+2)$，则 $D'=2s+2$、$N=s+4$，则 $N'=1$，将 D、D'、N、N'代入式(4-10)中，得

$$s^2+8s+8=0$$

解出分离点 $s_1=-1.17$，会合点 $s_2=-6.83$，据此绘出根轨迹如图 4-10 所示。

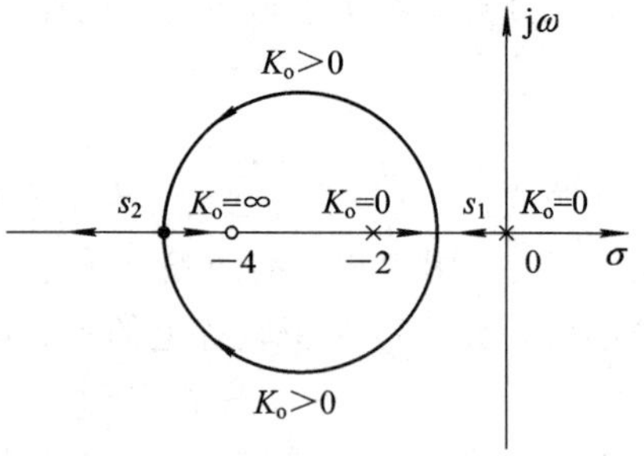

图 4-10　例 4-6 根轨迹图

[方法二]　用式(4-13)求分离点和会合点：

$$\sum_{i=1}^{m}\frac{1}{d-z_i}=\sum_{j=1}^{n}\frac{1}{d-p_j}$$

即

$$\frac{1}{s+4}=\frac{1}{s}+\frac{1}{s+2}$$

得

$$s^2+8s+8=0$$

同样解出分离点 $s_1=-1.17$，会合点 $s_2=-6.83$。

七、根轨迹的起始角与终止角(法则七)

根轨迹的起始角也叫初射角，是指起始于开环极点的根轨迹在起点处的切线与水平线正方向的夹角；而根轨迹的终止角也叫入射角，是指终止于开环零点的根轨迹在终点处的切线与水平线正方向的夹角。二者主要针对复数极点零点而言。

下面以图 4-11 所示的开环零、极点分布为例，说明起始角的求取。

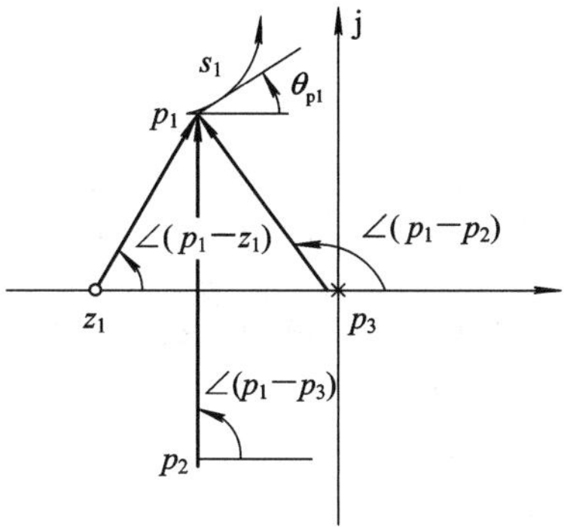

图 4-11　根轨迹起始角

在图 4-11 所示的 s 平面上，靠近起点 p_1 取一点 s_1，根轨迹相角方程有

$$\angle(s_1-z_1)-\angle(s_1-p_1)-\angle(s_1-p_2)-\angle(s_1-p_3)=(2k+1)\pi$$

当 s_1 无限靠近 p_1 时，则各开环零、极点引向 s_1 的向量，就变成各开环零、极点引向 p_1 的向量，这时，$\angle(s_1-p_1)$ 即为起始角 θ_{p_1}，故

$$\theta_{p_1}=(2k+1)\pi+\angle(p_1-z_1)-\angle(p_1-p_2)-\angle(p_1-p_3) \tag{4-14}$$

将上面的分析加以推广，得到在一般情况下计算起始角的公式为

$$\theta_{p_1}=(2k+1)\pi+\sum_{i=1}^{m}\angle(p_1-z_i)-\sum_{j=2}^{n}\angle(p_1-p_j) \tag{4-15}$$

根据同样的分析方法，可求得在一般情况下计算开环零点处的根轨迹终止角公式为

$$\theta_{z_1}=(2k+1)\pi+\sum_{j=1}^{n}\angle(z_1-p_j)-\sum_{i=2}^{m}\angle(z_1-z_i) \tag{4-16}$$

例 4-7　设单位反馈系统的开环传递函数为

$$G_o(s)=\frac{K_o(s+1.5)(s+2+j)(s+2-j)}{s(s+2.5)(s+0.5+j1.5)(s+0.5-j1.5)}$$

试绘制系统的根轨迹。

解　开环极点 $p_1=0$，$p_{2,3}=-0.5\pm j1.5$，$p_4=-2.5$；

开环零点 $z_1=-1.5$，$z_{2,3}=-2\pm j$。

(1) 实轴上(0，-1.5)和(-2.5，-∞)为根轨迹段。

(2) 渐近线：

$$\varphi_a=\frac{(2k+1)}{n-m}\pi=\frac{(2k+1)}{4-3}\pi=180^\circ\quad(\text{取 } k=0)$$

$$\sigma_a=\frac{\sum_{j=1}^{4}p_j-\sum_{i=1}^{3}z_i}{4-3}=2$$

(3) 根轨迹起始角和终止角：

$$\begin{aligned}\theta_{p_2} &= (2k+1)\pi + \sum_{i=1}^{3}\angle(p_2 - z_i) - \sum_{\substack{j=1\\ j\neq 2}}^{4}\angle(p_2 - p_j)\\ &= (2k+1)\pi + 56.5° + 19° + 59° - 108.5° - 90° - 37°\\ &= (2k+1)\pi - 101°\\ &= 79° \quad (取\ k=0)\end{aligned}$$

由根轨迹对称性，有

$$\theta_{p_3} = -79°$$

$$\begin{aligned}\theta_{z_2} &= (2k+1)\pi + \sum_{j=1}^{4}\angle(z_2 - p_j) - \sum_{\substack{i=1\\ i\neq 2}}^{3}\angle(z_2 - z_i)\\ &= (2k+1)\pi + 153° + 199° + 121° + 63.5° - 117° - 90°\\ &= (2k+1)\pi + 329.5°\\ &= 149.5° \quad (h=0)\end{aligned}$$

该系统的起始角、终止角及根轨迹图如图 4－12 所示。

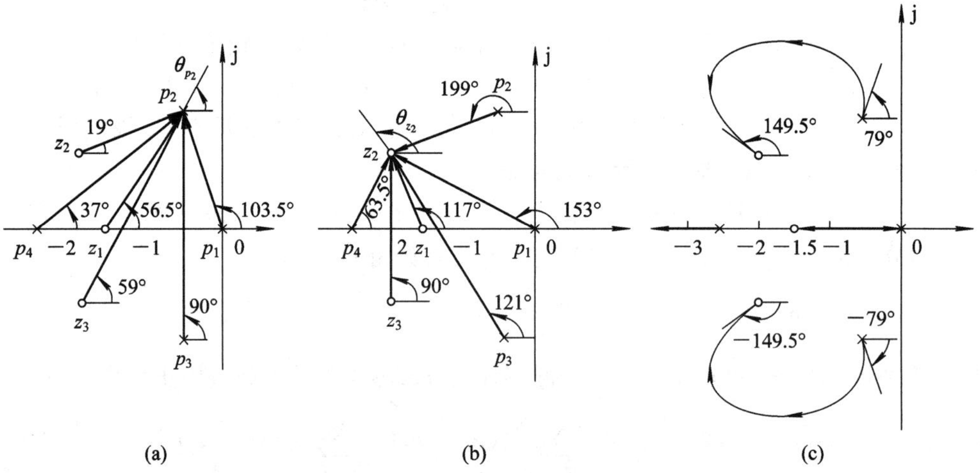

图 4－12　例 4－6 根轨迹

八、根轨迹与虚轴交点(法则八)

根轨迹与虚轴相交，交点处闭环极点位于虚轴上，即闭环特征方程有一对纯虚根 $\pm j\omega$，系统处于临界稳定状态。因此将 $s=j\omega$ 代入特征方程中，得

$$1 + G(j\omega)H(j\omega) = 0$$

或写成

$$\mathrm{Re}[1 + G(j\omega)H(j\omega)] + j\mathrm{Im}[1 + G(j\omega)H(j\omega)] = 0 \tag{4-17}$$

令

$$\begin{cases}\mathrm{Re}[1 + G(j\omega)H(j\omega)] = 0\\ \mathrm{Im}[1 + G(j\omega)H(j\omega)] = 0\end{cases} \tag{4-18}$$

由式(4－18)的联立方程，可求出虚轴交点 ω 值和对应的临界根增益 K_{oc} 值。

例 4-8　已知系统开环传递函数为

$$G(s)H(s)=\frac{K_o}{s(s+1)(s+2)}$$

求根轨迹与虚轴的交点及对应的临界根增益 K_{oc}。

解　系统闭环特征方程为

$$s(s+1)(s+2)+K_o=s^3+3s^2+2s+K_o=0$$

令 $s=j\omega$，上式变为

$$(j\omega)^3+3(j\omega)^2+2(j\omega)+K_o=0$$

实部与虚部分别为零，即

$$\begin{cases}-3\omega^2+K_o=0\\-\omega^3+2\omega=0\end{cases}$$

解联立方程得

$$\omega=\pm 1.414\ \text{rad/s}$$

$$K_o=K_{oc}=6$$

因为根轨迹与虚轴相交处，系统处于临界稳定，即稳定与不稳定的分界线，因此，写出闭环特征方程后，亦可用劳斯判据确定根轨迹与虚轴的交点。该系统根轨迹与虚轴的交点 ω 及 K_{oc} 如图 4-7 所示。

九、根之和与根之积(法则九)

系统的闭环特征方程，在 $n>m$ 的情况下，可以表示为

$$\begin{aligned}&\prod_{j=1}^{n}(s-p_j)+K_o\prod_{i=1}^{m}(s-z_i)\\&=(s^n+a_{n-1}s^{n-1}+\cdots+a_1s+a_0)+k(s^m+b_{m-1}s^{m-1}+\cdots+b_1s+b_0)\\&=s^n+a_{n-1}s^{n-1}+\cdots+a_1s+a_0\\&=\prod_{j=1}^{n}(s-s_j)\\&=0\end{aligned}\tag{4-19}$$

式中，s_j 为闭环特征根。

根据代数方程根与系数的关系，有

$$\sum_{j=1}^{n}s_j=-a_{n-1}\tag{4-20}$$

$$\prod_{j=1}^{n}(-s_j)=a_0\tag{4-21}$$

当 $n-m\geqslant 2$ 时，从式(4-19)可以看出，特征方程第二项系数与 K_o 无关，闭环特征根之和总是等于开环极点(特征根)之和，即

$$\sum_{j=1}^{n}s_j=\sum_{j=1}^{n}p_j\tag{4-22}$$

在开环极点确定的情况下，闭环特征根之和为一常数。这表明，随着 K_o 变化，若一些特征根增大，另一些特征根必定减小，即一些根轨迹右行时，另一些根轨迹必向左行。

当开环有零值极点时(开环有一个以上的积分环节)，式(4－21)可变成

$$\prod_{j=1}^{n}(-s_i)=K_o b_0 \tag{4-23}$$

例 4－9 已知系统开环传递函数为

$$G(s)H(s)=\frac{K_o}{s(s+1)(s+2)}$$

根轨迹与虚轴的交点为 $s_{1,2}=\pm j\sqrt{2}$，求交点处的临界 K_{oc} 值及对应的第三个闭环极点。

解 由式(4－22)知，闭环特征根之和为

$$s_1+s_2+s_3=0-1-2=-3$$

所以

$$s_3=-3-s_1-s_2=-3+j\sqrt{2}-j\sqrt{2}=-3$$

即闭环第三个特征根为－3。

由式(4－23)得

$$(-s_1)(-s_2)(-s_3)=k_c b_0$$

因为 $b_0=1$，所以

$$K_{oc}=(-s_1)(-s_2)(-s_3)=(j\sqrt{2})(-j\sqrt{2})(3)=6$$

结果与例 4－7 相同。

以上介绍了绘制根轨迹的基本法则，除此之外还有实轴上分离点的分离角会合角法则，即实轴上根轨迹离开分离点时，根轨迹切线的方向角称为分离角，恒为±90°，会合角也恒为±90°。还有根轨迹点 s_o 对应的根增益为

$$K_o=\left|\frac{(s_o-p_1)(s_o-p_2)\cdots(s_o-p_n)}{(s_o-z_1)(s_o-z_2)\cdots(s_o-z_m)}\right|$$

等等。

例 4－10 已知系统开环传递函数为

$$G(s)H(s)=\frac{K}{s(0.05s+1)(0.05s^2+0.2s+1)}$$

试绘制系统的根轨迹。

解 将开环传递函数写成绘制根轨迹的标准形式：

$$G(s)H(s)=\frac{400K}{s(s+20)(s^2+4s+20)}=\frac{K_o}{s(s+20)(s+2+j4)(s+2-j4)}$$

$$K_o=400K$$

开环有四个极点：

$$p_1=0,\ p_2=-20,\ p_{3,4}=-2\pm j4$$

开环无零点。

下面按绘制根轨迹的规则的顺序求根轨迹的有关参数。

(1) 开环传递函数有 4 个极点，故有 4 条根轨迹。

(2) 确定实轴上的根轨迹：在实轴上(0 ～－20)之间为根轨迹段。

(3) 根轨迹起点：4 个开环极点上。

根轨迹终点：4 条根轨迹均终于无穷远处。

（4）根轨迹渐近线：

$$\sigma_a = \frac{\sum_{j=1}^{n} p_j - \sum_{i=1}^{m} z_i}{n-m} = \frac{0+(-20)+(-2+\mathrm{j}4)+(-2-\mathrm{j}4)}{4} = -6$$

$$\varphi_a = \frac{(2h+1)}{n-m}180^\circ = \frac{(2h+1)}{4} \times 180^\circ$$

取

$$k=0,\quad \varphi_a = 45^\circ$$
$$k=1,\quad \varphi_a = 135^\circ$$
$$k=2,\quad \varphi_a = -135^\circ$$
$$k=-1,\quad \varphi_a = -45^\circ$$

（5）根轨迹的分离点：

$$\frac{\mathrm{d}}{\mathrm{d}s}\left[\frac{1}{G(s)H(s)}\right] = \frac{\mathrm{d}}{\mathrm{d}s}\left[s^4+24s^3+100s^2+400s\right]$$
$$= 4s^3+72s^2+200s+400=0$$

用试探法解出分离点 $s_d=-15$。

（6）根轨迹起始角：因开环有一对共轭复数极点，需求 $p_{3,4}$ 处的根轨迹起始角，即

$$\theta_{p_3} = (2k+1)\pi + \sum_{i=1}^{m} \angle(p_3 - z_i) - \sum_{\substack{j=1\\ j\neq 3}}^{n} \angle(p_3 - p_j)$$
$$= (2k+1)\pi + 0 - \sum_{\substack{j=1\\ j\neq 3}}^{4} \angle(p_3 - p_j)$$
$$= (2k+1)\pi - \angle(p_3-p_1) - \angle(p_3-p_2) - \angle(p_3-p_4)$$
$$= (2k+1)\pi - 116.6^\circ - 12.5^\circ - 90^\circ$$
$$= -39^\circ \quad (\text{取 } k=0)$$

根据对称性规则，$\theta_{p_4}=+39^\circ$。

（7）根轨迹与虚轴交点：系统闭环特征方程为

$$s^4+24s^3+100s^2+400s+K_o=0$$

令 $s=\mathrm{j}\omega$，代入上式，则方程中

$$(\mathrm{j}\omega)^4+24(\mathrm{j}\omega)^3+100(\mathrm{j}\omega)^2+400(\mathrm{j}\omega)+K_o=0$$

得

$$\begin{cases}\omega^4-100\omega^2+K_o=0\\ -24\omega^3+400\omega=0\end{cases}$$

解联立方程得

$$\omega=\pm 4.1\ \mathrm{rad/s}$$
$$K_o=1391,\quad K=3.47$$

根据以上结果画出概略的根轨迹图，如图 4-13 所示。

图 4-14 给出了一些常见的负反馈系统开环零、极点分布及其对应的根轨迹图，供绘制概略根轨迹图时参考。

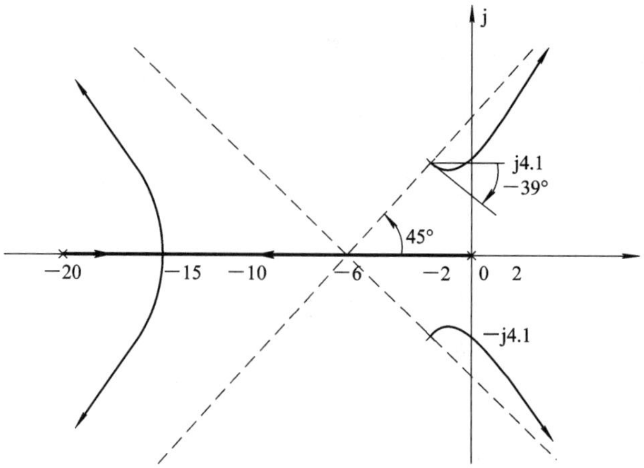

图 4-13　例 4-10 根轨迹图

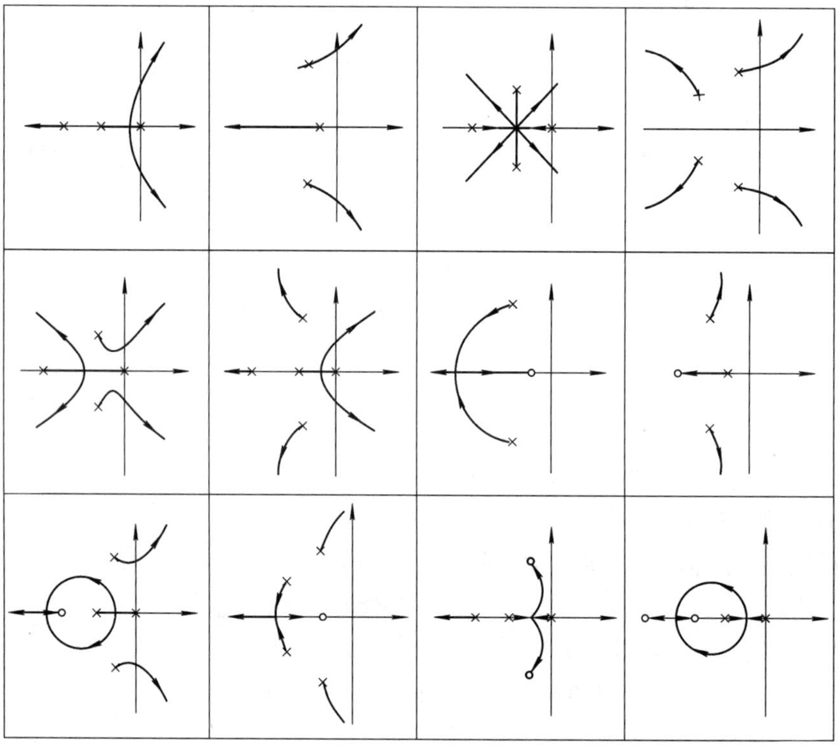

图 4-14　常见的根轨迹图

第四节　控制系统根轨迹分析

一、闭环零、极点与主导极点及偶极子

1. 闭环零、极点的确定

一个控制系统，绘制出根轨迹后，就可利用幅值条件，通过试探法在根轨迹图上求出

对应 K_o 值的全部闭环极点。下面通过实例说明如何确定闭环极点。

例 4-11 已知系统开环传递函数为

$$G(s)H(s)=\frac{0.525}{s(s+1)(0.5s+1)}$$

试用根轨迹法求闭环极点。

解 将开环传递函数改写成绘制根轨迹的标准形式：

$$G(s)H(s)=\frac{0.525}{s(s+1)(0.5s+1)}=\frac{1.05}{s(s+1)(s+2)}$$

作 $G(s)H(s)=\dfrac{K_o}{s(s+1)(s+2)}$ 的根轨迹图，如图 4-15 所示。

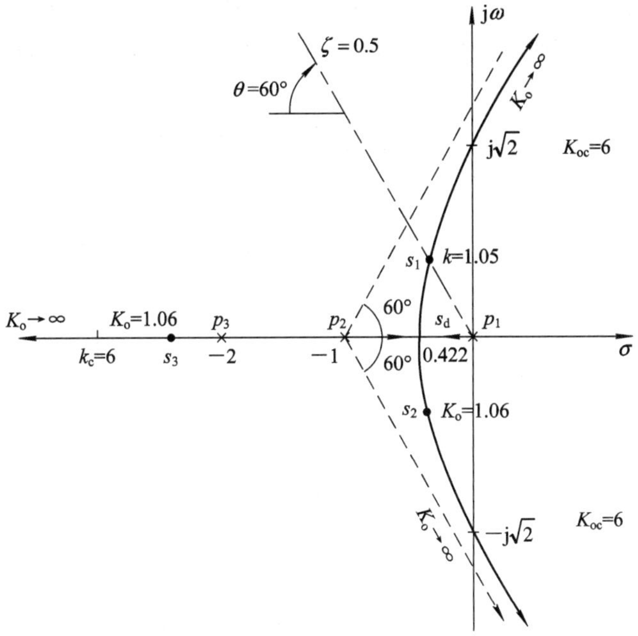

图 4-15 例 4-10 根轨迹图

由于 $K_o=1.05$，因此在根轨迹图上用试探法找出对应的闭环极点为

$$s_1=-0.33+j0.58,\quad s_2=-0.33-j0.58,\quad s_3=-2.34$$

试探时，一般先找实数极点，再用根之和规则找出共轭复数极点。

应该注意，对于非单位反馈系统来说，若反馈通道上的零点与前向通道的极点抵消时，必须将 $G(s)H(s)$ 中抵消的开环极点作为闭环极点的一部分追加到由 $G(s)H(s)$ 绘制的根轨迹图得到的闭环极点中去。

对于 $n-m\leqslant 3$ 的系统，先求实轴上的特征根，后确定复数特征根比较简便。试探过程用优选法将会节省时间。

闭环零点由开环前向通道传递函数 $G(s)$ 的零点和反馈通路传递函数 $H(s)$ 的极点构成。对于单位反馈系统，闭环零点就是开环的零点。

2. 主导极点

离虚轴最近且附近又无闭环零点的闭环极点，对系统的动态过程起主导作用，称之为主导极点。一般情况下，离虚轴最近的含义是，其他的闭环零、极点的实部比主导极点的实部大(3～6)倍。主导极点离虚轴较近，其对应的暂态分量衰减缓慢具有较大的幅值，而非主导极点具有较大的负实部，对应的暂态响应分量将比较快速的衰减为零。因此，闭环主导极点主导着系统响应的变化过程，起主要作用。

3. 偶极子

如果闭环零、极点之间的距离比它本身的模值小一个数量级，则称这对零、极点为偶极子。远离原点的偶极子对系统的动态性能和静态性能影响均可以忽略，这就是零、极点的对消作用。在系统设计中，可以加入零点，使其与对系统影响较大的不利极点形成偶极子，使系统的性能得到改善。如果开环偶极子靠近原点，它也不影响主导极点的位置及相应的根轨迹增益，因而对动态特性不会产生重要影响，而有利于提高系统的静态精度改善静态特性。但要注意，这种原点附近的偶极子可能使阶跃响应产生“爬行”。

例 4-12　已知系统的闭环传递函数为

$$\Phi(s)=\frac{0.61s+1}{(0.66s+1)(0.01s^2+0.08s+1)}$$

要求估算系统的动态性能指标 $\sigma\%$、t_r 和 t_s。

解　该闭环系统有 3 个极点：$s_1=-1.5$，$s_{2,3}=-4\pm j9.2$，有 1 个零点：$z=-1.6$。闭环零极点分布如图 4-16 所示。

由图可见，闭环极点 s_1 和闭环零点 z 构成偶极子，所以闭环主导极点应为 $s_{2,3}$。此时系统可近似为一个二阶系统：

$$\Phi(s)\approx\frac{1}{0.01s^2+0.08s+1}=\frac{100}{s^2+8s+100}$$

对比二阶系统 $\Phi(s)=\dfrac{\omega_n^2}{s^2+2\varepsilon\omega_n s+\omega_n^2}$，可得

$$\omega_n=10\ \text{rad/s},\quad \varepsilon=0.4$$

所以

$$\sigma\%=e^{-\varepsilon\pi/\sqrt{1-\varepsilon^2}}\times100\%=25\%$$

$$t_r=\frac{\pi-\cos^{-1}\varepsilon}{\sqrt{1-\varepsilon^2}\omega_n}=0.22s$$

$$t_s=\frac{3}{\varepsilon\omega_n}=0.75s\quad(\Delta=0.05)$$

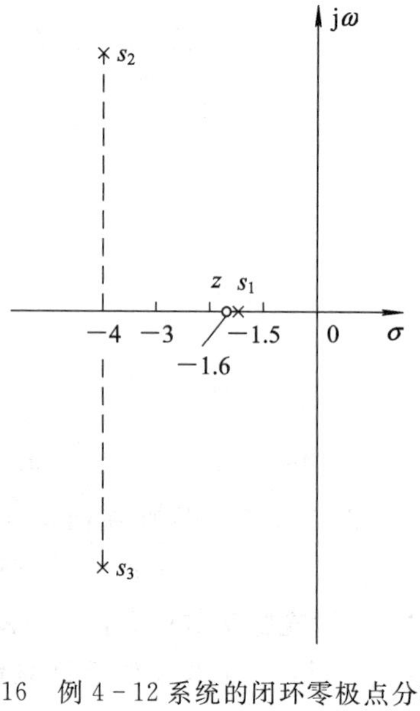

图 4-16　例 4-12 系统的闭环零极点分布图

二、闭环零、极点的分布与系统阶跃响应的定性关系

绘制出一个系统的根轨迹，如增益 K_0 确定，就可求出所有的闭环极点。由时域分析方法可知，如给系统输入一个单位阶跃函数，其输出的一般表达式为

$$c(t)=A_0+\sum_{i=1}^{n}A_ie^{s_it}\tag{4-24}$$

由上式我们可以得出闭环零、极点与阶跃响应的定性关系。

(1) 要求系统稳定，则系统的全部闭环极点均应位于 s 平面左半部。

(2) 要求系统快速性好，则闭环极点均应远离虚轴，以便阶跃响应中的每个分量都衰减得快。

(3) 由二阶系统的分析可知，共轭复数极点位于±45°线上时，其对应的阻尼比

$$\zeta = \arccos 45^\circ = \frac{1}{\sqrt{2}} \approx 0.707$$

为最佳阻尼比，这时系统的平稳性与快速性都较理想。超过 45°线，则阻尼比减小，振荡加剧。

(4) 离虚轴最近的闭环极点对系统的动态过程的性能影响最大，起着决定性的主导作用，故称它为主导极点。通常，若主导极点离虚轴的距离比其他极点离虚轴距的 1/5 还小，而且附近又没有闭环零点存在，则其他极点便可以忽略。工程上往往只用闭环主导极点去估算系统的动态性能，而将系统近似地看成是由共轭主导极点决定的二阶系统或实数主导极点确定的一阶系统。

(5) 闭环零点的存在，可以削弱或抵消其附近的闭环极点的作用。当某零点 z_i 与其极点 p_j 靠得很近时，它们便称为偶极子。它们靠得越近，则 z_i 对 p_j 的抵消作用就越强。这时，由 p_j 所对应的暂态分量很小，可以忽略。

单位反馈系统的开环零点与闭环零点是相同的，在设计时可以有意识地在系统中加入适当的零点，以抵消对动态过程影响较大的不利极点，使系统的动态性能获得改善。

以上几点结论，为我们利用根轨迹分析或设计系统提供了主要的依据。

三、附加开环零点极点对系统的影响

由前面的分析可知，系统根轨迹的形状、位置决定于系统的开环传递函数的零、极点。因此，可通过增加开环的零、极点来改造根轨迹，从而实现改善系统的品质。

1. 开环零点对根轨迹的影响

增加一个开环零点，对系统根轨迹有以下影响：

(1) 改变了根轨迹在实轴上的分布。

(2) 改变了渐近线的条数、倾角和分离点。

(3) 若增加的开环零点和某个极点重合或距离很近，构成开环偶极子，则两者相互抵消，因此，可加入一个零点来抵消有损于系统性能的极点。

(4) 根轨迹曲线将向左弯曲，有利于改善系统的动态性能，增强系统的稳定性。

2. 开环极点对根轨迹的影响

增加一个开环极点，对系统根轨迹有以下影响：

(1) 改变了根轨迹在实轴上的分布。

(2) 改变了根轨迹的分支数。

(3) 改变了渐近线的条数、倾角和分离点。

(4) 根轨迹曲线将向右移弯曲，不利于改善系统的动态性能，降低系统的稳定性。

例 4-13 已知某系统开环传递函数为

$$G(s)H(s) = \frac{K_o}{s(s+1)}$$

若给此系统增设一个开环极点($p=-2$)，或增设一个开环零点($z=-2$)，试分别讨论对系统根轨迹和系统动态性能的影响。

解　依据根轨迹的绘制规则，绘制出根轨迹分别示于图 4－17(a)、(b)、(c)中。图 4－17(a) 为原系统 $\left[G(s)H(s)=\dfrac{K_o}{s(s+1)}\right]$ 的根轨迹；图 4－17(b) 为附加极点后 $\left[G(s)H(s)=\dfrac{K_o}{s(s+1)(s+2)}\right]$ 的根轨迹；图 4－17(c) 为附加零点后 $\left[G(s)H(s)=\dfrac{K_o(s+2)}{s(s+1)}\right]$ 的根轨迹。

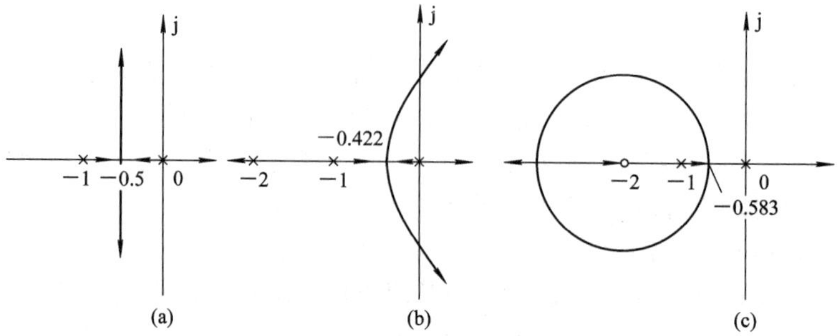

图 4－17　附加零极点对根轨迹的影响

大体上看，附加极点使根轨迹的分离点和根都向右移；附加零点使分离点和根轨迹向左移。

原二阶系统，K_o 从零变到无穷大时，系统总是稳定的。附加一个开环极点后，K_o 大到一定程度时，有两条根轨迹进入 s 平面右半部，系统变为不稳定系统。同样的 K_o 值情况下，对应的阻尼比 ζ 值更小，也就是说系统的超调量变大，调整时间变长，振荡也更剧烈。因此，结论是附加开环极点对系统动态性能不利。

附加开环零点后，当 K_o 从零变到无穷大时，所有的闭环极点都在 s 左半平面，系统总是稳定的。而且随着 K_o 的增大，闭环极点由两个负实数变为共轭复数，再变为两个负实数，相对稳定性比原系统更好。在相同 K_o 值的情况下，对应的阻尼比 ζ 值更大(最小的阻尼比 $\zeta=0.707$)。因此系统的超调量变小，调整时间变短，动态性能提高。

由此例可知，附加开环零点，可改善系统的动态性能，在设计系统时，常用此方法进行校正。

例 4－14　已知单位反馈系统的开环传递函数为

$$G(s)=\frac{K_o}{s^2(s+10)}$$

试绘制系统的根轨迹图，并讨论系统的稳定性。

解　依据绘制根轨的规则，求得有关数：

开环极点有 3 个：$p_1=0$，$p_2=0$，$p_3=-10$。有 3 条根轨迹且均终止于无穷处；

分离点：$s_d=0$；

渐近线倾角：$\varphi_a=\pm 60°$，$180°$；

渐近线与实轴交点：$\sigma_a=-3.33$；

根轨迹与虚轴交点：$k_c=0$，$\omega=0$。

绘制出的根轨迹如图 4－18(a)所示。图中有两条根轨迹始终位于 s 平面的右半部，即闭环极点始终有两个位于 s 平面的右半平面，无论开环增益取何值，系统均不稳定。对系统某参数无论取何值，闭环系统均不稳定，这样的系统称为结构不稳定系统。显然，此系统属于结构不稳定系统。

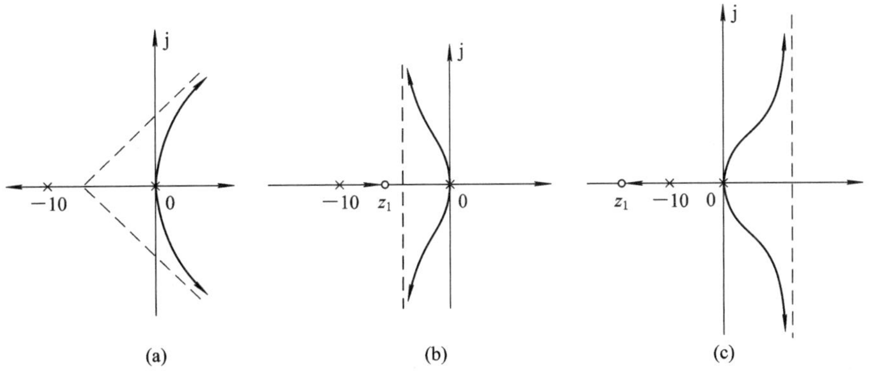

图 4-18　例 4-14 根轨迹

若给此系统附加一个开环零点，使系统的开环传递函数变为

$$G(s)=\frac{K_o(s-z_1)}{s^2(s+10)}$$

设 z_1 在[0 ～−10]之间，则附加零点后的系统根轨迹如图 4-18(b)所示。由图可见，当开环增益由 $0\to\infty$ 时，系统 3 条根轨迹全部位于 s 平面的左半部，即无论 K_o 取何值，系统均稳定。闭环有一对共轭极点，系统阶跃响应是衰减振荡。若附加零点 $z_1<-10$，则系统的根轨迹如图 4-18(c)所示，此时根轨迹虽然向左弯了些，但仍有两条始终位于 s 平面的右半部，系统仍无法稳定。因此，引入附加零点要适当，才能改善系统的性能。

四、开环不稳定系统和条件稳定系统

系统开环传递函数的极点有一个或一个以上在 s 右半平面的系统称为开环不稳定系统，即系统开环是不稳定的。此类系统闭环后是否稳定，这要看闭环特征根的分布情况。对系统某参数满足一定条件，闭环系统才能稳定，这样的系统称为条件稳定系统。根轨迹法可以解决这一问题。通过下面的例题来说明闭环稳定的条件。

例 4-15　设控制系统的开环传递函数为

$$G(s)H(s)=\frac{K_o(s+1)}{s(s-1)(s^2+4s+16)}$$

绘制系统的根轨迹并讨论系统的稳定性。

解　开环有 4 个极点：$p_1=0$，$p_2=1$，$p_{3,4}=-2\pm j\sqrt{3}$。其中，p_2 位于 s 平面右半部。所以它属于开环不稳定系统。

按照绘制根轨迹图的一般规则，绘制该系统的根轨迹的步骤：

(1) 按规则一，因为 $n=4$，所以根轨迹有 4 条分支。

(2) 按规则三，当 $K_o=0$ 时，根轨迹的 4 条分支分别始于开环 4 个极点 p_1、p_2、p_3、p_4。当 $K_o\to\infty$ 时，4 条分支中一条终止于开环零点 $z=-1$，其余 3 条趋向无穷远处 $(n-m=3)$。

(3) 按规则四，在实轴上根轨迹位于 $-\infty$ 到 -1 及 0 到 1 之间。

(4) 按规则五，确定分离点与汇合点。因为

$$G(s)H(s)=\frac{K_o(s+1)}{s(s-1)(s^2+4s+16)}=\frac{K_o(s+1)}{s^4+3s^3+12s^2-16s}$$

由

$$\frac{\mathrm{d}}{\mathrm{d}s}\left[\frac{1}{G(s)H(s)}\right]=0$$

得

$$3s^4+10s^3+21s^2+24s-16=0$$

用试凑法求出上式的 4 个根为

$$s_1=0.46,\ s_2=-0.79-\mathrm{j}2.16,\ s_3=-0.79+\mathrm{j}2.16,\ s_4=-2.22$$

其中实数根 s_1 及 s_4 符合题意，s_1 是分离点，s_4 是会合点，而共轭复根 s_2、s_3 不合题意，需舍去。

(5) 按规则六，根轨迹的 3 条渐近线与实轴的夹角由式(4-7)分别算出：

$$\varphi_1=\frac{\pi}{n-m}=60^\circ$$

$$\varphi_2=\frac{3\pi}{n-m}=180^\circ$$

$$\varphi_3=\frac{5\pi}{n-m}=300^\circ=-60^\circ$$

它们在实轴上交点坐标可由式(4-9)算出：

$$\sigma_a=\frac{p_1+p_2+p_3+p_4-z_1}{n-m}=-\frac{2}{3}$$

(6) 按规则七，由式(4-15)计算根轨迹在开环复数极点 p_3、p_4 处的起始角 θ_{p_3} 及 θ_{p_4}。

$$\begin{aligned}\theta_{p_3}&=180^\circ+\angle(p_3-z_1)-\angle(p_3-p_1)-\angle(p_3-p_2)-\angle(p_3-p_4)\\&=180^\circ+106^\circ-120^\circ-130.5^\circ-90^\circ\\&=-54.5^\circ\end{aligned}$$

根据根轨迹的对称性有

$$\theta_{p_4}=54.5^\circ$$

(7) 按规则八，确定根轨迹与虚轴的交点坐标值，以及系统参数 K_o 的临界值 k_{oc}。本例是一个高阶系统，故采用劳斯稳定判据确定其数值可能会简明一些。该系统的特征方程为

$$s(s-1)(s^2+4s+16)+k(s+1)=0$$

即

$$s^4+3s^3+12s^2+(k-16)s+k=0$$

其劳斯行列表为

s^4	1	12	K_o
s^3	3	(K_o-16)	0
s^2	$\frac{52-K_o}{3}$	K_o	0
s^1	$\frac{-K_o^2+59K_o-832}{52-K_o}$	0	
s^0	K_o		

使第一列中 s^1 项等于零的 K_o 值，就是临界值 k_{oc}，由方程

$$-K_o^2+59K_o-832=0$$

解出

$$K_{oc_1}=23.3,\quad K_{oc_2}=35.7$$

再求解由 s^2 行得到的辅助方程

$$\frac{(52-K_o)}{3}s^2+K_o=0$$

可得出根轨迹与虚轴交点的坐标分别为

$$s_{c_1,c_2}=\pm j1.56\quad (K_{oc}=23.3\ 时)$$

$$s_{c_3,c_4}=\pm j2.56\quad (K_{oc}=35.7\ 时)$$

始于开环极点 $p_1(=0)$、$p_2(=1)$ 的两条根轨迹分支与虚轴共有 4 个交点，它们分别是 $\pm$j1.65和$\pm$j2.56。这两条分支的大部分轨迹位于 s 平面的右半部，只有当 $23.3<K_o<35.7$ 时，其根轨迹才在左 s 平面内。因此该系统稳定工作的条件是

$$23.3<K_o<35.7$$

而当 $K_o<23.3$ 或 $K_o>35.7$ 时，系统都是不稳定的。具有这种特性的系统称为条件稳定系统。

需要说明，从劳斯行列表的第三行和第五行也能求出临界 K 值。即 $K'_{oc}=52$，$K''_{oc}=0$，而此两值均受到上述 K_{oc} 值的限制，故应该删去。

本例的根轨迹图如图 4-19 所示。

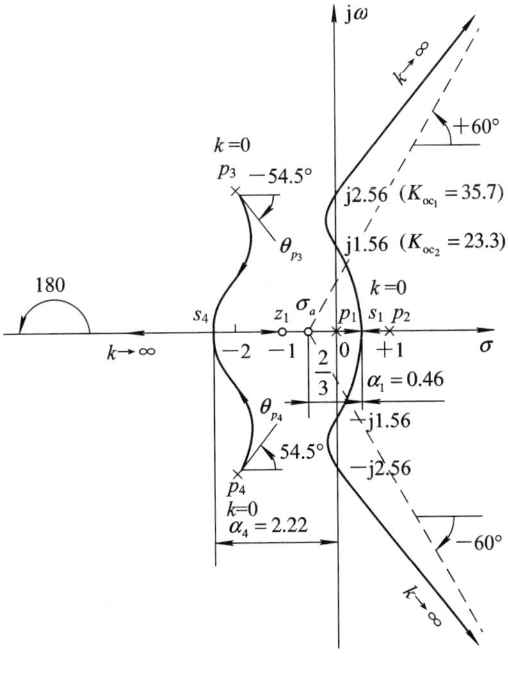

图 4-19 例 4-15 根轨迹图

第五节　应用根轨迹解决工程问题

根据根轨迹的绘制法则，可以方便地绘制出系统的根轨迹图。上一节对控制系统的根轨迹进行了分析，进一步明确如下：绘制根轨迹图的目的第一是应用根轨迹解决工程问题；第二是进行系统性能的分析与估算。

一、应用根轨迹解决工程问题

利用根轨迹解决工程问题，实际上是根据系统性能指标的要求，求出主导极点在 s 平面的分布区域，如图 4-20 阴影区所示。若闭环主导极点(在根轨迹上)落在阴影区即容许区内，则动态性能满足指标要求。容许区的 a 边主要由超调量 $\sigma\%$ 决定，b 边主要由调整时间 t_s 决定，c 边由调整时间 t_s、上升时间 t_r 决定。

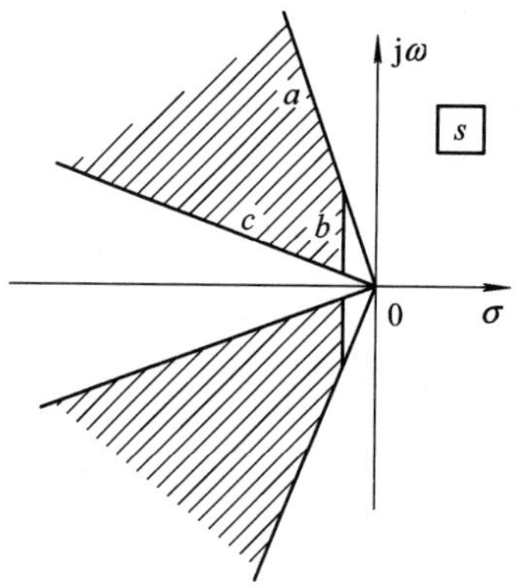

图 4-20　主导极点分布区域图

例 4-16　系统如图 4-21 所示。若 $\Delta=0.05$，要求 $t_s\leqslant 12$ s，求这时的根轨迹增益 K_{omax} 和开环传递系数 K_{max}。

解　系统的根轨迹图如图 4-22 所示。

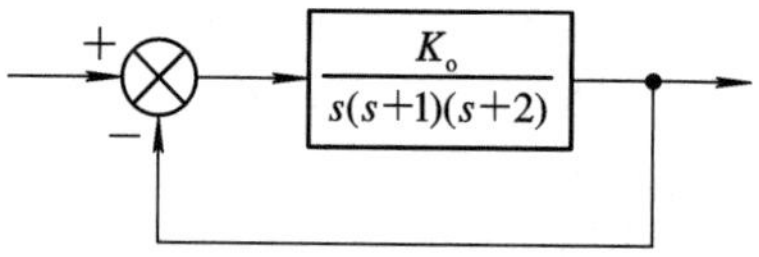

图 4-21　系统结构图

因为 $\Delta=0.05$，所以取 $t_s=\dfrac{3}{\zeta\omega_n}$，要求 $t_s\leqslant 12$ s，即 $\dfrac{3}{\zeta\omega_n}\leqslant 12$，所以 $\zeta\omega_n\geqslant 0.25$，即所求问题变成了求系统根轨迹在 c 点处的 K_o、K 值。

这时的系统闭环特征方程为

$$(s-0.25)(s+1-0.25)(s+2-0.25)+K_o=0$$

即

$$s^3+2.25s^2+0.69s-0.33+K_o=0$$

将 $s=\mathrm{j}\omega$ 代入上式，得

实部为
$$-2.25\omega^2-0.33+K_o=0$$

虚部为
$$-\omega^2+0.69=0$$

所以 $\omega=\pm0.83$，根增益 $K_o=1.88$，对应的开环传递系数(即开环增益)K 为

$$K=1.88\times\frac{1}{1\times2}=0.94$$

即这时的根轨迹增益 $K_{omax}=1.88$，开环传递系数 $K_{max}=0.94$。

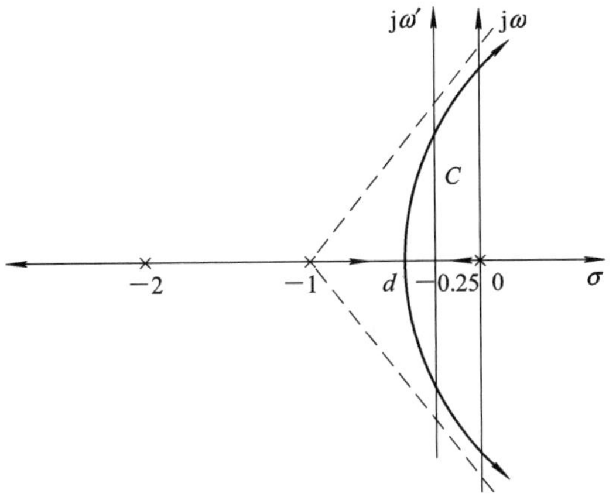

图 4-22　例 4-16、例 4-17 根轨迹图

例 4-17　系统如图 4-21 所示。若要求系统的单位阶跃响应为单调过渡过程即 $\sigma\%=0$，求这时的根轨迹增益 K_{omax}。

解　系统的根轨迹图如图 4-22 所示。

当根轨迹增益 K_o 从 0 增大到分离点 d 处的 K_{od} 时，闭环的三个极点均落在负实轴上，即这时的系统输出响应均为单调过渡过程，求出分离点 d 处的 K_{ed} 值即为 K_{omax}。

根据相角条件得分离点为(−0.423，j0)。

将 $s=-0.423$ 代入系统得特征方程

$$s^3+3s^2+2s+K_o=0$$

由此求得

$$K_{od}=0.385$$

即这时的根轨迹增益 $K_{omax}=0.385$。

二、系统性能的分析与估算

用时域法和根轨迹法进行系统性能的分析和估算，主要有以下工作：① 求出系统的开环传递函数；② 根据开环传递函数画出系统的根轨迹；③ 从根轨迹上确定闭环主导极点和根轨迹增益 K_o，进而由 K_o 求出开环传递系数(即开环增益)K；④ 根据主导极点及闭环零极点在 s 平面的分布，判断系统稳定性，估算系统动态性能指标，计算系统稳态误差。

例 4-18　设单位负反馈系统的开环传递函数为

$$G(s)H(s)=\frac{K_o(s-z)}{s(s-p)}\quad(z<p)$$

要求：

(1) 分析系统的闭环根轨迹，画出 $p=-2$，$z=-4$ 时根轨迹图(要求计算分离点、会合点)；

(2) 由根轨迹分析系统的稳定性；

(3) 分析系统的动态性能，计算系统阻尼比 ζ 取最小值时的 t_r、t_p、$\sigma\%$、t_s；

(4) 计算系统阻尼比 ζ 取最小值时的单位速度稳态误差 e_{ssv}。

解　(1) 系统闭环极轨迹的复数部分为一个圆。因为根轨迹上任何一点均满足特征方程，将根轨迹的复数部分 $s=\sigma+j\omega$ 代入闭环特征方程 $s(s-p)+K_o(s-z)=0$，得

$$(\sigma+j\omega)(\sigma+j\omega-p)+K_o(\sigma+j\omega-z)=0$$

整理得

$$K_o(\sigma-z)+\sigma(\sigma-p)-\omega^2+j\omega(2\sigma-p+K_o)=0$$

即

$$K_o(\sigma-z)+\sigma(\sigma-p)-\omega^2=0 \tag{4-25}$$

$$\omega(2\sigma-p+K_o)=0 \tag{4-26}$$

由式(4-26)得

$$K_o=p-2\sigma \tag{4-27}$$

将式(4-27)代入式(4-25)，得

$$(\sigma-z)^2+\omega^2=z^2-pz$$

显然，这是一个以 σ、ω 为变量的圆的方程，圆心为 $(z, 0)$，半径为 $\sqrt{z^2-pz}$。将 $p=-2$，$z=-4$ 代入，系统的分离点、会合点为 $d_1=-1.172$，$d_2=-6.83$。

再将分离点和会合点的值代入闭环特征方程：

$$s(s+2)+K_o(s+4)=0$$

得分离点处的根增益 $K_{o1}=0.343$，开环增益 $K_1=2K_o=0.686$；会合点处的根增益 $K_{o2}=11.66$，开环增益 $K_2=23.32$。根轨迹如图 4-23 所示。

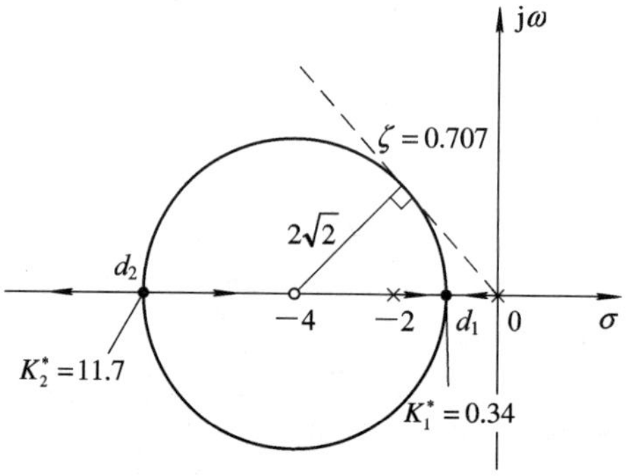

图 4-23　例 4-18 系统的闭环根轨迹图

(2) 由闭环根轨迹可知，该系统是一个稳定系统，即 K_o 从 0 变化到 $+\infty$，无论 K_o 取何值，系统均稳定。

(3) 动态性能分析：

① 当 $0<K_o\leqslant 0.343$，即 $0<K\leqslant 0.686$ 时，闭环有两实极点，响应为单调响应(即非周期响应)系统过阻尼工作状态。

② 当 $0.343<K_o<11.66$，即 $0.68<K<23.32$ 时，阶跃响应为衰减振荡过程，欠阻尼工作状态。

③ 当 $11.66\leqslant K_o<+\infty$ 即 $23.3\leqslant K<+\infty$ 时，阶跃响应为单调响应，但过渡过程较快些。

④ 若要求这个系统所对应的阻尼比为最小，也即要求圆的切线与负实轴的夹角的余弦为最小，则 $\zeta=\cos\beta=\cos45^\circ=0.707$。$\zeta=0.707$ 时所对应的闭环极点，可由圆求得为 $s_{1,2}=-2\pm j2$。因为 $\zeta=0.707$，$\omega_n=2\sqrt{2}$，所以

$$t_r=\frac{\pi-\arccos\zeta}{\sqrt{1-\zeta^2}\omega_n}=1.18\ \text{s}$$

$$t_p=\frac{\pi}{\sqrt{1-\zeta^2}\omega_n}=1.57\ \text{s}$$

$$\sigma\%=e^{-\zeta\pi/\sqrt{1-\zeta^2}}\times100\%=4.3\%$$

$$t_s=\frac{4}{\zeta\omega_n}=2\ \text{s}\quad(\Delta=0.02)$$

(4) $\zeta=0.707$ 时，系统的 $K_o=2$，$K=2K_o=4$，所以 $e_{ssv}=0.25$。

例 4-19 已知系统的开环传递函数为

$$G(s)H(s)=\frac{K}{s(s+1)(0.5s+1)}$$

其中，$H(s)=1$。试用根轨迹法分析系统的稳定性，并计算 $K=0.525$ 时的暂态性能指标。

解 由函数

$$G(s)H(s)=\frac{K}{s(s+1)(0.5s+1)}=\frac{K_o}{s(s+1)(s+2)}$$

作出根轨迹，如图 4-15 所示。根轨迹与虚轴的交点为 $s_{1,2}=\pm j\sqrt{2}$，相对应的 $K_{oc}=6$。所以，当 $K_o=6$(即 $K=3$)时，系统处于临界稳定状态(也即等幅振荡)；当 $K>3$ 时，有两条根轨迹进入 s 右半平面，系统不稳定；当 $K<3$ 时，3 个闭环极点全在 s 平面左半部，系统稳定。

$K=0.525$，即 $K_o=1.05$ 时，根据例 4-11 可知，此时闭环的 3 个极点是：

$$s_1=-0.33+j0.58$$
$$s_2=-0.33-j0.58$$
$$s_3=-2.34$$

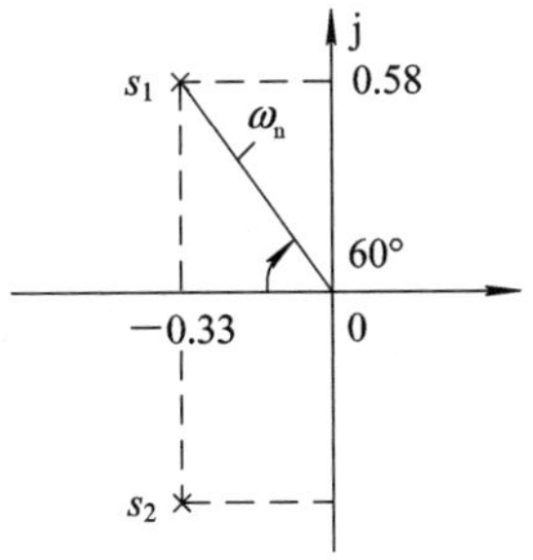

图 4-24 例 4-11 主导极点分布

由于 s_3 离虚轴的距离大于 s_1 和 s_2 实部离虚轴距离的 7 倍，所以，可以忽略 s_3 的影响，将此三阶系统近似为二阶系统。s_1、s_2 称为主导极点，由图 4-24 所示的闭环极点(闭环特征根)的分布可计算出：

$$\zeta=\cos60^\circ=0.5$$

$$\omega_n = \sqrt{(-0.33)^2 + (0.58)^2} = 0.667$$

系统在单位阶跃信号作用下的性能指标为

超调量：

$$\sigma\% = e^{-\zeta\pi/\sqrt{1-\zeta^2}} = e^{-0.5\pi/\sqrt{1-0.5^2}} = 16.3\%$$

调整时间：

$$t_s = \frac{4}{\zeta\omega_n} = \frac{4}{0.5 \times 0.667} = 12\ \text{s}\ (取\ \Delta = 0.02)$$

同时，由根轨迹图还可以分析当开环增益 K 由零变化到无穷大时，系统动态性能的变化情况如下：

$0 \leqslant K \leqslant 0.193$ 时，闭环极点均为负实数，系统阶跃响应为非周期过程，且由于最靠近虚轴的实数闭环极点离开虚轴向左移动，所以系统的调整时间 t_s 逐渐减小；

$0.193 < K < 3$ 时，闭环极点有一对实部为负的共轭复数，阶跃响应为衰减振荡过程，由于根轨迹移向虚轴，响应衰减渐慢；

$K=3$ 时，闭环极点有一对在虚轴上，阶跃响应为等幅振荡过程；

$K>3$ 时，两条根轨迹进入 s 右半平面，系统不稳定，阶跃响应为发散振荡过程。

由此例题可以看出，根轨迹法不仅可以用来对系统作定性分析、定量估算，而且可以分析系统某个参数(开环增益或别的参数)对系统性能的影响。

第六节 广义根轨迹

根轨迹分为常规根轨迹和广义根轨迹。常规根轨迹是负反馈系统中根增益 K_0 变化时的根轨迹，其相角遵循 $180°\pm 2k\pi$ 的条件。

广义根轨迹是参数(量)根轨迹和零度根轨迹的合称。参量根轨迹是负反馈系统中除过根增益 K_0 变化外，系统其他参数变化时的根轨迹，其相角也遵循 $180°\pm 2k\pi$ 的条件。零度根轨迹是正反馈等系统中根增益 K_0 变化时的根轨迹，其相角遵循 $0°\pm 2k\pi$ 的条件。

一、参数根轨迹

如前所说，绘制根轨迹一般以根增益 K_0 作为参变量。其实，绘制根轨迹时，可变参数可以是控制系统开环传递函数中的任意参数，如某一待定系数或校正元件的时常数等。为了与以根增益 K_0 作为可变参数的根轨迹相区别，我们称非开环增益系数为可变参数绘制的根轨迹为参数根轨迹。

绘制参数根轨迹的规则与绘制常规根轨迹的规则完全相同。只是在绘制参数根轨迹之前，需将控制系统的特征方程进行等效变换，将其写成符合于以非开环增益系数的待定参数 k 为可变参数时的标准形式，即

$$k\frac{M(s)}{N(s)} = -1 \tag{4-28}$$

式中 $M(s)$、$N(s)$ 都是复变量 s 的多项式，k 为可变参数，而且它们必须满足方程

$$N(s) + kM(s) = 1 + G(s)H(s) = 0$$

应当指出，参数根轨迹和常规根轨迹一样，只能确定控制系统闭环极点的分布。

下面举例说明参数根轨迹的绘制方法。

例 4-20 控制系统的开环传递函数为

$$G(s)H(s)=\frac{K}{s(\tau s+1)(Ts+1)}$$

其中参数 K、T 已确定，而参数 τ(时间常数)为待定。试绘制以待定参数 τ 为可变参数的参数根轨迹。

解 该系统的特征方程式 $1+G(s)H(s)=0$ 为

$$s(\tau s+1)(Ts+1)+K=0$$

即

$$\tau Ts^3+\tau s^2+Ts^2+s+K=0$$

$$\tau s^2(Ts+1)+s(Ts+1)+K=0$$

或

$$\tau s^2(Ts+1)=-[s(Ts+1)+K]$$

将上式等效地写成式(4-25)的形式为

$$\tau\frac{s^2(Ts+1)}{Ts^2+s+K}=-1$$

为了便于绘制根轨迹，将上式等号左边分子、分母多项式中 s 最高次项的系数化成1，得到

$$\tau\frac{s^2\left(s+\frac{1}{T}\right)}{s^2+\frac{1}{T}s+\frac{K}{T}}=-1$$

或

$$\tau\frac{s^2(s-z_3)}{(s-p_1)(s-p_2)}=-1$$

其中：

$$z_3=-\frac{1}{T}$$

$$p_1=-\frac{1}{2T}+\mathrm{j}\sqrt{\frac{K}{T}-\left(\frac{1}{2T}\right)^2}$$

$$p_2=-\frac{1}{2T}-\mathrm{j}\sqrt{\frac{K}{T}-\left(\frac{1}{2T}\right)^2}\qquad\left[设\frac{K}{T}>\left(\frac{1}{2T}\right)^2\right]$$

该等效系统有 3 个零点和两个极点，即

3 个零点： $z_1=z_2=0$， $z_3=-\frac{1}{T}$

2 个极点： $p_{1,2}=-\frac{1}{2T}\pm\mathrm{j}\sqrt{\frac{K}{T}-\left(\frac{1}{2T}\right)^2}$

很明显，由于该系统 $m=3$，$n=2$，所以根轨迹中将有一个分支起始于无限极点 $p_3=-\infty$。

按照前述的九个法则，绘制出根轨迹，如图4-25 所示。

根据法则八，求根轨迹与虚轴交点：

由

$$\tau T s^3 + (\tau + T)s^2 + s + K = 0$$

将 $s \to j\omega$，有

$$K - (\tau + T)\omega^2 + j[\omega - \tau T\omega^3] = 0$$

得联立方程：

$$\begin{cases} K - (\tau + T)\omega^2 = 0 \\ \omega - \tau T\omega^3 = 0 \end{cases}$$

解得

$$\omega = \frac{1}{\sqrt{\tau T}}$$

$$\tau_c = \frac{T}{KT - 1}$$

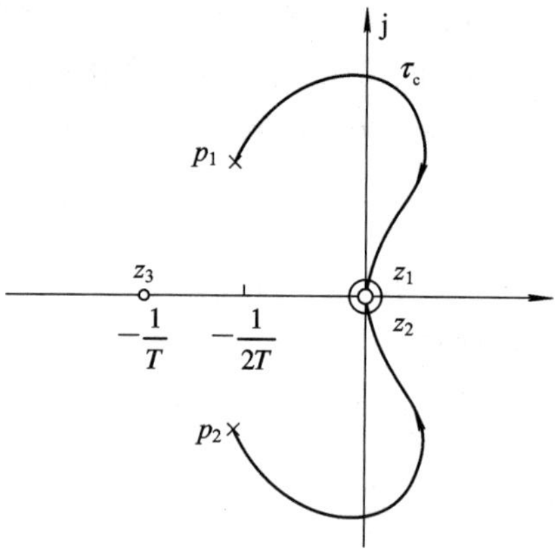

图 4-25　参数根轨迹

当待定参数 τ 的值大于 τ_c 时，控制系统不稳定。所以待定参数 τ 的取值范围是 $0 < \tau < \dfrac{T}{KT-1}$。

例 4-21　已知反馈控制系统的开环传递函数为

$$G(s)H(s) = \frac{K(\tau s + 1)}{s(s+1)(s+2)}$$

试绘制 K 与 τ 同时变化时系统的根轨迹族。

解　系统的闭环特征方程式为

$$s(s+1)(s+2) + K(\tau s + 1) = 0$$

先令 $\tau=0$，画出 K 由 $0 \to \infty$ 时的根轨迹。

当 $\tau=0$ 时，系统的特征方程式变成

$$s(s+1)(s+2) + K = 0$$

即

$$\frac{K}{s(s+1)(s+2)} = -1$$

这属于一般的根轨迹，当 K 由 $0 \to \infty$ 时的根轨迹如图 4-26 所示。

当 $\tau \neq 0$ 时，再作 τ 由 $0 \to \infty$ 时的根轨迹。因为给定一个 K 就有一条参数根轨迹，所以在不同 K 值时作出的参数根轨迹，将是一个根轨迹族。绘制以 τ 作为可变参数的根轨迹，需要将闭环特征方程进行等效变换，写成式(4-25)的标准形式，即

$$\frac{K\tau s}{s(s+1)(s+2) + K} = -1$$

等效系统的极点分布就是图 4-25 中的根轨迹。不同 K 值的情况下，有不同的极点，这些极点就是参数根轨迹的起点。也就是说，参数根轨迹的起点在图 4-26 的根轨迹上。

若 $K=20$，从图 4-25 中可求出等效系统的 3 个极点为 $p_1=0.425+j2.235$，$p_2=0.425-j2.235$，$p_3=3.85$。

作 $K=3$、$K=6$、$K=20$ 的参数根轨迹族如图 4-27 所示。

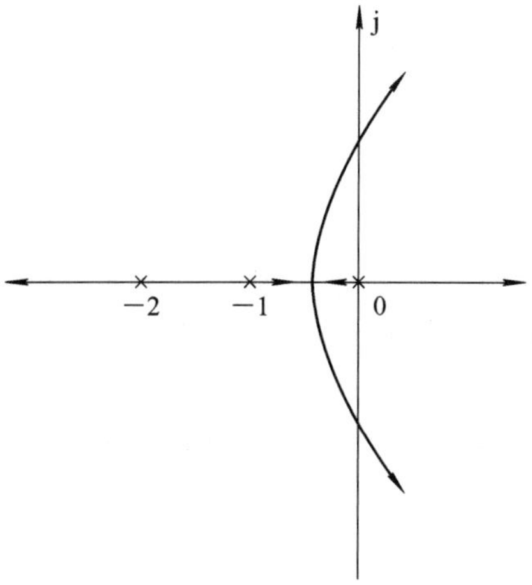

图 4-26　$\tau=0$ 时的根轨迹

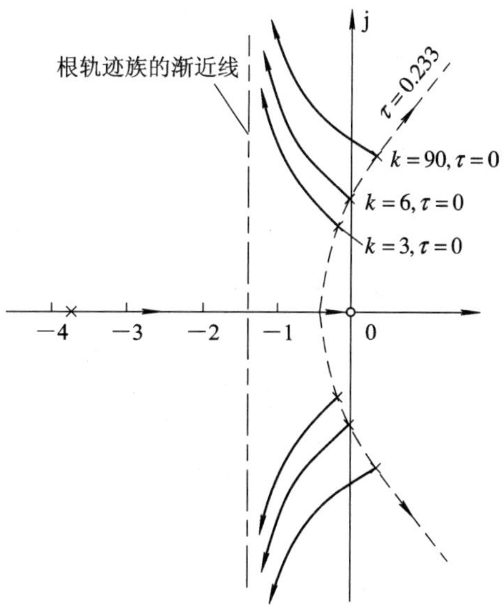

图 4-27　参数根轨迹族

图 4-27 表示了当 K 和 τ 同时变化时的根轨迹族。当 τ 增大时，系统的微分作用加强，使系统的特征根向 s 平面左半部移动，从而改善了系统的稳定性和动态性能。例如当 $K=20$ 时，$\tau>0.233$，系统是稳定的。

二、零度根轨迹

1. 正反馈系统的零度根轨迹

正反馈系统的根轨迹是零度根轨迹。其根轨迹方程为

$$1-G_{o}(s)=1-\frac{K_{o}\prod_{i=1}^{m}(s-z_{i})}{\prod_{j=1}^{n}(s-p_{j})}=0 \tag{4-29}$$

由上式 $G_o(s)=1$ 可得相角条件为

$$\angle G_{o}(s)=2k\pi \quad (k=0,\pm 1,\pm 2,\cdots) \tag{4-30}$$

即 $G_o(s)$的相角为 $0°$。

幅值条件为

$$|G_{o}(s)|=1 \tag{4-31}$$

2. 非最小相位系统的零度根轨迹

非最小相位系统是指在 s 右半平面具有开环零、极点的控制系统。如负反馈时有

$$G_{o}(s)=\frac{K_{o}(-s+2)}{s(s+10)}$$

则

$$G_{o}(s)=\frac{-K_{o}(s-2)}{s(s+10)}=-G'_{o}(s)$$

即相当于正反馈。此时根轨迹方程为

$$1+G_o(s)=0 \Rightarrow 1-G'_o(s)=0 \Rightarrow G'_o(s)=1$$

可得相角条件为

$$\angle G'_o(s)=2k\pi \quad (k=0, \pm 1, \pm 2, \cdots)$$

即 $G'_o(s)$的相角为 0°。

幅值条件为

$$|G_o(s)|=1$$

3. 零度根轨迹绘制法则

由以上讨论可知，零度根轨迹和常规根轨迹的幅值条件完全相同，仅相角条件有所改变。所以，只需将常规根轨迹的绘制法则做适当调整，即可用于零度根轨迹的绘制。应调整的绘制法则有下列几条。

法则四　实轴上的根轨迹改为实轴上的某一区域，只要其右边的开环实数零极点数之和为偶数，则该区域一定是根轨迹。

法则五　渐近线与实轴夹角 θ 改为

$$\theta=\frac{2k\pi}{n-m} \quad (k=0, \pm 1, \pm 2, \cdots, \pm(n-m-1))$$

法则六　根轨迹的起始角与终止角改为

起始角：
$$\theta_{pi}=\left[\sum_{j=1}^{m}\angle(p_i-z_j)-\sum_{\substack{j=1\\ j\neq i}}^{n}\angle(p_i-p_j)\right]$$

终止角：
$$\theta_{zj}=-\left[\sum_{\substack{j=1\\ j\neq i}}^{m}\angle(z_i-z_j)-\sum_{j=1}^{n}\angle(z_i-p_j)\right]$$

除上述三个法则外，其他法则与常规根轨迹法则一样，不需修改。

例 4-22　系统如图 4-28 所示。试绘出该系统的概略根轨迹图。

解　该系统为正反馈系统，所以系统根轨迹为零度根轨迹。

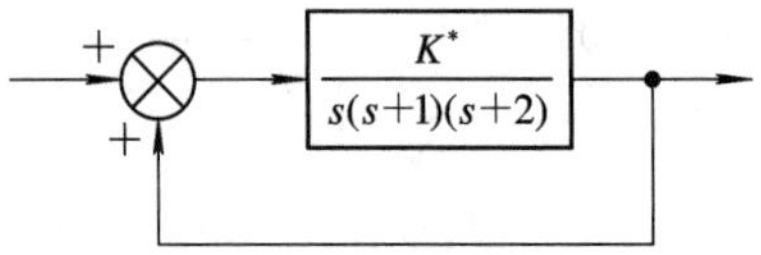

图 4-28　系统结构图

(1) 实轴上的根轨迹：(−2, −1)，(0, +∞)。

(2) 渐近线与实轴夹角：

$$\theta=\frac{2k\pi}{n-m}=\frac{2k\pi}{3}=0, \pm\frac{2}{3}\pi \qquad k=0, \pm 1$$

渐近线与实轴交点 σ_x 的求法与负反馈时一样，即

$$\sigma_x=\frac{\sum_{j=1}^{n}p_j-\sum_{i=1}^{m}z_i}{n-m}=-1$$

(3) 实轴上的分离点：与负反馈时一样，$s_1=-0.423$，$s_2=-1.577$。

由于 $s_1=-0.423$ 不在实轴根轨迹上，所以不是分离点。

系统的概略根轨迹见图 4-29。

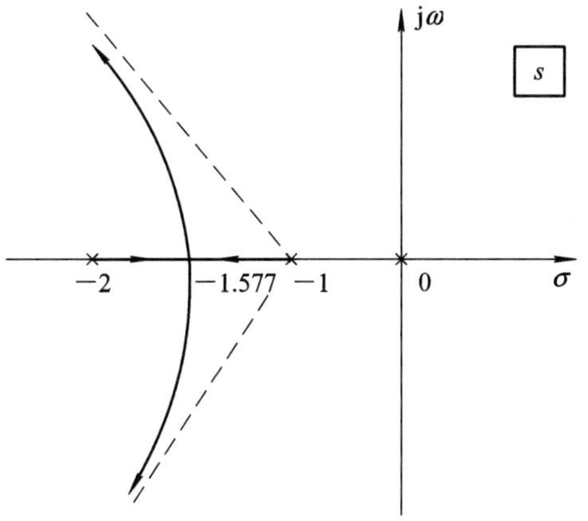

图 4-29 系统根轨迹图

第七节 利用 MATLAB 进行根轨迹分析

对控制系统进行根轨迹分析，首要问题是绘制根轨迹图，利用 MATLAB 绘制系统的根轨迹图是十分方便的。根据根轨迹图确定系统的闭环极点，找到高阶系统的主导极点，进行稳定性分析和动态性能分析。MATLAB 控制系统工具箱中专门提供了函数 pzmap()用来绘制系统的零极点图、rlocus()用来绘制系统的根轨迹、rlocfind()用来计算给定根的根轨迹增益等。

例 4-23 设某高阶系统开环传递函数为

$$G(s)=\frac{0.0001s^3+0.0218s^2+1.0436s+9.3599}{0.0006s^3+0.0268s^2+0.06365s+6.2711}$$

试绘制该闭环系统的零、极点图，并判断闭环系统的稳定性。

解 根据题目要求，用函数 pzmap()实现的程序代码如下：

```
clear
num=[.0001, .0218, 1.0436, 9.3599];
den=[.0006, .0268, .06365, 6.2711];
sys=feedback(tf(num, den), 1);
pzmap(sys)
[p, z]=pzmap(sys)
```

运行该程序得到如图 4-30 所示的零、极点图及如下结果：

```
p=
    -45.4298
    -11.9994+18.6425i
    -11.9994-18.6425i
z=
    -154.2949
    -52.0506
    -11.6545
```

注意：程序执行结果中的 i 即为前述各式中的 j，下同。

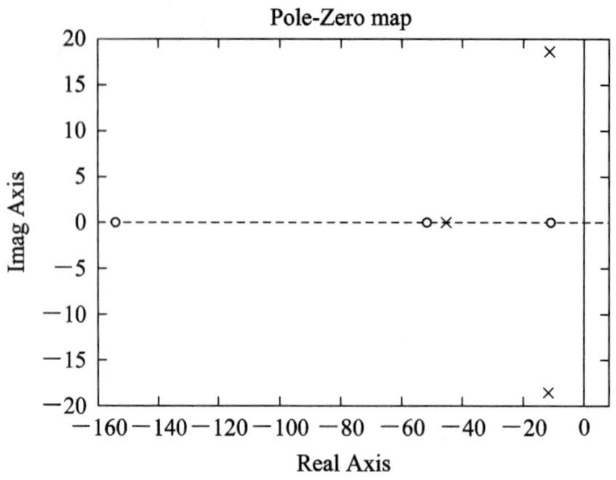

图 4-30　高阶系统的零、极点图

由图 4-30 和求出的闭环零、极点数值结果都可以判断出该系统稳定。

例 4-24　设某高阶系统开环传递函数为

$$G(s)=\frac{K(s+0.8)}{s(s-1)(s^2+4s+16)}$$

试绘制系统的根轨迹并求出使系统稳定的 K 的范围。

解　根据题目要求，用函数 rlocus()实现的程序代码如下：

```
clear
num=[1, .8];
den=conv(conv[1, 0], [1, -1], [1, 4, 16]);
sys=tf(num, den);
rlocus(sys)
hold on
s=jjx(sys)      %绘制渐近线，得到渐近线与实轴交点的横坐标值
[K, Wcg]=imwk(sys)   %得到根轨迹与虚轴交点处的频率和相应的增益
set(findobj('Marker', 'x'), 'MarkerSize', 8, 'LineWidth', 1.5, 'Color', k');
set(findobj('Marker', 'o'), 'MarkerSize', 8, 'LineWidth', 1.5, 'Color', 'k');
```

该函数中调用的两个子函数 jjx()，imwk()代码如下：

```
function s=jjx(sys)
%绘制根轨迹的渐近线并求出渐近线与实轴交点的横坐标值
num=sys.num{1};
den=sys.den{1};
p=roots(den);         %求开环极点
z=roots(num);         %求开环零点
n=length(p);          %确定开环极点数
m=length(z);          %确定开环零点数
if n>m
    s=(sum(p)-sum(z))/(n-m);      %确定渐近线与实轴交点的横坐标值
    sd=s*ones(1, n-m);
    sysa=zpk([ ], sd, 1);
```

```
        hold on
        [r, k]=rlocus(sysa);
        for i=1:n-m
            plot(r(i, :), 'k:')
        end
    else
        disp('没有渐近线!')
        s=[ ];
    end

    function [K, Wcg]=imwk(sys)
    %求根轨迹与虚轴交点处的频率和相应的增益
    sysa=allmargin(sys);          %求所有的稳定裕量和穿越频率
    Wcg=sysa.GMFrequency;         %得到与虚轴交点处的频率，单位：rad/s
    K=sysa.GainMargin;            %得到相应的增益
```

运行该程序得到如图 4-31 所示的根轨迹图和如下结果：

```
s=
    -0.7333
K=
    20.8090    39.9999
Wcg=
    1.2656     2.8284
```

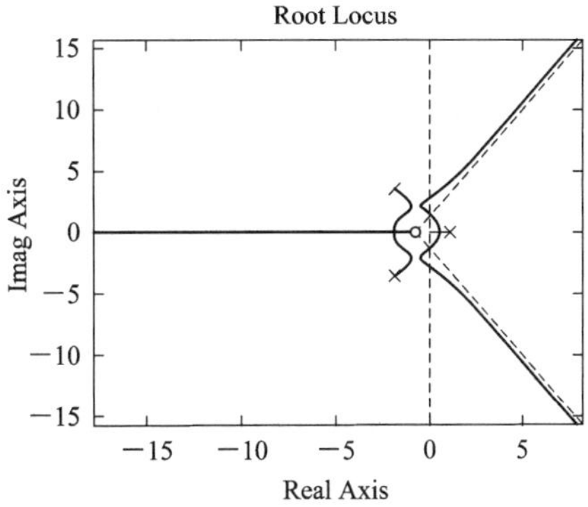

图 4-31　根轨迹图

该开环系统共有 4 个极点和 1 个零点，因此渐近线与实轴的夹角为±60°。根轨迹与虚轴的交点有两个，分别在频率为 1.2656 rad/s 和 2.8284 rad/s 处，对应的根增益为20.8090和 39.9999。

该反馈控制系统是一个条件稳定系统。由图 4-31 根轨迹图和计算结果可知，当 $20.8090<K<39.9999$ 时系统才稳定；当 K 为其他值时，从图 4-31 可看出系统存在 s 右半平面的极点，故此时系统不稳定。

【习　　题】

4-1　设开环传递函数零、极点如图 4-32 所示，试画出其根轨迹图。

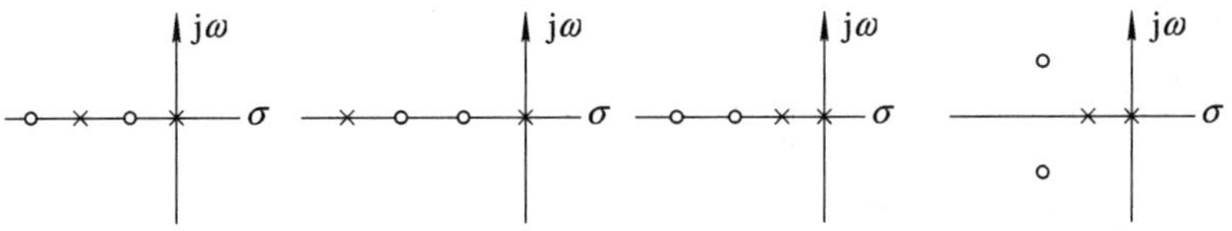

图 4-32

4-2　已知单位反馈系统的开环传递函数为

$$G_o(s)=\frac{K_o}{s^2(s+1)}$$

试绘制根轨迹图。

4-3 试画出以下系统的根轨迹图。

(1) $G_o(s)=\dfrac{K_o}{s(s^2+2s+5)}$;

(2) $G_o(s)=\dfrac{K_o(s+1)}{s^2(s+2)(s+4)}$;

(3) $G_o(s)=\dfrac{K_o}{s(s+1)(s+2)(s+5)}$。

4-4 若在4-2题的系统中增加一个负实数零点,即把 $G(s)$ 改为

$$G(s)=\frac{s+a}{s^2(s+1)}\qquad(0<a<1)$$

试绘制系统的根轨迹图,并分析增加零点后,系统稳定性的变化。

4-5 若已知单位反馈系统的开环传递函数为

$$G(s)=\frac{K}{s(s+1)(s+2)(s+3)}$$

为了使系统闭环主导极点具有阻尼比 $\zeta=0.5$,试用根轨迹法确定 K 值。

4-6 设负反馈控制系统的开环传递函数为

$$G(s)H(s)=\frac{K(2s+1)}{(s+1)^2\left(\frac{4}{7}s-1\right)}$$

试绘制系统的闭环根轨迹,并确定使系统稳定工作的 K 值范围。

4-7 设单位负反馈系统的开环传递函数为

$$G(s)=\frac{K(0.25s+1)}{s(0.5s+1)}$$

试确定系统无超调量的 K 值范围。

4-8 已知单位负反馈系统的闭环特征方程为

$$s^3+3s^2+(K_o+2)s+10K_o=0$$

试绘制根轨迹图($0<K_o<+\infty$)并确定 K_o 值的稳定范围。

4-9 设控制系统前向通道的传递函数为

$$G_o(s)=\frac{K}{s(s+1)}$$

为了使闭环极点的希望位置 $s_{1,2}=-1.6\pm j4$,在前向通道中加上一个传递函数为

$$G_c(s)=\frac{s+2.5}{s+a}$$

的相位超前网络($a>2.5$)作为补偿。[$H(s)=1$]

(1) 确定所需的 a 值;

(2) 确定所希望的闭环极点对应的 K 值;

(3) 确定第三个闭环极点的位置。

4-10 已知控制系统的开环传递函数如下:

(1) $G(s)H(s)=\dfrac{K(s+2)}{(s+1+j2)(s+1-j2)}$;

(2) $G(s)H(s)=\dfrac{K(s+20)}{s(s+10+\mathrm{j}10)(s+10-\mathrm{j}10)}$。

试概略画出相应的闭环根轨迹图(要求算出根轨迹的起始角)。

4-11　已知系统如图 4-33 所示，作出系统的闭环根轨迹，要求确定根轨迹的起始角和与虚轴的交点。

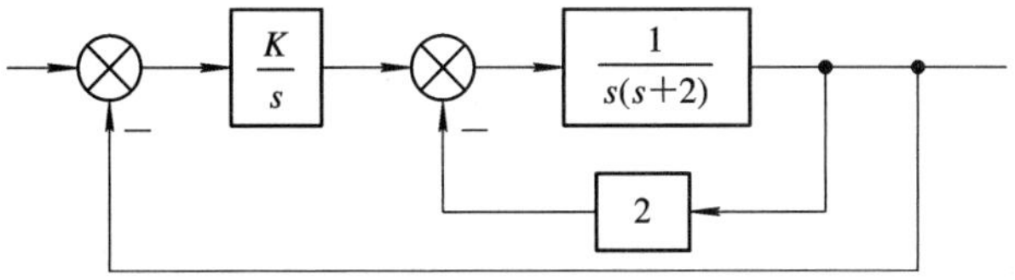

图 4-33

4-12　负反馈控制系统的开环传递函数为

$$G(s)H(s)=\frac{K(s+2)}{s(s+1)(s+3)}$$

(1) 作系统根轨迹图；

(2) 求当 $\zeta=0.5$ 时，闭环的一对主导极点值，及其对应的 K 值。

4-13　已知单位反馈控制系统的开环传递函数为

$$G(s)H(s)=\frac{\frac{1}{4}(s+a)}{s^2(s+1)}$$

作以 a 为参变量的参数根轨迹图。

4-14　已知单位反馈系统的开环传递函数为

$$G(s)=\frac{2.6}{s(0.1s+1)(Ts+1)}$$

作以 T 为参变量的参数根轨迹图。

4-15　设单位正反馈系统的开环传递函数为

$$G_o(s)=\frac{K_o(s+1)}{s^2(s+2)(s+4)}$$

试绘制其根轨迹图。

4-16　设单位负反馈系统的开环传递函数为

$$G_o(s)=\frac{K_o(s+2)}{s(s+1)}$$

证明：系统的复数根轨迹部分是以$(-2,\mathrm{j}0)$为圆心，以$\sqrt{2}$为半径的一个圆。

4-17　设系统结构如图 4-34 所示。

(1) 绘制 $K_h=0.5$ 时的闭环根轨迹图；

(2) 求 $K_h=0.5$，$K=0$ 时，系统的闭环极点与对应的 ζ 值；

(3) 绘制 $K=1$ 时，以 K_h 为参变量的参数根轨迹图；

(4) 当 $K=1$ 时，分别求 $K_h=0$、0.5、4 的阶跃响应指标 $\sigma\%$、t_s，并讨论 K_h 大小对系统动态性能的影响。

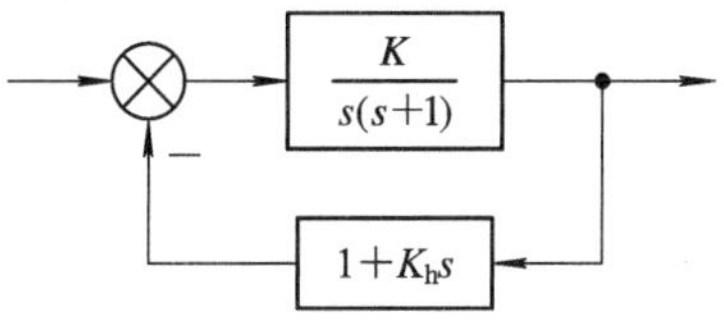

图 4-34

第五章　频域分析法

频域分析法简称频率法，它所研究的仍然是自动控制系统控制过程的性能(即稳定性、动态性能及稳态性能)，而研究的理论依据是系统的又一种数学模型——频率特性函数，简称频率特性。

频域分析法与根轨迹法相像，不必直接求解系统的微分方程，而是间接地运用系统的开环特性分析闭环的响应，也是一种图解方法即用几何作图法分析系统，计算简单且计算量小。频域分析法能简单迅速地判断出某个环节或参数对系统性能的影响，并能指出改进方法。同时，频率特性除由传递函数得到外，还可以用实验方法得到，这一优点对于那些难以求得微分方程或传递函数的系统或元件来说具有特别重要的意义。频域分析法用频域指标(有开环指标和闭环频域指标)研究分析评价系统。

本章将介绍频率特性的一般概念、作图方法以及运用系统开环频率特性、闭环频率特性对系统的稳定性及动态过程进行定性分析和定量估算的方法。

第一节　频率特性的基本概念

一、频率特性

一般线性控制系统在输入正弦信号 $r(t)$ 时，其稳态输出 $c(t)$ 随频率变化(ω 由 0 变到 ∞)的特性，称为该系统的频率特性，如图 5-1 所示。

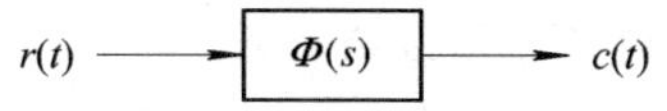

图 5-1　一般线性定常系统

设系统的传递函数为 $\Phi(s)$，输入信号 $r(t)=A\sin\omega t$，则有

$$R(s)=\frac{A\omega}{s^2+\omega^2}=\frac{A\omega}{(s-j\omega)(s+j\omega)} \tag{5-1}$$

$$C(s)=\Phi(s)R(s)=\frac{A\omega\Phi(s)}{(s-j\omega)(s+j\omega)} \tag{5-2}$$

假定 $\Phi(s)$ 的所有极点都是互异的单极点 s_1，s_2，…，s_n，则式(5-2)用部分分式展开为

$$C(s)=\frac{K_1}{s-s_1}+\cdots+\frac{K_n}{s-s_n}+\frac{K_{n+1}}{s-j\omega}+\frac{K_{n+2}}{s+j\omega} \tag{5-3}$$

式中，K_1，K_2，…，K_{n+2} 为各部分分式的待定系数，可用以下公式求得：

$$\begin{cases} K_1 = \left[\dfrac{A\omega\Phi(s)}{(s-\mathrm{j}\omega)(s+\mathrm{j}\omega)}(s-s_1)\right]_{s=s_1} \\ \quad\vdots \\ K_n = \left[\dfrac{A\omega\Phi(s)}{(s-\mathrm{j}\omega)(s+\mathrm{j}\omega)}(s-s_n)\right]_{s=s_n} \\ K_{n+1} = \left[\dfrac{A\omega\Phi(s)}{(s-\mathrm{j}\omega)(s+\mathrm{j}\omega)}(s-\mathrm{j}\omega)\right]_{s=\mathrm{j}\omega} = \dfrac{A\Phi(\mathrm{j}\omega)}{2\mathrm{j}} \\ K_{n+2} = \left[\dfrac{A\omega\Phi(s)}{(s-\mathrm{j}\omega)(s+\mathrm{j}\omega)}(s+\mathrm{j}\omega)\right]_{s=-\mathrm{j}\omega} = -\dfrac{A\Phi(-\mathrm{j}\omega)}{2\mathrm{j}} \end{cases} \tag{5-4}$$

式(5-3)的拉氏反变换为

$$c(t) = \sum_{i=1}^{n} K_i \mathrm{e}^{s_i t} + K_{n+1}\mathrm{e}^{\mathrm{j}\omega t} + K_{n+2}\mathrm{e}^{-\mathrm{j}\omega t} \tag{5-5}$$

对于稳定的系统，闭环极点(特征根)s_i 具有负实部，$c(t)$ 的第一部分即暂态分量将随时间 t 的延续而逐渐消失，系统的稳态输出为

$$c_{\mathrm{s}}(t) = K_{n+1}\mathrm{e}^{\mathrm{j}\omega t} + K_{n+2}\mathrm{e}^{-\mathrm{j}\omega t} \tag{5-6}$$

将式(5-4)中的 K_{n+1}、K_{n+2} 代入上式，考虑到

$$\Phi(\mathrm{j}\omega) = |\Phi(\mathrm{j}\omega)|\mathrm{e}^{\mathrm{j}\angle\Phi(\mathrm{j}\omega)}, \quad \Phi(-\mathrm{j}\omega) = |\Phi(\mathrm{j}\omega)|\mathrm{e}^{-\mathrm{j}\angle\Phi(\mathrm{j}\omega)}$$

则有

$$\begin{aligned} c_{\mathrm{s}}(t) &= \frac{A\Phi(\mathrm{j}\omega)}{2\mathrm{j}}\mathrm{e}^{\mathrm{j}\omega t} - \frac{A\Phi(-\mathrm{j}\omega)}{2\mathrm{j}}\mathrm{e}^{-\mathrm{j}\omega t} = A\frac{|\Phi(\mathrm{j}\omega)|}{2\mathrm{j}}\left[\mathrm{e}^{\mathrm{j}\omega t}\mathrm{e}^{\mathrm{j}\angle\Phi(\mathrm{j}\omega)} - \mathrm{e}^{-\mathrm{j}\omega t}\mathrm{e}^{-\mathrm{j}\angle\Phi(\mathrm{j}\omega)}\right] \\ &= A|\Phi(\mathrm{j}\omega)|\sin[\omega t + \angle\Phi(\mathrm{j}\omega)] \end{aligned} \tag{5-7}$$

其中：$\angle\Phi(\mathrm{j}\omega)$ 是 $\Phi(\mathrm{j}\omega)$ 的幅角；$|\Phi(\mathrm{j}\omega)|$ 是 $\Phi(\mathrm{j}\omega)$ 的幅值。

由以上数学推导结果可知，输入 $r(t)$ 为正弦信号，输出的稳态分量 $c_{\mathrm{s}}(t)$ 也是正弦信号。其输出正弦信号的频率与输入正弦信号的频率相同，但幅值与 A 不同，且存在一个相位差。

输出正弦信号与输入正弦信号的振幅之比为 $\Phi(\mathrm{j}\omega)$ 的幅值，输出正弦信号与输入正弦信号的相角差为 $\Phi(\mathrm{j}\omega)$ 的幅角。我们称 $\Phi(\mathrm{j}\omega)$ 为该系统频率特性；$|\Phi(\mathrm{j}\omega)|$ 为振幅频率特性，简称幅频特性；称 $\angle\Phi(\mathrm{j}\omega)$ 为相位频率特性，简称相频特性。因此频率特性函数可定义如下：在正弦信号输入下，零初始条件的线性定常系统的稳态输出与输入的复数比，简称频率特性，以 $\Phi(\mathrm{j}\omega)$ 或 $G(\mathrm{j}\omega)$ 表示。

二、关于频率特性的讨论

(1) 频率特性的物理意义为正弦信号通过线性系统后，其振幅和相位均发生了变化。

(2) 频率特性不仅是对系统而言，其概念和定义对控制元件、部件也都适用。

(3) 频率特性的概念和定义只适用于线性定常系统或元件，否则不能用拉氏变换求解，也不存在这种特殊的稳态对应关系。

(4) 上述理论的证明是在假定系统稳定的情况下导出的。若系统不稳定，输出响应 $c(t)$ 最终不可能趋于稳态振荡 $c_{\mathrm{s}}(t)$，但从理论上讲，$c(t)$ 中的稳态分量 $c_{\mathrm{s}}(t)$ 总是可以分离出来的，所以上述理论同样适合于不稳定的系统。

(5) 若已知系统的传递函数 $\Phi(s)$ 或元部件的传递函数 $G(s)$，令 $s=\mathrm{j}\omega$，便可求得相应

的频率特性表达式 $\Phi(\mathrm{j}\omega)$ 或 $G(\mathrm{j}\omega)$。尽管频率特性是一种稳态响应，但动态过程的规律性也全寓于其中，即包含着系统变化过程的动态信息，它也是控制系统或元部件的一种数学模型。频率特性与系统描述之间的关系如图 5-2 所示。

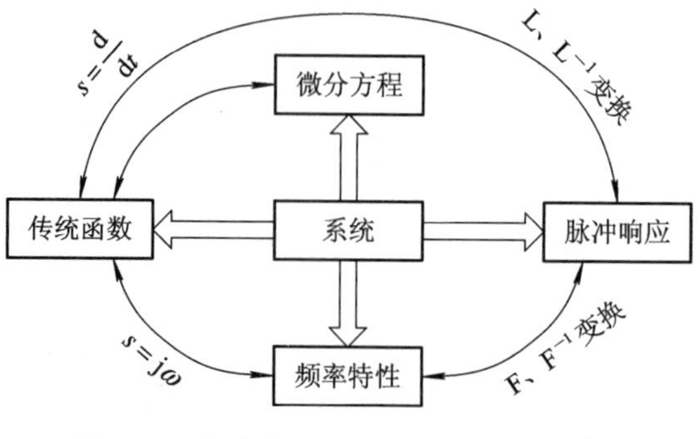

图 5-2　频率特性与系统描述之间的关系

利用频率特性曲线分析研究控制系统性能的方法称为频域分析法。频域分析法主要有傅氏变换法和经典法。

(1) 傅氏变换法就是系统在输入信号 $r(t)$ 的作用下，其输出响应为

$$c(t)=\frac{1}{2\pi}\int_{-\infty}^{+\infty}R(\mathrm{j}\omega)G(\mathrm{j}\omega)\mathrm{e}^{\mathrm{j}\omega t}\,\mathrm{d}\omega$$

即把时间函数变换到频域进行计算并以此分析研究系统的方法。

(2) 经典法就是先求出系统的开环频率特性 $G(\mathrm{j}\omega)$ 并绘成曲线图，再利用频率特性曲线图判断闭环系统的稳定性、暂态性能和稳态精度。控制理论所采用的方法就是经典法。

第二节　频率特性的表示方法

频率特性 $G(\mathrm{j}\omega)$ 的表示方法有两种：函数表示和几何(图像)表示。

1. 函数表示

传递函数中用 $\mathrm{j}\omega$ 代替 s，得到复数函数 $G(\mathrm{j}\omega)$，它既可用实部和虚部来表示(代数式)，也可用幅值(模)和相角来表示(指数式)。

代数式：$$G(\mathrm{j}\omega)=\mathrm{Re}[G(\mathrm{j}\omega)]+\mathrm{j}\mathrm{Im}[G(\mathrm{j}\omega)]=U(\omega)+\mathrm{j}V(\omega)\qquad(5-8)$$

指数式：$$G(\mathrm{j}\omega)=|G(\mathrm{j}\omega)|\,\mathrm{e}^{\mathrm{j}\angle G(\mathrm{j}\omega)}$$

其中：$U(\omega)=\mathrm{Re}[G(\mathrm{j}\omega)]$，称为实频特性；$V(\omega)=\mathrm{Im}[G(\mathrm{j}\omega)]$，称为虚频特性；关系 $|G(\mathrm{j}\omega)|=\sqrt{U^2(\omega)+V^2(\omega)}$，称为幅频特性；关系 $\angle G(\mathrm{j}\omega)=\arctan\dfrac{V(\omega)}{U(\omega)}$，称为相频特性。

2. 几何表示

为了直观、明确地表示在很宽的频率范围内的频率响应，采用图形曲线表示要比采用函数表示方便得多，并且会把非常复杂的计算变得简单。因此在频域分析中，特别重视频率特性的图形表示方法。另外，在理论上未能求得频率特性，而必须用实验方法来求时，频率特性的图形表示更是绝对必要的，频率特性的优点，就是可以用图像曲线表示。

工程实践中形成了频率特性的多种图示方法，如幅相频率特性图、逆幅相频率特性图、对数幅频特性图、对数相频特性图、对数幅相频率特性图以及幅频特性图、相频特性

图、实频特性图、虚频特性图等等。其中最重要且应用最广泛的是幅相频率特性图、对数频率特性图和对数幅相图。现分别说明如下。

一、幅相频率特性图(Nyquist 图)

幅相频率特性图又称奈奎斯特图，还称向量轨迹图或极坐标图。

复数可看做向量。绘制幅相特性图时，把 ω 看做参变量，令 ω 由 0 到∞时，在复平面上描绘出 $G(j\omega)$的端轨迹，就是 $G(j\omega)$的幅相频率特性曲线。向量的长度表示 $G(j\omega)$的幅值 $|G(j\omega)|$，由正实轴方向沿反时针方向绕原点转至向量方向的角度称为相位角，即 $\angle G(j\omega)$。在轨迹上要标出 ω 的起点($\omega=0$ 的值)、终点($\omega=+\infty$)及 ω 的变化方向。

例 5-1 试绘出惯性环节 $G(s)=\dfrac{1}{Ts+1}$ 的幅相特性图。

解 以 $j\omega$ 代替 s 得惯性环节的频率特性：

$$G(j\omega)=\frac{1}{1+j\omega T}=\frac{1}{1+\omega^2T^2}-j\frac{\omega T}{1+\omega^2T^2}=\frac{1}{\sqrt{1+\omega^2T^2}}e^{-j\arctan T\omega}$$

其实频特性和虚频特性分别为

$$U(\omega)=\frac{1}{1+\omega^2T^2},\quad V(\omega)=\frac{-\omega T}{1+\omega^2T^2}$$

其幅频特性和相频特性分别为

$$|G(j\omega)|=\frac{1}{\sqrt{1+\omega^2T^2}},\quad \angle G(j\omega)=-\arctan T\omega$$

取 ω 为参变量，分别计算出 ω 由 0 至 ∞ 时相应的 $U(\omega)$、$V(\omega)$ 的数值，即可绘出幅相特性图。

对于惯性环节，实频特性和虚频特性有如下关系：

$$\left[U(\omega)-\frac{1}{2}\right]^2+[V(\omega)]^2=\left[\frac{1}{1+\omega^2T^2}-\frac{1}{2}\right]^2+\left[\frac{-\omega T}{1+\omega^2T^2}\right]^2=\left(\frac{1}{2}\right)^2$$

上式为一个圆的方程，我们取正频率，为下半圆，幅相特性图如图 5-3 所示。

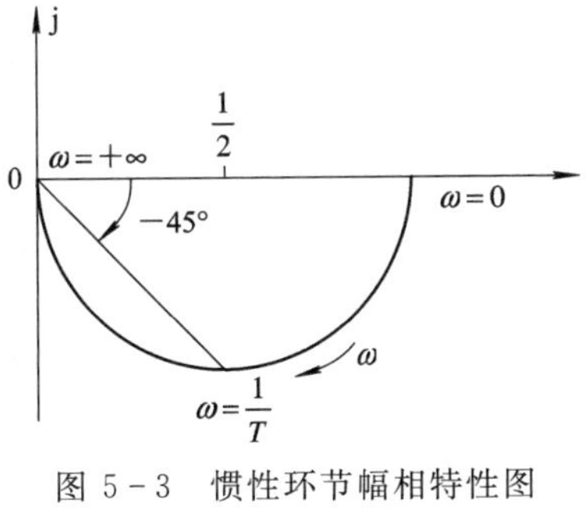

图 5-3 惯性环节幅相特性图

二、对数频率特性图(Bode 图)

对数频率特性图又称波德图。它是将幅频特性和相频特性分别用两个图表示。为了在很宽的频率范围内描绘频率特性，坐标刻度采用半对数化的形式，即横坐标为对数刻度，纵坐标为线性刻度。

对数幅频特性图中的纵坐标为 $20\lg|G(j\omega)|$，简记为 $L(\omega)$，称为增益，其单位为分贝

(dB)，采用线性分度，$L(\omega)$的分贝数与$|G(j\omega)|$的真值对照表如表 5－1 所示。横坐标采用对数分度表示角频率 ω。ω 与对数 $\omega(\lg\omega)$的对应关系如表 5－2 所示。相频特性图中的纵坐标表示频率特性的相角，以度(°)为单位，采用线性刻度，横坐标与对数幅频特性相同，用对数分度表示角频率 ω。横坐标用对数分度，就能在极宽的频率范围内，更好地表示系统或元部件的低频特性与高频特性。但应注意，零频率($\omega=0$)不可能在横坐标上表示出来，横坐标表示的最低频率，一般由我们感兴趣的频率来确定。

表 5－1　$L(\omega)$的分贝数与真值对照表

L/dB	0	1	2	3	4	5	6	7	8	9	10
$\|G(j\omega)\|$	1.00	1.12	1.26	1.41	1.58	1.78	2.00	2.24	2.51	2.82	3.16
L/dB	11	12	13	14	15	16	17	18	19	20	
$\|G(j\omega)\|$	3.55	3.98	4.47	5.01	5.62	6.31	7.08	7.94	8.91	10.00	

表 5－2　ω 从 1 到 10 的对数分度

ω	1	2	3	4	5	6	7	8	9	10
$\lg\omega$	0	0.301	0.477	0.602	0.699	0.778	0.845	0.903	0.954	1

在对数频率特性中，常用到频率 ω 倍数的概念。频率变化 10 倍的区间叫做一个十倍频程，记为 decade 或简写为 dec；ω 变化至 2 倍的区间叫作二倍频程，记为 octave，或简写为 oct。如图 5－4 所示。

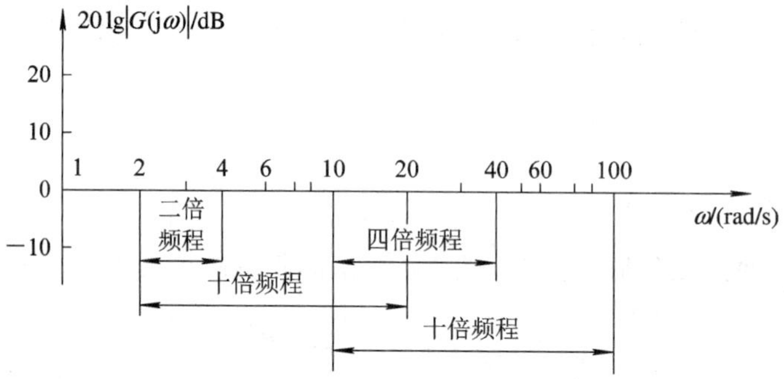

图 5－4　对数分度

采用对数坐标图的主要优点：

(1) 可以将幅值的乘除化为加减。

(2) 横轴压缩了高频段，展宽低频段，能根据实验数据方便地分析系统。

(3) 可以采用简便方法绘制近似的对数幅频曲线。

例 5－2　试绘出惯性环节 $G(s)=\dfrac{1}{Ts+1}$ 的对数频率特性图。

解　惯性环节的频率特性为

$$G(j\omega)=\frac{1}{jT\omega+1}=\frac{1}{\sqrt{1+T^2\omega^2}}e^{j(-\arctan T\omega)}$$

(1) 对数幅频特性曲线。通常用 $L(\omega)$ 简记对数幅频特性，故

$$L(\omega)=20\lg|G(j\omega)|=20\lg\frac{1}{\sqrt{1+T^2\omega^2}}$$

$$=-20\lg\sqrt{1+T^2\omega^2}$$

ω 从 0 变化到 ∞ 时的对数幅频特性曲线如图 5-3 所示。

(2) 相频特性曲线。通常以 $\varphi(\omega)$ 表示相频特性，即 $\varphi(\omega)=\angle G(j\omega)$。对于惯性环节，有

$$\varphi(\omega)=-\arctan T\omega$$

对不同 ω 值，逐点求出相角值并绘成曲线即为相频特性曲线，如图 5-5 所示。

对数幅频特性曲线用逐点算值描绘十分麻烦而且没有必要，下一节将介绍简单的近似绘制方法。

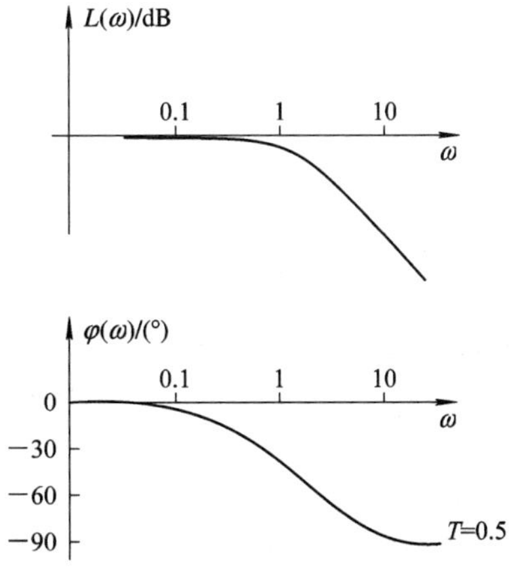

图 5-5　惯性环节的波德图

三、对数幅相图(Nichols 图)

对数幅相图是以相角(°)为横坐标，以对数幅频 $L(\omega)$(dB) 为纵坐标绘出的 $G(j\omega)$ 曲线。频率 ω 为参变量。因此它与幅相频率特性一样，在曲线的适当位置上要标出 ω 的值，并且要用箭头表示 ω 增加的方向。

用对数幅频特性及相频特性取得数据来绘制对数幅相图是很方便的。惯性环节 $G(s)=\frac{1}{Ts+1}$ 的对数幅相图如图 5-6 所示。对数幅相图又称尼柯尔斯(Nichols)图。

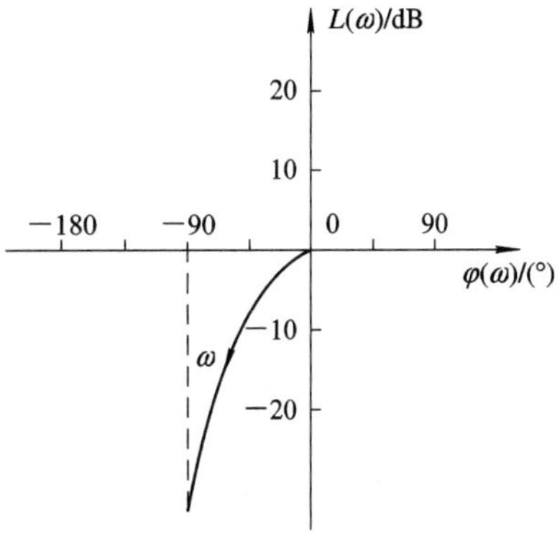

图 5-6　惯性环节的对数幅相图

第三节　典型环节的频率特性

每个环节的频率特性都可用上节所讲的三种图示方法表示。在本章，波德图主要用来定量计算系统，奈奎斯特图用来定性分析系统，所以我们先介绍各环节的波德图(对数频率特性图)的绘制方法，然后用图表列出各典型环节频率特性的奈奎斯特图(幅相特性图)和尼柯尔斯图(对数幅相图)。

一、比例环节

比例环节又称放大环节，其传递函数为

$$G(s)=K$$

故

$$G(j\omega)=K$$

则

$$\begin{cases}L(\omega)=20\lg K\\ \varphi(\omega)=0^\circ\end{cases}\tag{5-9}$$

放大环节的波德图如图 5-7 所示。它的对数幅频特性为幅值等于 20 lg$K$(dB)的一条水平直线，相频特性为零度线。因此，改变系统传递函数的增益，将使波德图中的对数幅频特性曲线升高或降低某一常量，但不改相频特性曲线。

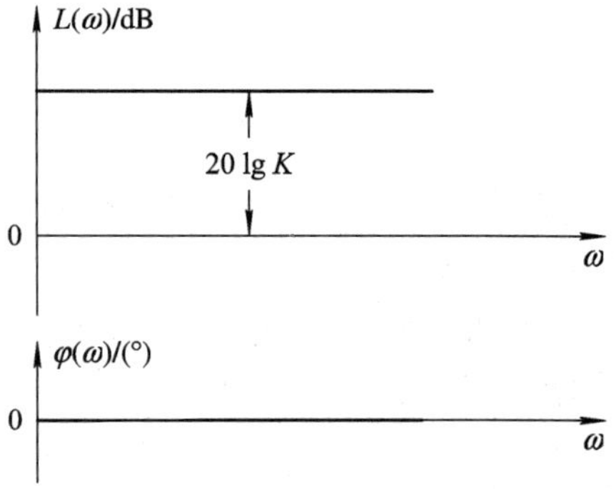

图 5-7 放大环节的波德图

二、积分环节

积分环节的传递函数为

$$G(s)=\frac{1}{s}$$

频率特性为

$$G(\mathrm{j}\omega)=\frac{1}{\mathrm{j}\omega}=\frac{1}{\omega}\mathrm{e}^{\mathrm{j}(-90^\circ)}\tag{5-10}$$

则

$$\begin{cases}L(\omega)=20\lg\dfrac{1}{\omega}=-20\lg\omega\\ \varphi(\omega)=-90^\circ\end{cases}\tag{5-11}$$

由上式可知，ω 每增加 10 倍，$L(\omega)$ 下降 20 dB，所以，积分环节的对数幅频特性是一条斜率为每十倍频程－20 dB 的直线，此斜率记为－20 dB/dec，简记为－1。对数相频特性曲线则与 ω 无关，恒为－90°，如图 5-8 所示。

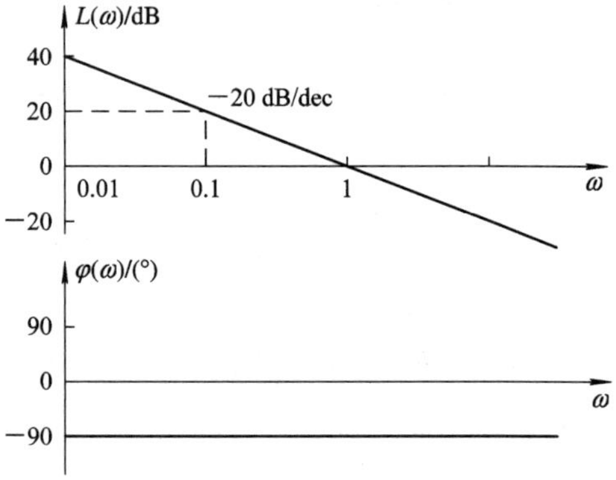

图 5-8 积分环节的波德图

三、惯性环节

惯性环节的传递函数为

$$G(s)=\frac{1}{Ts+1}$$

频率特性为

$$G(\mathrm{j}\omega)=\frac{1}{\mathrm{j}\omega T+1}=\frac{1}{\sqrt{1^2+\omega^2T^2}}\mathrm{e}^{\mathrm{j}(-\arctan T\omega)}\tag{5-12}$$

因此

$$\begin{cases}L(\omega)=20\lg|G(\mathrm{j}\omega)|=-20\lg\sqrt{1+T^2\omega^2}\\ \varphi(\omega)=\angle G(\mathrm{j}\omega)=-\arctan T\omega\end{cases}\tag{5-13}$$

1. 对数幅频特性曲线

我们用简便的近似方法绘制幅频特性，必要时在转折点处进行修正。

由式(5-13)可以看出，当 $\omega\ll 1/T$(即 $\omega T\ll 1$)时，惯性环节的对数幅频特性可近似表

示为

$$-20\lg\sqrt{1+T^2\omega^2}\approx -20\lg 1=0\ \text{dB} \tag{5-14}$$

当 $\omega \gg 1/T$(即当 $T\omega \gg 1$)时，幅频特性近似表示为

$$-20\lg\sqrt{1+T^2\omega^2}=-20\lg T\omega\ (\text{dB}) \tag{5-15}$$

因此，惯性环节的对数幅频特性可近似成两段直线，$\omega=1/T$ 为转折频率，如图 5-9 所示。$\omega<1/T$ 时取 0 dB 水平线，$\omega>1/T$ 为斜率是 -20 dB/dec 的直线。

用折线代替曲线，使作图十分方便，近似线与实际线的最大误差在转折点 $\omega=1/T$ 处，误差值为

$$-20\lg\sqrt{1+T^2\omega^2}\ \Big|_{\omega=\frac{1}{T}}-(-20\lg T\omega)\ \Big|_{\omega=\frac{1}{T}}=-20\lg\sqrt{2}+20\lg 1\approx -3\ \text{dB}$$

用同样方法可计算出其他频率处的误差，现将计算结果列入表 5-3，并以曲线方式示于图 5-10。

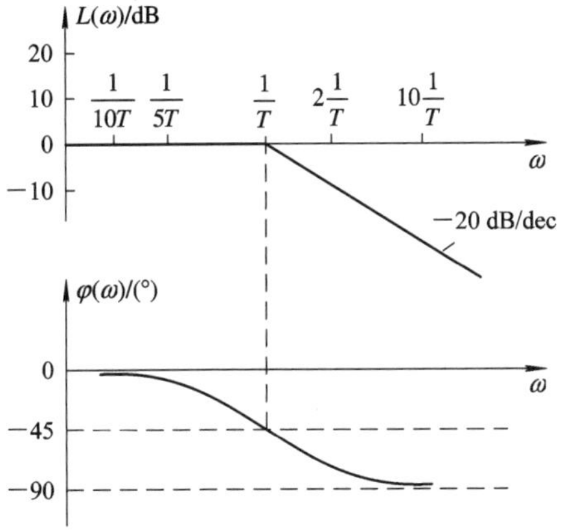

图 5-9 惯性环节的波德图

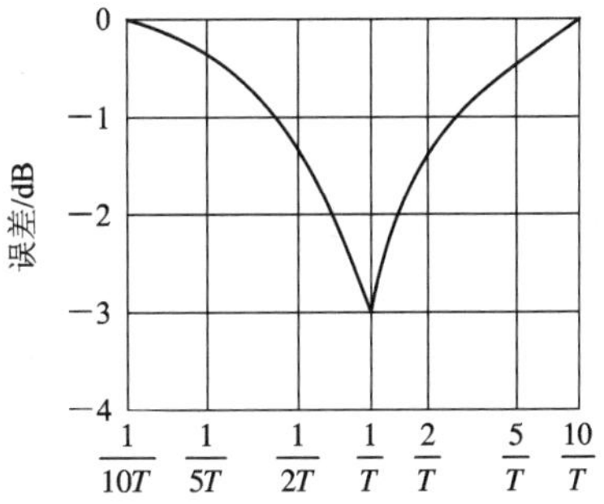

图 5-10 惯性环节幅频特性修正值

表 5-3 惯性环节对数幅频特性误差表

$T\omega$	0.1	0.25	0.4	0.5	1.0	2.0	2.5	4.0	10
误差/dB	−0.04	−0.32	−0.65	1.0	−3.01	−1.0	−0.65	−0.32	−0.04

2. 相频特性曲线

由式(5-13)逐点绘制出的对数相频特性曲线如图 5-9 所示。由图可知，随着 ω 的增加，$\varphi(\omega)$ 由 0°逐渐趋向−90°，并且曲线对−45°点($\omega=1/T$)具有奇对称性质。表 5-4 给出了一些频率上的相角值。时常数 T 的变化不影响相频曲线的形状，只改变沿 ω 轴的位置。

表 5-4 惯性环节相频特性计算表

ωT	0.1	0.25	0.4	0.5	1	2	2.5	4	10
φ	−5.7°	−14.1°	−21.8°	−26.6°	−45°	−63.4	−68.2°	−75.9°	−84.3°

四、振荡环节

振荡环节的传递函数为

$$G(s)=\frac{1}{T^2s^2+2\zeta Ts+1} \tag{5-16}$$

式中：$1/T=\omega_n>0$；$0<\zeta<1$。

式(5-16)与欠阻尼二阶系统的传递函数相同，其频率特征为

$$G(j\omega)=\frac{1}{T^2(j\omega)^2+2\zeta T(j\omega)+1}=\frac{1}{(1-T^2\omega^2)+j2\zeta T\omega} \tag{5-17}$$

对数幅频特性和相频特性分别是

$$\begin{cases}L(\omega)=-20\lg\sqrt{(1-T^2\omega^2)^2+(2\zeta T\omega)^2}\\ \varphi(\omega)=-\arctan\dfrac{2\zeta T\omega}{1-T^2\omega^2}\end{cases} \tag{5-18}$$

1. 对数幅频特性曲线

首先介绍振荡环节对数幅频特性曲线的近似画法。

当 $\omega\ll 1/T$ 时，忽略 $T\omega$，则

$$L(\omega)\approx-20\lg 1=0$$

当 $\omega\gg 1/T$ 时，忽略 1 和 $2\zeta T\omega$，则

$$L(\omega)\approx-20\lg T^2\omega^2=-40\lg T\omega$$

因此，对数幅频特性曲线可近似为一折线，在 $\omega<1/T$ 频率段，为零分贝线，在 $\omega>1/T$ 频率段，为斜率是 −40 dB/dec 的斜线，如图 5-11 所示。精确的幅频特性曲线如图 5-12 所示。

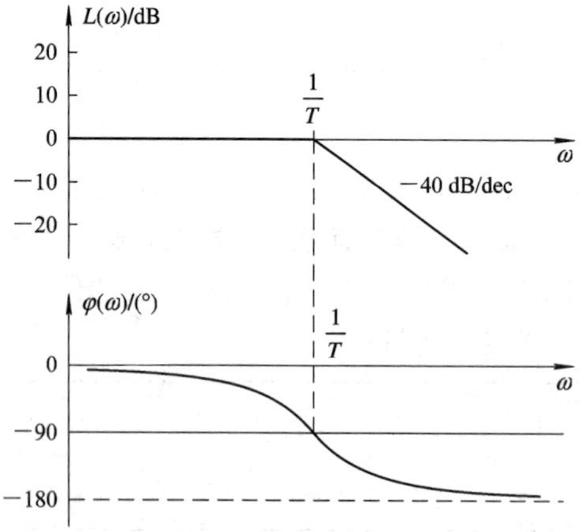

图 5-11　振荡环节近似波德图

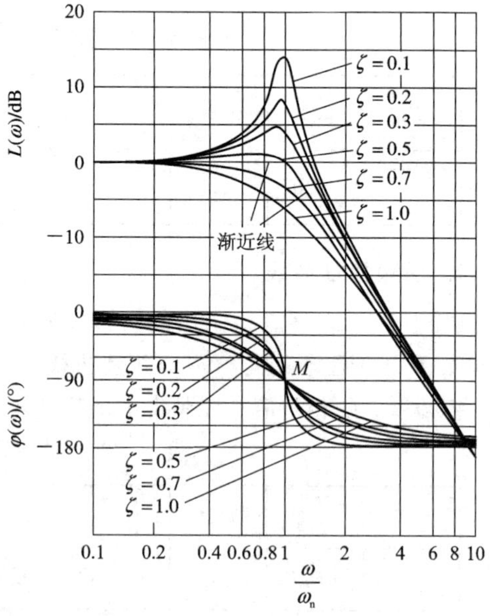

图 5-12　振荡环节的波德图

如果阻尼比 ζ 较小，则近似曲线的误差较大，需要修正。最大误差出现在 $\omega=1/T$ 处，其误差为

$$\Delta\delta_{\max}=-20\lg\sqrt{(1-T^2\omega^2)^2+(2\zeta T\omega)^2}\Big|_{\omega=\frac{1}{T}}=-20\lg 2\zeta\quad(\text{dB})\tag{5-19}$$

不同阻尼比修正曲线如图 5-13 所示。

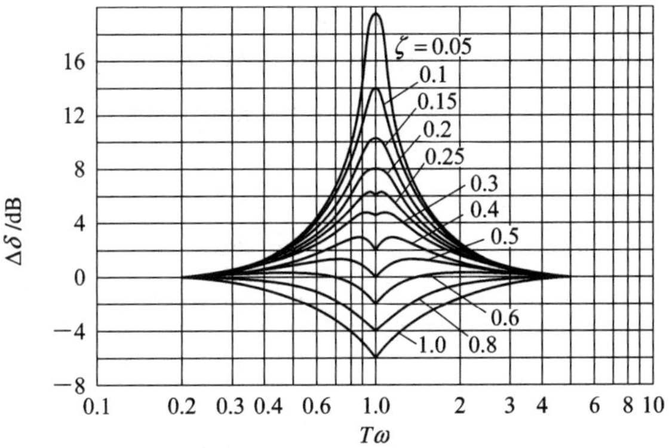

图 5-13　振荡环节修正曲线

2. 对数相频特性曲线

相频特性曲线需要逐点求值描绘，但它有两个明显的特点：

(1) 相频特性曲线对 $-90°$ 点有奇对称性质。

(2) 相频特性曲线形状与阻尼比 ζ 有关，但对任何 ζ 值都存在：$\omega=0$ 时，$\varphi=0°$；$\omega=1/T$ 时，$\varphi=-90°$；$\omega=\infty$ 时，$\varphi=-180°$。

相频特性曲线如图 5-12 所示。

五、理想微分环节

理想微分环节的传递函数为

$$G(s)=s$$

其频率特性为

$$G(\mathrm{j}\omega)=\mathrm{j}\omega=\omega\mathrm{e}^{\mathrm{j}90°}$$

因此

$$\begin{cases}L(\omega)=20\lg\omega\\ \varphi(\omega)=90°\end{cases}\tag{5-20}$$

由上式可知，ω 每增加 10 倍，$L(\omega)$ 上升 20 dB。所以，理想微分环节的对数幅频特性是一条过 $\omega=1$ 的点斜率为每 10 倍数 +20 dB 的直线。对数相频特性曲线恒为 +90°。与积分环节的对数幅频特性和相频特性以 ω 轴对称。如图 5-14 所示。

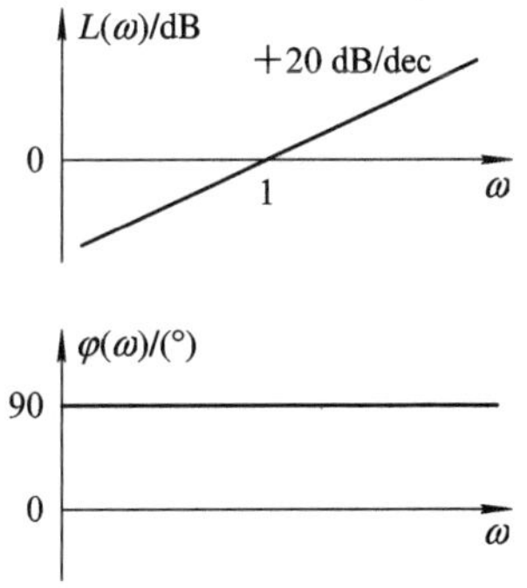

图 5-14　理想微分环节的波德图

六、一阶微分环节

一阶微分环节的传递函数为

$$G(s)=\tau s+1$$

其频率特性为

$$G(j\omega) = j\omega T + 1 = \sqrt{\omega^2 T^2 + 1}\ e^{j\arctan T\omega}$$

因此

$$\begin{cases} L(\omega) = 20\ \lg\sqrt{\omega^2 T^2 + 1} \\ \varphi(\omega) = \arctan T\omega \end{cases} \tag{5-21}$$

用绘制惯性环节波德图的近似方法，绘制出一阶微分环节的对数幅频特性和对数相频特性如图 5-15 所示。从图可以看出一阶微分环节与惯性环节的对数幅频特性和相频特性以 ω 轴互为镜像。

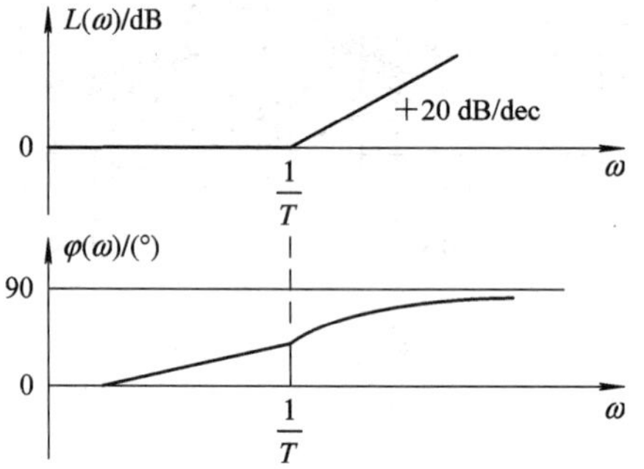

图 5-15　一阶微分环节的波德图

七、二阶微分环节

二阶微分环节的传递函数为

$$G(s) = \tau^2 s^2 + 2\zeta\tau s + 1$$

其频率特性为振荡环节的倒数

$$G(j\omega) = \tau^2 (j\omega)^2 + 2\tau\zeta(j\omega) + 1$$

所以它的对数频率特性与振荡环节是以 ω 轴互为镜像，如图 5-16 所示。

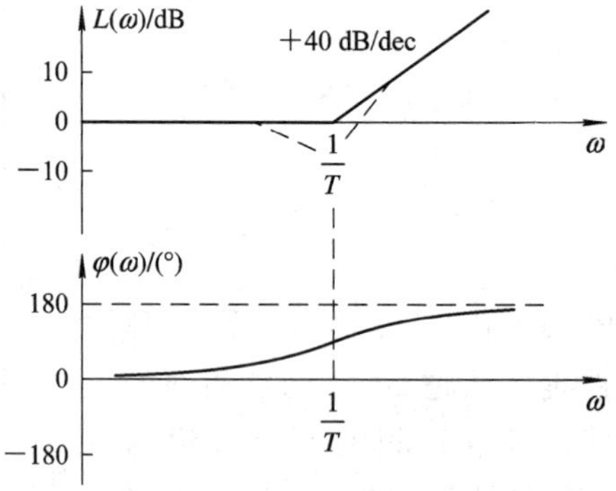

图 5-16　二阶微分环节的波德图

八、延迟环节

延迟环节的传递函数为

$$G(s) = e^{-\tau s}$$

其频率特性为

$$G(\mathrm{j}\omega)=\mathrm{e}^{-\mathrm{j}\tau\omega} \tag{5-22}$$

则有

$$\begin{cases}L(\omega)=20\ \lg 1=0\\ \varphi(\omega)=-\tau\omega\end{cases} \tag{5-23}$$

延迟环节的对数频率特性如图 5-17 所示。其中对数幅频特性恒为零分贝。

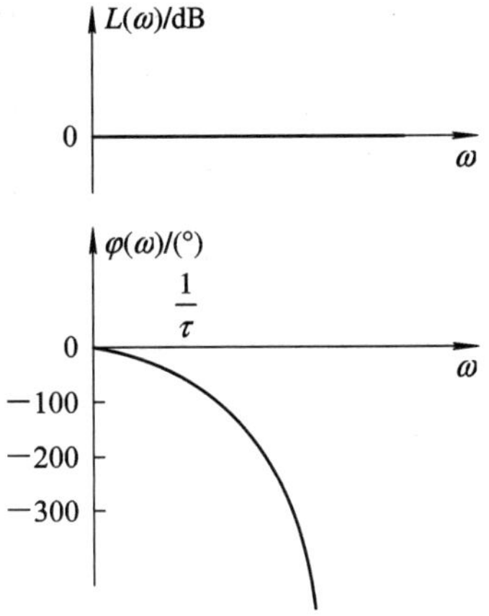

图 5-17　延迟环节的波德图

九、一阶不稳定环节

设某环节传递函数为

$$G(s)=\frac{1}{Ts-1}\quad (T>0) \tag{5-24}$$

由于特征根 $s=1/T>0$，故环节是不稳定的，称为一阶不稳定环节。其频率特性是

$$G(\mathrm{j}\omega)=\frac{1}{\mathrm{j}T\omega-1} \tag{5-25}$$

因此

$$\begin{cases}L(\omega)=20\ \lg\dfrac{1}{\sqrt{(\omega T)^2+1}}=-20\ \lg\sqrt{T^2\omega^2+1}\\ \varphi(\omega)=\angle G(\mathrm{j}\omega)=-180^\circ+\arctan T\omega\end{cases} \tag{5-26}$$

由上式看出，这种环节的幅频特性和惯性环节完全相同。但是相频特性大不一样。当 ω 由 $0\to\infty$时，惯性环节的相角由 0°趋向−90°，一阶不稳定环节的相角则由−180°趋向−90°。前者相位角的绝对值小，后者相位角绝对值大，故稳定的环节又称为最小相位环节，而一阶不稳定环节又称为非最小相位环节。

扩大而言，传递函数中有右极点、右零点的环节(或系统)，称为非最小相位环节(或系统)；而传递函数没有右极点、右零点的环节(或系统)，则称为最小相位环节(或系统)。

频率特性的图示方法有三种，本节只详细介绍了各种环节的对数频率特性。已知对数频率特性，就可绘出幅相特性图和对数幅相图。为了清晰和便于比较，将各环节的对数频率特性曲线、幅相特性图和对数幅相图列于表 5-5 中。读者应熟悉三种图示法的对应关系。

表 5-5　典型环节的频率特性图示

环节及传递函数	对数频率特性(波德图)	频相特性(极座标图、乃氏图)	对数幅相特性(尼柯尔斯图)
$G(s)=K$	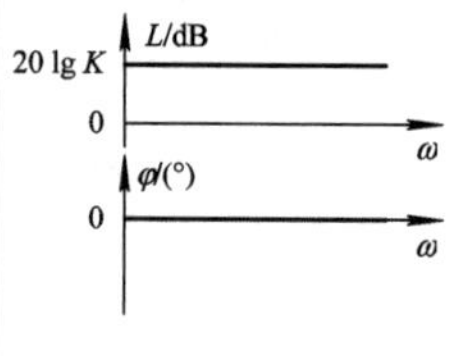	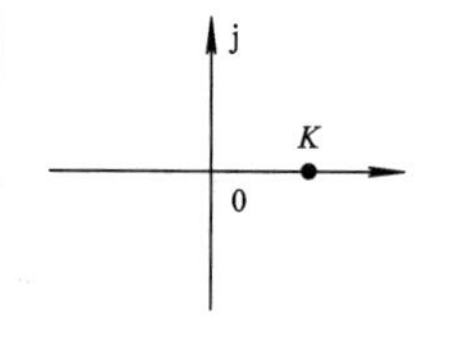	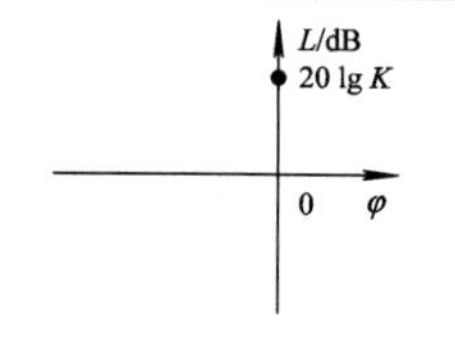
$G(s)=\frac{1}{s}$	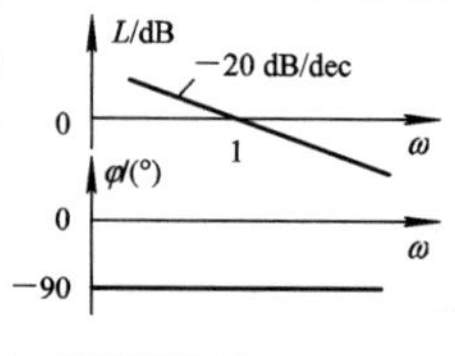	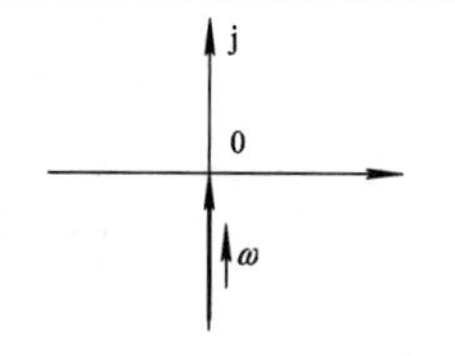	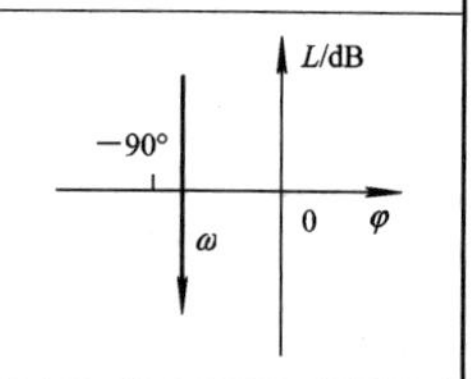
$G(s)=\frac{1}{Ts+1}$	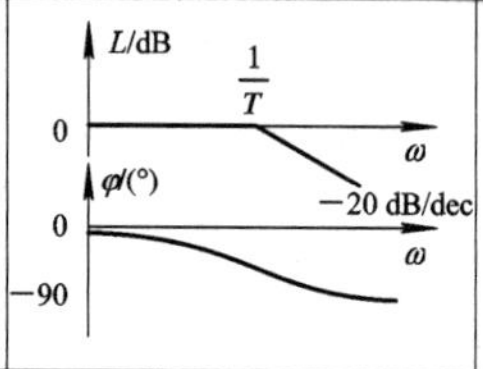	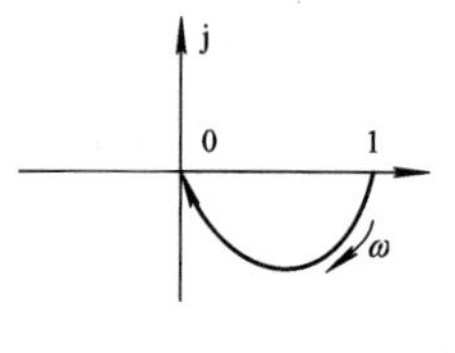	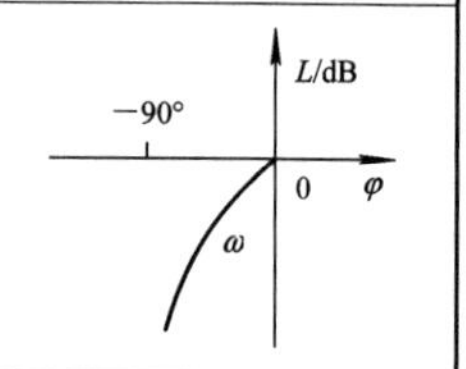
$G(s)=\frac{1}{T^2s^2+2\zeta Ts+1}$	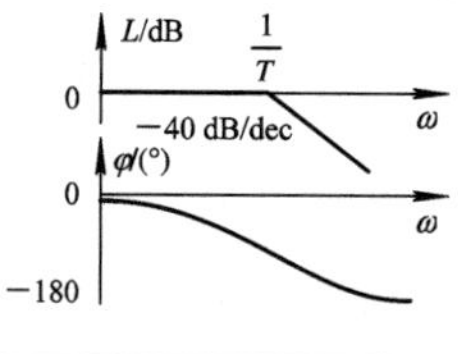	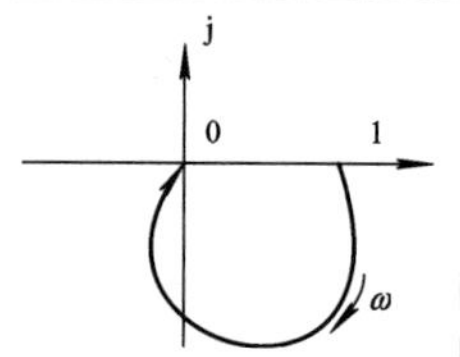	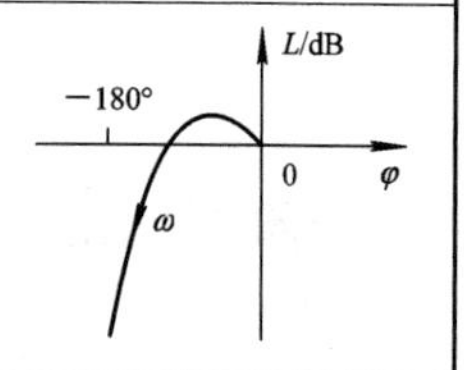
$G(s)=\tau s+1$	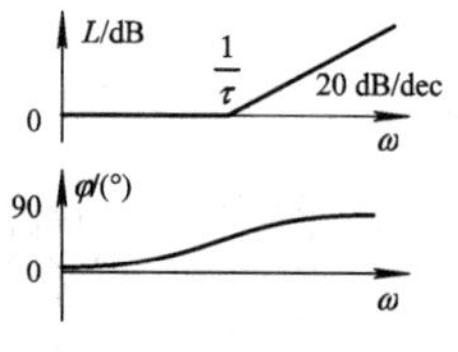	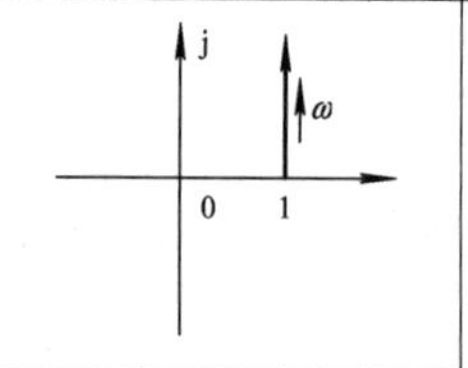	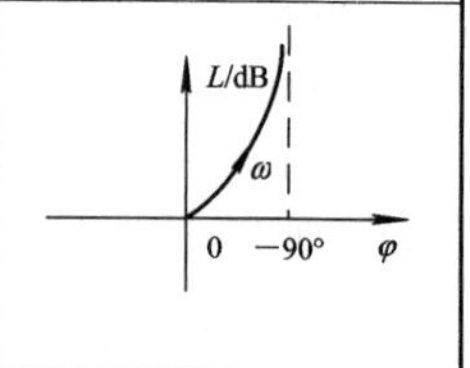
$G(s)=\tau^2s^2+2\zeta\tau s+1$	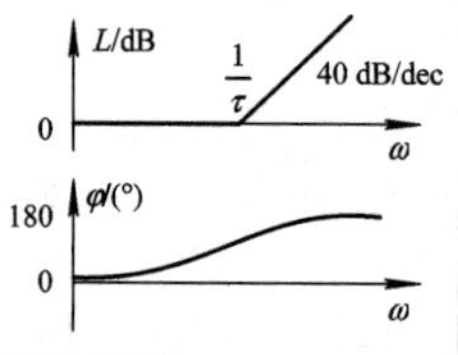	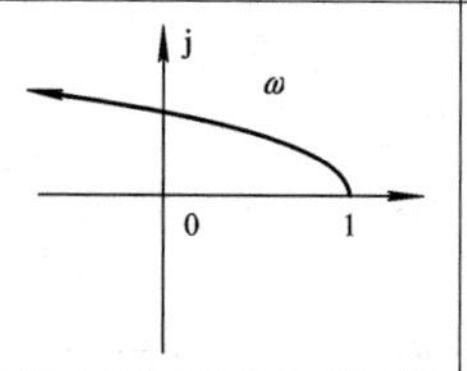	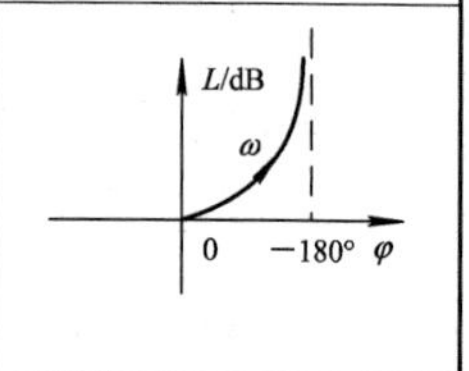
$G(s)=e^{-\tau s}$	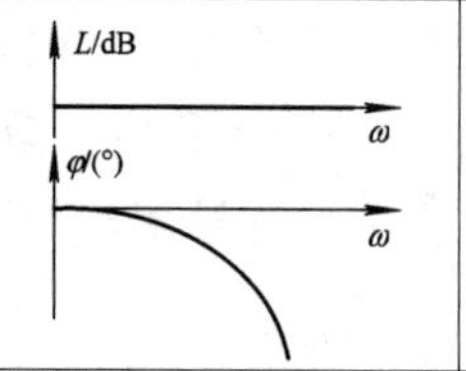	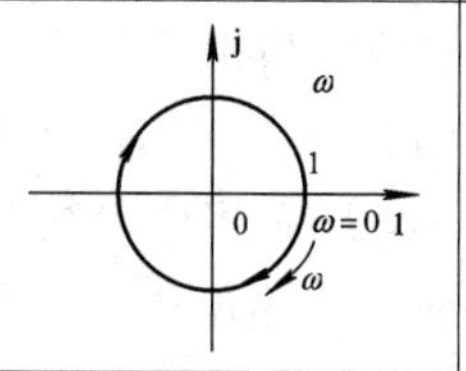	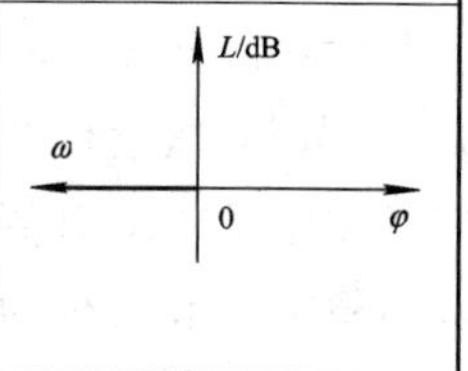
$G(s)=\frac{1}{Ts-1}$	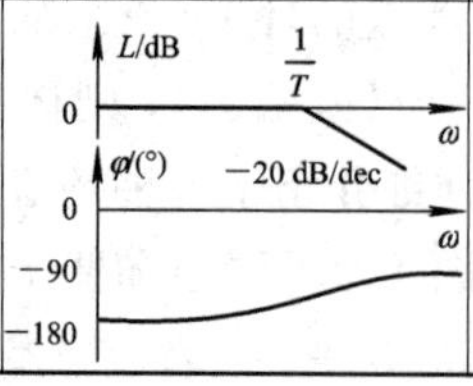	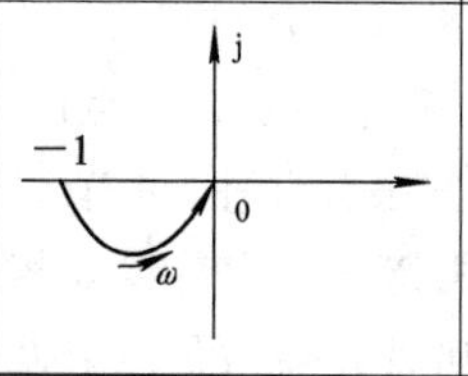	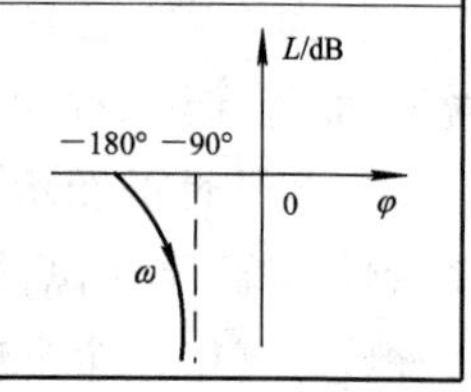

第四节　系统开环频率特性

一、系统开环对数频率特性图(波德图)的绘制

系统开环传递函数由典型环节组成。掌握了典型环节的频率特性后，再讨论系统开环的频率特性就方便了。

单位反馈系统如图 5-18 所示，其开环传递函数 $G(s)$ 为各串联环节传递函数之积，即

$$G(s) = G_1(s)G_2(s)G_3(s)G_4(s)$$

则开环频率特性

$$\begin{aligned} G(j\omega) &= G_1(j\omega)G_2(j\omega)G_3(j\omega)G_4(j\omega) \\ &= |G_1(j\omega)|e^{j\varphi_1(\omega)} \cdots |G_4(j\omega)|e^{j\varphi_4(\omega)} \\ &= \prod_{i=1}^{4}|G_i(j\omega)|[e^{j\sum_{i=1}^{4}\varphi_i(\omega)}] \end{aligned}$$

开环幅频特性

$$|G(j\omega)| = \prod_{i=1}^{4}|G_i(j\omega)|$$

开环相频特性

$$\angle G(j\omega) = \varphi(\omega) = \sum_{i=1}^{4}\varphi_i(\omega)$$

而开环对数幅频特性

$$L(\omega) = 20\ \lg|G(j\omega)| = 20\ \lg\prod_{i=1}^{4}|G_i(j\omega)| = \sum_{i=1}^{4}20\ \lg|G_i(j\omega)|$$

由此得结论，系统开环对数幅频特性等于各环节的对数幅频特性之和；系统开环相频特性等于各环节相频特性之和。这是由于“对数化”的结果，且典型环节的对数幅频特性又可近似表示为直线，相频特性又具有奇对称性质，故系统开环对数频率特性曲线是比较容易绘制的，下面举例说明。

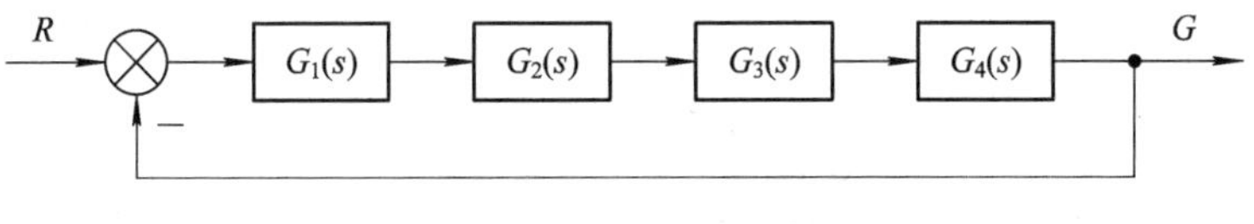

图 5-18　单位反馈系统

例 5-3　已知单位反馈系统的开环传递函数为

$$G(s) = \frac{100(s+2)}{s(s+1)(s+20)}$$

试绘制开环对数频率特性曲线(波德图)。

解　首先将开环传递函数 $G(s)$ 写成典型环节的标准形式，则

$$G(s) = \frac{10(0.5s+1)}{s(s+1)(0.05s+1)}$$

[方法一]

(1) 将 $G(s)$分解成典型环节的频率特性。系统由 5 个典型环节串联组成：① 放大环节：$G_1=10$；② 积分环节：$G_2=\frac{1}{s}$；③ 惯性环节：$G_3=\frac{1}{s+1}$，转换频率 $\omega=\frac{1}{1}=1$；④ 一阶微分环节：$G_4=0.5s+1$，转换频率 $\omega_2=\frac{1}{0.5}=2$；⑤ 惯性环节：$G_5=\frac{1}{0.05s+1}$，转换频率 $\omega_3=\frac{1}{0.05}=20$。

(2) 根据典型环节的波德图绘制方法，分别绘制出 5 个典型环节的对数幅频特性及对数幅相特性，如图 5-19(a)、(b)所示。

(3) 求和。将以上环节的幅频和相频曲线分别相加，即

$$L(\omega)=20\lg|G(j\omega)|=\text{各环节幅频特性之和}$$

$$\varphi(\omega)=0-90^\circ-\arctan\omega+\arctan0.5\omega-\arctan0.05\omega$$

得到系统的开环对数频率特性曲线，如图 5-19 所示。

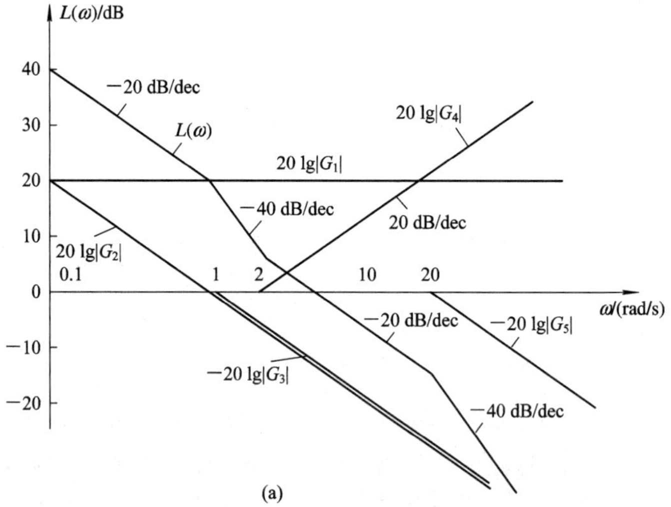

(a)

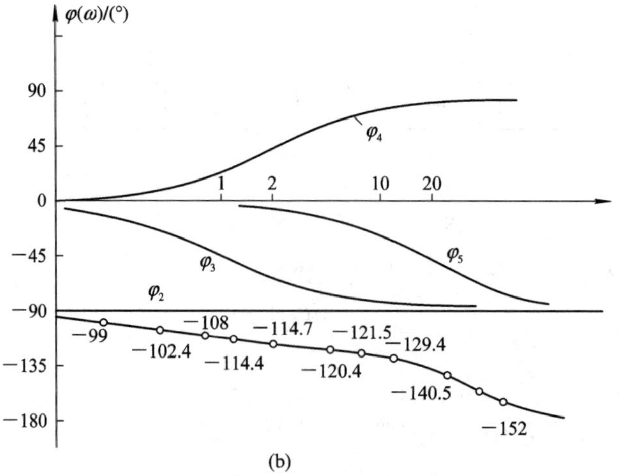

(b)

图 5-19　例 5-3 的对数频率特性曲线

说明：

（1）系统开环对数渐近幅频曲线由 4 段直线组成，斜率分别是 −20 dB/dec→−40 dB/dec →−20 dB/dec —40 dB/dec，有时为了简便，将斜率简写成 −1→−2→−1→−2。

（2）幅频曲线的转折频率分别为 1、2 及 20。它们正好是惯性环节 G_3、一阶微分环节 G_5 及惯性环节 G_5 的转折频率。

（3）系统开环相频曲线由 −90°开始，随着 ω 的增加逐渐趋于 −180°。这里有一个普遍规律：随着 ω 趋于无穷大，相频曲线的相角趋于 $(n-m)\times(-90°)$，幅频曲线的斜率为 $(m-n)\times 20$ dB/dec 。

［方法二］　直接画波德图。

（1）计算转折频率，将 $\omega_1=1$、$\omega_2=2$、$\omega_3=20$ 标于图 5 - 19 上。

（2）画低频段渐近线，画 $\omega=1$ 处抬高为 $20\lg K=20$ dB，斜率为 −20 dB/dec 的直线，此直线即为低频段渐近线。

（3）低频段确定后，开始向右画。过转折频率 $\omega_1=1$、$\omega_2=2$、$\omega_3=20$，斜率各变为一次。

相频特性仍按 $\varphi(\omega)=0-90°-\arctan 0.5\omega-\arctan 0.05\omega$，分别计算 $\varphi(0.1)$、$\varphi(0.5)$、$\varphi(1)$、$\varphi(2)$、$\varphi(5)$、$\varphi(20)$等描点画出。

二、系统开环幅相特性图(Nyquist 图)的绘制

系统的开环幅相特性图，就是当 ω 从 $0\to\infty$变化时，$G(j\omega)H(j\omega)$ 向量端点的轨迹图。只要知道幅相特性曲线的起点、与负实轴的交点及终点，就可绘出它的大致形状。由此，就可根据奈奎斯特稳定判据判断系统闭环状态的稳定性。

我们知道，当 ω 从 0^+变化到无穷大时，惯性环节的相角从 0 →−90°，振荡环节的相角从 0 →−180°，一阶微分环节的相角从 0 → 90°，二阶微分环节的相角从 0 → 180°，只有积分环节的相角是恒为−90°，放大环节的相角恒为零。

（1）系统开环幅相特性曲线的起点取决于积分环节的个数 γ。

$\gamma=0$(0 型系统)，起点($\omega=0^+$)在实轴上；

$\gamma=1$(Ⅰ型系统)，起点在相角为−90°，幅值为无穷大处；

$\gamma=2$(Ⅱ型系统)，起点在相角为−180°，幅值为无穷大处。

（2）系统开环幅相特性曲线的终点取决于开环传递函数$(n-m)$值。

$n-m=1$，特性曲线的终点($\omega\to\infty$)以 −90°进入原点；

$n-m=2$，特性曲线的终点以−180° 进入原点；

$n-m=3$，特性曲线的终点以−270° 进入原点，依次类推。如图 5 - 20 所示。

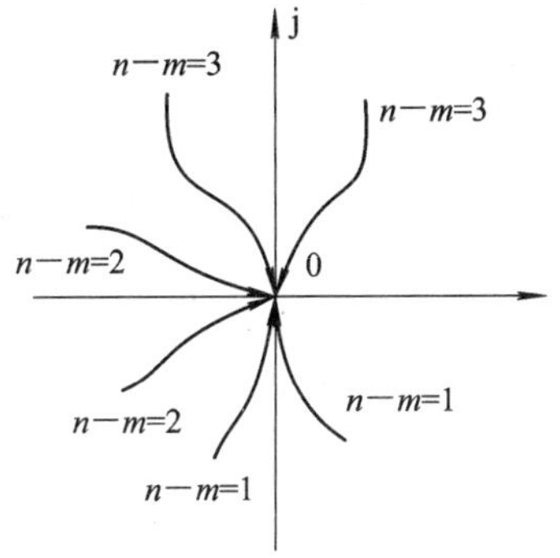

图 5 - 20　幅相特性曲线的终点

（3）系统开环幅相特性曲线与负实轴的交点值，对于判断系统闭环状态的稳定性是十分重要的。在交点处，$G(j\omega)H(j\omega)$ 为负实数，因此交点处的频率 ω_g

由式(5－27)求得，交点值可将交点处的频率 ω_g 代入 $G(j\omega)H(j\omega)$ 而求出。

$$\text{Im}[G(j\omega)H(j\omega)] = 0 \tag{5-27}$$

例 5－4 已知系统开环传递函数为

$$G(s)H(s) = \frac{10}{s(s+1)(s+5)}$$

试大致绘出开环幅相图并求出与实轴的点频率与交点值。

解 系统开环频率特性为

$$G(j\omega)H(j\omega) = \frac{10}{(j\omega)(j\omega+1)(j\omega+5)} = \frac{10}{(-6\omega^2)+j(5\omega-\omega^3)}$$

(1) 起点：因为开环传递函数有一个积分环节，所以特性曲线起点在相角为－90°，幅值为无穷大处。

(2) 终点：又因 $n-m=3$，所以特性曲线终点是以－270° 进入原点。

(3) 求与实轴交点：令频率特性虚部为零，即

$$5\omega-\omega^3=0$$

$$\omega=\omega_g=\sqrt{5}\quad (\text{rad/s})$$

将 ω_g 值代入频率特性，得交点值

$$G(j\omega)H(j\omega)\Big|_{\omega=\omega_g} = \frac{10}{(-6\omega^2)+j(5\omega-\omega^3)}\Bigg|_{\omega=\sqrt{5}} = -0.33$$

幅相特性曲线的大致形状如图 5－21 所示。

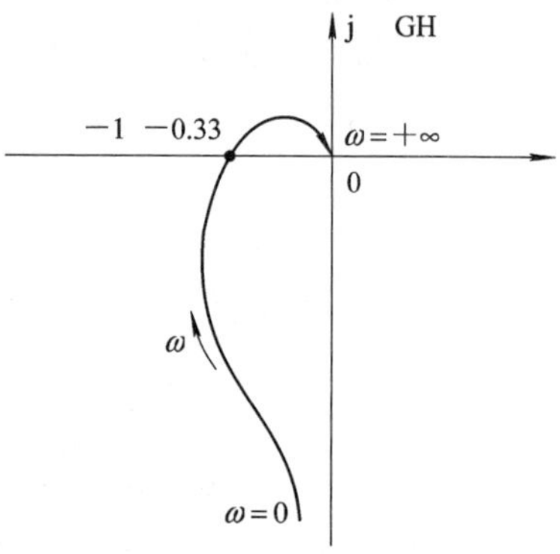

图 5－21 例 5－4 幅相特性图

三、根据对数频率特性图确定传递函数

由本章第一节频率特性的概念可知，稳定系统的频率响应是与输入同频率的正弦信号，而幅值衰减和相位滞后由系统的幅频特性和相频特性决定，所以可以根据频率特性图确定系统的传递函数。

由对数幅频渐近特性曲线可以确定最小相位系统的传递函数，这是对数幅频渐近特性曲线绘制的逆过程，下面举例说明。

例 5－5 某最小相位系统的开环对数幅频特性曲线如图 5－22 所示，试写出该系统的开环传递函数。

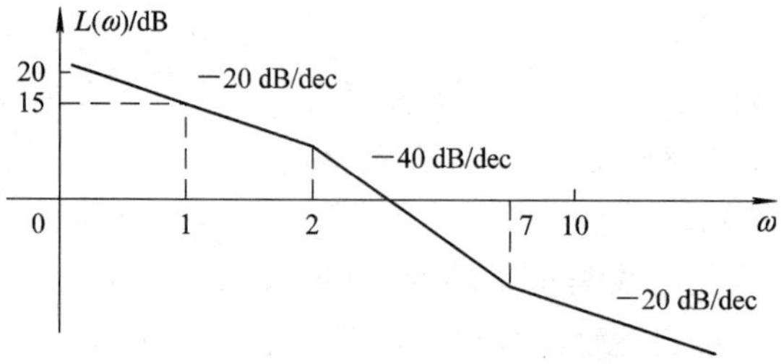

图 5－22 例 5－5 的 $L(\omega)$ 曲线

解 由图 5-22 可见，低频段直线斜率是 -20 dB/dec，故系统包含一个积分环节；根据 $\omega=1$，低频段直线的坐标为 15 dB，可知比例环节的 $k=5.6$。因 $\omega=2$ 时，$L(\omega)$ 曲线的斜率从 -20 dB/dec 变为 -40 dB/dec，故 $\omega=2$ 是惯性环节的交接频率。类似分析得知，$\omega=7$ 是一阶比例微分环节的交接频率。于是系统的开环传递函数为

$$G(s)=\frac{5.6(1+1/7s)}{s(1+1/2s)}$$

例 5-6 已知最小相位系统的对数幅频渐近曲线如图 5-23 所示。曲线部分是对谐振峰值附近的修正线，试确定系统的传递函数。

解 (1) 根据 $L(\omega)$ 图确定系统积分或微分环节的个数。

因为对数幅频渐近曲线的低频渐近线的斜率为 $-20v$ dB/dec，由图 5-23 可知，低频渐近线的斜率为 $+20$ dB/dec，故有 $v=-1$，因此系统会有一个理想微分环节。

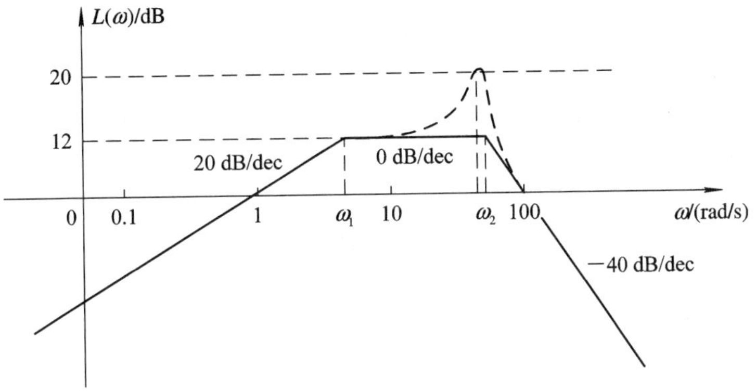

图 5-23 例 5-6 系统对数频率特性曲线

(2) 确定系统传递函数结构形式。

由于对数幅频渐近曲线为分段折线，其各转折点对应的频率为所含一阶环节或二阶环节的转折频率，因此每个转折频率处斜率的变化取决于环节的种类。本例中有两个转折频率：

① $\omega=\omega_1$ 处，斜率从 $+20$ dB/dec 变为 0 dB/dec，斜率变化为 -20 dB/dec，对应惯性环节；

② $\omega=\omega_2$ 处，斜率变化为 -40 dB/dec，对应振荡环节，并且在 ω_2 附近存在谐振。根据谐振的峰值可以确定对应振荡环节的阻尼比 ζ 值。

由此可知，图 5-23 所示系统有如下结构的传递函数：

$$G(s)H(s)=\frac{Ks}{(T_1s+1)(T_2^2s^2+2T_2\zeta s+1)}$$

式中，参数 T_1、T_2、ζ、K 待定。

(3) 由图示条件确定传递函数的参数 T_1、T_2、ζ、K。

根据转折频率可以确定 $T_1=\dfrac{1}{\omega_1}$，$20\lg\omega_1-20\lg1=12$，$\lg\omega_1=\dfrac{12}{20}=0.6$，所以 $\omega_1=3.98$，$T_2=\dfrac{1}{\omega_2}$，$2(20\lg100-20\lg\omega_2)=12$，$\lg\omega_2=\dfrac{34}{20}=1.7$，$\omega_2=50.1$。

由 $\Delta\delta_{\max}=-20\lg2\zeta$，得 $-20\lg2\zeta=8$，所以 $\zeta=0.2$。

由图 5-23 可知，当 $\omega=1$ 时，$L(\omega)=0$ dB，即

$$20\lg K=0,\quad K=1$$

故系统的传递函数

$$G(s)H(s)=\frac{s}{\left(\frac{1}{3.98}s+1\right)\left(\left(\frac{1}{50.1}\right)^2 s^2+2\frac{0.2}{50.1}s+1\right)}$$

四、最小相位系统与非最小相位系统

定义　开环零点与开环极点全部位于 s 左半平面的系统称为最小相位系统。否则，称为非最小相位系统。特别强调，只有在最小相位系统中，其对数幅频渐近曲线才和传递函数之间具有一一对应关系。

例 5-7　设两个系统的开环传递函数分别为

$$G_1(s)=\frac{1+s}{1+2s},\quad G_2(s)=\frac{1-s}{1+2s}$$

要求画出两系统的开环波德图。

解　由定义知 $G_1(s)$ 对应的系统为最小相位系统，$G_2(s)$ 对应的系统为非最小相位系统，其对应的频率特性分别为

$$G_1(j\omega)=\frac{1+j\omega}{1+j2\omega},\quad G_2(j\omega)=\frac{1-j\omega}{1+j2\omega}$$

对数幅频特性有

$$L_1(\omega)=20\lg\left|\frac{1+j\omega}{1+j2\omega}\right|=20\lg\sqrt{1+\omega^2}-20\lg\sqrt{1+4\omega^2}$$

$$L_2(\omega)=20\lg\left|\frac{1-j\omega}{1+j2\omega}\right|=20\lg\sqrt{1+\omega^2}-20\lg\sqrt{1+4\omega^2}$$

两者幅频特性是相同的。

相频特性分别为

$$\varphi_1(\omega)=\arctan\omega-\arctan2\omega$$

$$\varphi_2(\omega)=-\arctan\omega-\arctan2\omega$$

两者相频特性是不同的，且 $G_1(s)$ 比 $G_2(s)$ 有更小的相位角。两系统的波德图如图 5-24 所示。

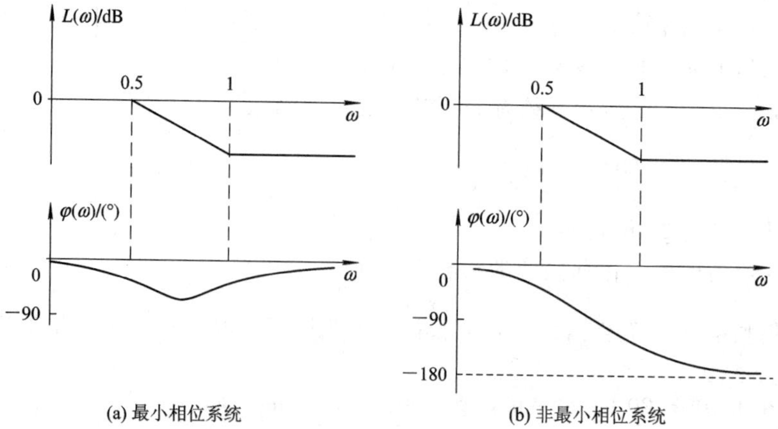

图 5-24　系统的波德图

由上例可知：

(1) 在具有相同的开环幅频特性的系统中，最小相位系统的相角变化范围最小。

(2) 最小相位系统 $L(\omega)$ 曲线变化趋势与 $\varphi(\omega)$ 一致，即 $L(\omega)$ 斜率越负，则 $\varphi(\omega)$ 越负。

(3) 最小相位系统 $L(\omega)$ 曲线与 $\varphi(\omega)$ 两者有一一对应关系，因此在分析时可只画出 $L(\omega)$；反之，在已知 $L(\omega)$ 曲线时，可确定相应的开环传递函数。

(4) 当 $\omega\to\infty$ 时，最小相位系统其相角 $\varphi(\omega)|_{\omega\to\infty}=-90°(n-m)$，$n$ 为开环极点数，m 为开环零点数。

第五节　奈奎斯特稳定性判据和波德判据

奈奎斯特稳定性判据由奈奎斯特(H. H. Nyquist)提出，是利用系统的开环频率特性来判别闭环系统的稳定性的一种判据。由于闭环系统的稳定性决定于闭环特征根的性质，因此运用开环特性研究闭环的稳定性，首先应该明确开环特性和闭环特征式的关系，并进而寻找和闭环特征根性质之间的规律性。

一、系统开环频率特性和闭环特征式的关系

假定一个典型的闭环控制系统，其开环传递函数为

$$G(s)H(s)=\frac{M(s)}{N(s)} \tag{5-28}$$

闭环传递函数为

$$\Phi(s)=\frac{G(s)}{1+G(s)H(s)}=\frac{G(s)}{1+\dfrac{M(s)}{N(s)}} \tag{5-29}$$

今取辅助函数 $F(s)$，令

$$F(s)=1+G(s)H(s) \tag{5-30}$$

将式(5-28)代入式(5-30)，得

$$F(s)=1+\frac{M(s)}{N(s)}=\frac{N(s)+M(s)}{N(s)}=\frac{(s-s_1)(s-s_2)\cdots(s-s_n)}{(s-p_1)(s-p_2)\cdots(s-p_n)} \tag{5-31}$$

式中：s_1，…，s_n 为 $N(s)+M(s)=0$ 的根，即闭环特征根；p_1，p_2，…，p_n 为 $N(s)=0$ 的根，即开环特征根。以 $\mathrm{j}\omega$ 代替 s，得

$$F(\mathrm{j}\omega)=1+G(\mathrm{j}\omega)H(\mathrm{j}\omega)=\frac{(\mathrm{j}\omega-s_1)(\mathrm{j}\omega-s_2)\cdots(\mathrm{j}\omega-s_n)}{(\mathrm{j}\omega-p_1)(\mathrm{j}\omega-p_2)\cdots(\mathrm{j}\omega-p_n)} \tag{5-32}$$

上式即为系统开环频率特性和闭环特征式的关系，并且分子分母的阶数相同。

二、奈奎斯特稳定性判据

1. 幅角原理

在辅助函数中，以某一根 s_i 为例，在复平面上，随着频率 ω 的变化($\mathrm{j}\omega$ 在虚轴上移动)，向量($\mathrm{j}\omega-s_i$)的幅角 $\angle(\mathrm{j}\omega-s_i)$ 也在变化。如果 s_i 位于虚轴左侧，如图 5-25(a)所示，那么当 ω 由 $-\infty$ 变到 $+\infty$ 时，向量 $(\mathrm{j}\omega-s_i)$ 逆时针转 180°，则有

$$\underset{\omega:-\infty\to\infty}{\Delta\angle}(\mathrm{j}\omega-s_i)=\pi$$

如果 s_i 位于虚轴右侧，如图 5-25(b)所示，则有

$$\underset{\omega:-\infty\to\infty}{\Delta\angle}(\mathrm{j}\omega-s_i)=-\pi$$

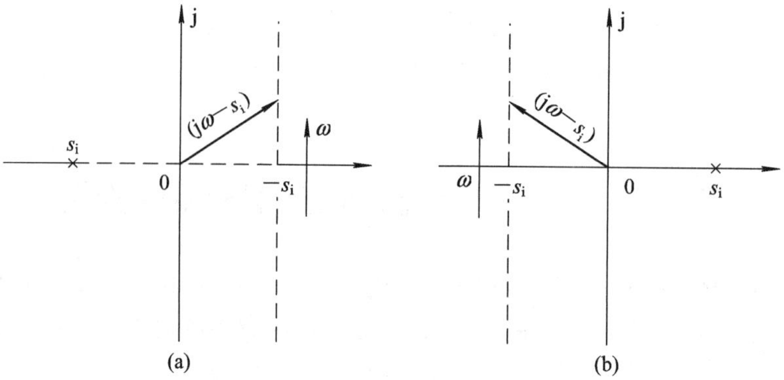

图 5-25　$(\mathrm{j}\omega-s_i)$向量

由于复数相乘、幅角相加，因此如果系统特征方程的 n 个根全部在虚轴左侧(系统是稳定的)，则有

$$\sum_{i=1}^{n}\underset{\omega:-\infty\to\infty}{\Delta\angle}(\mathrm{j}\omega-s_i)=n\pi$$

为了与频率特性对应，可写成

$$\sum_{i=1}^{n}\underset{\omega:\,0\to\infty}{\Delta\angle}(\mathrm{j}\omega-s_i)=\frac{\pi}{2}\cdot n \tag{5-33}$$

如果有 P 个根在虚轴右侧，其余$(n-P)$个根在虚轴左侧(系统是不稳定的)，则有

$$\sum_{i=1}^{n}\underset{\omega:\,0\to\infty}{\Delta\angle}(\mathrm{j}\omega-s_i)=\frac{\pi}{2}(n-P)+\left(-\frac{\pi}{2}\right)\cdot P=(n-2P)\cdot\frac{\pi}{2} \tag{5-34}$$

上式说明，如果一个向量在 ω 由 0 变到 ∞ 时，幅角变化(增量)等于 $n\cdot\frac{\pi}{2}$。其中，n 是特征式阶数，那么系统是稳定的，否则，系统是不稳定的。

2. 奈奎斯特稳定性判据

式(5-32)辅助函数的幅角变化关系可写为

$$\begin{aligned}\underset{\omega:\,0\to\infty}{\Delta\angle}[1+G(\mathrm{j}\omega)H(\mathrm{j}\omega)]&=\underset{\omega:\,0\to\infty}{\Delta\angle}[N(\mathrm{j}\omega)+M(\mathrm{j}\omega)]-\underset{\omega:\,0\to\infty}{\Delta\angle}N(\mathrm{j}\omega)\\&=\sum_{i=1}^{n}\underset{\omega:\,0\to\infty}{\Delta\angle}(\mathrm{j}\omega-s_i)-\sum_{j=1}^{n}\underset{\omega:\,0\to\infty}{\Delta\angle}(\mathrm{j}\omega-P_j)\end{aligned} \tag{5-35}$$

设开环特征方程的 n 个根，有 P 个在虚轴右侧，根据式(5-34)，则有

$$\underset{\omega:\,0\to\infty}{\Delta\angle}N(\mathrm{j}\omega)=(n-2P)\cdot\frac{\pi}{2}$$

如果系统闭环后是稳定的，闭环特征方程的 n 个根应均在虚轴左侧，根据式(5-33)，则有

$$\underset{\omega:\,0\to\infty}{\Delta\angle}[N(\mathrm{j}\omega)+M(\mathrm{j}\omega)]=n\cdot\frac{\pi}{2}$$

因此

$$\Delta\angle[1+G(\mathrm{j}\omega)H(\mathrm{j}\omega)]=n\cdot\frac{\pi}{2}-(n-2P)\frac{\pi}{2}=P\pi \tag{5-36}$$

上式用文字说明：若开环系统不稳定，有 P 个虚轴右侧根。欲使构成的闭环系统稳定，其充要条件是：当 ω 由 0 变到无穷大时，向量 $1+G(\mathrm{j}\omega)H(\mathrm{j}\omega)$ 的幅角变化为 $P\pi$，即向量 $1+G(\mathrm{j}\omega)H(\mathrm{j}\omega)$ 绕坐标原点的转角是 $P\pi$。

而 $1+G(\mathrm{j}\omega)H(\mathrm{j}\omega)$ 绕原点的转角等于 $G(\mathrm{j}\omega)H(\mathrm{j}\omega)$ 绕(－1，j0)点的转角，如图 5－26 所示。所以可以得出：如果系统开环有 P 个特征根在 s 平面虚轴的右侧，当频率 ω 由 0 变到无穷大时，若开环幅相频率特性 $G(\mathrm{j}\omega)H(\mathrm{j}\omega)$ 逆时针绕(－1，j0)点的转角为 $P\pi$，则系统在闭环状态下是稳定的；反之，系统闭环后是不稳定的。

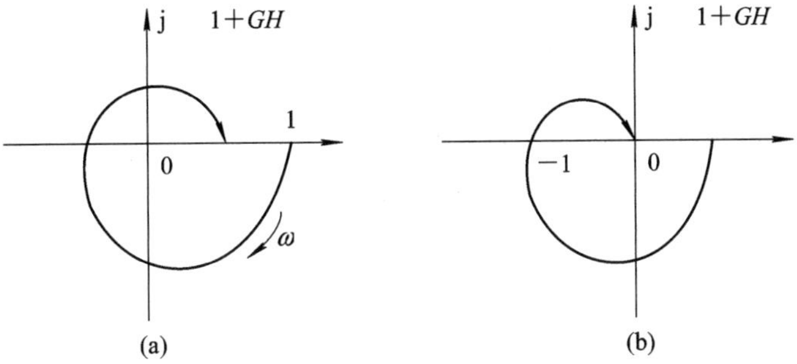

图 5－26　$1+G(\mathrm{j}\omega)H(\mathrm{j}\omega)$ 与 $G(\mathrm{j}\omega)H(\mathrm{j}\omega)$ 的坐标关系

作为上述的一种特殊情况，也是最重要的一种情况，即如果系统开环是稳定的($P=0$)，当频率ω 由 0 变到无穷大时，若开环幅相频率特性 $G(\mathrm{j}\omega)H(\mathrm{j}\omega)$ 顺时针绕(－1，j0) 点的转角为 0，则系统在闭环状态下是稳定的；反之，系统在闭环状态下是不稳定的。

由上述可得奈奎斯特稳定性判据(简称奈氏稳定判据)：

(1) 如果开环系统是稳定的(无右根)，则闭环系统稳定的充要条件是：当 ω 由 0 变到 $+\infty$时，开环幅相频率特性曲线不包围(－1，j0)点。

(2) 如果开环系统是不稳定的(有 p 个右根)，则闭环系统稳定的充要条件：当 ω 由 0 变到$+\infty$是时，开环幅相频率特性曲线逆时针包围(－1，j0)点的转角为 $p\pi$(或 $p/2$ 圈)。

这样就可由系统开环幅相频率特性曲线(奈奎斯特图)判断系统闭环的稳定性。

图 5－27 示出了开环幅相频率特性的三种情况，若系统开环都是稳定的，则图 5－27(a)的 $G(\mathrm{j}\omega)H(\mathrm{j}\omega)$ 绕(－1，j0) 点的转角为零，系统闭环状态是稳定的；图 5－27(b)的 $G(\mathrm{j}\omega)H(\mathrm{j}\omega)$绕(－1,j0) 点的转角不为零，则闭环状态下是不稳定的；图 5－27(c)的 $G(\mathrm{j}\omega)H(\mathrm{j}\omega)$ 恰好通过(－1，j0)点,则说明系统闭环状态是临界稳定。

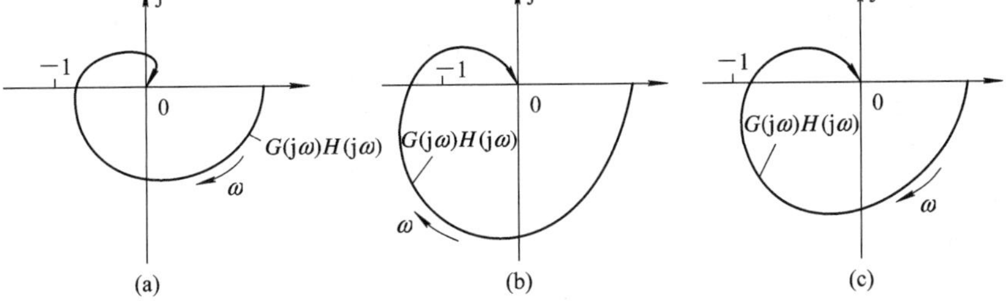

图 5－27　开环幅相频率特性

例 5-8 已知系统开环传递函数为

$$G(s)H(s)=\frac{100}{(s+1)(s+2)(s+3)}$$

试用奈氏判据判断系统闭环状态的稳定性。

解 由开环传递函数知，开环有 3 个特征根：$p_1=-1$，$p_2=-2$，$p_3=-3$。3 个特征根均在虚轴左侧(开环稳定，即 $P=0$)。

要判断闭环状态的稳定性，必须绘制出 $G(j\omega)H(j\omega)$ 的幅相特性图，根据绘制幅相频率特性图的规则，特性曲线的起点($\omega=0$)在实轴上，终点($\omega\to\infty$)是以 $-270°$ 进入原点。系统闭环稳定与否，主要取决于特性曲线与负实轴的交点。

$$G(j\omega)H(j\omega)=\frac{100}{(j\omega+1)(j\omega+2)(j\omega+3)}=\frac{100}{(6-6\omega^2)+j(\omega-11\omega^3)}$$

由 $\omega-11\omega=0$，得 $\omega_g=\sqrt{11}$($\omega=0$ 是起点)。将 ω_g 代入上式得

$$G(j\omega)H(j\omega)\big|_{\omega=\omega_g}=\frac{100}{6-66}=-1.7$$

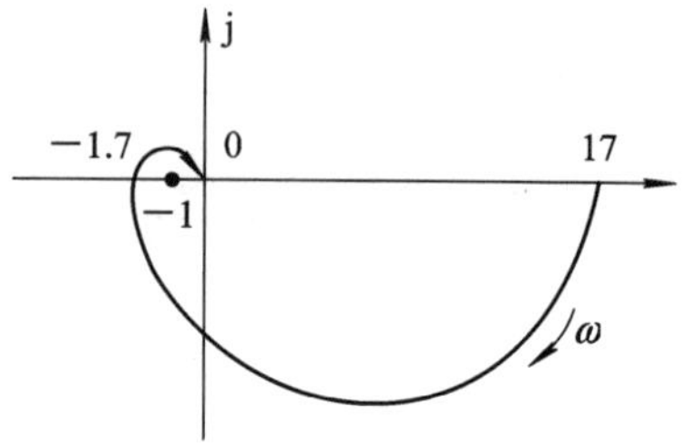

图 5-28　例 5-8 幅相频率特性

$G(j\omega)H(j\omega)$ 的幅相特性图如图 5-28 所示。由图知 $G(j\omega)H(j\omega)$ 的幅相特性绕(−1，j0)点的转角不为零，而是 $-360°$，所以系统闭环状态是不稳定的。

三、开环传递函数中含有积分环节时奈氏判据的应用

$G(s)H(s)$ 中含有积分环节，开环特征方程出现零根，开环系统临界稳定。这种情况下，应用奈氏判据时，把零根视为稳定根。然后照前所述方法应用奈氏判据。

在上一节中我们认为，当频率 ω 从 $0^+\to\infty$ 变化时，积分环节的相角恒为 $-90°$。为了说明 $G(j\omega)H(j\omega)$ 对(−1，j0) 点的转角，可作辅助线，将 ω 从 $0\to0^+$ 变化时，积分环节的相角变化考虑进去。可以认为，当 $\omega=0$ 时，开环幅相频率特性从实轴上无穷远一点开始，即 $\omega=0$ 时，$G(j\omega)H(j\omega)=\infty\angle0°$；当 $\omega=0^+$ 时，$G(j\omega)H(j\omega)=\infty\angle\gamma\times(-\pi/2)$，其中，$\gamma$ 为积分环节的个数(此种处理的证明从略)。如此处理之后可以看出，当 ω 由 $0\to\infty$ 时，$G(j\omega)H(j\omega)$ 对(−1，j0) 点的转角。如图 5-29 所示。

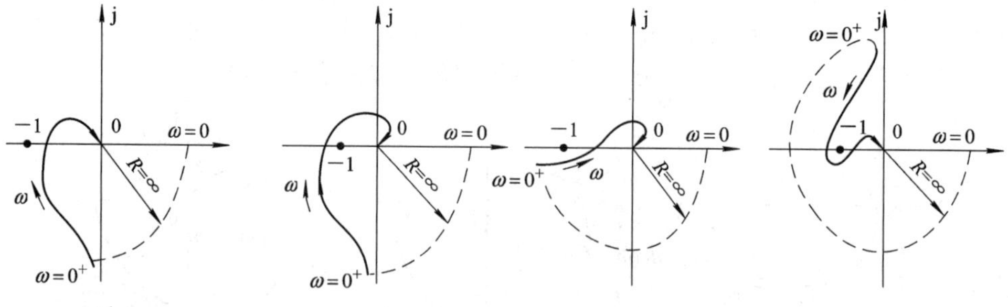

图 5-29　有积分环节的幅相特性图

图 5-29 中的 4 个控制系统，假定系统开环是稳定的，则图 5-29(a)、图 5-29(c)、图 5-29(d)中的 $G(\mathrm{j}\omega)H(\mathrm{j}\omega)$ 绕（-1，j0）点的转角为零，则它们所对应的系统闭环后是稳定的，而图 5-29(b)中的 $G(\mathrm{j}\omega)H(\mathrm{j}\omega)$ 绕（-1，j0）点的转角不为零，所以它对应的系统闭环后是不稳定的。

四、对数频率稳定性判据（波德稳定性判据）

对数频率稳定性判据（即波德稳定性判据）和奈氏稳定性判据本质相同，后者是根据奈奎斯特图判断闭环系统的稳定性，而前者是根据波德图判断闭环系统的稳定性。

首先，我们在幅相频率特性图（奈奎斯特图）上引入“穿越”的概念。由前面分析已知，当 $\omega=0$ 时，幅相频率特性起始于正实轴上。因此 $G(\mathrm{j}\omega)H(\mathrm{j}\omega)$ 绕（-1,j0）点的转角与幅相特性曲线在（-1～-∞）段的穿越次数有关。规定 $G(\mathrm{j}\omega)H(\mathrm{j}\omega)$ 曲线由上向下穿过负实轴的（-1～-∞）段，称为正穿越；反之，若 $G(\mathrm{j}\omega)H(\mathrm{j}\omega)$ 曲线由下向上穿过负实轴的（-1～+∞）段，称为负穿越。如图 5-30(a)所示。

定义了正反穿越，奈氏判据可表述如下：

(1) 如果系统开环是稳定的（$P=0$），闭环系统稳定的充要条件是：当 ω 由零变到无穷大时，开环幅相频率特性 $G(\mathrm{j}\omega)H(\mathrm{j}\omega)$ 正负穿越负实轴上（-1～-∞）段的次数相等。

(2) 如果系统开环是不稳定的（有 p 个右根），闭环系统稳定的充要条件是：当 ω 由零变化到无穷大时，开环幅相频率特性 $G(\mathrm{j}\omega)H(\mathrm{j}\omega)$ 正负穿越负实轴上（-1～-∞）段的次数差为 $P/2$。这里 P 是开环传递函数的虚轴右侧极点数。

$G(\mathrm{j}\omega)H(\mathrm{j}\omega)$ 的幅相特性图与对数频率特性图之间有以下对应关系：

(1) 幅相频率特性图上以原点为圆心的单位圆对应于对数幅频特性图上的零分贝线。单位圆以外的区域，对应于对数幅频特性零分贝线以上的区域；单位圆以内的区域，对应于零分贝线以下的区域。

(2) 幅相特性图上的负实轴对应于对数相频特性图上的-180°线。

(3) 穿越的概念引到对数频率特性图上的表述是：在对数幅频特性 $20\lg|G(\mathrm{j}\omega)H(\mathrm{j}\omega)|$ 大于 0 dB 的频域内，当角频率 ω 增加时，相频特性曲线从下向上穿越-180° 线对应于幅相特性图上的正穿越；反之，若 $\varphi(\omega)$ 曲线从上向下穿越-180° 线，则对应于负穿越。如图 5-30 所示。

考虑到上述对应关系，可得对数频率稳定性判据即波德稳定性判据如下：

(1) 如果开环系统是稳定的（无右根），则闭环系统稳定的充要条件是：在开环对数幅频特性 $L(\omega)$ 大于 0 dB 区段内，对数相频特性 $\varphi(\omega)$ 与-180°线正负穿越次数之差为 0，即正负穿越次数相等。

(2) 如果开环系统是不稳定的（有 P 个右根），则闭环系统稳定的充要条件是：在开环对数幅频特性 $L(\omega)$ 大于 0 dB 区段内，对数相频特性 $\varphi(\omega)$ 与-180°线正负穿越次数之差为 $P/2$，即净穿越次数为 $P/2$ 次。

如果 $G(s)H(s)$ 中含有积分环节，开环出现零根，应用波德稳定性判据时，把零根化归为开环左根，则波德稳定性判据的陈述不变。

以图 5-30(b)为例，在 $L(\omega)$ 大于 0 dB 的频段内，对数相频特性 $\varphi(\omega)$ 正穿越-180° 线一次，即 $N=1$，负穿越-180° 线一次，即 $N=1$。这时，若开环系统右根 $P=0$，则正负

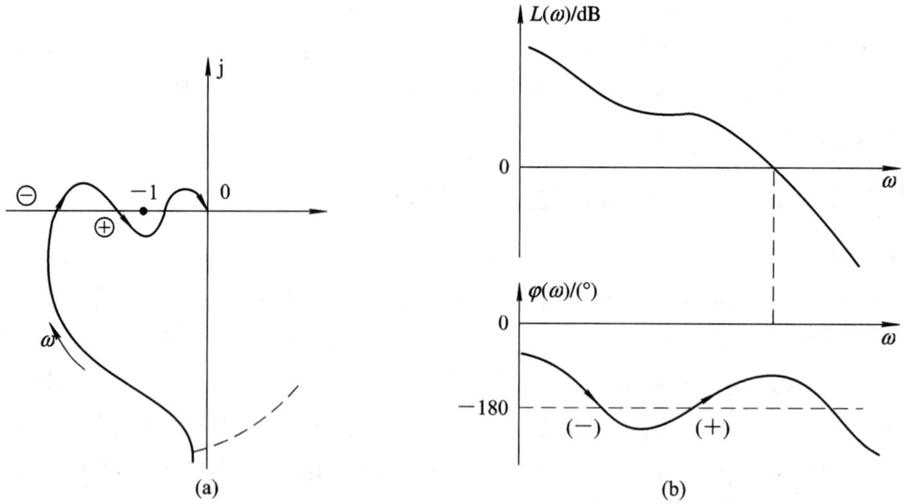

图 5-30　正负穿越的概念

穿越次数之差 $R=N_+-N_-=0$，故该系统闭环状态是稳定的。

例 5-9　已知系统开环传递函数为

$$G(s)H(s)=\frac{100}{s(0.2s+1)(0.02s+1)}$$

试用对数频率稳定性判据判断该系统是否稳定。

解　根据波德图的绘制方法，绘出 $G(j\omega)H(j\omega)$ 的波德图如图 5-31 所示。

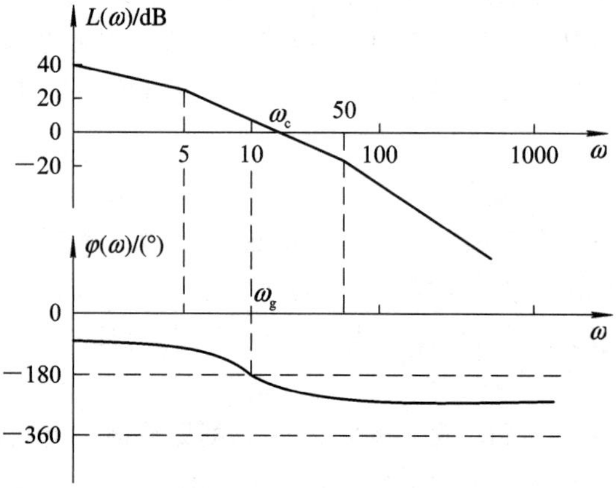

图 5-31　例 5-9 系统开环对数频率特性

此系统开环传递函数的特征根全部位于虚轴左侧，即 $P=0$。但在 $L(\omega)>0$ 的频率范围内，$\varphi(\omega)$ 负穿越 $-180°$ 线一次，即 $N_-=1$，正负穿越之差 $R=0-1=-1$，故该系统闭环后是不稳定的。

例 5-10　设负反馈系统开环传递函数为

$$G(s)H(s)=\frac{K}{s^2(Ts+1)}$$

用波德稳定性判据判断闭环系统的稳定性。

解　(1) 由开环传递函数知 $P=0$。

(2) 作系统的开环对数频率特性曲线，如图 5-32 所示。

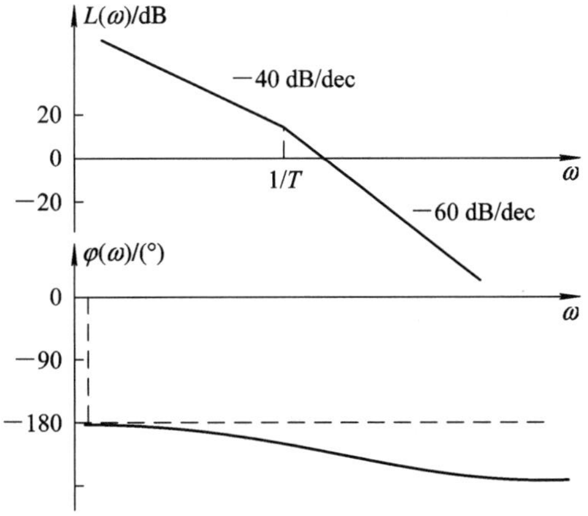

图 5-32　例 5-10 的对数频率特性曲线

(3) 稳定性判别。$G(s)H(s)$有两个积分环节，$\gamma=2$，故在对数相频曲线 ω 为 0^+ 处，补画了 0°到−180°的虚线，作为相频特性曲线的一部分，正穿越 $N_+=0$，负穿越 $N_-=1$，则正负穿越次数之差为

$$R = N_+ - N_- = -1 \neq 0$$

故闭环系统不稳定。

例 5-11　已知一反馈控制系统的开环传递函数为

$$G(s)H(s) = \frac{K(T_2 s+1)}{s(T_1 s-1)} \quad (T_1 > T_2)$$

试用对数稳定性判据判断系统稳定性。

解　(1) 由开环传递函数知 $P=1$。

(2) 作系统的开环对数频率特性曲线如图 5-33 所示。

$$\varphi(\omega) = -90^\circ + \arctan\omega T_2 - (180^\circ - \arctan\omega T_1) = -270^\circ + \arctan\frac{\omega(T_1+T_2)}{1-\omega^2 T_1 T_2}$$

当 $\varphi(\omega)=-180^\circ$时，$\omega_g=(1/T_1T_2)^{1/2}$，$A(\omega_g)=KT_2$。

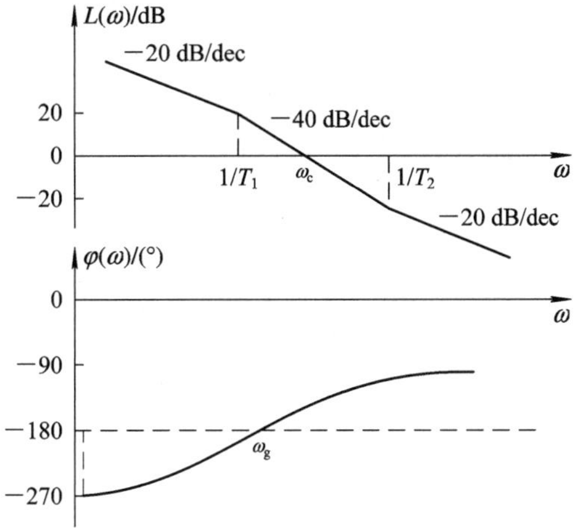

图 5-33　例 5-11 的对数频率特性曲线

(3) 稳定性判别。由于开环传递函数有一原点的开环极点，$v=1$，故在对数相频曲线 ω 为 0^+ 处，补画了 $-180°$ 到 $-270°$ 的虚线，可见：

① 当 $\omega_g<\omega_c$ 时，即 $A(\omega_g)>1$，$N_+=1$，$N_-=1/2$，则正负穿越次数之差为

$$R=N_+-N_-=\frac{1}{2}$$

故闭环系统是稳定的。

② 当 $\omega_g>\omega_c$ 时，即 $A(\omega_g)<1$，$N_+=0$，$N_-=1/2$，则正负穿越次数之差为

$$R=N_+-N_-=-\frac{1}{2}$$

故闭环系统是不稳定的。

例 5－12　设非最小相位系统的开环传递函数为

$$G(s)=\frac{K}{(s+3)(s-1)}$$

试分别从根轨迹图、Nyquist 图和 Bode 图上定性判断闭环系统的稳定性与 K 的关系。

解　该系统开环有一个右根。

(1) 该系统的根轨迹图如图 5－34(a)所示。从根轨迹图上可判断出，当 K 值较小时，闭环系统不稳定；当 K 值较大时，闭环系统稳定。

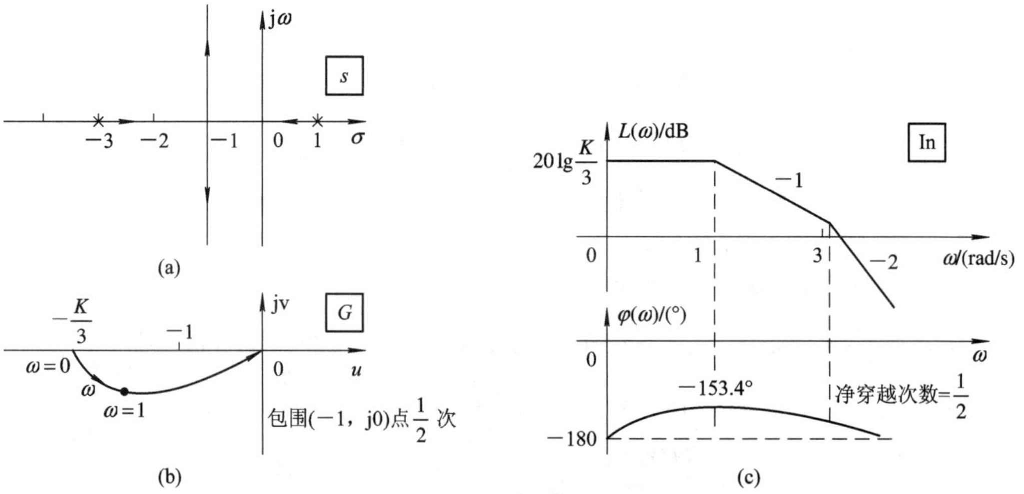

图 5－34　例 5－12 图

(2) 该系统的幅相频率特性曲线即 Nyquist 图，如图 5－34(b)所示。由于

$$\angle G(s)=-[\angle(s+3)+\angle(s-1)]$$
$$\angle G(j0)=-180°$$
$$\angle G(j1)=-[18.4°+135°]=-153.4°$$
$$\angle G(j\infty)=-180°$$

故从 Nyquist 图上可判断出：当 K 值较小时，闭环系统不稳定；当 K 值较大时，闭环系统稳定。

(3) 该系统的对数频率特性曲线即 Bode 图，如图 5－34(c)所示。从 Bode 图上可判断闭环系统的稳定性，即当 K 值很小时，$L(\omega)$全在 0 dB 线以下，$\varphi(\omega)$穿越 $-180°$线的净穿

越次数为 0，故闭环系统不稳定；当 K 值大到一定程度后，在 $L(\omega)>0$ dB 区间内，$\varphi(\omega)$穿越$-180°$线的净穿越次数为 1/2 次，故闭环系统稳定。

第六节　稳 定 裕 度

控制系统必须稳定，这是它赖以正常工作的必要条件。然而只要求系统稳定还不够，还有一个稳定程度的问题，这就是它的稳定裕度。

对于开环稳定系统，若开环幅相频率特性 $G(\mathrm{j}\omega)H(\mathrm{j}\omega)$ 不包围$(-1,\mathrm{j}0)$点（即对$(-1,\mathrm{j}0)$点的转角为零），则闭环系统稳定。而$G(\mathrm{j}\omega)H(\mathrm{j}\omega)$ 幅相特性曲线离$(-1,\mathrm{j}0)$点的远近，反映了闭环系统的稳定程度。$G(\mathrm{j}\omega)H(\mathrm{j}\omega)$ 曲线离$(-1,\mathrm{j}0)$点越远，系统稳定程度越高；反之，稳定程度越低。控制系统的稳定裕度通常用增益裕量（也称幅值裕度）和相角裕量（也称相位裕度）来衡量。

一、增益裕量 h

如图 5－35 所示，G 点为$G(\mathrm{j}\omega)H(\mathrm{j}\omega)$ 幅相特性曲线与负实轴的交点，称为相位交界点，ω_g 是交点处的角频率，称为相位交界频率，简称交界频率。$|G(\mathrm{j}\omega_g)H(\mathrm{j}\omega_g)|$ 表示当 $\omega=\omega_g$ 时 $G(\mathrm{j}\omega)H(\mathrm{j}\omega)$ 的幅值。于是，具有开环传递函数 $G(s)H(s)$ 的闭环系统的增益裕量可定义为

$$h = 20\lg\frac{1}{|G(\mathrm{j}\omega_g)H(\mathrm{j}\omega_g)|}\quad(\mathrm{dB})\tag{5-37}$$

增益裕量又称做幅值裕量。应该注意到，在图 5－36 中，如果开环增益增大到使$G(\mathrm{j}\omega)H(\mathrm{j}\omega)$ 幅相特性曲线穿过$(-1,\mathrm{j}0)$点，$|G(\mathrm{j}\omega_g)H(\mathrm{j}\omega_g)|=1$，则增益裕量为 0 dB。反之，如果系统的 $G(\mathrm{j}\omega)H(\mathrm{j}\omega)$ 特性曲线与负实轴不相交，$|G(\mathrm{j}\omega_g)H(\mathrm{j}\omega_g)|=0$，则增益裕量为无穷大。因此，增益裕量的物理意义：增益裕量是该闭环系统达到不稳定边缘为止时尚可增加的开环增益的分贝数。

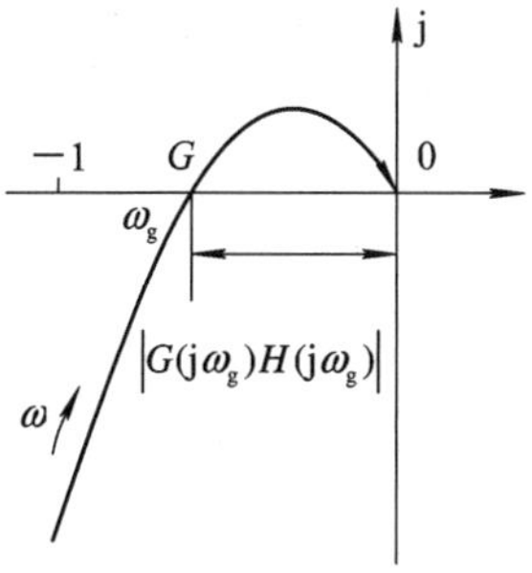

图 5－35　增益裕量

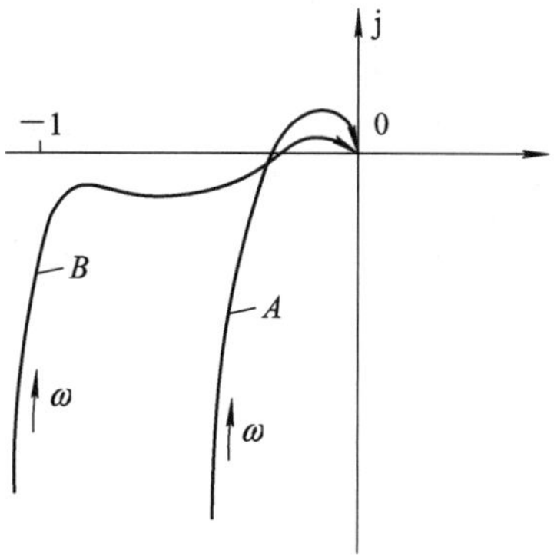

图 5－36　相对稳定比较

对最小相位系统而言，当 $G(\mathrm{j}\omega)H(\mathrm{j}\omega)$ 幅相特性曲线穿过$(-1,\mathrm{j}0)$点时，其增益裕量是 0 dB，这就意味着开环增益不能再增加，因为系统已处于不稳定的边缘了，如$G(\mathrm{j}\omega)H(\mathrm{j}\omega)$ 特性曲线在任何有限的非零频率上都和负实轴不相交，则增益裕量为无穷大。

这就意味着，从理论上讲，开环增益增加到无穷大时都不会使该最小相位系统发生不稳定的情况。当(−1，j0)点位于相位交界点的右边时，$G(j\omega_g)H(j\omega_g)$ 的幅值大于 1，由式(5-37)计算出的增益裕量是负值。这表明该最小相位系统是不稳定的。

当 $P\neq 0$，即 $G(s)H(s)$ 在虚轴右侧有极点时，为了使闭环系统稳定，(−1，j0)点必须被 $G(j\omega)H(j\omega)$ 曲线所包围，这种情况下，稳定的系统也有负的增益裕量。在实践中，我们必须先确定系统的稳定性，然后再计算增益裕量的大小，因为对于不稳定的系统，没有必要计算其增益裕量。

二、相角裕量 γ

增益裕量是度量反馈控制系统的相对稳定性的频域指标之一，但仅用增益裕量还不能充分说明所有系统的相对稳定性。例如图 5-36 中，A、B 两条 $G(j\omega)H(j\omega)$ 特性曲线所代表的两个系统，显然有相同的增益裕量。然而曲线 A 所对应的系统实际上比曲线 B 所对应的系统更稳定些。这是因为除了开环增益外，任意改变系统的一个或几个参数时，曲线 B 都更容易穿过甚至包围(−1，j0)点。

为了更明确表示反馈控制系统的相对稳定性，我们再定义一个相角裕量。所谓相角裕量，就是要使 $G(j\omega)H(j\omega)$ 幅相特性曲线的增益交界点穿过(−1，j0)点，该曲线必须绕原点旋转的角度。

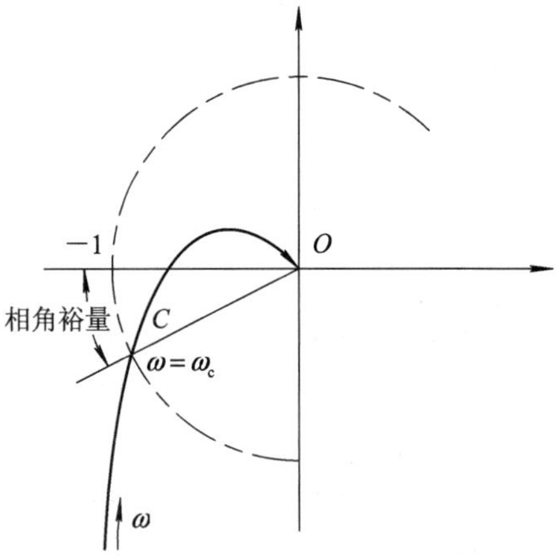

图 5-37 相角裕量

如图 5-37 所示，$G(j\omega)H(j\omega)$ 曲线同以原点为圆心的单位圆的交点 C 称为增益交界点。增益交界点上的角频率 ω_c 称为增益交界频率，简称截止频率。那么，在增益交界频率上的角频率 ω_c 上，使系统穿过(−1，j0)点(即达到临界稳定状态)尚可增加的迟后相角量，就称为相角裕量，记作 γ。从图 5-37 看，相角裕量 γ 就是穿过增益交界点的向量 OC 和 $G(j\omega)H(j\omega)$ 平面负实轴之间的夹角。与增益裕量相对照，增益裕量所给出的是开环增益对闭环系统稳定性影响的量度，而相角裕量则表示只改变 $G(j\omega)H(j\omega)$ 相角的那些系统参数变化时对稳定性的影响。

根据上述定义，计算相角裕量的关系式为

$$\angle[G(j\omega_c)H(j\omega_c)]+(-\gamma)=-180^\circ$$

因为

$$\angle[G(j\omega_c)H(j\omega_c)]=\varphi(\omega_c)$$

所以，相角裕量的计算公式为

$$\gamma=180^\circ+\varphi(\omega_c) \tag{5-38}$$

对于广泛应用的最小相位的反馈系统来说，要使它的幅相特性曲线不包围(−1，j0)点以求得闭环稳定，则必须使其增益裕量和相角裕量均为正值，而且两者都应该有一定的裕量。这样，当系统参数在一定范围内变化时，由此而引起的附加增益和附加相角迟后就不致影响系统的稳定性。但是，应该选择多大的增益裕量和相角裕量呢，目前只能具体问题具体对待，还没有统一的标准。一般来说，下面的值对大多数系统来说是适当的。

增益裕量：要求大于 6 dB，一般选(10～20)dB。

相角裕量：要求大于 30°，一般选 $\gamma=40°\sim60°$。

三、在波德图上确定和计算增益裕量和相角裕量

1. 在波德图上确定增益裕量 h 和相角裕量 γ

根据上节所述的 $G(j\omega)H(j\omega)$ 幅相频率特性图与对数频率特性图之间的关系，可知在波德图上确定增益裕量的步骤如下：

(1) 开环相频特性曲线穿过 $-180°$ 线的频率即为相位交界频率 ω_g。

(2) 过 ω_g 点作 ω 轴的垂线，并求该垂线同对数幅频特性曲线的交点，此交点对应的纵坐标分贝值的反号，即为增益裕度的分贝数。

在波德图上确定相位裕量的步骤：

(1) 开环对数幅频特性曲线穿越 0 dB 线时的角频率即为增益交界频率(即截止频率) ω_c。

(2) 过 ω_c 作 ω 轴的垂线与对数相频特性曲线相交，查出交点处的纵坐标值 $\varphi(\omega_c)$。

(3) 代入公式计算出相位裕度 $\gamma=180°+\varphi(\omega_c)$。

2. 在波德图上计算增益裕度 h 和相角裕度 γ

计算增益裕度 h 和相角裕度 γ 的步骤：

(1) 利用相角公式计算交界频率 ω_g 或令 $G(j\omega)$的虚部为零计算 ω_g。

(2) 根据波德图的几何斜率关系，计算截止频率 ω_c。

(3) 根据波德图的几何斜率关系，计算幅值裕度 h。

(4) 根据相角公式计算 $\varphi(\omega_c)$，再代入公式 $\gamma=180°+\varphi(\omega_c)$，并计算出相角裕度 γ。

如果只计算相角裕度 γ，则只进行第二步和第四步计算即可。

例 5-13 设系统的开环传递函数为

$$G(s)H(s)=\frac{10}{s(0.2s+1)(0.02s+1)}$$

试从波德图上求系统的稳定裕量 h 和 γ。

解 该系统开环传递函数由放大环节、积分环节和两个惯性环节组成。开环频率特性的波德图的渐近线有两个转折频率，即 $\omega_1=1/0.2=5$，$\omega_2=1/0.02=50$。在低频段($\omega<5$)，对数幅频特性曲线的值由积分环节和放大环节决定，当 $\omega=1$ 时，$L(\omega)=20$ (dB)。绘制的波德图如图 5-38 所示。

(1) 在波德图上确定 h 和 γ。

① 增益裕量 h：由对数相频特性曲线与 $-180°$线的交点确定相位交界频率 $\omega_g\approx$ 16 rad/s。

由 ω_g 从 ω 轴的垂线向上与对数幅频特性曲线相交、$L(\omega)$ 的幅值为 -14 dB，因此增益裕量 $h=14$ dB。

② 相角裕度 γ：对数幅频特性曲线穿越 0 dB 线的角频率即为增益交界频率，由上图查出$\omega_c\approx$ 7 rad/s。

过 ω_c 作 ω 轴的垂线与对数相频特性曲线相交，交点的纵坐标为 $\varphi(\omega_c)=-153°$。

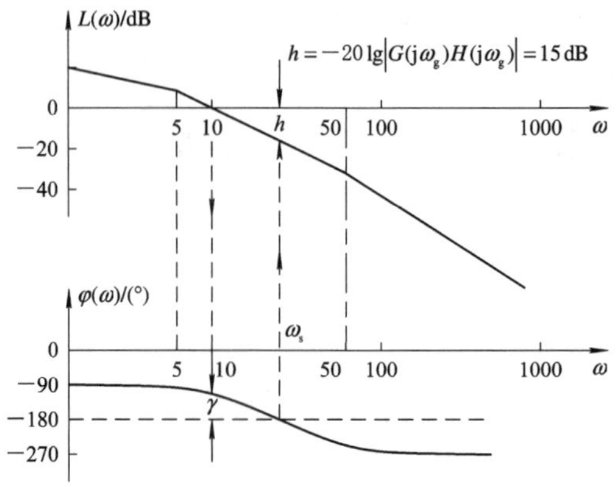

图 5-38 例 5-13 系统的开环波德图

代入公式计算相角裕量：

$$\gamma = 180^\circ + \varphi(\omega_c) = 180^\circ + (-153^\circ) = 27^\circ$$

(2) 在波德图上计算 h 和 γ。

① 计算 ω_g：

$$\varphi(\omega_g) = -(90^\circ + \arctan 0.2\omega_g + \arctan 0.02\omega_g) = -180^\circ$$

$$\arctan 0.2\omega_g + \arctan 0.02\omega_g = 90^\circ \Rightarrow 0.2\omega_g = \frac{1}{0.02\omega_g}$$

所以 $\omega_g = 15.81\mathrm{rad/s}$。

或令 $G(\mathrm{j}\omega_g)$ 的虚部为零，得 $\omega_g = 15.81\ \mathrm{rad/s}$。

② 计算 ω_c：

$$(20\ \lg 5 - 20\ \lg 1) + 2(20\ \lg\omega_c - 20\ \lg 5) = 20\ \mathrm{dB} \Rightarrow 13.98 + 40\ \lg\frac{\omega_c}{5} = 20$$

所以 $\omega_c = 7.07\ \mathrm{rad/s}$。

③ 计算 h：

$$h = 2(20\ \lg\omega_g - 20\ \lg\omega_c) = 2\left(20\ \lg\frac{15.81}{7.07}\right) = 13.98\ \mathrm{dB}$$

④ 计算 γ：

$$\varphi(\omega_c) = -[90^\circ + \arctan(0.2\times 7) + \arctan(0.02\times 7)] = -[(90^\circ + 54.5^\circ + 8^\circ)] = -152.5^\circ$$

所以 $\gamma = 180^\circ + \varphi(\omega_c) = 180^\circ - 152.5^\circ = 27.5^\circ$。

对于本例由于开环是稳定的，相角裕量和增益裕量均大于零，故闭环状态也是稳定的。这个结论与用奈氏判据判断的结果相同。

需要指出，波德图上，$\varphi(\omega)$ 的大小与对应频率 $L(\omega)$ 的斜率有密切关系，$L(\omega)$ 斜率越负，$\varphi(\omega)$ 越负。因此，为保证有足够的相角裕度，一般在设计时，应使 ω_c 落在对数幅频特性斜率为 −20 dB/dec 的区段，并且该区段在 ω 轴上应占有一定的宽度。

第七节 闭环频率特性

利用系统的开环频率特性图形就可以确定系统的稳态误差和闭环稳定性，但反馈控制系统是闭环工作的，若要确定其瞬态性能，则还需要从它的闭环频率特性去度量。下面首先介绍常用的频域性能指标及其与时域性能指标的关系，然后说明如何根据开环频率特性图形去作闭环频率特性图，以便为用频域法分析和设计系统奠定基础。

一、频域性能指标

用频域法分析或设计控制系统，需要规定一套描述系统性能的品质指标。

1. 开环频域性能指标

用开环对数频率特性设计系统时，一般采用相角稳定裕量 γ、增益稳定裕量 h 和增益交界频率(截止频率)ω_c 作技术指标。

2. 闭环频域性能指标

用闭环频率特性设计系统时，则常用零频振幅比 $M(0)$、谐振峰值 M_r、谐振频率 ω_r、闭环带宽 ω_b 作技术指标。这些频域性能指标能间接地表明系统动态过程(如阶跃响应)的品质。

控制系统闭环的频率特性图如图 5-39 所示。我们由该图来说明闭环频域指标的定义和它们与时域指标之间的关系。

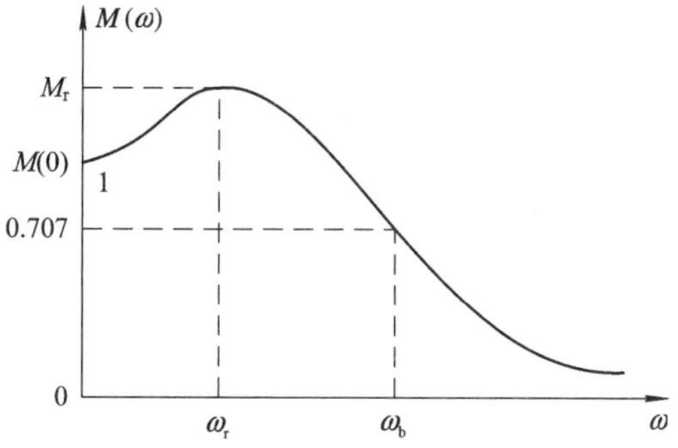

图 5-39　闭环幅频特性

(1) 零频振幅比 $M(0)$ 即 ω 为 0 时闭环幅频特性值简称初值。它反映了系统的稳态精度，$M(0)$ 越接近于 1，系统的精度越高。$M(0)\neq 1$，表示系统有稳态误差。

(2) 相对谐振峰值 M_r 是指闭环幅频特性的最大值 M_{max} 与零频振幅比 $M(0)$ 之比，也称为振荡指数。当 $M(0)=1$ 时，$M_r=M_{max}$。相对谐振峰值大，表明系统对某个频率的正弦输入信号反映强烈，有谐振的倾向。这意味着系统的平稳性较差，阶跃响应将有较大的超调量，一般选择 $M_r=1.1\sim1.5$。如无特殊要求，往往选 $M_r=1.3$。

(3) 谐振频率 ω_r。出现最大值 M_{max} 时的频率叫做谐振频率 ω_r。

(4) 闭环频带宽度 ω_b。它是指闭环幅频特性 $M(\omega)$ 降到其零频幅值的 70.7%时的频率。控制系统的带宽反映系统静态噪声滤波特性；同时带宽也用于衡量瞬态响应的特性。大的带宽相应于较快的上升时间，这是因为高频信号分量能通过系统并到达输出的缘故。相反，如果闭环带宽小，系统的时间响应慢，失真大，快速性也差。

二、二阶系统闭环频域指标与时域暂态指标的关系

1. 二阶系统闭环频域指标与系统参数 ζ、ω_n 的关系

典型二阶系统的开环传递函数为

$$G(s)=\frac{\omega_n^2}{s(s+2\zeta\omega_n)}\qquad(0<\zeta<1)$$

则闭环传递函数为

$$\Phi(s)=\frac{\omega_n^2}{s^2+2\zeta\omega_n s+\omega_n^2}\tag{5-39}$$

其闭环频率特性是

$$\Phi(j\omega)=\frac{\omega_n^2}{(\omega_n^2-\omega^2)+j2\zeta\omega_n\omega}=\frac{1}{1-\left(\frac{\omega}{\omega_n}\right)^2+j2\zeta\left(\frac{\omega}{\omega_n}\right)}\tag{5-40}$$

由此可得出其闭环幅频特性为

$$M(\omega)=\frac{\omega_n^2}{\sqrt{(\omega_n^2-\omega^2)^2+(2\zeta\omega_n\omega)^2}}=\frac{1}{\sqrt{\left[1-\left(\frac{\omega}{\omega_n}\right)^2\right]^2+4\zeta^2\left(\frac{\omega}{\omega_n}\right)^2}}\tag{5-41}$$

由上式可求出二阶系统闭环频域指标 $M(0)$、ω_r、M_r、ω_b 与系统参数 ζ、ω_n 的关系。

将 $\omega=0$ 代入式(5-41)，得初值

$$M(0)=1$$

对式(5-41)求导，并令导数为0，即$\frac{dM(\omega)}{d\omega}=0$，则谐振频率为

$$\omega_r=\omega_n\sqrt{1-2\zeta^2}\qquad(0<\zeta\leqslant 0.707)\tag{5-42}$$

将式(5-42)代入式(5-41)，可求得幅频特性谐振峰值

$$M_r=\frac{1}{2\zeta\sqrt{1-\zeta^2}}\qquad(0<\zeta\leqslant 0.707)\tag{5-43}$$

当 $\zeta>0.707$ 时，幅频特性单调衰减，不存在谐振峰值，即有无尖峰以 $1/\sqrt{2}$ 为边界。令式(5-41)的 $M(\omega)=0.707$，即由闭环带宽的定义知

$$M(\omega_b)=\frac{\omega_n^2}{\sqrt{(\omega_n^2-\omega_b^2)^2+(2\zeta\omega_n\omega_b)^2}}=0.707$$

解出闭环带宽

$$\omega_b=\omega_n\sqrt{1-2\zeta^2+\sqrt{2-4\zeta^2+4\zeta^4}}\tag{5-44}$$

2. 根据二阶系统闭环频域指标确定其时域暂态指标(闭环频域指标与时域暂态指标关系)

二阶系统的时域动态指标上升时间 t_r、超调量 $\sigma\%$、调整时间 t_s 均由系统参数阻尼比 ζ 和自然谐振频率 ω_n 决定，而二阶系统闭环频域指标带宽 ω_b、谐振峰值 M_r 也由 ζ 和 ω_n 决定。这样就可根据二阶系统闭环频域指标确定其时域暂态指标。

(1) 上升时间 t_r。参照理想低通滤波的阶跃响应情况，并考虑一些修正因素，得

$$t_r=\begin{cases}\dfrac{2.3}{\omega_b}, & \sigma\%<10\%\\[2ex]\dfrac{2.2}{\omega_b}, & \sigma\%>10\%\end{cases}\tag{5-45}$$

即上升时间与闭环带宽成反比。

(2) 超调量 $\sigma\%$。由式(5-43)中 M_r 与 ζ 的关系，以及第三章时域分析法所讨论过的 ζ 与 $\sigma\%$ 的关系，消去中间变量 ζ，得

$$\sigma\% = e^{-(M_r-\sqrt{M_r^2-1})\pi}\times 100\%,\quad M_r\geqslant 1 \tag{5-46}$$

由上式和式(5-43)可知，M_r 越大，ζ 越小，则 $\sigma\%$ 越大。$M_r\sim\zeta\sim\sigma\%$ 的关系如图 5-40 所示。

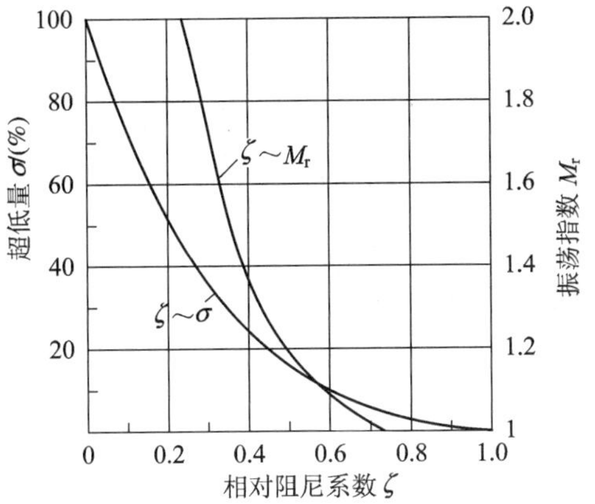

图 5-40　$M_r\sim\zeta\sim\sigma\%$ 关系曲线

由图可知，要想系统的超调量 $\sigma\%$ 尽可能小，则谐振峰值 M_r 大的区域不进入才可以。

(3) 调整时间 t_s。由式(5-43)及 $t_s=\dfrac{3}{\zeta\omega_n}$，可得

$$t_s=\frac{3\sqrt{2M_r}}{\omega_n\sqrt{M_r-\sqrt{M_r^2-1}}}$$

由上式可知，当 ω_n 一定时，谐振峰值 M_r 越大，则调整时间 t_s 越长。实际运算时，为留有余地，ω_n 近似取作 ω_r。

除上述 t_r、$\sigma\%$、t_s 以外，由式(5-44)及 $t_s=\dfrac{3}{\zeta\omega_n}$，可得

$$\omega_b t_s\approx\frac{3}{\zeta}\sqrt{1-2\zeta^2+\sqrt{2-4\zeta^2+4\zeta^4}} \tag{5-47}$$

将式(5-47)与式(5-43)联系起来，可求得 $\omega_b t_s$ 与 M_r 的关系，可绘成如图 5-41 所示的曲线。由图可看出，对于给定的谐振峰值 M_r，调整时间与闭环带宽成反比。如果系统有较大的带宽，则说明系统自身的"惯性"很小，动作迅速，且系统的快速性好。

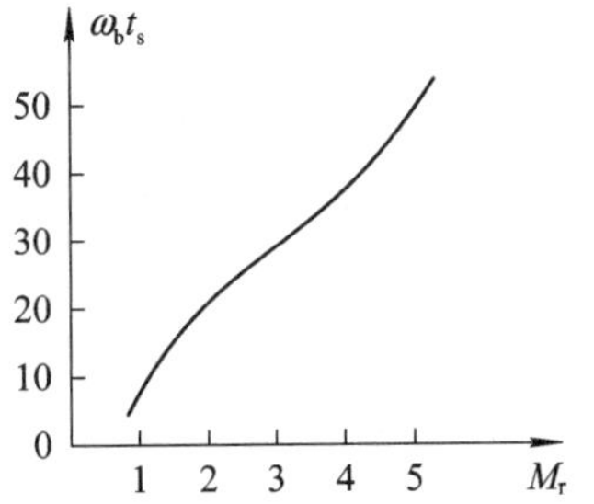

图 5-41　二阶系统 $\omega_b t_s$ 与 M_r 关系

三、高阶系统闭环频域指标与开环频域指标及时域动态指标的关系

对于高阶系统，很难找出频域指标与时域指标之间的确切关系。一般的思路是，由高阶系统的开环频率特性计算出开环频域指标相位裕度 γ 和截止频率 ω_c，再由 γ 和 ω_c 估算系统的闭环频域指标谐振峰值 M_r 和带宽 ω_b，然后由 M_r 和 ω_b 采用二阶系统类比法估算系

统的时域动态指标超调量 σ 和调整时间 t_s，或采用统计归纳法得到的经验公式近似计算系统的时域动态指标。

1. 开环频域指标与闭环频域指标的关系

(1) γ 与 M_r 的关系。相角裕度和谐振峰值都可以反映系统调量的大小，表征系统的平稳性。

对于二阶系统，根据 γ 的定义可推导出：

$$\gamma = \arctan\frac{2\zeta}{\sqrt{-2\zeta^2+\sqrt{4\zeta^4+1}}} \tag{5-48}$$

由式(5－48)和式(5－43)可求得 M_r 与 γ 的关系。对于高阶系统，可用下式近似计算：

$$M_r = \frac{1}{\sin\gamma} \tag{5-49}$$

(2) ω_c 与 ω_b 的关系。截止频率和带宽都可以反映系统静态噪声滤波特性，同时也可表征系统的快速性，带宽越大，上升时间越快。

对于二阶系统，令 $M(\omega_c)=1$，可得

$$\omega_c = \omega_n\sqrt{-2\zeta^2+\sqrt{4\zeta^4+1}} \tag{5-50}$$

由式(5－50)和式(5－44)，可得

$$\frac{\omega_b}{\omega_c} = \sqrt{\frac{1-2\zeta^2+\sqrt{2-4\zeta^2+4\zeta^4}}{-2\zeta^2+\sqrt{4\zeta^4+1}}} \tag{5-51}$$

由式(5－51)可知，ω_b 与 ω_c 的比值是 ζ 的函数，因此

$$\omega_b = \begin{cases} 1.6\omega_c, & \varepsilon = 0.4 \\ 1.55\omega_c, & \varepsilon = 0.7 \end{cases} \tag{5-52}$$

对于高阶系统，初步设计时，可认为

$$\omega_b = 1.6\omega_c$$

2. 根据高阶系统闭环频域指标采用二阶类比法估算其时域动态指标

影响高阶系统性能的参数较多，但对于大多数控制系统，其性能主要取决于一对共轭的闭环主导极点，因此可采用二阶类比法近似作二阶系统处理(即把二阶系统导出的关系式用于高阶系统)。

例 5－14　设单位负反馈系统的开环传递函数为

$$G(s) = \frac{40(s+1)}{s(10s+1)(0.067s+1)(0.025s+1)}$$

试由系统的闭环频域指标计算系统的时域暂态指标。

解　由 $G(s)\to G(j\omega)\to\varphi(j\omega)$，得闭环频域指标如下：

谐振峰值：$M_r=1.19$；

闭环带宽：$\omega_b=7(1/s)$；

谐振频率：$\omega_r=2(1/s)$。

将以上闭环频域指标代入二阶系统时域与频域的关系中，得

超调量：$\sigma\%<20\%$；

上升时间：$t_r\approx0.31$ s；

调整时间：$t_s \approx 3.26$ s。

3. 根据高阶系统频域指标采用经验公式估算其时域动态指标

在工程实际中，通过对大量系统的分析研究，采用统计归纳法得出了下面近似数学关系式(即经验公式)，根据高阶系统频域指标估算其时域动态指标，作为分析、设计高阶系统的依据。

(1) 谐振峰值 M_r 与超调量的关系：

$$\sigma = 0.16 + 0.4(M_r - 1) \quad (1 \leqslant M_r \leqslant 1.8) \tag{5-53}$$

由于 $M_r = \dfrac{1}{\sin\gamma}$，上式可写成：

$$\sigma = 0.16 + 0.4\left(\frac{1}{\sin\gamma} - 1\right)$$

$$\sigma\% = \begin{cases} 100(M_r - 1), & M_r \leqslant 1.25 \\ 50\sqrt{M_r - 1}, & M_r > 1.25 \end{cases}$$

(2) M_r、ω_b 与 t_s 的关系：

$$t_s = \frac{K\pi}{\omega_c}\ (\mathrm{s}) \tag{5-54}$$

式中：

$$K = 2 + 1.5(M_r - 1) + 2.5(M_r - 1)^2 \quad (1 \leqslant M_r \leqslant 1.8) \tag{5-55}$$

考虑到高阶系统增益交界频率 ω_c 和宽环带宽存在以下关系：

$$\omega_b \approx 1.6\omega_c \tag{5-56}$$

式(5-54)可写成：

$$t_s = \frac{1.6K\pi}{\omega_b}\ (\mathrm{s}) \tag{5-57}$$

调整时间 t_s 随 M_r 的增大而增大，随 ω_c(或 ω_b)的增大而减小，如图 5-42 所示。

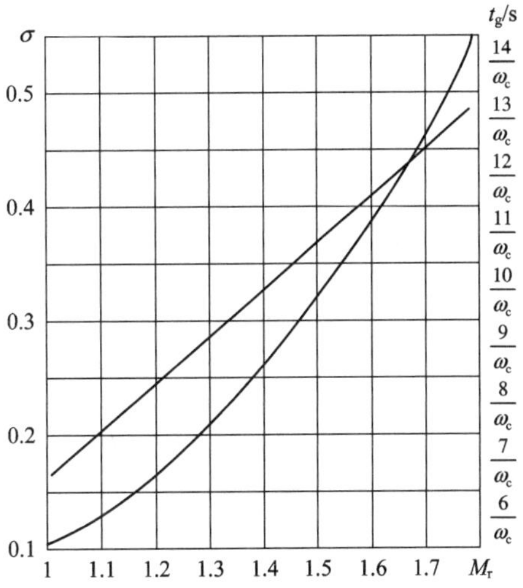

图 5-42　σ、t_s 与 M_r 关系

四、尼柯尔斯图线

在闭环系统稳定的基础上，可利用闭环频率特性的一些特征量，例如谐振峰值 M_r 和闭环带宽 ω_b，进一步对系统的动态过程的平稳性、快速性进行分析和估算。这种方法虽然不够精确和严格，但是避免了求解高阶微分方程的困难，而且闭环幅频、相频特性的计算可借用一些标准图线，简捷方便。

对于单位反馈系统，其开环和闭环频率特性的关系为

$$\Phi(\mathrm{j}\omega) = \frac{G(\mathrm{j}\omega)}{1 + G(\mathrm{j}\omega)} \tag{5-58}$$

以幅值和相角分别表示开环、闭环频率特性，即

$$G(\mathrm{j}\omega) = A(\omega)\mathrm{e}^{\mathrm{j}\varphi(\omega)}$$

$$\Phi(\mathrm{j}\omega) = M(\omega)\mathrm{e}^{\mathrm{j}\theta(\omega)} \tag{5-59}$$

闭环频率特性的幅值和相角与开环频率特性的幅值和相角有以下关系：

$$M(\omega)=\left[\left(1+\frac{1}{A^2(\omega)}+\frac{2\cos\varphi(\omega)}{A(\omega)}\right)^{\frac{1}{2}}\right]^{-1} \tag{5-60}$$

$$\theta(\omega)=\arctan\frac{\sin\varphi(\omega)}{\cos\varphi(\omega)+A(\omega)} \tag{5-61}$$

为了查对方便和互相换算，将式(5-60)和式(5-61)的关系绘制成标准图线，这就是尼柯尔斯图线，如图 5-43 所示。

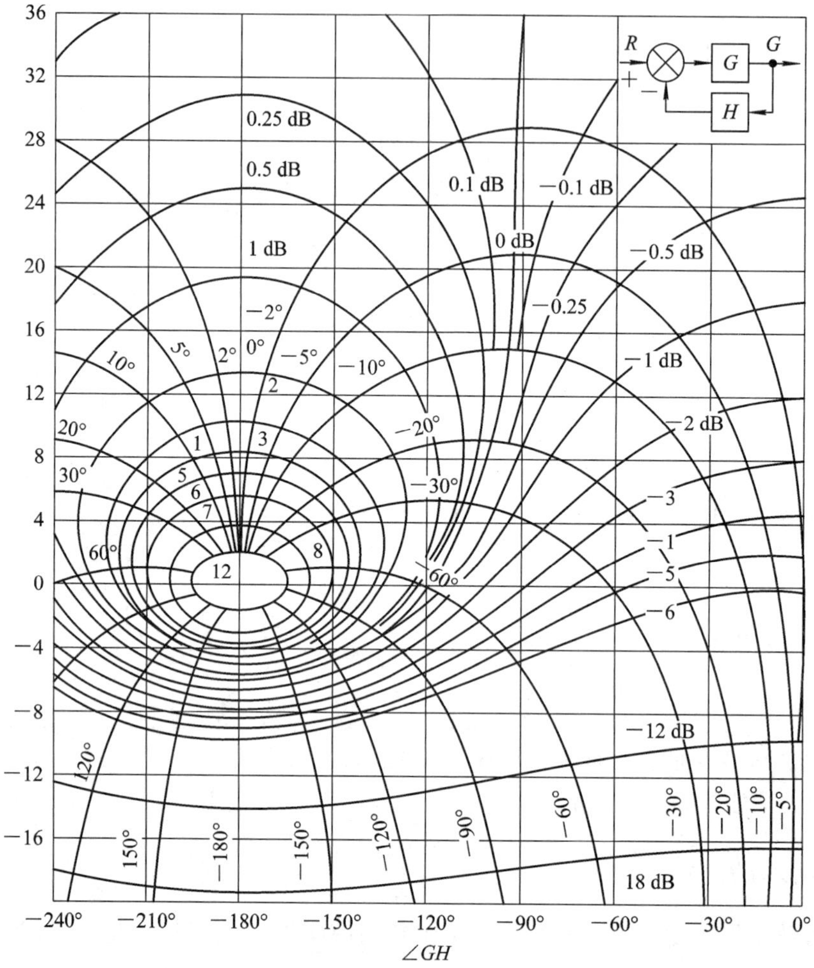

图 5-43　尼柯尔斯图线

图 5-43 中，纵坐标为开环对数幅频特性 $L(\omega)$，横坐标为开环相频特性 $\varphi(\omega)$。曲线族中，一组为不同值的 20 lg M(分贝)线；另一组为不同值的 θ(度)线，所对应的 20 lg M 和 θ 值均标注在每条曲线上。

应用尼柯尔斯图线的具体步骤：先根据开环频率特性 $G(\mathrm{j}\omega)$，以与尼柯尔斯等值线相同的比例尺，把 $G(\mathrm{j}\omega)$ 幅相特性图绘制透明纸上，并标出相应点的频率值，再将此透明纸按照相同坐标重合的要求置于尼柯尔斯图线上，这时开环对数幅相特性曲线与等 M 线及等 θ 线的一系列交点，就给出了相应角频率 ω (其值由 $G(\mathrm{j}\omega)$ 曲线上读出)上闭环频率特性的幅值 M(单位 dB)和相角 θ(单位是度)。我们并不关心所有频率上的 M 和 θ，只关心某些

关键频率上的幅值 M 和相角 θ。在尼柯尔斯图线上，$G(j\omega)$ 曲线与 -3 dB 的等 M 线的交点所确定的频率，就是闭环的频带宽度 ω_b。如果 $G(j\omega)$ 对数幅相特性曲线与某等 M 线相切，则切点的 M 值就是闭环频率特性的谐振峰值 M_r，切点处的频率就是谐振频率 ω_r。

例 5-15　设单位反馈系统的开环传递函数为

$$G(s) = \frac{50\ 000}{s(s^2 + 50.5s + 1725)}$$

试用尼柯尔斯图求系统的 M_r、ω_r、ω_b、$\sigma\%$、t_s 和 γ。

解　首先将 $G(s)$ 改写成绘制波德图的标准形式：

$$G(s) = \frac{29}{s[(0.024)^2 s^2 + 2 \times 0.61 \times 0.024s + 1]}$$

根据上式绘制对数频率特性图，如图 5-44(a)所示。

由波德图不同频率对应的 $L(\omega)$、$\varphi(\omega)$ 值绘制对数幅相特性图，如图 5-44(b)所示。在绘制对数幅相图时，纵、横坐标刻度值应与尼柯尔斯图线对应坐标一致。

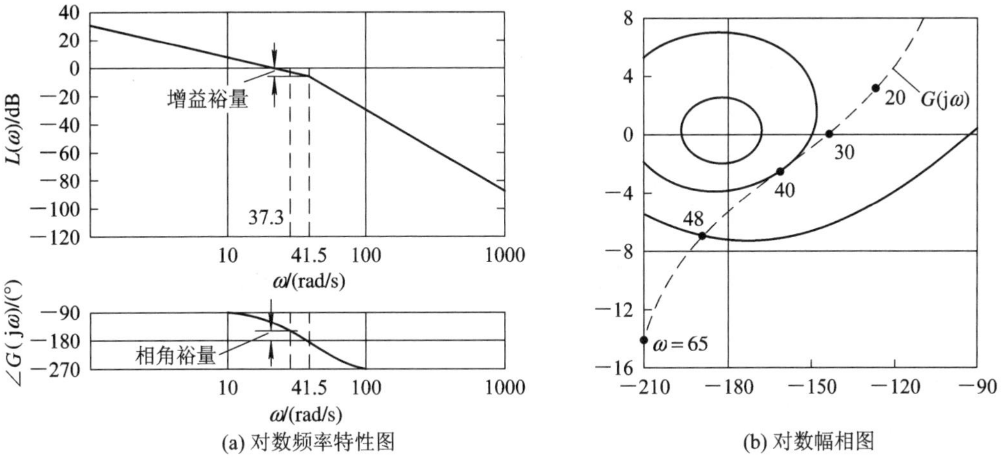

图 5-44　频率特性

图中，虚线表示对数幅相特性曲线。为了清晰起见，将尼柯尔斯图的无关等值线略去，只保留了与 $G(j\omega)$ 曲线相切的等 M 线和 -3 dB 等 M 线。从图上清楚地查到：

$\omega_r = 40$ rad/s

$M_r = 5$ dB (换算成绝对值为 $M_r = 1.78$)

$\omega_b = 48$ rad/s ($G(j\omega)$线与 -3 dB 线交点处频率)

根据高阶系统近似公式计算性能指标：

$$\sigma\% = [0.16 + 0.4(M_r - 1)]100\%$$
$$= [0.16 + 0.4(1.78 - 1)]100\% = 47.2\%$$

$$t_s \approx \frac{1.6\ K\pi}{\omega_b}$$

$$K = 2 + 1.5(M_r - 1) + 2.5(M_r - 1)^2$$
$$= 2 + 1.5(1.78 - 1) + 2.5(1.78 - 1)^2 = 4.69$$

$$t_s = \frac{1.6 \times 4.69 \times \pi}{48} = 0.49\ \text{s}$$

因为

$$M_r \approx \frac{1}{\sin\gamma}$$

所以
$$\gamma = \arcsin\frac{1}{M_r} = \arcsin\frac{1}{1.78} = 34.2^\circ$$

需要说明，尼柯尔斯图线是由单位反馈系统绘出的。当系统不是单位反馈系统时，不能直接应用尼柯尔斯图线，要作附加计算。对于非单位反馈系统，有

$$\Phi(j\omega) = \frac{G(j\omega)}{1+G(j\omega)H(j\omega)} = \frac{G(j\omega)H(j\omega)}{1+G(j\omega)H(j\omega)}\cdot\frac{1}{H(j\omega)} \tag{5-62}$$

上式说明，非单位反馈系统可视为一个开环频率特性为 $G(j\omega)H(j\omega)$ 的单位反馈系统再乘以 $1/H(j\omega)$，即

$$\Phi(j\omega) = \frac{G(j\omega)\cdot H(j\omega)}{1+G(j\omega)H(j\omega)}\cdot\frac{1}{H(j\omega)} = \Phi'(j\omega)\cdot\frac{1}{H(j\omega)} \tag{5-63}$$

于是，非单位反馈系统的频率特性 $\Phi(j\omega)$ 可按下述步骤求得：

(1) 按求单位反馈的闭环频率特性的方法，求出 $|\Phi'(j\omega)|$ 和 $\angle\Phi'(j\omega)$。

(2) 非单位反馈系统的频率特性由下式求出：

$$|\Phi(j\omega)| = \frac{|\Phi'(j\omega)|}{|H(j\omega)|} \tag{5-64}$$

$$\angle\Phi(j\omega) = \angle\Phi'(j\omega) - \angle H(j\omega) \tag{5-65}$$

第八节　开环频率特性和系统阶跃响应的关系

对单位反馈系统来说，其开、闭环传递函数之间的关系为

$$\Phi(s) = \frac{G(s)}{1+G(s)}$$

系统的动态特性唯一地取决于开环传递函数 $G(s)$。那么，能否不经过计算闭环幅频特性 $M(\omega)$这一步骤，直接由开环频率特性来判断系统闭环的动态特性。

时域指标 $\sigma\%$ 及 t_s 主要取决于闭环幅频的谐振峰值 M_r 及频带宽度 ω_b，即图 5-45 中 $M(\omega)$ 曲线 ω 处在中间范围的那一段(即所谓中频段)特性。

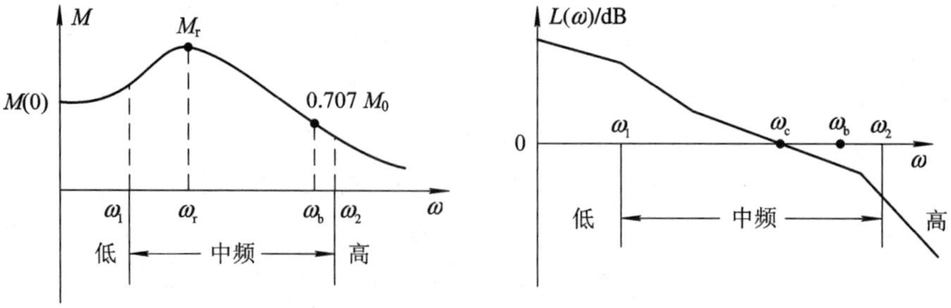

图 5-45　频率特性的三个频段

另外，由奈氏判据知，稳定系统的开环幅相特性 $G(j\omega)$ 曲线距离$(-1, j0)$点的远近，反映了系统的稳定程度，即系统动态过程的平稳性。而 $G(j\omega)$ 曲线靠近$(-1, j0)$点的部

位，相当于系统开环对数幅频曲线 $A(\omega)$ 和 0 dB 线交点附近的区段。交点处的角频率 ω_c 称为截止频率，因此可以说 $A(\omega)$ 在 ω_c 附近的特性，对闭环系统的 $\sigma\%$ 及 t_s 起着主要的影响。如图 5-45 所示，这一区段称做 $A(\omega)$ 的中频段。

时域指标 e_{ss} 主要取决于系统开环传递函数中积分环节的数目 γ 和开环增益 K，即稳态误差主要由低频段的频率特性所决定。

一、低频段

低频段通常是指 $A(\omega)$ 的渐近曲线在第一个转折频率以前的区段，这一段特性完全由积分环节和开环增益决定。设低频段对应的传递函数为

$$G_d(s) = \frac{K}{s^{\gamma}}$$

则低频段对数幅频特性为

$$20\lg|G_d(j\omega)| = 20\lg\frac{K}{\omega^{\gamma}} \tag{5-66}$$

γ 为不同值时，低频段对数幅频特性曲线的形状分别示于图 5-46 中。曲线的斜率为 $-\nu\times 20$ dB/dec。

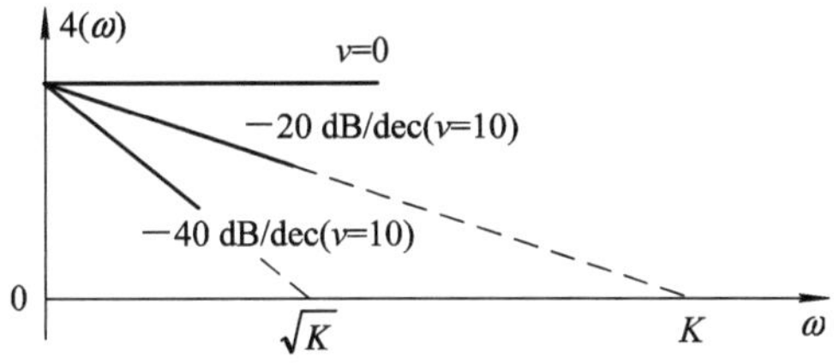

图 5-46　低频段对数幅频曲线

对于常见的Ⅰ型系统，开环有一个积分环节，为了保证系统跟踪斜坡信号的精度，开环增益 K 应足够大。这就限定了低频段的斜率和高度，斜率应为 -20 dB/dec，高度将由 K 值决定。

开环增益 K 可用式(5-66)来计算，也可由图 5-46 所示的方法，将低频段对数幅频曲线延长交于 0 dB 线，由交点处的频率来确定。

可以看出，低频段斜率越小，位置越高，对应于系统积分环节数目越多，开环增益愈大。故闭环系统在满足稳定的条件下，其稳态误差愈小，动态响应的最终精度愈高。

二、中频段

中频段是指开环对数幅频特性曲线 $A(\omega)$ 在截止频率 ω_c 附近的区段，这段特性集中反映了闭环系统动态响应的平稳性和快速性。因为这段特性将决定闭环幅频特性的谐振峰 M_r。

定性来讲，如果 $A(\omega)$ 曲线的中频段斜率为 -20 dB/dec 的线段占据频率区间较宽，则系统的相角裕度 γ 就较大(接近 90°)，闭环的 M_r 就较小，因此系统的超调量 $\sigma\%$、调整时间 t_s 都将很小，即系统有理想的平稳性和快速性。反之，如果在中频段 -40 dB/dec 的线段占据频率区间较宽，则系统的相角裕量 γ 就很小(接近 0°)，闭环的 M_r 就较大，系统的平稳性和快速性也都变得很差。

因此，在设计时，要使 $A(\omega)$ 曲线在截止频率 ω_c 附近，斜率应为 −20 dB/dec，如有 −40 dB/dec的斜率，所占的频率区间不宜过宽，否则 $\sigma\%$ 及 t_s 将显著增大。

三、高频段

高频段是指 $A(\omega)$ 曲线中，$\omega>10\omega_c$ 的区段，这部分特性是由系统中时常数很小频带很高的部件决定的。由于远离 ω_c，一般分贝值又较低，故对系统的动态响应影响很小。

另外，从系统抗干扰性的角度来看，高频段特性是有其意义的。由于在高频段，$A(\omega)\ll 0$，$|G(j\omega)|\ll 1$，故对单位反馈系统，有

$$|\Phi(j\omega)|=\frac{|G(j\omega)|}{|1+G(j\omega)|}\approx|G(j\omega)| \tag{5-67}$$

闭环幅值等于开环幅值。因此，系统开环对数幅频特性在高频段的幅值，直接反映了系统对输入端高频干扰信号的抑制能力。这部分特性的分贝值愈低，系统抗高频干扰能力愈强。

3 个频段的划分并没有很严格的准则，但它为直接运用开环特性判别闭环系统的动态性能，指出了原则和方向。

高阶Ⅰ型系统开环对数渐近幅频特性曲线的合理分布如图 5-47 所示。

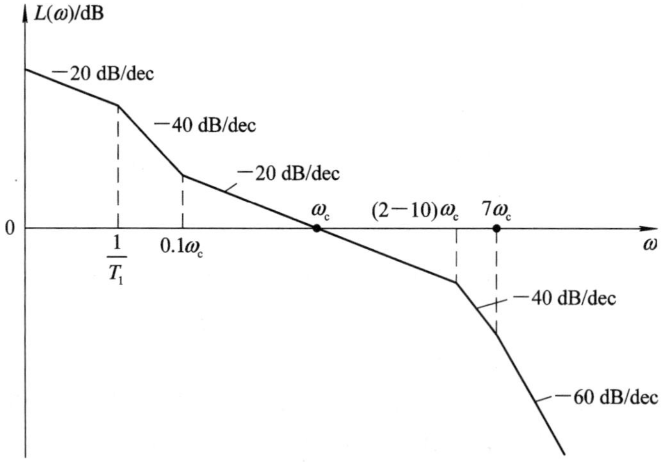

图 5-47 Ⅰ型系统 $A(\omega)$ 曲线典型分布图

例 5-16 设两个系统 A、B 均为最小相位系统，其对数幅频特性如图 5-48 所示。要求：

(1) 分别写出 A、B 系统的传递函数。

(2) 分别计算 A、B 系统的相角裕度 γ_A、γ_B，并判断闭环后，A、B 系统的稳定性。

(3) 比较这两个系统的稳态精度。

(4) 比较这两个系统的超调量 $\sigma\%$、调整时间 t_s 的大小。

(5) 在该系统输入端加入 $\omega=200$ 1/s 的正弦信号，通过该系统后大约衰减为多少？

解 (1) $G_A(s)=\dfrac{10}{s(s+1)(0.05s+1)}$，$G_B(s)=\dfrac{10(s+1)}{s\left(\dfrac{s}{0.31}+1\right)\left(\dfrac{s}{3.1}+1\right)(0.05s+1)}$

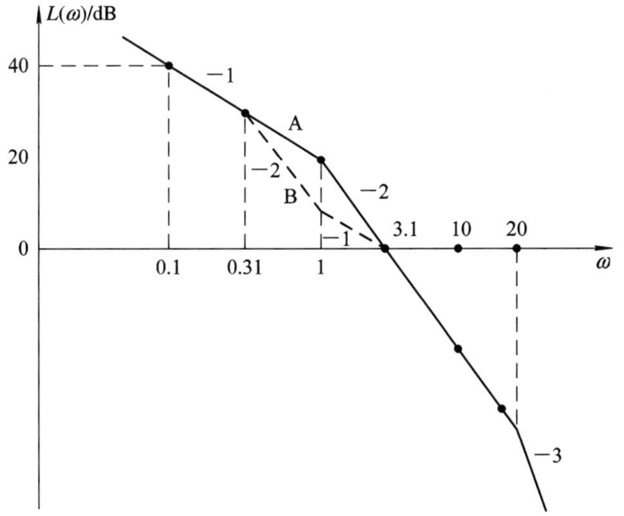

图 5-48 例 5-16 对数幅频特性图

(2) 根据 $\gamma=180°+\varphi(\omega_c)$，计算 $\varphi_A(\omega_c)=-171°$，$\varphi_B(\omega_c)=-156°$，得 $\gamma_A\approx 9°$、$\gamma_B\approx 24°$。闭环后 A、B 系统均稳定。

(3) 低频段分析，这两个系统的开环增益相同，系统型号相同，所以稳态精度相同。

(4) 中频段分析，根据中频段特点，由 $M_r=\dfrac{1}{\sin\gamma}$，再根据 M_r 与 $\sigma\%$、M_r 与 t_s 的关系(见本章第七节)，可知 $\sigma_A\%>\sigma_B\%$、$t_{sA}>t_{sB}$。

(5) 高频段分析，利用波德图的高频特性，$\varphi(j\omega)=G(j\omega)$，计算 $40\lg\dfrac{20}{3.1}=32.4$ dB，再加 60 dB 即当该系统输入端有 $\omega=200$ 1/s 正弦信号扰动作用时，通过该系统后大约衰减 92.4 dB。

第九节 开闭环系统抵抗负载扰动的性能差异

削弱负载扰动的影响一直是控制系统需要解决的主要问题之一，在稳态过程控制中尤其如此。负载扰动一般以低频变化为主。比如说汽车的巡航控制系统，系统的负载扰动来自于道路坡度改变所引起的重力变化，因为道路坡度变化很慢，引起的重力变化扰动也就变得很慢。在这种情况下，阶跃信号或者斜坡信号可以普遍被用作负载扰动的原型；在震动环境下，比如机载或舰载稳定平台，正弦信号常常用作负载扰动的原型。

下面通过讨论开闭环系统在削弱负载扰动方面的能力差异，来说明如何削弱负载扰动的影响。

一、基本的反馈环路结构图

基本的双自由度控制系统结构图如图 5-49 所示。图中：r 为参考输入；d 为扰动；n 为传感器噪声；y 为闭环系统输出；P 为被控对象；C 为闭环控制器；F 为前馈控制器。

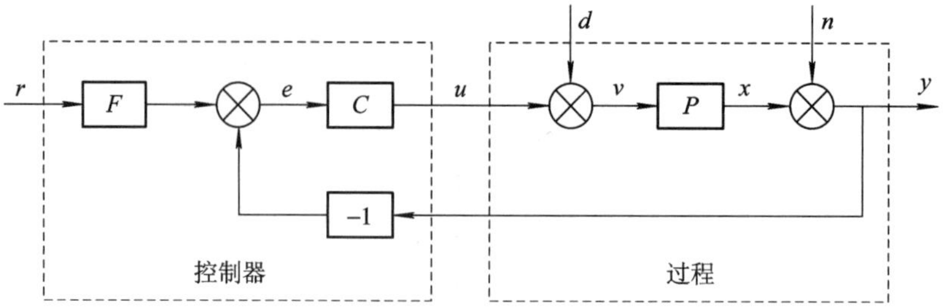

图 5-49　基本反馈环路结构图

二、控制系统设计准则

在分析和设计控制系统时有很多问题需要考虑，基本要求如下：

(1) 稳定性。

(2) 对参考信号的良好跟随性。

(3) 降低负载扰动的影响。

(4) 降低测量噪声的影响。

(5) 降低被控过程变化的影响。

闭环系统可能不稳定，这是反馈的主要缺陷，因此避免不稳定也就成了主要的设计目标；过程输出变量需要如实的跟随参考信号；设计出来的系统也应该具备降低负载扰动影响的能力；测量噪声是通过反馈回路进入系统中的，这无法避免，但不能让过多的噪声进入到系统是很有必要的；也必须考虑到设计控制系统所用的模型不一定是准确的，以及过程的特性也可能会发生变化。

系统工作要求不同，需要关注的闭环性能也就不一样。在过程控制中需解决的主要问题往往是如何削弱负载扰动的影响，在运动控制系统中跟随参考信号的能力是设计要关注的主要问题。

三、开闭环系统抵抗扰动的性能差异

反馈环路的性能主要包括跟随参考信号的能力、抵抗干扰和测量噪声的影响，以及抵抗被控过程变化的影响。在这里，只讨论讨论反馈系统抵抗扰动，或者说扰动的衰减问题。开、闭环系统示意图如图 5-50 所示，上图为开环系统，下图为闭环系统。

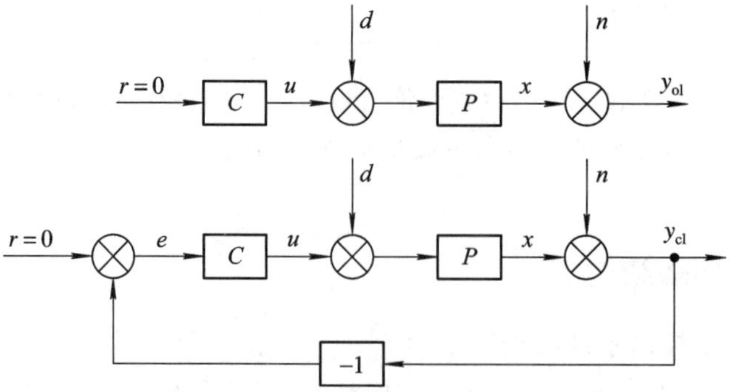

图 5-50　开、闭环系统示意图

图 5-50 中：r 为参考输入；d 为扰动；n 为传感器噪声；y_{ol}为开环系统输出；y_{cl}为闭环系统输出；P 为被控对象；C 为控制器。

开环系统的输出为

$$Y_{ol} = P(s)D(s) + N(s) \tag{5-68}$$

闭环系统的输出为

$$Y_{cl} = \frac{P(s)D(s) + N(s)}{1 + P(s)C(s)} = S(s)(P(s)D(s) + N(s)) \tag{5-69}$$

其中，$S(s)=\dfrac{1}{1+P(s)C(s)}$，称为灵敏度函数。结合式(5-68)、式(5-69)，得到如下结果：

$$Y_{cl} = S(s)Y_{ol} \tag{5-70}$$

由式(5-70)可以看出，灵敏度函数 $S(s)$直接代表了负反馈抵抗外部干扰的能力。扰动的衰减可以很直观地由 $S(s)$的伯德图看出。

灵敏度函数幅值为 1 的最低频率被称作灵敏度穿越频率，记作 ω_{sc}。灵敏度的最大幅值为

$$Ms = \max_{w} \mid S(iw) \mid = \max_{w} \left| \frac{1}{1 + P(iw)C(iw)} \right| \tag{5-71}$$

灵敏度的最大值是一个很重要的参数，它反映了扰动的最大放大倍数，其最大值出现在 W_{ms}处。

例 5-17 给定被控对象传递函数为 $P(s)=\dfrac{1}{(s+1)^4}$，PI 控制器 $C(s)=0.8+\dfrac{0.4}{s}$。图 5-51 为灵敏度函数 $S(s)$的伯德幅频特性图。

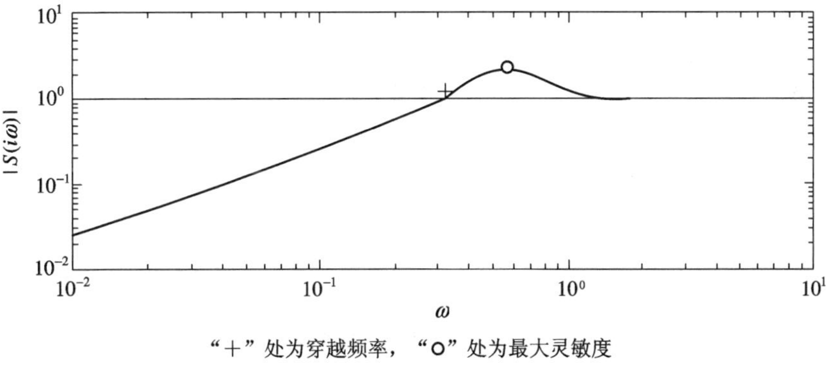

图 5-51 灵敏度函数 $S(s)$的伯德幅频特性

从图 5-51 灵敏度函数的伯德图可定性看出扰动是如何受到反馈抑制的。灵敏度穿越频率 $\omega_{sc}=0.32$；最大灵敏度幅值 $M_s=2.1$，出现在 $\omega_{ms}=0.56$ 处。也就是说，在频率低于 0.32 的区间内反馈可以减小扰动，高于此频率后反馈将会放大扰动且最大放大倍数为 2.1，在高频区反馈对扰动既不放大也不减小。

图 5-52 显示在同一个外部扰动作用下开、闭环系统的输出结果。明显可见，反馈可以减小扰动的影响。

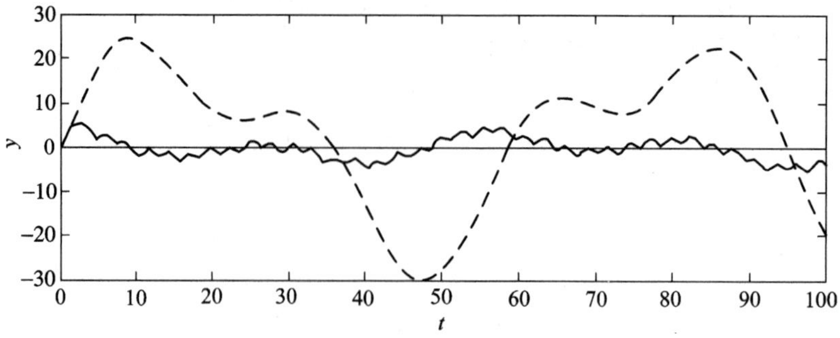

图 5-52　同一外部扰动作用下开、闭环系统的输出结果

四、从奈奎斯特图看反馈系统抵抗扰动的性能

灵敏度函数可写为如下形式：

$$S(s)=\frac{1}{1+P(s)C(s)}=\frac{1}{1+L(s)} \tag{5-72}$$

图 5-53 中 $1+L(i\omega)$可被看作是由-1点指向$L(i\omega)$的向量，因此，在以-1为圆心、1为半径的圆外，奈氏曲线上所有点的灵敏度幅值均小于1，这些频率的扰动被反馈衰减了。

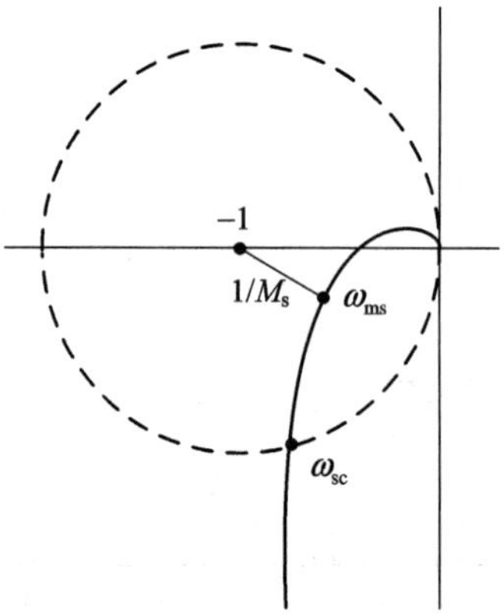

图 5-53　奈奎斯特曲线

图 5-53 中 ω_{sc}为灵敏度函数穿越频率，ω_{ms}为最大灵敏度频率，虚线框内所有点的灵敏度都大于1。

五、水床效应

对于典型的控制系统而言，灵敏度函数会受到一些严格限制。伯德研究了这个问题，结论如下。

(1) 如果开环传递函数有极点 p_k 在右半平面，灵敏度函数将满足如下积分式：

$$\int_0^\infty \log|S(i\omega)|\,d\omega=\int_0^\infty \log\frac{1}{|1+L(i\omega)|}d\omega=\pi\sum \mathrm{Re}\,p_k \tag{5-73}$$

上式表明，如果灵敏度函数在一些频段内很小时那么它将在另一些频段增加，这意味着如果负载扰动在一个频率段内被衰减，那么在另一个频率段又将被放大。这种现象被称作水床效应。

从式(5-73)可看出，控制器的设计可看作是在不同频率段对负载扰动衰减的重新分配。

(2) 如果开环传递函数没有极点在右半平面，灵敏度函数将满足如下积分式：

$$\int_0^{\infty} \log \mid S(iw) \mid \mathrm{d}w = 0 \tag{5-74}$$

图 5-54 以几何图形方式解释了这个式子。将 $\log|S(iw)|$ 看作关于频率 w 的函数，在水平轴线上下两个面积必须相等。

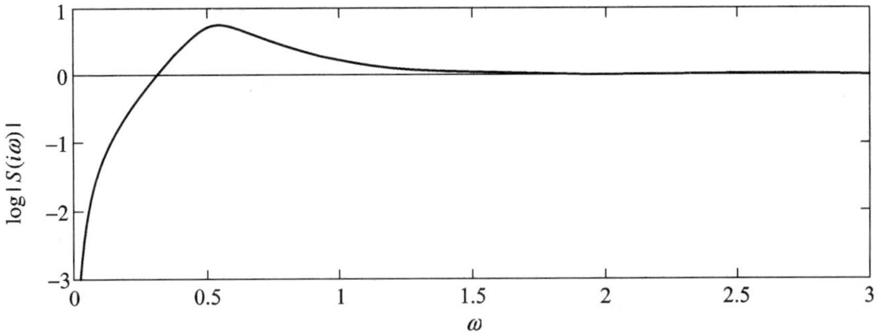

图 5-54　伯德积分公式(5-74)的几何解释

六、举例

例 5-18　开、闭环系统示意图如图 5-50 所示。图中：r 为参考输入；d 为扰动；n 为传感器噪声；y_{ol} 为开环系统输出；y_{cl} 为闭环系统输出；P 为被控对象；C 为控制器。

要求：

(1) 写出开环系统输出 $Y_{ol}(s)$，闭环系统输出 $Y_{cl}(s)$；

(2) 写出闭环与开环系统输出之比 $S(s)=\dfrac{Y_{cl}(s)}{Y_{ol}(s)}$，设 $P(s)=\dfrac{1}{s+1}$、$C(s)=\dfrac{20}{s+5}$，粗略画出 $S(s)$ 的幅频特性示意图；

(3) 设扰动 $d=A\sin 0.01t$，近似计算 S(j0.01)的幅值，设扰动 $d=A\sin 100t$，近似计算 S(j100)的幅值。

解　(1) $Y_{ol}(s)=N(s)+D(s)P(s)$，$Y_{cl}(s)=\dfrac{N(s)+D(s)P(s)}{1+P(s)C(s)}$

(2) $S(s)=\dfrac{Y_{cl}(s)}{Y_{ol}(s)}=\dfrac{1}{1+P(s)C(s)}$，$S(s)=\dfrac{1}{1+P(s)C(s)}=\dfrac{1}{1+\dfrac{20}{(s+1)(s+5)}}$

(3) $s=j\omega=j0.01$：$|S(j\omega)|=|S(j0.01)|\approx\dfrac{1}{5}$

$s=j\omega=j100$：$|S(j\omega)|=|S(j100)|\approx 1$

$S(s)$ 的幅频特性如图 5-55 所示。

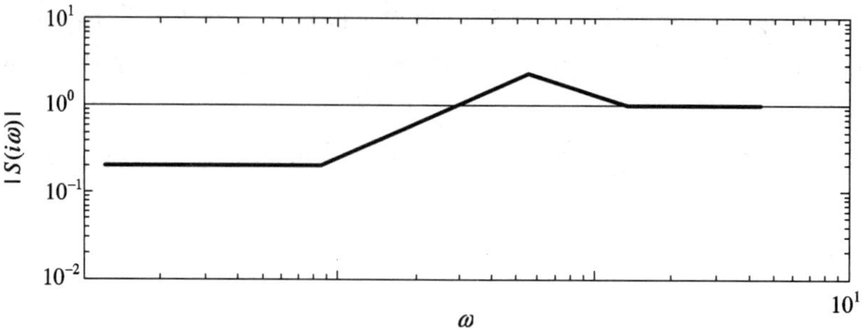

图 5-55 例 5-18 用图

第十节 利用 MATLAB 绘制奈奎斯特图和波德图

频域分析法与根轨迹法相像，也是一种图解方法。奈奎斯特图和波德图是频域分析法中的两种重要图形。可以利用 MATLAB 命令“nyquist”绘出比较精确的奈氏图，也可以利用 MATLAB 命令“bode”来绘出比较精确的波德图。请参见文献[7]。

例 5-19 系统的传递函数 $G(s)=\frac{1}{s^2+0.8s+1}$，使用 MATLAB 绘制奈氏图。

解 使用如下程序可以绘制出系统的奈氏图：

```
%MATLAB Program for Example 5-17
num=[1];
den=[1, 0.8, 1];
nyquist(num, den)
title('Nyqusit Diagram')
```

得到的图形如图 5-56 所示，图中用十字标记了(−1, j0)点。绘图时，图形的坐标范围将自动确定。

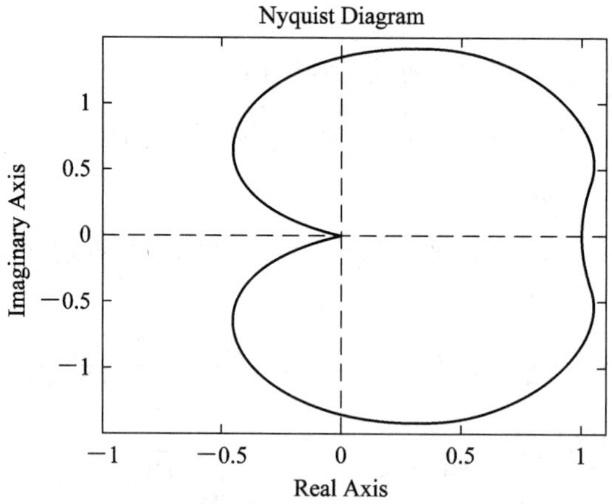

图 5-56 例 5-19 系统奈氏图

例 5-20 考虑图 5-57 所示系统，系统的开环传递函数为 $G(s)=\frac{9(s^2+0.2s+1)}{s(s^2+1.2s+9)}$，试用 MATLAB 命令绘制系统开环 Bode 图。

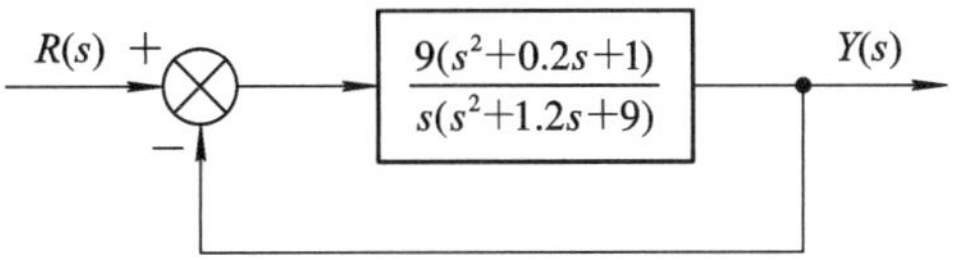

图 5－57　例 5－20 系统结构图

解　由系统开环传递函数可知：

```
num=[0 9 1.8 9];
den=[1 1.2 9 0];
```

利用 bode 命令绘制 Bode 图，实现程序如下：

```
%MATLAB Program for Example 5-18-1
num=[0 9 1.8 9];
den=[1 1.2 9 0];
bode(num, den);
xlabel('Frequency rad/s', 'fontsize', 10)
ylabel('Phase deg Gain dB', 'fontsize', 10)
title('Bode Diagram of G(s)=9(s^2+0.2s+1)/[s(s^2+1.2s+9)]', 'fontsize', 10)
```

绘制图形如图 5－58 所示。

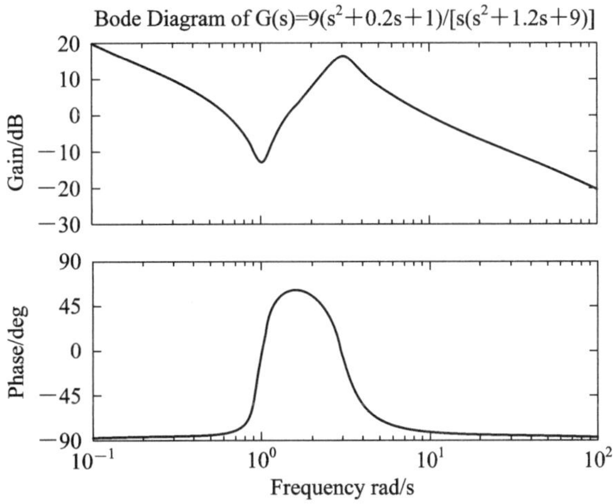

图 5－58　例 5－20 的 Bode 图(自动选频)

由于程序中没有指定频率范围，MATLAB 自动选择频率范围。如果用户需要指定频率范围可以采用 logspace 命令来完成。修改上面程序如下：

```
%MATLAB Program for Example 5-18-2
num=[0 9 1.8 9];
den=[1 1.2 9 0];
w=logspace(-2, 1, 100);
bode(num, den, w);
xlabel('Frequency rad/s', 'fontsize', 10)
ylabel('Phase deg Gain dB', 'fontsize', 10)
title('Bode Diagram of G(s)=9(s^2+0.2s+1)/[s(s^2+1.2s+9)]', 'fontsize', 10)
grid on
```

绘制的图形如图 5-59 所示。

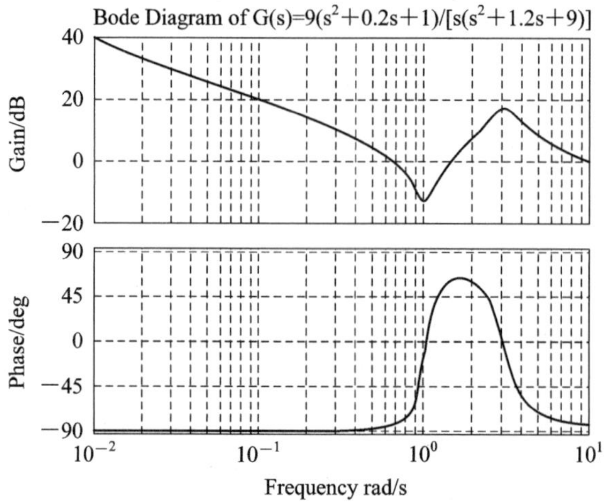

图 5-59 指定频率范围(ω=0.01～10 rad/s)

【习　题】

5-1 设单位反馈控制系统的开环传递函数为

$$G(s) = \frac{10}{s+1}$$

当把下列输入信号作用在闭环系统上时，试求系统的稳态输出。

(1) $r(t)=\sin(t+30°)$；

(2) $r(t)=2\cos(2t-45°)$；

(3) $r(t)=\sin(t+30°)-2\cos(2t-45°)$。

5-2 某放大器的传递函数为

$$G(s) = \frac{K}{Ts+1}$$

今测得其频率响应，当 $\omega=1$ rad/s 时，幅频 $A=12/\sqrt{2}$，相频 $\varphi=-45°$，试求放大器的放大系数 K 和时间常数 T。

5-3 典型二阶系统的开环传递函数 $G(s)=\dfrac{\omega_n^2}{s(s+2\zeta\omega_n)}$，当输入 $r(t)=2\sin t$ 时，系统的稳态输出为 $c(t)=2\sin(t-45°)$，试确定系统参数 ω_n 和 ζ。

5-4 一阶不稳定环节的传递函数为

$$G(s) = \frac{1}{Ts-1}$$

绘出它的幅相频率特性和对数频率特性图。

5-5 设某三个控制系统的开环传递函数分别如下：

(1) $G(s)H(s)=\dfrac{1}{(1+s)(1+2s)}$；

(2) $G(s)H(s)=\dfrac{1}{s(1+s)(1+2s)}$；

(3) $G(s)H(s)=\dfrac{1}{s^2(1+s)(1+2s)}$。

试分别画出它们开环频率特性的幅相特性图，并确定 $G(\mathrm{j}\omega)H(\mathrm{j}\omega)$ 曲线与实轴交点处的频率及幅值。

5-6　设系统的开环传递函数如下，试分别绘制各系统的开环对数频率特性图。

(1) $G(s)H(s)=\dfrac{100}{(s+2)(s+5)}$；

(2) $G(s)H(s)=\dfrac{100}{s(s^2+s+1)(6s+1)}$；

(3) $G(s)H(s)=\dfrac{10}{s^2(s+10)(0.25s^2+0.4s+1)}$；

(4) $G(s)H(s)=\dfrac{0.2s+1}{s(2s+1)(10s+1)}$。

5-7　已知最小相位系统的对数幅频渐近特性曲线如图 5-60 所示，试写出各系统的开环传递函数。

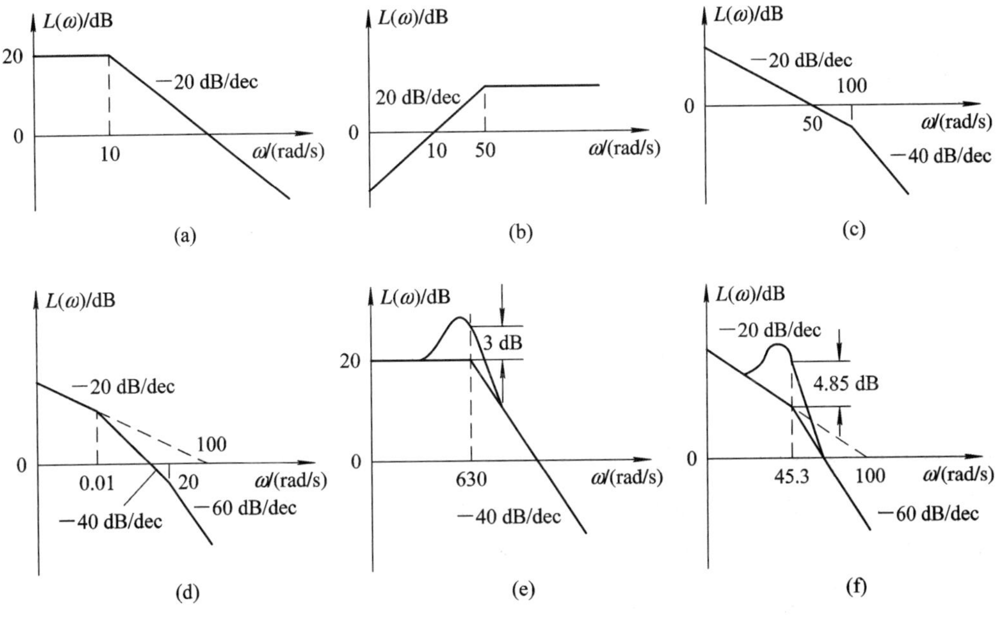

图 5-60

5-8　已知系统开环传递函数为

$$G(s)H(s)=\frac{T_2s+1}{s^2(T_1s+1)}$$

当 $T_1>T_2$ 和 $T_1<T_2$ 时，分别绘制幅相特性图和对数频率特性图，并判断其稳定性。

5-9　3 个最小相位系统，对数幅频渐近特性曲线如图 5-61 所示。概略地画出每一个系统对应的对数相频特性曲线和幅相频率特性曲线。

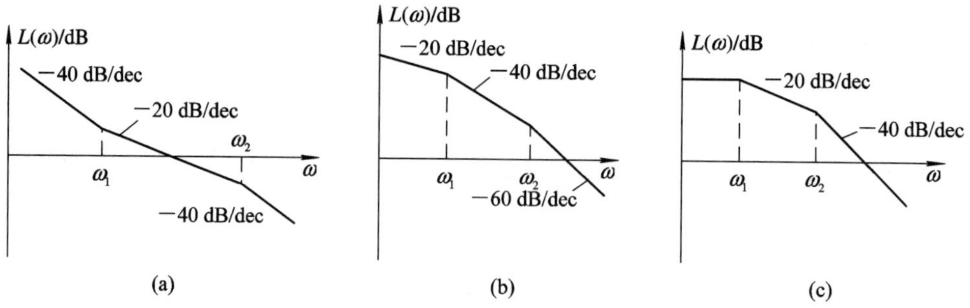

图 5-61

5-10　设系统开环传递函数为

$$G(s)H(s)=\frac{250}{s(s+5)(s+15)}$$

(1) 绘制系统的奈奎斯特图；

(2) 判断系统的稳定性；

(3) 求系统的相角裕量和增益裕量。

5-11　设某两控制系统的开环传递函数分别如下：

(1) $G(s)H(s)=\dfrac{10}{s(0.5s+1)(0.1s+1)}$；

(2) $G(s)H(s)=\dfrac{2083(s+3)}{s(s^2+20s+625)}$。

试分别绘制各系统的波德图，并求出增益裕量和相角裕量。

5-12　设某 3 个控制系统的开环传递函数分别如下：

(1) $G(s)H(s)=\dfrac{1}{s(s+1)(2s+1)}$；

(2) $G(s)H(s)=\dfrac{4s+1}{s^2(s+1)(2s+1)}$；

(3) $G(s)H(s)=\dfrac{K}{s(Ts-1)}$。

试用奈氏判据，分别判定各闭环系统的稳定性。

5-13　图 5-62 是开环传递函数的幅相特性曲线，图中 P 是位于虚轴右侧的开环极点数目。试判断各系统闭环后是否稳定，为什么？

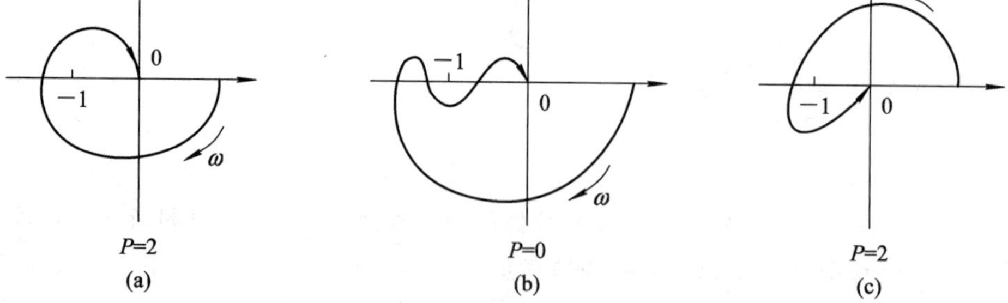

图 5-62

5-14 设系统开环幅相频率特性如图 5-63 所示。图中 P 为开环右极点数目，γ 为开环积分环节个数。试用虚线补上 ω：$0\to0^+$ 的曲线部分，并判断各系统闭环后稳定与否。

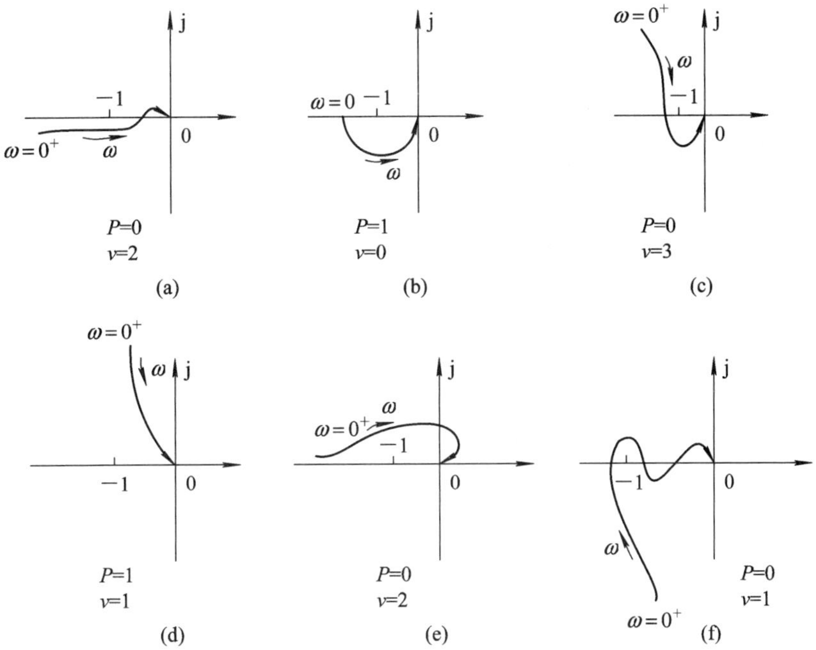

图 5-63

5-15 设一单位反馈系统的开环传递函数为

$$G(s)=\frac{K}{s(s^2+s+1)}$$

若使系统的增益裕度为 20 dB，开环增益系数应取何值？此时相角裕度为多少？

5-16 设单位反馈系统的开环频率特性的数据如下：

ω	2	3	4	5	6	8	10
$\lvert G(j\omega)\rvert$	7.5	4.8	3.15	2.25	1.70	1.00	0.64
$\angle G(j\omega)$	$-118°$	$-130°$	$-140°$	$-150°$	$-157°$	$-170°$	$-180°$

试确定：

(1) 系统的增益裕量和相角裕量；

(2) 系统的增益裕量为 20 dB 时，增益 K 的变化倍数。

5-17 设控制系统的开环传递函数为

$$G(s)H(s)=\frac{K}{(s+1)(2s+1)(3s+1)}$$

试确定增益裕量等于 20 dB 的 K 值。

5-18 单位反馈系统的开环传递函数为

$$G(s)=\frac{as+1}{s^2}$$

试确定系统的相角裕量等于45°时的 a 值。

5-19　单位反馈系统的开环传递函数为

$$G(s)=\frac{Ke^{-2s}}{s}$$

试求系统稳定时的最大 K 值。

5-20　一单位反馈最小相位系统的开环对数幅频特性如图5-64所示，试求：

(1) 单位阶跃输入时的稳态误差；

(2) 系统的闭环传递函数。

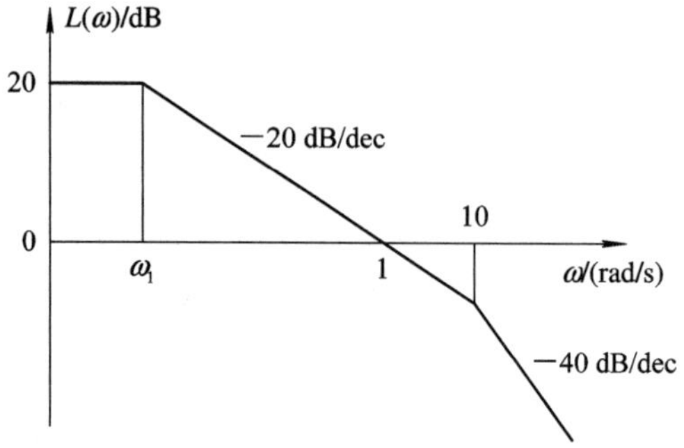

图5-64

5-21　一单位反馈最小相位系统的开环对数幅频特性如图5-65所示。

(1) 写出系统的开环传递函数；

(2) 判别闭环系统的稳定性；

(3) 如果系统是稳定的，试确定 $r(t)=t$ 时，系统的稳态误差；

(4) 幅频特性向右平移，分析系统性能有何变化。

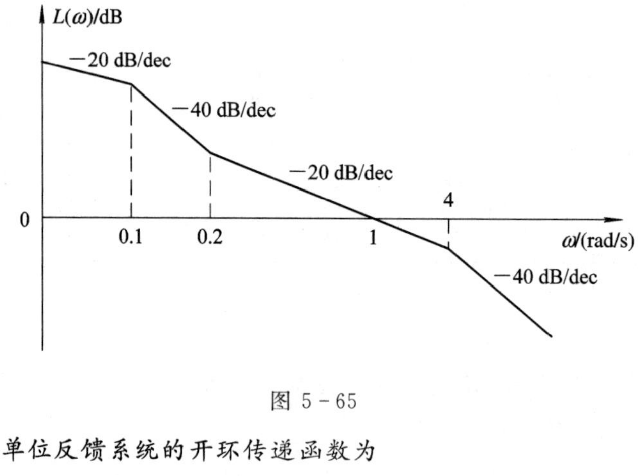

图5-65

5-22　设某单位反馈系统的开环传递函数为

$$G(s)=\frac{K}{s(s+0.2)}$$

试求使系统闭环幅频特性谐振峰值 $M_r=1.5$ 的增益交界频率 ω_c、K 值和系统的稳定裕量。

5-23　控制系统闭环幅频特性如图5-66所示，试求系统的相角裕量、超调量和调整时间。

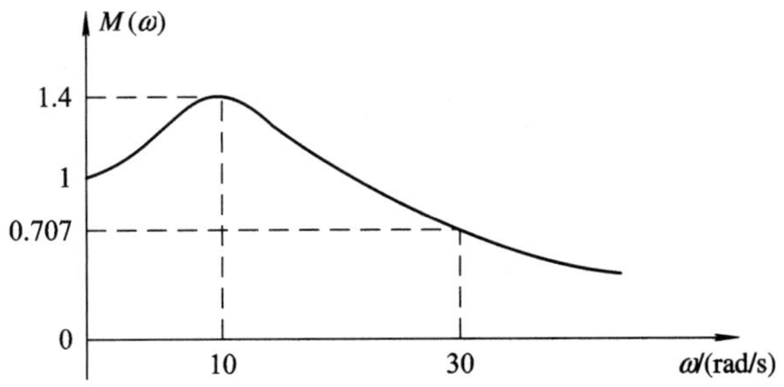

图 5-66

5-24　一控制系统结构图如图 5-67 所示，已知

$$G_1(s)=\frac{10(s+1)}{8s+1},\quad G_2(s)=\frac{4.8}{s\left(\frac{1}{20}s+1\right)}$$

试按其闭环幅频特性曲线估算系统的阶跃响应性能指标 $\sigma\%$、t_s。

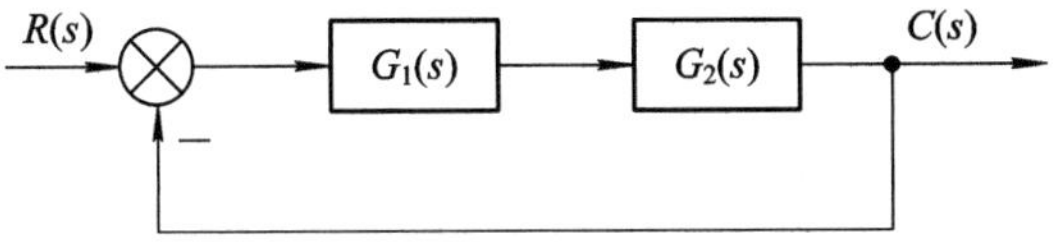

图 5-67

第六章　控制系统的设计与校正

自动控制系统的设计是个综合性的任务，涉及到传感器、比较器、放大器和执行机构的选择设计，控制规律的设计和校正装置的设计等，对所有的设计加以全面考虑就称为综合。控制系统的基本部分是由传感器、执行机构和被控对象构成的。控制系统的设计首先要分析初步设计出的基本部分的性能是否满足任务书上给出的指标，一般情况下往往达不到性能指标要求，甚至是不稳定的，也就需要在系统中接入附加装置，用以改善系统性能，并反复调整直到满足任务书上的性能要求，这个附加装置称为校正装置。引入附加装置，用以改善系统性能或特性，则称之为校正。

第一节　系统设计与校正的基本概念

一、控制系统的设计方法

自动控制系统是根据它所完成的具体任务来设计的。任务不同，对自动控制系统的性能要求也不同。自动控制系统的设计有许多种方法，在这里只讨论特性设计，即按照满足设计任务书提出的特性要求来设计自动控制系统。

可采用以下各种方法进行特性设计。

1. 时域特性设计法

时域特性设计法着眼于使系统的闭环零、极点在复平面上有着合理的分布。如前所述，对系统性能指标的要求可以转化为对系统零、极点分布位置的要求：要求系统稳定，则闭环极点必须全部都分布于复平面的左半开平面；要求调整时间短，则主导极点与虚轴之间必须保持一定的距离；要求超调量小于某值，则从坐标原点引向主导极点的向量与负实轴的夹角就不应大于相应的数值；要求上升时间短，则上述向量的模就不能太小。总之，根据指标要求，可以作出图 6-1 所示的阴影区，主导极点必须落在这一区域之内。

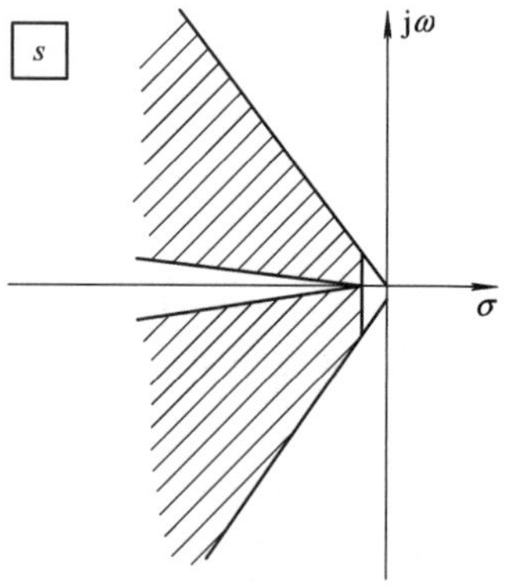

图 6-1　闭环极点的期望区域(阴影区)

2. 根轨迹特性设计法

根轨迹设计基本上是一种试探的设计方法，它是靠修改根轨迹来获得令人满意的闭环零、极点的分布，从而获取时域特性和频域特性的信息，使系统的闭环极点位于图 6-1 所示的阴影区。

3. 频率特性设计法

用频率法设计系统时，着眼于获得理想的频率特性。如上一章所述，对系统的性能要求可转化为对系统开环对数频率特性的要求。为使控制系统的精度高，系统的开环对数幅频特性的起始段的斜率越负越好，因系统的无差型数与开环对数幅频特性的起始段斜率相对应。为使系统具有较好的稳定性，开环对数幅频特性应以－1 斜率穿越 0 dB 线，并占有一定的频率范围。为使调整时间 t_s 和上升时间 t_r 不致过长，要求控制系统应有足够的带宽，这样就限定了增益交界频率 ω_c 不能小于某值。为使系统具有良好的抗干扰性，要求系统的开环对数幅频特性的斜率越负越好，这样能使干扰信号快速衰减为零。期望的开环对数频率特性规律如图 6－2 所示。

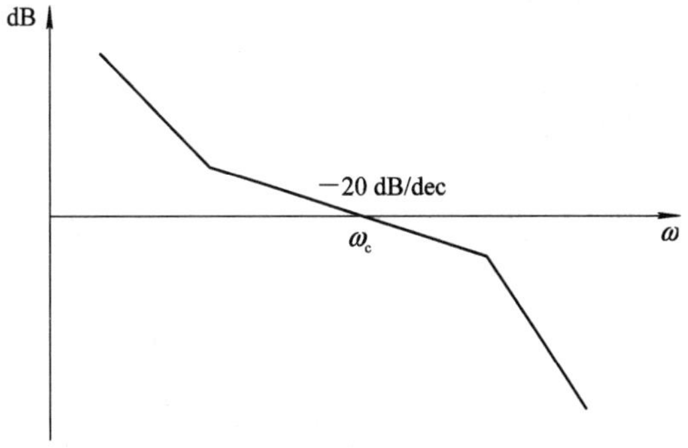

图 6－2　期望的开环对数频率特性规律

上述三种设计方法中，频率特性设计法的历史最长，也是现在经常使用的方法之一。其中又以按波德图的设计法较好。另外，在设计实际控制系统时，还应注意到成本、重量、尺寸和环境条件的要求。本章重点讨论频率特性设计法。

二、控制系统的性能指标

控制系统设计任务书上的性能指标通常是以系统在典型信号输入下输出响应的某些特点统一规定的。

1. 时域性能指标

(1) 稳定性。

(2) 动态性能指标，有上升时间 t_r、调整时间 t_s、超调量 $\sigma\%$等。

(3) 静态性能指标，有静态位置误差系数 K_p、静态速度误差系数 K_v、静态加速度误差系数 K_{as}、稳态误差 e_{ss}等。

2. 频域性能指标

(1) 开环频域性能指标，有增益交界频率(截止频率)ω_c、增益裕量 h、相角裕量 γ 等。

(2) 闭环频域性能指标，有相对谐振峰值 M_r、谐振频率 ω_r、频带宽度 ω_b、初值 $M(0)$等。

控制系统的设计任务书不论给出的是时域性能指标，还是频率性能指标，都可用频率特性设计法设计。因为时域指标可近似“翻译”成频域指标。

不同的控制系统对性能指标的要求也不同，如调速系统对稳定性和稳态精度要求严格，而随动系统则对快速性期望很高。所以在制定指标时，一方面要做到有所侧重，一方面要切合实际。

三、控制系统的校正及目的

在控制系统的设计中，有的是按规定的性能指标来设计每一个环节从而构成整个控制系统，有的是调整参数或加入辅助环节来改善原有系统的特性。前者称为设计，后者称为校正。在前一种方法中，常常会遇到设计出来的系统不能同时满足各项性能指标的要求，这时可在允许的范围内，调整基本元件的某些特性、参数(如改变放大器的放大系数)，如果经分析、计算仍无法满足指标要求，则必须采用校正的方法来改善系统的性能。

例如，某单位反馈系统的开环传递函数为

$$G(s)=\frac{K}{s(s+1)(0.0125s+1)}$$

当单位斜坡输入信号作用于该控制系统时，要求系统的稳态误差不超过 1%，同时希望系统的相角裕量 $\gamma\geqslant 45°$。

由稳态误差计算公式得

$$e_{ss}=\lim_{s\to 0}\frac{1}{sG(s)}=\frac{1}{K_v}=\frac{1}{K}\leqslant 0.01$$

上式表明，当 $K\geqslant 100$ 时，系统的稳态误差才能满足要求。但根据稳定性判据可知，当 $K>81$ 时，系统是不稳定的。如果单从稳定性考虑，可采用减少开环增益 K 的手段达到，但系统的精度就会更差，由此可见，通过改变系统本身参数来全面满足系统的要求是困难的。唯一的方法是在系统中加入一个附加装置来解决上述矛盾。为此目的而加入的附加装置称为校正装置，又称为补偿装置。

系统设计从某种意义上说，是为改善系统的性能或为达到某一性能指标而确定一个校正装置，所以系统设计又可称为系统校正。因此可以说，引入校正装置的目的是使控制系统满足任务书提出的各项指标要求。

四、校正方式

根据校正装置在系统中的连接方法，校正方式主要有以下几种。

(1) 串联校正。如图 6-3 所示，校正装置 $G_c(s)$串接在前向通道上。

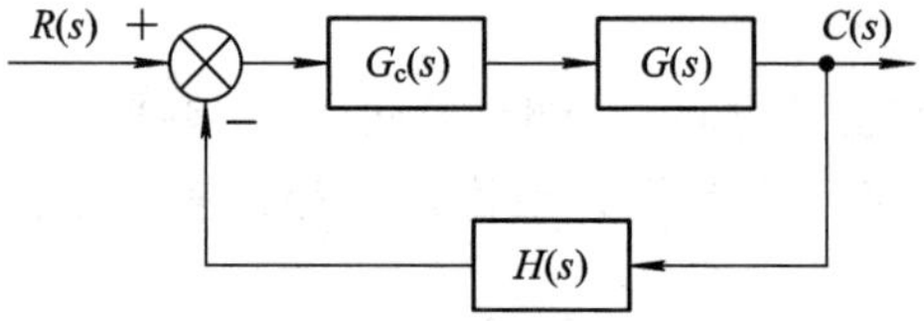

图 6-3　串联校正

(2) 并联校正。如图 6-4 所示，校正装置 $G_c(s)$与前向通道某一或几个环节并接。

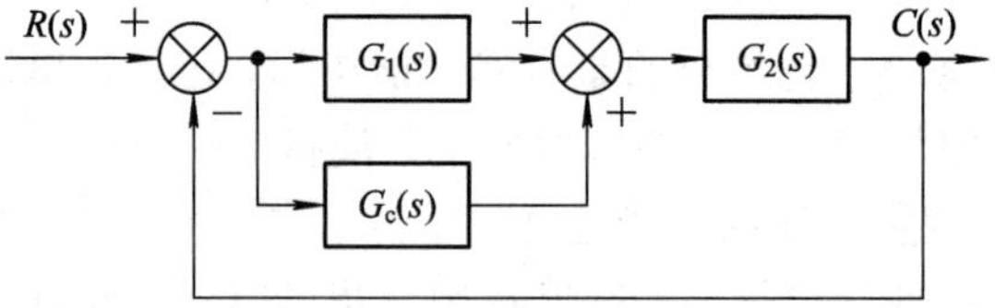

图 6-4　并联校正

(3) 反馈校正。如图 6-5 所示，校正装置 $G_c(s)$反并接在前向通道一个或几个环节的两端，形成局部负反馈回路。

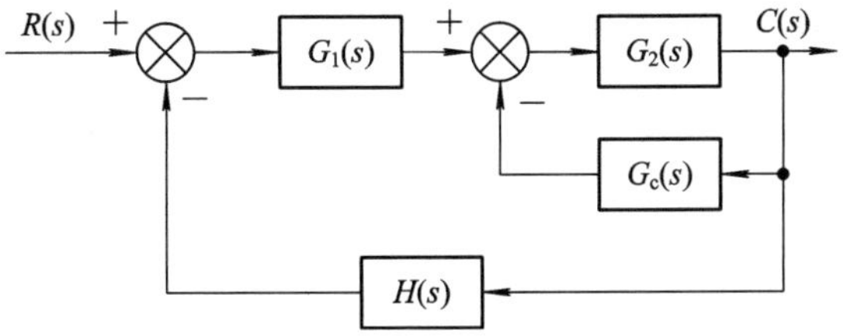

图 6-5　反馈校正

(4) 前馈校正。如图 6-6 所示，校正装置 $G_c(s)$顺接在给定值与主反馈作用点后的前向通道上。前馈校正也称为顺馈校正或前置校正，是复合校正的一种。

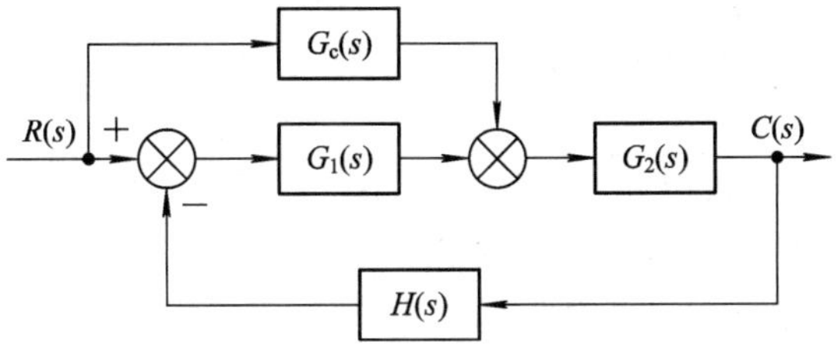

图 6-6　前置校正

(5) 干扰补偿校正。如图 6-7 所示，校正装置直接或间接测量干扰信号 $n(t)$，并经变换后接入系统，形成一条附加的、对干扰的影响进行补偿的通道。干扰补偿校正也是复合校正的一种。

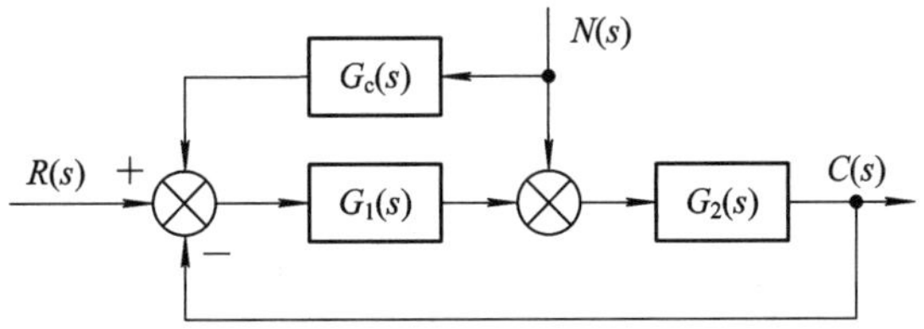

图 6-7　干扰补偿校正

前置校正和干扰补偿校正可以单独用于开环控制系统，也可以作为反馈控制系统的附加校正而组成复合控制系统。

目前，在控制工程实践中，反馈控制系统得到了广泛的应用。其中串联校正和反馈校正在反馈控制系统中是最常见的校正方式。本章将讨论不同校正方式和常见校正装置的特点，并以串联校正、反馈校正和复合校正为重点，介绍控制系统的设计方法。

第二节　串联校正

串联校正根据其校正装置的频率特性、相角情况及校正装置的构成是无源网络还是有源网络可分为以下四种。

一、相位超前校正

1. 相位超前校正装置的原理和频率特性

图 6-8 是相位超前校正装置的原理图，图中，e_1 为输入电压，e_2 为输出电压。如果输

入信号源的内阻为零，而输出端的负载阻抗为无穷大，则其传递函数为

$$G_c(s) = \frac{E_2(s)}{E_1(s)} = \frac{1}{\alpha} \cdot \frac{\alpha Ts + 1}{Ts + 1} \tag{6-1}$$

式中：$T=\dfrac{R_1R_2}{R_1+R_2}C$；$\alpha=\dfrac{R_1+R_2}{R}>1$。校正装置的频率特性为

$$G_c(j\omega) = \frac{1}{\alpha} \cdot \frac{1 + j\alpha T\omega}{1 + jT\omega} \tag{6-2}$$

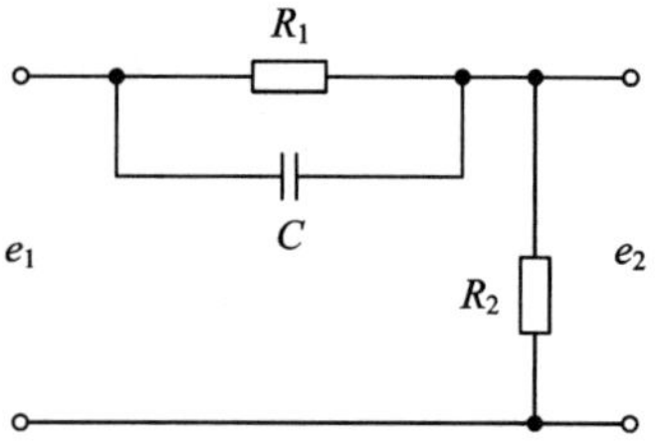

图 6-8　相位超前校正装置原理图

其相频特性为

$$\varphi_c(\omega) = \arctan\alpha T\omega - \arctan T\omega > 0 \tag{6-3}$$

因 $\alpha>1$，可见该校正装置的相角总是超前的，故称为相位超前装置，也称为导前校正。

由式(6-2)可知，当 ω 很小时，$G_c(j\omega)\approx 1/\alpha$，校正装置相当于一个衰减器，将它串接于系统的前向通道时，会使系统的开环增益减小，稳态误差增加。因此，为补偿超前装置造成的衰减，需要另外串接一个放大器或将原系统的放大器的放大倍数提高 α 倍。在补偿了 $1/\alpha$ 的衰减作用后，RC 超前校正装置的频率特性为

$$\alpha G_c(j\omega) = \frac{1 + j\alpha T\omega}{1 + jT\omega} \tag{6-4}$$

式(6-4)的波德图如图 6-9 所示。图中，超前校正装置所提供的最大超前相角为

$$\varphi_m = \arcsin\frac{\alpha - 1}{\alpha + 1} \tag{6-5}$$

并位于 $\omega_1=\dfrac{1}{\alpha T}$ 与 $\omega_2=\dfrac{1}{T}$ 的几何位置中点上，所对应的角频率为

$$\omega_m = \frac{1}{\sqrt{\alpha}T} \tag{6-6}$$

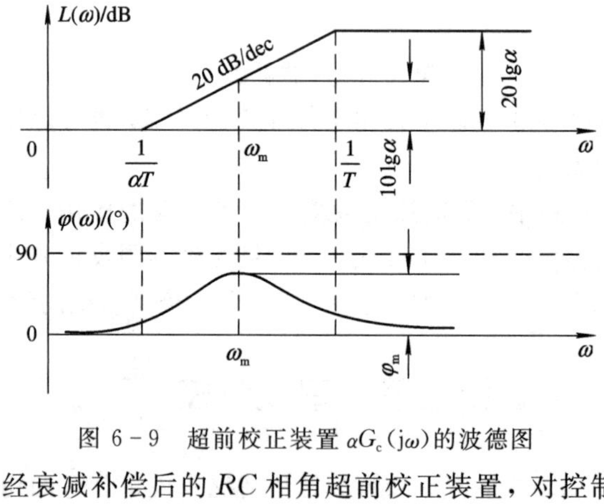

图 6-9　超前校正装置 $\alpha G_c(j\omega)$ 的波德图

由图 6-9 可知，经衰减补偿后的 RC 相角超前校正装置，对控制系统会产生两个方面的有利影响：

(1) 使原系统的开环频率特性增加一超前的相角。因此，只要适当地选择校正装置的参数，使校正装置产生最大超前相角时的频率位于增益交界频率 ω_c 附近，从而可有效地增加相角裕量 γ，提高系统的相对稳定性，甚至可使原不稳定的系统变为稳定系统。

(2) 因为当 $\omega > \omega_1 = \frac{1}{\alpha T}$ 时，$\alpha G_c(j\omega)$ 的对数幅频特性大于 0 dB，所以，该对数幅频特性曲线叠加到原系统的开环对数幅频特性图上，将使系统的增益交界频率 ω_c 右移(增大)，从而使系统的频带宽度 ω_b 加宽，提高了它的快速性。

由式(6-5)可求得

$$\alpha = \frac{1+\sin\varphi_m}{1-\sin\varphi_m} \tag{6-7}$$

式(6-7)是确定 α 值的主要依据。超前校正装置近似于一个微分环节，它会加强中高频噪音的影响，而且 α 值愈大，高频噪音的影响愈严重。所以，通常把 α 值限制在 20 以内，一般取 $5 \leqslant \alpha \leqslant 10$。

2. 相位超前校正装置的应用

超前校正装置的主要作用是在中频范围即增益交界频率(截止频率)ω_c 附近产生足够大的超前相角，以补偿原系统过大的滞后相角。超前网络的参数，应根据这个相角补偿条件确定。一般情况下，相位超前校正装置在中频段加入。

例 6-1　设某单位反馈控制的开环传递函数为

$$G(s) = \frac{K}{s(0.1s+1)} \tag{6-8}$$

若要求系统的静态速度误差系数 $K_v = 100\ 1/s$，相角稳定裕量 $\gamma \geqslant 55°$，幅值裕量 $h \geqslant 10$ dB。试设计系统的 RC 相位超前校正装置。

解　(1) 根据要求的稳态误差系数确定开环传递增益 K。

因为 $K_v = 100\ 1/s$，所以

$$K_v = \lim_{s\to 0} sG(s) = \lim_{s\to 0}\frac{sK}{s(0.1s+1)} = K = 100$$

(2) 利用求得的 K，绘制原系统的波德图。

将 $K=100$ 代入式(6-8)，并令 $s=j\omega$，得系统的开环频率特性为

$$G(j\omega) = \frac{100}{j\omega(j\,0.1\omega+1)}$$

其波德图如图 6-10 所示。由图可求出系统的相角裕量和增益裕量分别为 15°和 $+\infty$ dB。这表明在 $K=100$ 时，系统存在严重的振荡，不满足 γ 不小于 55°的指标。

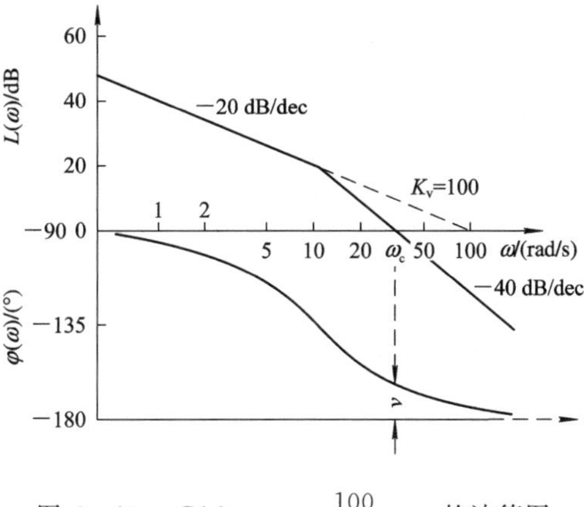

图 6-10　$G(s) = \frac{100}{s(0.1Ts+1)}$ 的波德图

(3) 确定满足相对稳定度所需追加的相角超前量，并由此估算出要求的 φ_m 值。

为达到相角裕量要求，需增加的超前相角为

$$\varphi = 55° - 15° = 40°$$

应当注意，超前校正装置不仅改变了波德图中的相角曲线，也改变了幅值曲线，并使幅值穿越频率增大，即 ω_c 右移(参看图 6-11)。在新的幅值穿越频率 ω_c' 上，$G(j\omega)$ 的相角滞后增大了，因此相角超前装置必须补偿掉这一相角滞后增量。为此，相位超前校正装置产生的最大超前相角约为

$$\varphi_m = \varphi + 5° = 45°$$

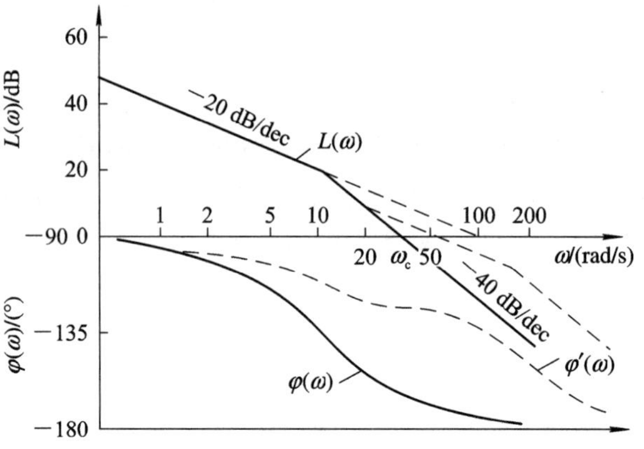

图 6-11　$\alpha G_c(s)G(s) = \dfrac{1+\alpha Ts}{1+Ts}\dfrac{100}{s(0.1Ts+1)}$ 的波德图

(4) 根据需要提供的 φ_m 确定 α 值。

由式(6-7)得

$$\alpha = \frac{1+\sin 45°}{1-\sin 45°} \approx 6$$

(5) 根据所求出的 α 值计算 T。

将 α 值代入式(6-6)，求得超前校正装置相角达到最大时的频率为

$$\omega_m = \frac{1}{\sqrt{6}T} = 0.408\frac{1}{T}$$

这时，超前校正装置的幅值为

$$|G_c(j\omega_m)| = \left|\frac{1+j\omega_m\alpha T}{1+j\omega_m T}\right| = \left|\frac{1+j\sqrt{\alpha}}{1+j\dfrac{1}{\sqrt{\alpha}}}\right| = \sqrt{\alpha} = \sqrt{6} = 2.45$$

$$20\lg|G_c(j\omega_m)| = 20\lg\sqrt{\alpha} = 10\lg\alpha = 10\times 0.778 = 7.78\ \text{dB}$$

计算结果表明，在 $\omega=\omega_m$ 时，超前校正装置使系统的幅值增加了 7.78 dB。为了取得最好的相角超前效果，选取校正后系统新的增益交界频率 $\omega_c'=\omega_m$。在此频率上超前校正装置应把原系统为 −7.78 dB 的幅值予以补偿。由图 6-10 中对数幅值曲线查得原系统幅值 $L(\omega)=-7.78$ dB 时的频率为 $\omega_c=55$ rad/s。因此得

$$\omega_m = \frac{1}{\sqrt{6}T} = 55\ \text{rad/s}$$

$$T=\frac{1}{\sqrt{6}\times 55}=0.007\ \text{s}$$

(6) 由所求出的 α 值和 T 值来确定校正装置。

将 α、T 代入式(6-1)，得超前校正装置传递函数：

$$G_c(s)=\frac{1}{\alpha}\cdot\frac{1+\alpha Ts}{1+Ts}=\frac{0.17(1+0.042s)}{1+0.007s}$$

为补偿超前校正装置造成的幅值衰减，将放大器的放大系数增大为原来的 6 倍。校正后系统的波德图如图 6-11 所示。

(7) 研究已校正系统的波德图，检查全部性能指标是否满足要求。如不满足，必须选择一个新的 φ_m，重复步骤(4)～(7)。

从图 6-11 中可看出，超前校正装置加入系统后，使系统的增益交界频率 ω_c 右移到了 $\omega_c'=55$ rad/s 处，这说明系统的频带宽度增加，响应速度增大；与此同时，校正后的相角裕量和增益裕量分别为 58° 和 $+\infty$ dB，满足了相对稳定性的要求。因此，可以说校正后的系统性能指标达到了规定的要求。

例 6-2　设单位负反馈系统如图 6-12 所示。

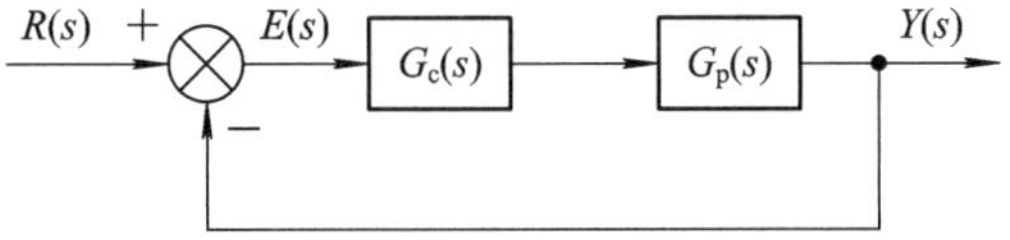

图 6-12　系统结构图

其中：$G_p(s)=\dfrac{1000}{s(s+10)(0.01s+1)}$，为被控对象；$G_c(s)=\dfrac{\frac{1}{15.8}s+1}{\frac{1}{158}s+1}$，为串联相位超前校正环节，均为最小相位。

要求：

(1) 画出系统的 $G_p(j\omega)$、$G_c(j\omega)$和 $G_o(j\omega)=G_c(j\omega)G_p(j\omega)$的对数幅频特性波德图(折线)；

(2) 计算校正前系统的截止频率 ω_c 及相角裕度 γ，并据此判断闭环后系统的稳定性；

(3) 计算校正后系统的截止频率 ω_c 及相角裕度 γ，并据此判断闭环后系统的稳定性；

(4) 讨论校正后系统的相角裕度 γ 比校正前提高了大约多少度，串联相位超前校正有何优点。

解

$$G_p(s)=\frac{1000}{s(s+10)(0.01s+1)}=\frac{100}{s(0.1s+1)(0.01s+1)}$$

(1) 系统的 $G_p(j\omega)$、$G_c(j\omega)$和 $G_o(j\omega)=G_c(j\omega)G_p(j\omega)$的对数幅频特性波德图分别为 L_p、L_c 和 L_o，如图 6-13 所示。

(2) 校正前系统的截止频率 $\omega_c=31.6\ \text{s}^{-1}$，相角裕度 $\gamma\approx 0°$，系统临界稳定。

(3) 校正后系统的截止频率 $\omega_c=63\ \text{s}^{-1}$，相角裕度 $\gamma=31°$，系统稳定。

(4) 校正后系统的相角裕度 γ 比校正前提高了大约 31°，此串联相位超前校正的优点：提高了系统的稳定性；减小了阶跃响应的超调量；增加了相角裕度；提高了系统的频带宽度；不影响系统的稳态性能。

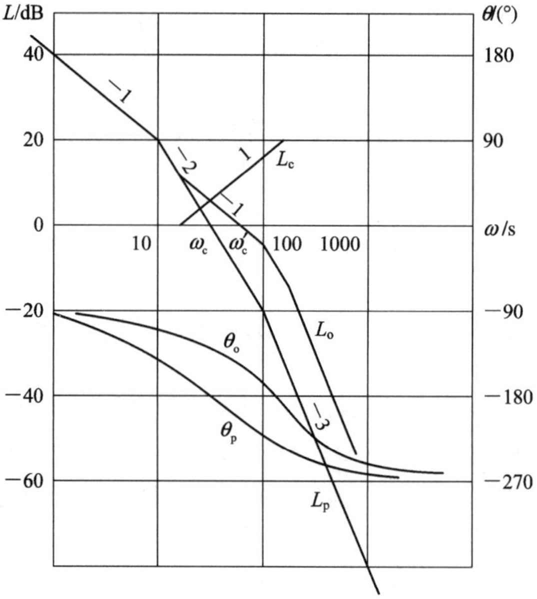

图 6 - 13　对数幅频波德图

二、相位滞后校正

1. 相位滞后校正装置的原理和频率特性

图 6 - 14 所示是相位滞后校正装置的原理图，图中，e_1 为输入电压，e_2 为输出电压。如果输入信号源的内阻为零，而输出端的负载阻抗为无穷大，则其传递函数为

$$G_c(s)=\frac{E_2(s)}{E_1(s)}=\frac{\alpha Ts+1}{Ts+1} \tag{6-9}$$

其中：$\alpha=\dfrac{R_2}{R_1+R_2}<1$，且 $\alpha>0$；$T=(R_1+R_2)C$ 。校正装置的频率特性为

$$G_c(j\omega)=\frac{1+j\alpha T\omega}{1+jT\omega} \tag{6-10}$$

上式的波德图如图 6 - 15 所示。

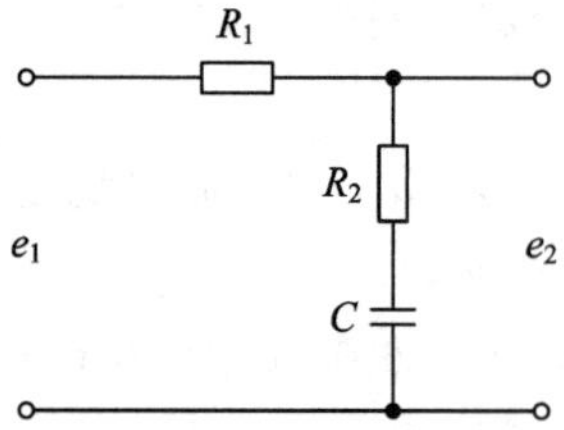

图 6 - 14　相位滞后校正装置原理图

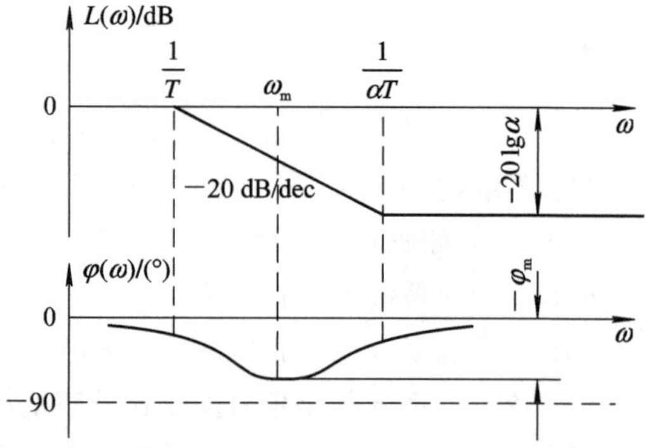

图 6 - 15　滞后校正装置 $G_c(j\omega)$ 的波德图

从频率特性来看，相位超前校正装置是一种高通滤波器，而相位滞后校正装置则是一种低通滤波器。因为 $0<\alpha<1$，所以校正装置的频率特性的相角 $\varphi_c(\omega)$ 总是滞后的，故称为相位滞后校正装置，也称为相位迟后校正。

与相位超前校正装置类似，相位滞后校正装置的最大滞后角 φ_m 发生在 $\omega_1=\dfrac{1}{T}$ 与 $\omega_2=\dfrac{1}{\alpha T}$ 的几何中心 ω_m 处，计算 ω_m 和 φ_m 的公式同前，即 $\varphi_m=\arcsin\dfrac{\alpha-1}{\alpha+1}$，$\omega_m=\dfrac{1}{\sqrt{\alpha}T}$。采用相位滞后校正装置对系统进行校正时，主要是利用其高频幅值衰减的特性，力求避免最大滞后相角发生在已校正系统的开环增益交界频率 ω_c' 附近，以免恶化动态性能，因此在选择滞后校正装置的参数时，总是使校正装置的第二个转折频率 ω_2 远小于 ω_c'。一般取

$$\omega_2=\frac{1}{\alpha T}=\frac{\omega_c'}{10}\quad(\text{rad/s}) \tag{6-11}$$

此时，滞后校正装置在 ω_c' 处产生的相角滞后为

$$\varphi_c(\omega_c')=\arctan(\alpha T\omega_c')-\tan(T\omega_c') \tag{6-12}$$

一般 α 的选取不能太小。α 太小会使系统的快速性下降太多，并且 $\varphi_c(\omega_c')$ 相角滞后增大，不利于校正目的。所以通常选择 α 不应小于 0.05，一般取 $\alpha=0.1$。

2. 相位滞后校正装置的应用

相位滞后校正装置的主要作用是减少原系统中高频部分的幅值和波德图的增益交界频率 ω_c，并使新的幅值增益交界频率附近的相频曲线基本不变，从而提高系统的稳定性。滞后校正装置参数应根据上述准则来确定。

例 6-3　设一单位反馈系统的开环传递函数为

$$G_0(s)=\frac{K}{s(0.1s+1)(0.2s+1)} \tag{6-13}$$

要求：(1) $K_v=30$；(2) 相角裕量 $\gamma\geqslant40^\circ$。试设计 RC 相位滞后校正装置。

解　(1) 按规定的稳态误差系数来确定系统 K 值。

因为 $K_v=30$，所以

$$K_v=\lim_{s\to0}sG_0(s)=K=30$$

(2) 根据所求出的 K，绘制原系统波德图。

将 $K=30$ 代入式(6-13)，并令 $s=\mathrm{j}\omega$，得系统的开环频率特性为

$$G_0(\mathrm{j}\omega)=\frac{30}{\mathrm{j}\omega(\mathrm{j}0.1\omega+1)(\mathrm{j}0.2\omega+1)}$$

其频率特性曲线如图 6-16 中的实线所示。

(3) 在波德图上量取原系统的相角和幅值裕量，并找出符合相角裕量要求的相应频率作为 ω_c'。

从图 6-16 中可看出，未校正系统的增益交界频率 $\omega_c\approx11$ rad/s，其相角裕量 $\gamma\approx-25^\circ$。显然，未校正系统是不稳定的。再观察相频特性，虽然负相角裕量(-25°)的绝对值并不大，但在 $\omega=\omega_c$ 附近，相频特性的变化明显，可以预计到应用串联超前校正很难奏效，故考虑用串联滞后校正。

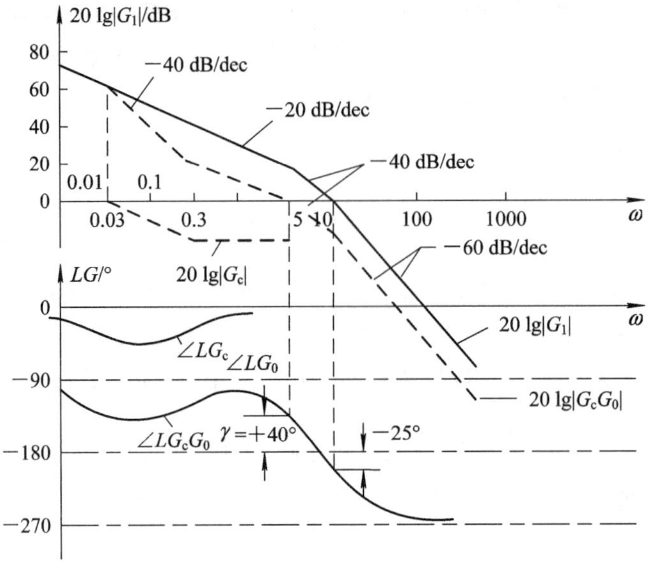

图 6-16　$G_0(j\omega)$ 与 $G_c(j\omega)G_0(j\omega)$ 的波德图

根据相角裕量 $\gamma \geqslant 40°$ 的要求，再考虑到串接滞后校正装置的相角滞后(初步按 −5°计算)，从未校正系统的相频特性曲线上，找出对应相角 $-180°+(40°+5°)=-135°$ 处的频率 $\omega_c' \approx 3$ rad/s。ω_c'将作为校正后系统的增益交界频率。

(4) 根据滞后校正装置的最大幅值和原系统在 ω_c' 上的幅值相等条件，求出 α 值。

在 $\omega=\omega_c'$处，从未校正系统的对数幅频特性曲线上求得

$$20\lg|G_0(j\omega_c')| = 20\ \text{dB}$$

再由 $20\lg\dfrac{1}{\alpha}=20$ dB 计算出 $\alpha=0.1$。

(5) 根据式(6-11)确定 T。

因为$\dfrac{1}{\alpha T}=\dfrac{1}{10}\omega_c'$，所以当 $\omega_c' \approx 3$，$a=0.1$ 时，可求得

$$T = 33.3\ \text{s}$$

(6) 根据所求出的 α 值和 T 值确定校正装置的传递函数。

将 $\alpha=0.1$、$T=33.3$ 代入式(6-9)后得

$$G_c(s) = \frac{1+3.33s}{1+33.3s}$$

校正后系统的波德图如图 6-16 中的虚线所示。

(7) 研究已校正系统的波德图，检查全部性能指标是否满足要求，如不满足需重复步骤(3)～(6)。

由图 6-16 可看出，系统加入滞后校正装置后，在 $\omega>0.03$ rad/s 的频率范围内，滞后装置衰减了 $G(j\omega)$的幅值，使系统的 ω_c 左移到 ω_c'，使系统的快速性下降，故滞后校正是以对快速性的限制即牺牲带宽换取了系统的稳定性。从相频曲线看，校正虽然带来负相移，但是处于频率较低的部位，对系统的稳定裕量不会有很大影响。另外，串入滞后校正并没有影响原系统最低频段的特性，故滞后校正不影响系统的稳态精度。从图上可查得校正后系统的相角裕量为 40°。满足了系统性能指标要求。

例 6-4　设单位负反馈系统如图 6-17 所示。

其中，$G_{\mathrm{p}}(s)=\dfrac{10}{s(s+1)(s+2)}$，为被控对象；$G_{\mathrm{c}}(s)=\dfrac{10s+1}{100s+1}$，为串联相位滞后校正环节，均为最小相位。

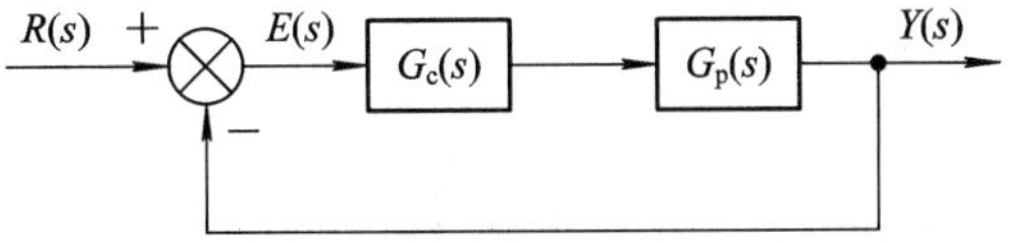

图 6-17

要求：

(1) 画出系统的 $G_{\mathrm{p}}(\mathrm{j}\omega)$、$G_{\mathrm{c}}(\mathrm{j}\omega)$ 和 $G_{\mathrm{o}}(\mathrm{j}\omega)=G_{\mathrm{c}}(\mathrm{j}\omega)G_{\mathrm{p}}(\mathrm{j}\omega)$ 的对数幅频特性波德图(折线)；

(2) 计算校正前系统的截止频率 ω_{c} 及相角裕度 γ，并据此判断闭环后系统的稳定性；

(3) 计算校正后系统的截止频率 ω_{c} 及相角裕度 γ，并据此判断闭环后系统的稳定性；

(4) 讨论。校正前后系统的稳定性有何变化，串联相位滞后校正的主要作用及缺点。

解

$$G_{\mathrm{p}}(s)=\frac{10}{s(s+1)(s+2)}=\frac{5}{s(s+1)(0.5s+1)}$$

(1) 系统的 $G_{\mathrm{p}}(\mathrm{j}\omega)$、$G_{\mathrm{c}}(\mathrm{j}\omega)$ 和 $G_{\mathrm{o}}(\mathrm{j}\omega)=G_{\mathrm{c}}(\mathrm{j}\omega)G_{\mathrm{p}}(\mathrm{j}\omega)$ 的对数幅频特性波德图分别为 L_{p}、L_{c} 和 L_{o} 如图 6-18 所示。

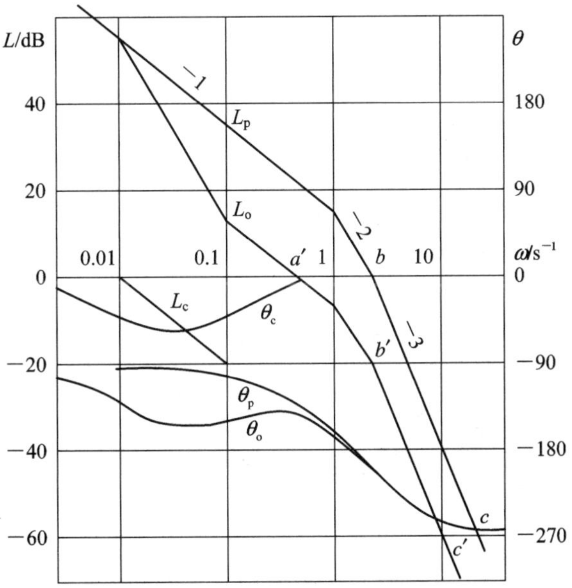

图 6-18　系统波德图

(2) 校正前系统的截止频率 $\omega_{\mathrm{c}}=2\ \mathrm{s}^{-1}$，相角裕度 $\gamma\approx-20°$，系统不稳定。

(3) 校正后系统的截止频率 $\omega_{\mathrm{c}}'=0.5\ \mathrm{s}^{-1}$，相角裕度 $\gamma'=40°$，系统稳定。

(4) 讨论。系统的稳定性由校正前的不稳定变为稳定，系统的相角裕度由负值变为 40° 串联相位滞后校正的主要作用：降低中频段和高频段的开环增益，同时保持低频段的增益不变，以兼顾静态性能和稳定性。缺点：以牺牲带宽为代价换取系统的稳定性。

三、滞后-超前校正

滞后-超前校正兼有超前校正和滞后校正的优点，是响应速度较快，超调量较小，抑制高频干扰性能也较好。当未校正系统不稳定，且要求校正后系统响应速度、相角裕量和稳态精度较高时，以采用串联滞后-超前校正为宜。图 6-19 是滞后-超前校正装置的原理图，其传递函数为

$$G_c(s)=\frac{E_2(s)}{E_1(s)}=\frac{(1+R_1C_1s)(1+R_2C_2s)}{1+(R_1C_1+R_1C_2+R_2C_2)s+R_1R_2C_1C_2s^2} \tag{6-14}$$

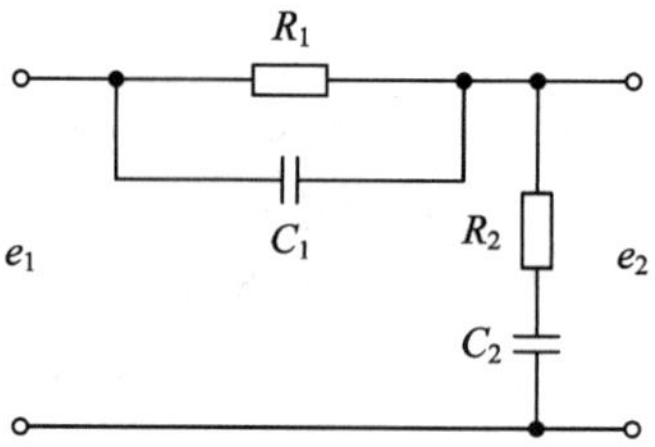

图 6-19　滞后-超前校正装置原理图

若使

$$aT_1=R_1C_1,\quad bT_2=R_2C_2,\quad ab=1,$$
$$R_1C_1+R_1C_2+R_1C_2=T_1+T_2,\quad T_1<T_2$$

则

$$T_1T_2=R_1C_1R_2C_2$$

滞后-超前校正装置的传递函数变为

$$G_c(s)=\left(\frac{1+aT_1s}{1+T_1s}\right)\left(\frac{1+bT_2s}{1+T_2s}\right) \tag{6-15}$$

当 $a>1$，$0<b<1$ 时，上式右端第一项起超前校正装置作用，第二项起滞后校正装置作用。式(6-15)的波德图如图 6-20 所示。

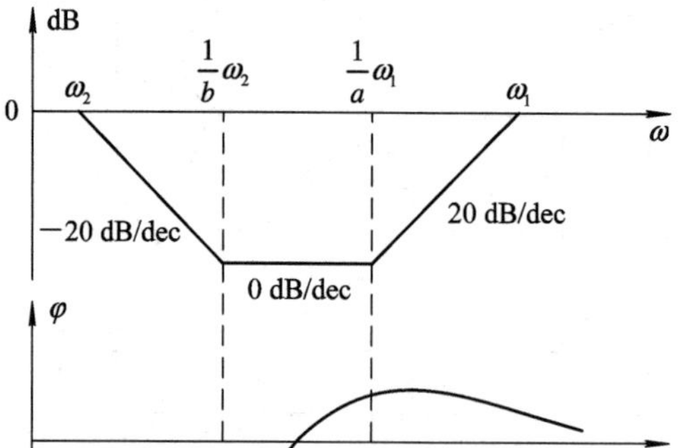

图 6-20　滞后-超前校正装置波德图

从图 6-20 中可看出，在低频范围内，校正装置的相角为负，而在高频范围内，则相角为正。

常用无源校正网络的电路图、传递函数及对数幅频渐近特性曲线图如表 6-1 所示。

表 6-1 常用无源校正网络

电路图	传递函数	对数幅频渐近特性
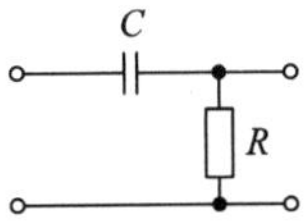	$G(s)=\dfrac{Ts}{Ts+1}$ $T=RC$	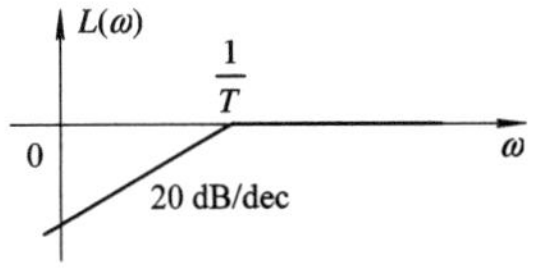
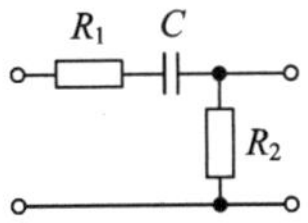	$G(s)=\dfrac{T_2 s}{T_1 s+1}$ $T_1=(R_1+R_2)C$ $T_2=R_1 C$	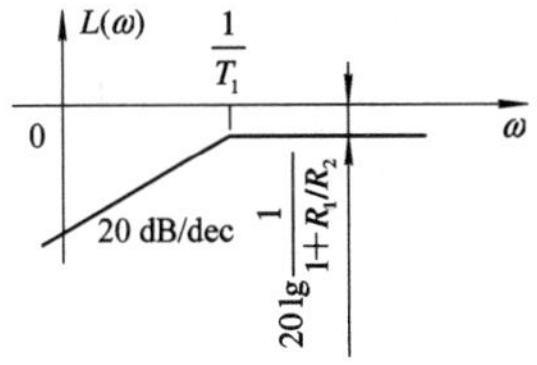
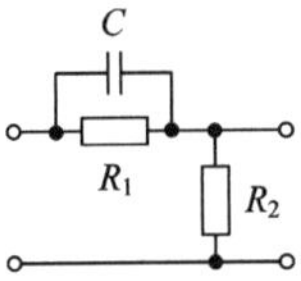	$G(s)=G_o\dfrac{T_1 s+1}{T_2 s+1}$ $G_o=\dfrac{R_2}{R_1+R_2}$ $T_1=R_1 C$ $T_2=\dfrac{R_1 R_2}{R_1+R_2}C$	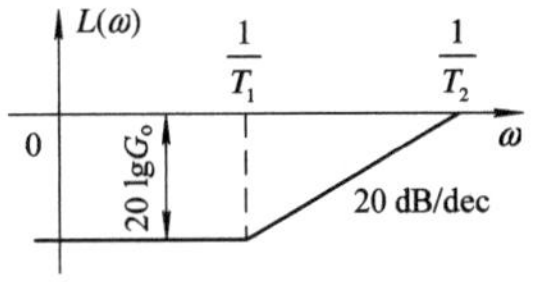
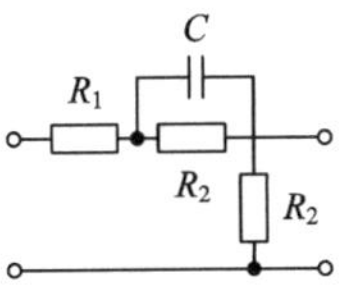	$G(s)=G_o\dfrac{T_1 s+1}{T_2 s+1}$ $G_o=\dfrac{R_3}{R_1+R_2+R_3}$ $T_1=R_2 C$ $T_2=\dfrac{(R_1+R_3)R_2}{R_1+R_2+R_3}C$	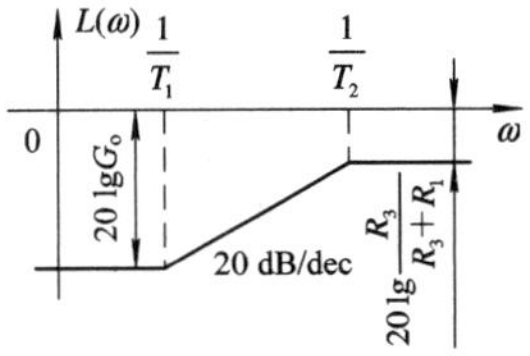
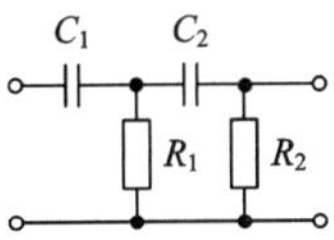	$G(s)=\dfrac{T_1 T_2 s^2}{T_1 T_2 s^2+(T_1+T_2+R_1 C_2)s+1}$ $\approx\dfrac{T_1 T_2 s^2}{(T_1 s+1)(T_2 s+1)}$ ($R_1 C_2$ 可忽略时) $T_1=R_1 C_1$ $T_2=R_2 C_2$	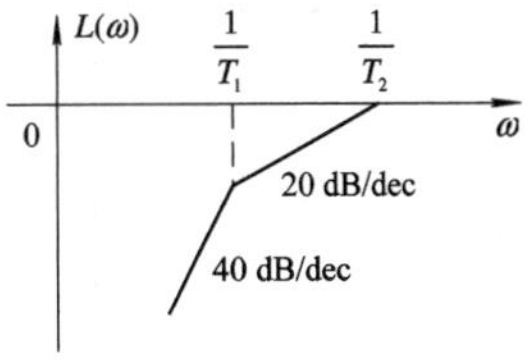
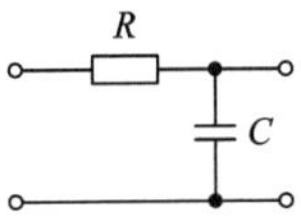	$G(s)=\dfrac{1}{Ts+1}$ $T=RC$	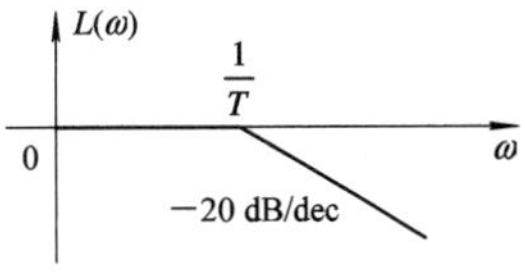

续表

电路图	传递函数	对数幅频渐近特性
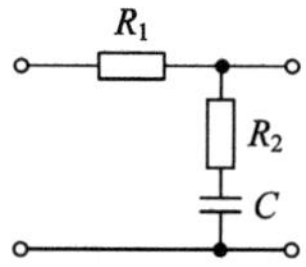	$G(s)=\dfrac{T_2s+1}{T_1s+1}$ $T_1=(R_1+R_2)C$ $T_2=R_2C$	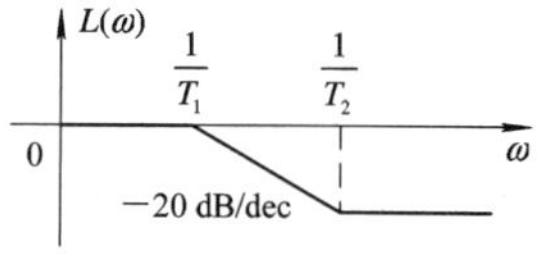
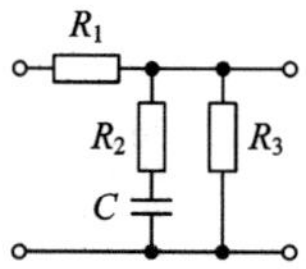	$G(s)=G_o\dfrac{T_2s+1}{T_1s+1}$ $G_o=\dfrac{R_3}{R_1+R_3}$ $T_1=\left(R_2+\dfrac{R_1R_3}{R_1+R_3}\right)C$ $T_2=R_2C$	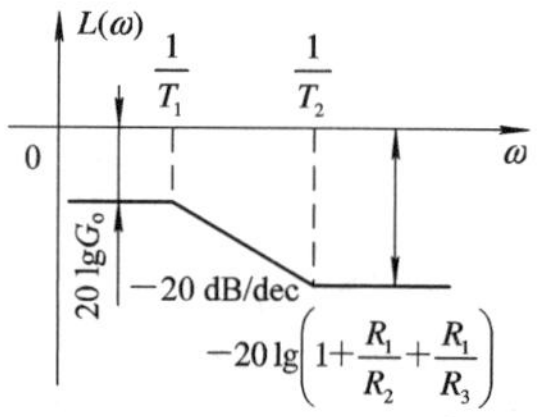
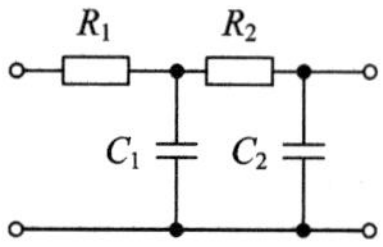	$G(s)=\dfrac{1}{T_1T_2s^2+\left[T_2\left(1+\dfrac{R_1}{R_2}\right)+T_1\right]s+1}$ $T_1=R_1C_1$ $T_2=R_2C_2$	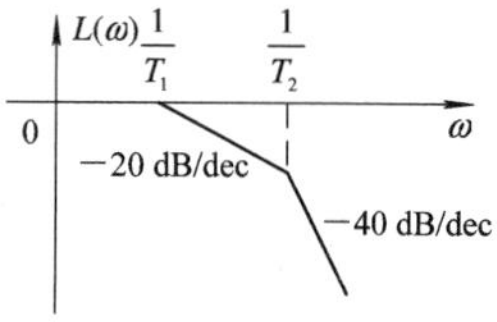
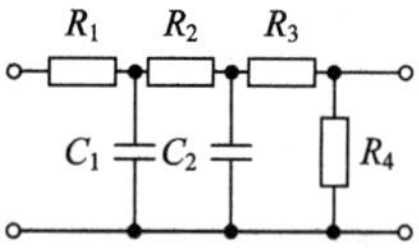	$\dfrac{1}{T_1T_2s^2+\left[T_2\left(1+\dfrac{R_1}{R_2}\right)+T_1\dfrac{R_1+R_2+R_3}{R_4}\right]s+G_o'}$ $T_1=R_1C_1$，$T_2=\dfrac{R_3+R_4}{R_4}R_2C_2$ $G_o'=\dfrac{R_1+R_2+R_3+R_4}{R_4}$	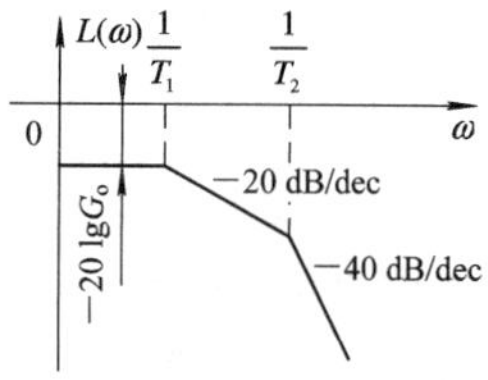
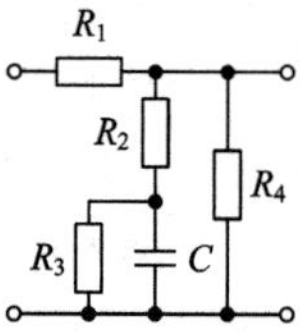	$G(s)=\dfrac{1}{G_o'}\dfrac{T_2s+1}{T_1s+1}$ $G_o'=1+\dfrac{R_1}{R_2+R_3}+\dfrac{R_1}{R_4}$ $T_1=\dfrac{1+R_1/R_2+R_1/R_4}{1+R_1/(R_2+R_3)+R_1/R_4}T_2$ $T_2=(R_2R_3/R_2+R_3)C$	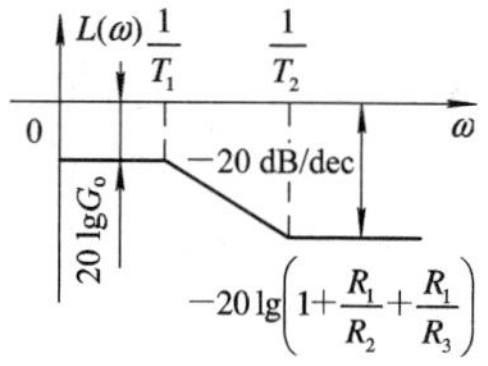
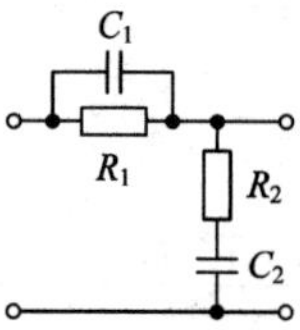	$G(s)=\dfrac{T_1T_2s^2+(T_1+T_2)s+1}{T_1T_2s^2+\left[T_2\left(1+\dfrac{R_1}{R_2}\right)+T_2\right]s+1}$ $T_1=R_1C_1$ $T_2=R_2C_2$	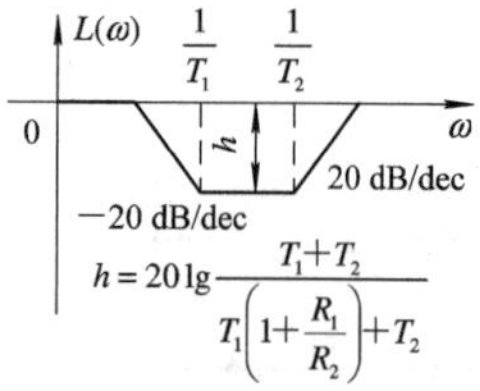

续表

电路图	传递函数	对数幅频渐近特性
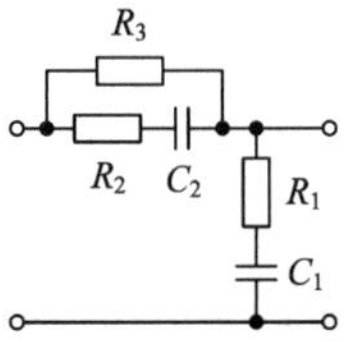	$\dfrac{(T_1s+1)(T_2s+1)}{T_1T_2\left[1+\dfrac{R_2R_3}{R_1(R_2+R_3)}\right]s^2+\left[T_1\left(1+\dfrac{R_3}{R_1}\right)+T_2\right]s+1}$ $T_1=R_1C_1\qquad T_2=(R_2+R_3)C_2$ $L_\infty=-20\lg\left[1+\dfrac{R_2R_3}{R_1(R_2+R_3)}\right]$	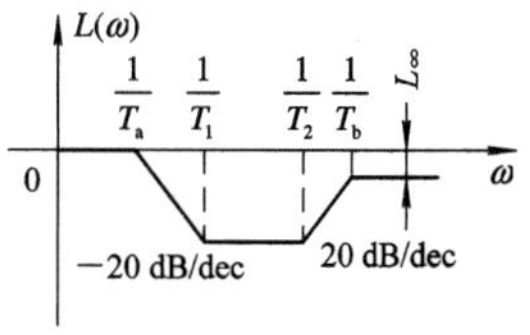
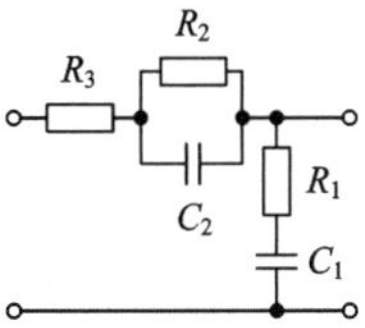	$\dfrac{(T_1s+1)(T_2s+1)}{T_1T_2\left(1+\dfrac{R_3}{R_1}\right)s^2+\left[T_2+T_1\left(1+\dfrac{R_2}{R_1}+\dfrac{R_3}{R_1}\right)\right]s+1}$ $T_1=R_1C_1$ $T_2=R_2C_2$	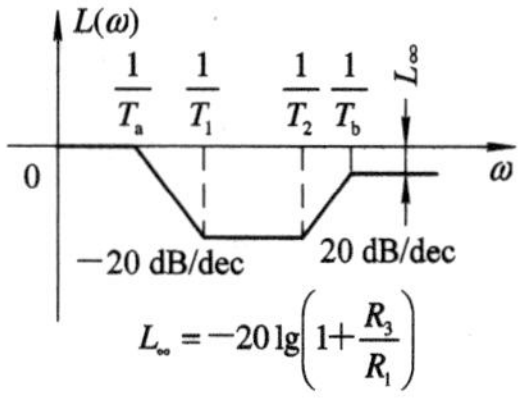
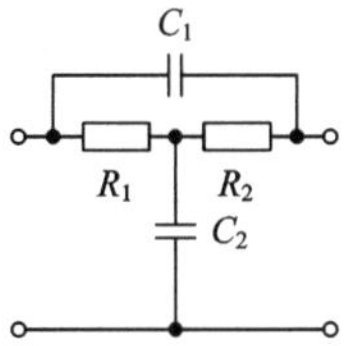	$G(s)=\dfrac{T_1T_2s^2+T_2s+1}{T_1T_2s^2+\left[T_1\left(1+\dfrac{R_1}{R_2}\right)+T_2\right]s+1}$ $T_1=\dfrac{R_1R_2}{R_1+R_2}C_2$，$T_2=(R_1+R_2)C_1$	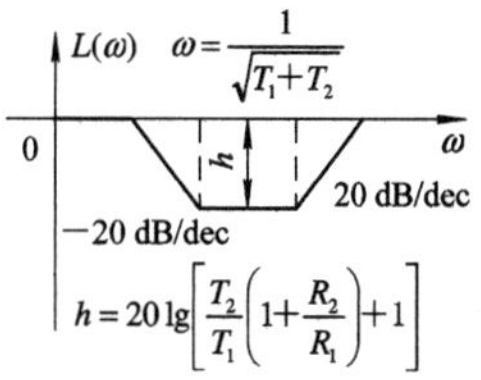
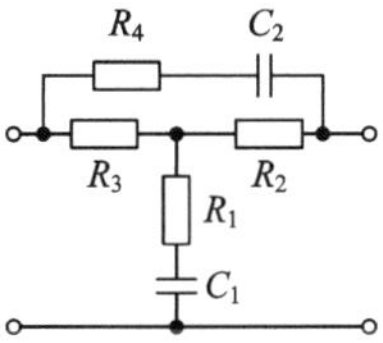	$\dfrac{T_1T_2\left[1+\dfrac{R_2R_3}{R_1(R_2+R_3+R_4)}\right]s^2+(T_1+T_2)s+1}{T_1T_2\left[1+\dfrac{R_3(R_2+R_4)}{R_1(R_2+R_3+R_4)}\right]s^2+\left[T_1\left(1+\dfrac{R_3}{R_1}\right)+T_2\right]s+1}$ $T_1=R_1C_1,\quad T_2=(R_2+R_3+R_4)C_2$ $(T_1\geqslant T_2)$	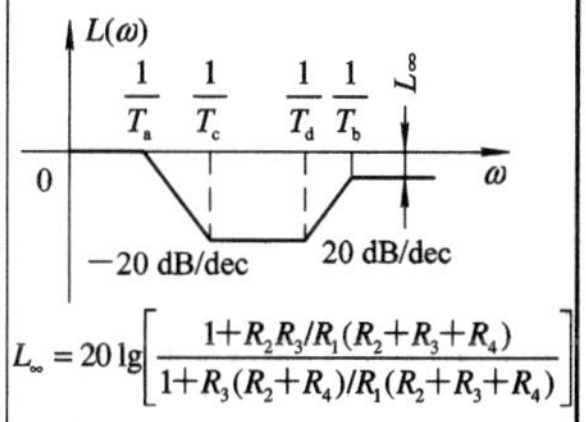

例 6-5　已知系统的结构如图 6-21 所示。

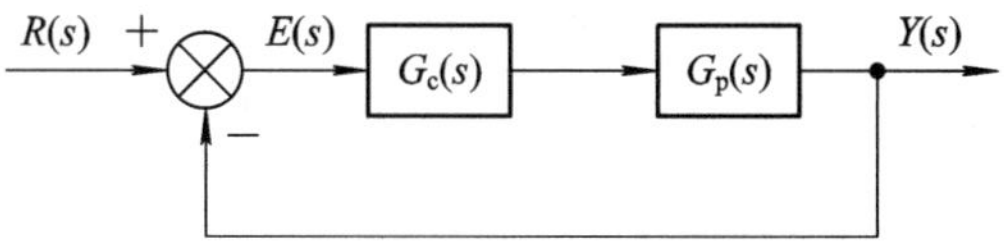

图 6-21　系统结构图

其中，受控对象为 $G_p(s)=\dfrac{10000}{s(0.1s+1)(s+100)}$，串联相位滞后超前校正装置为 $G_c(s)=\dfrac{(0.2s+1)(0.1s+1)}{(2s+1)(0.01s+1)}$，均为最小相位。

要求：

(1) 画出系统的 $G_p(j\omega)$、$G_c(j\omega)$和 $G_o(j\omega)=G_c(j\omega)G_p(j\omega)$的对数幅频特性波德图(折线)；

(2) 计算校正前系统的截止频率 ω_c 及相角裕度 γ，并据此判断闭环后系统的稳定性；

(3) 计算校正后系统的截止频率 ω_c 及相角裕度 γ，并据此判断闭环后系统的稳定性；

(4) 求 K_p、K_v、K_a，并计算当输入 $r(t)=(m+nt).1(t)$时，系统的稳态误差 e_{ss}。

解

$$G_p(s)=\frac{10\ 000}{s(0.1s+1)(s+100)}=\frac{100}{s(0.1s+1)(0.01s+1)}$$

$$G_o(s)=G_c(s)G_p(s)=\frac{100(0.2s+1)}{s(2s+1)(0.01s+1)^2}$$

(1) 系统的 $G_p(j\omega)$、$G_c(j\omega)$和 $G_o(j\omega)=G_c(j\omega)G_p(j\omega)$的对数幅频特性波德图分别为 L_p、L_c 和 L_o，如图 6-22 所示。

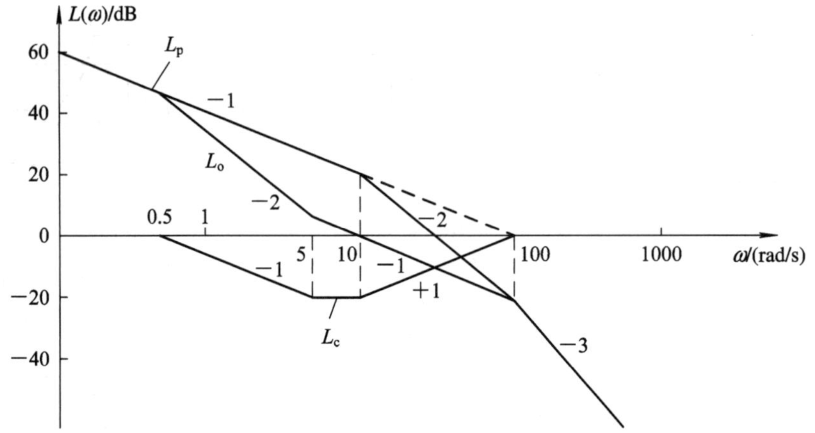

图 6-22　系统波德图

(2) 校正前系统的截止频率 ω_c。因为

$$(20\ \lg\omega_c-20\ \lg10)2=20,\quad \lg\omega_c=1.5$$

所以

$$\omega_c=31.6\ \mathrm{s}^{-1}$$

相角裕度 γ：因为

$$\begin{aligned}\varphi(\omega_c)&=-(90+\arctan0.1\times31.6+\arctan0.01\times31.6)\\&=-(90+72.4+17.5)=-180^\circ\end{aligned}$$

所以

$$\gamma=180^\circ+\varphi(\omega_c)=180^\circ-180^\circ=0^\circ$$

因此闭环后系统临界稳定。

(3) 校正后系统的截止频率 ω_c。因为

$$20\ \lg\omega_c-20\ \lg5+(20\ \lg5-20\ \lg0.5)2=20\ \lg100-20\ \lg0.5$$

$$20\ \lg\frac{\omega_c}{5}=46-40=6,\quad \lg\frac{\omega_c}{5}=\frac{6}{20}=0.3,\quad \frac{\omega_c}{5}=2$$

所以

$$\omega_c=10\ \mathrm{s}^{-1}$$

相角裕度 γ：因为

$$\theta(\omega_c) = \arctan 0.2\times 10 - (90 + \arctan 20 + 2\times\arctan 0.1)$$
$$= 63.43 - (90 + 87.14 + 11.42) = -125.13^\circ$$

所以

$$\gamma = 180 + \theta(\omega_c) = 180 - 125.13 = 54.9^\circ$$

因此闭环后系统稳定。

(4) K_p、K_v、K_a。因为系统是 1 型系统，开环增益是 100，所以

$$K_p = \infty,\ K_v = 100,\ K_a = 0$$

当输入 $r(t)=(m+nt)1(t)$时，系统的稳态误差 $e_{ss}=m0+n0.01=0.01n$。

四、PID 校正

前面所述三种校正(相位超前校正、相位滞后校正和滞后-超前校正)是由电阻、电容、电感构成的无源校正装置，而 PID 校正属于有源校正装置，通常由一个或两个高增益运算放大器加上适当的反馈阻抗而构成。PID 校正装置也称为比例、积分、微分校正装置。当系统的要求较高，并希望校正环节的参数可以随意调节时，常采用有 PID 校正。另外，在生产过程中，当被控对象及其控制规律比较复杂时，也采用 PID 校正。PID 校正又可分为 PI、PD、PID 校正。

1. PI 校正装置

图 6-23 所示为 PI 校正装置原理图，其传递函数为

$$G_c(s) = -K_p\left(1 + \frac{1}{T_i s}\right) \tag{6-16}$$

式中：$K_p=\dfrac{R_2}{R_1}$；$T_i=R_2C$。

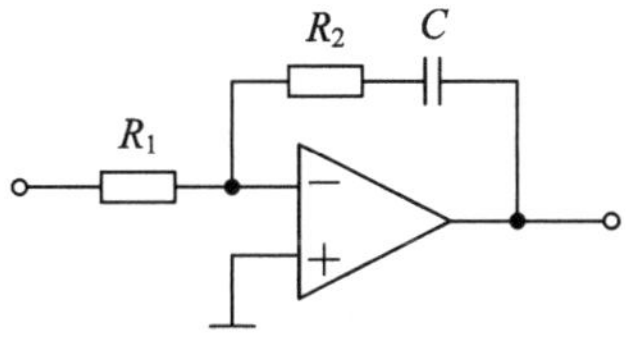

图 6-23　PI 校正装置原理图

2. PD 校正装置

图 6-24 为 PD 校正装置原理图，其传递函数为

$$G_c(s) = -K_p(1 + T_d s) \tag{6-17}$$

式中：$K_p=\dfrac{R_2}{R_1}$；$T_d=R_1C$。

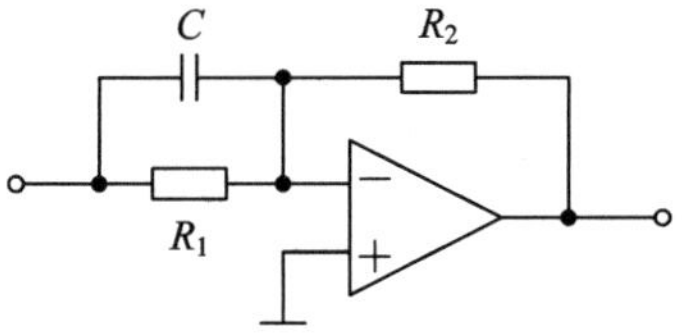

图 6-24　PD 校正装置原理图

3. PID 校正装置

图 6-25 为 PID 校正装置原理图，其传递函数为

$$G_c(s)=-K_p\left(1+\frac{1}{T_i s}+T_d s\right) \tag{6-18}$$

式中：$K_p=\dfrac{R_1C_1+R_2C_2}{R_1C_1}$；$T_i=R_1C_1+R_2C_2$；$T_d=\dfrac{R_1R_2C_1C_2}{R_1C_1+R_2C_2}$。

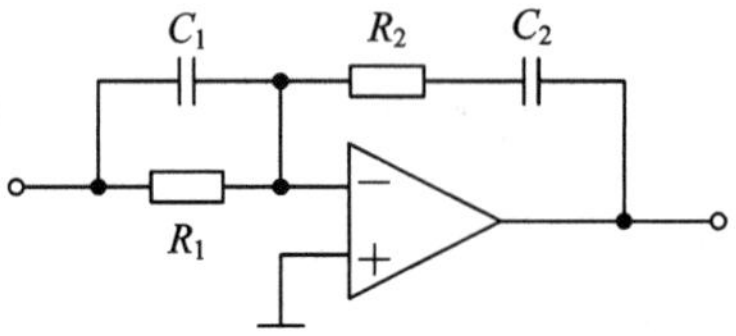

图 6-25　PID 校正装置原理图

在实际应用中，K_p、T_i、T_d 等参数都是可调的。

常用有源校正网络或装置的电路图、传递函数及对数幅频渐近特性曲线图如表 6-2 所示。

表 6-2　常用有源校正网络

类别	电路图	传递函数	波德图
比例 (P)	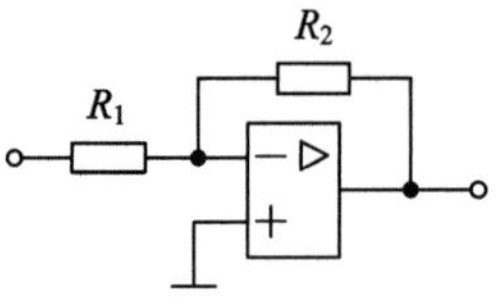	$G(s)=K$ $K=\dfrac{R_2}{R_1}$	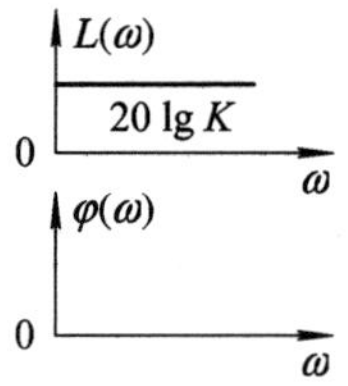
微分 (D)		$G(s)=K_t s$ K_t 为测速发电机输出斜率	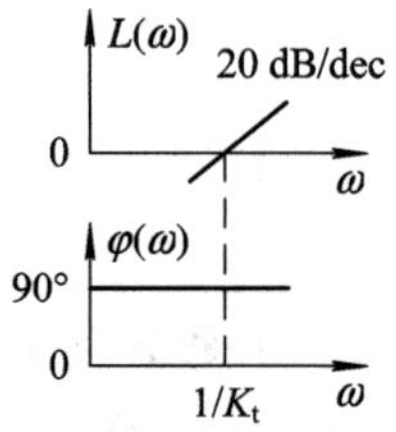
积分 (I)	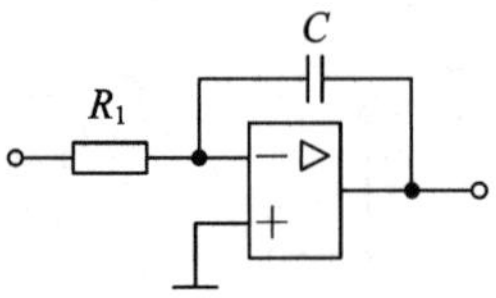	$G(s)=\dfrac{1}{Ts}$ $T=R_1C$	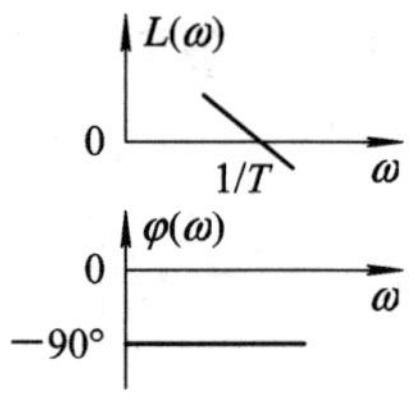

续表

类别	电路图	传递函数	波德图
比例一微分 (PD)	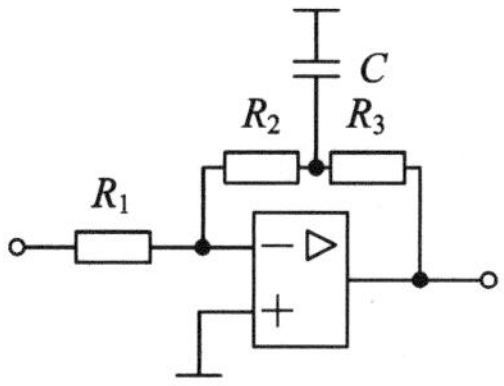	$G(s)=K(1+\tau s)$ $K=\dfrac{R_2+R_3}{R_1}$ $\tau=\dfrac{R_2R_3}{R_2+R_3}C$	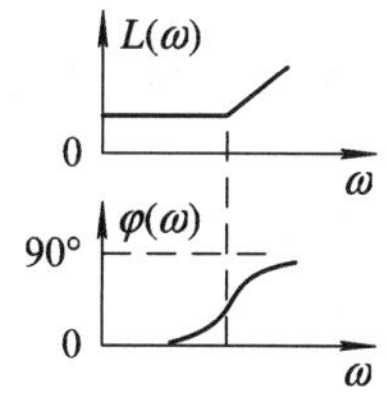
比例一积分 (PI)	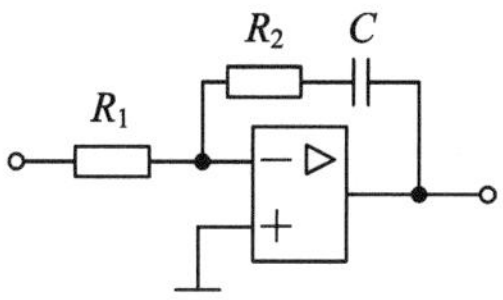	$G(s)=\dfrac{K}{T}\left(\dfrac{1+Ts}{s}\right)$ $K=\dfrac{R_2}{R_1}$ $T=R_2C$	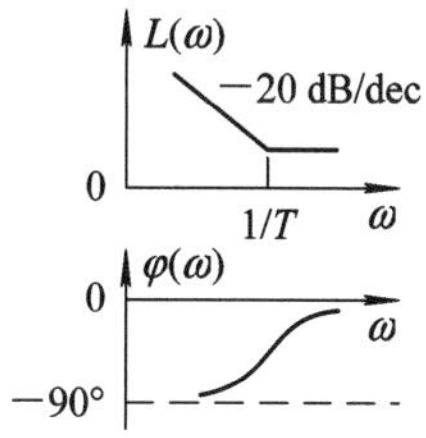
比例一积分一微分 (PID)	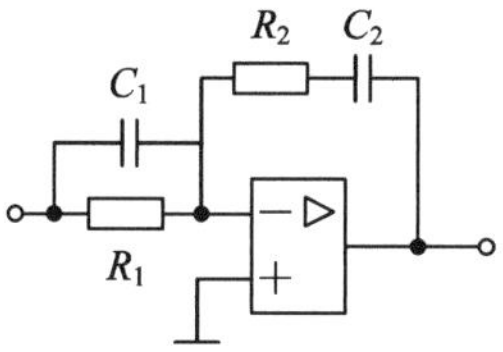	$G(s)=K\dfrac{(1+Ts)(1+\tau s)}{Ts}$ $K=\dfrac{R_2}{R_1}$ $T=R_2C_2$ $\tau=R_1C_1$	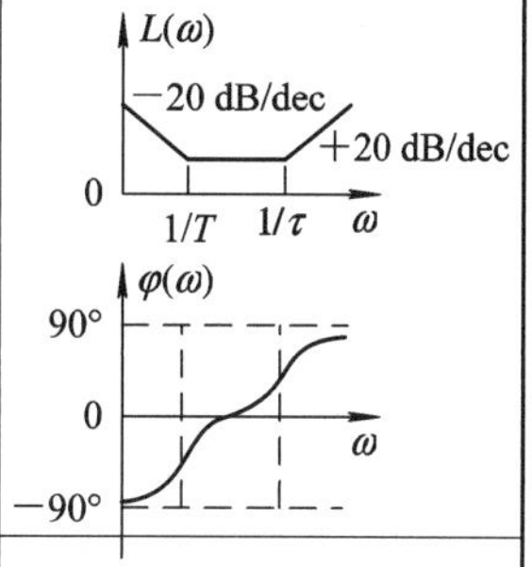
滤波型调节器 (惯性环节)	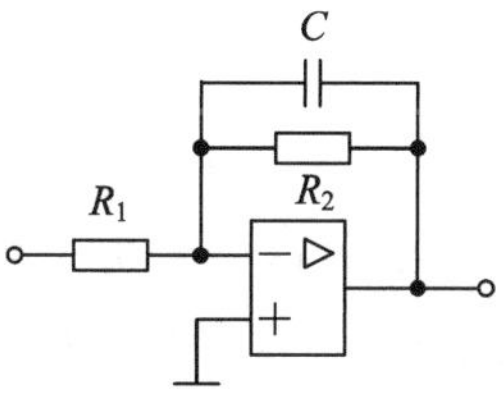	$G(s)=\dfrac{K}{1+Ts}$ $K=\dfrac{R_2}{R_1}$ $T=R_2C$	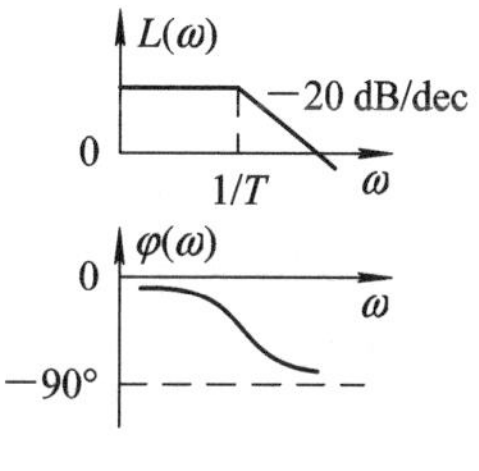

第三节　反馈校正

前面讨论的校正方法都是串联校正。由于串联校正实现容易、成本低廉，因此应用最为普遍。虽然串联校正在大多数情况下都可获得满意的结果，然而由于下列理由，反馈校正也经常被采用。

(1) 反馈校正时，校正装置把高能级部分的能量反馈到低能级部分。因此，在反馈中不需要放大器。

(2) 在非电量的系统中，有时没有合适的串联校正装置。

(3) 控制系统中某些元件的参数随工作条件变化较大，以及系统中存在干扰和非线性元件。

一、局部反馈校正原理

反馈校正是局部反馈校正的简称。图 6-26 所示是具有局部反馈校正的系统。$G_c(s)$是反馈校正装置的传递函数，它反向并接在 $G_2(s)$的两端，形成一个局部反馈回路。

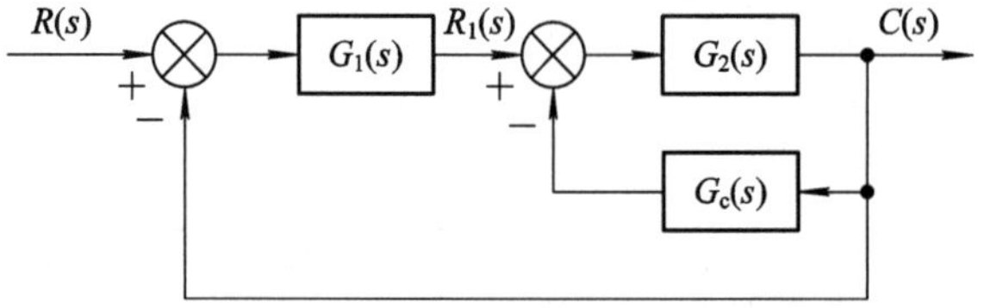

图 6-26 局部反馈校正系统

由图可知，无反馈校正时，系统的开环传递函数为

$$G(s) = G_1(s)G_2(s)$$

引入局部反馈校正装置 $G_c(s)$后，局部反馈回路的闭环传递函数为

$$\frac{C(s)}{R_1(s)} = \frac{G_2(s)}{1+G_2(s)G_c(s)} = G_{lc}(s) \tag{6-19}$$

如果局部反馈回路本身是稳定的，则

(1) 当 $|G_2(s)G_c(s)| \ll 1$ 时：

$$G_{lc}(s) = \frac{C(s)}{R_1(s)} \approx G_2(s) \tag{6-20}$$

(2) 当 $|G_2(s)G_c(s)| \gg 1$ 时：

$$G_{lc}(s) = \frac{C(s)}{R_1(s)} \approx \frac{1}{G_c(s)} \tag{6-21}$$

从以上两公式可以看出：当局部反馈回路增益远小于 1 时，该反馈回路可认为开路，它的传递函数近似等于前向通道上的 $G_2(s)$；而当局部闭环增益远大于 1 时，其传递函数几乎与 $G_2(s)$无关，仅取决于反馈校正装置 $G_c(s)$的倒数。这说明，如果系统中 $G_2(s)$环节存在非线性或有变参数和干扰的影响，那么，可以通过选择合适的 $G_c(s)$来抑制 $G_2(s)$对系统所产生的不利影响，使系统的固有特性发生变化，从而改善控制系统的性能。

二、局部反馈校正的应用

在工程实际中，应用最为广泛的是速度和测速发电机反馈校正。在图 6-26 中，如果 $G_1(s)=1$，$G_2(s)$为被控制的执行电机，其传递函数为

$$G_2(s) = \frac{\omega_n^2}{s(s+2\zeta\omega_n)} \tag{6-22}$$

$G_c(s)$采用测速发电机，其传递函数为

$$G_c(s) = \tau s \tag{6-23}$$

则图 6－26 就构成了一个具有速度反馈校正的控制系统。

由图 6－26 可看出，无反馈校正装置时，控制系统的闭环传递函数为

$$\Phi(s)=\frac{\omega_n^2}{s^2+2\zeta\omega_n s+\omega_n^2} \tag{6-24}$$

有反馈校正装置的闭环传递函数为

$$\Phi'(s)=\frac{\omega_n^2}{s^2+2\zeta'\omega_n s+\omega_n^2} \tag{6-25}$$

其中，$\zeta'=\zeta+\tau\omega_n/2$。

比较式(6－24)和式(6－25)可知，系统的阻尼比 ζ 由原来的 ζ 增大到了 ζ'，因为系统的阻尼比 ζ 增大，所以系统的超调量 σ 减小，相应的相角裕量增大，使系统的相对稳定性得到改善。另一方面，由于阻尼比 ζ 的增加，使系统的响应速度减慢，稳态误差增大，因此，速度反馈校正适用于能量水平比较高的场合，如果校正后稳态误差不符合要求，还要增加放大环节。

例 6－6　试确定图 6－27 中的局部反馈校正装置 $G_c(s)$。系统原有的和希望的开环对数幅频特性分别如图 6－28 中的曲线 Ⅰ、Ⅱ 所示。

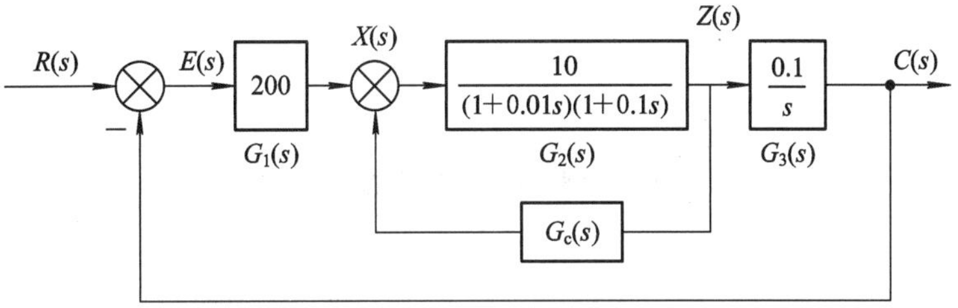

图 6－27　系统方块图

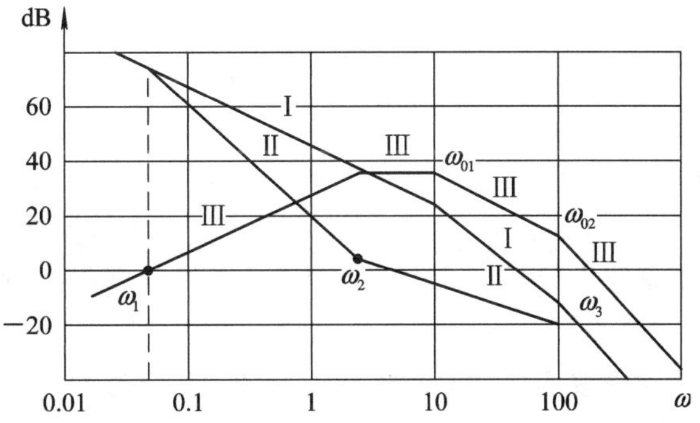

图 6－28　系统的对数幅频特性

解　校正前系统的开环传递函数为

$$G(s)=\frac{200}{s(0.01s+1)(0.1s+1)}=G_1(s)G_2(s)G_3(s)$$

在图 6－28 中，曲线 Ⅰ 为系统开环频率特性 $G(j\omega)$ 的对数幅频特性曲线。曲线 Ⅱ 为系统所期望的开环频率特性 $G'(j\omega)=G_1(j\omega)G_{1c}(j\omega)G_3(j\omega)$ 的对数幅频特性曲线，其中 $G_{1c}(j\omega)=G_2(j\omega)/1+G_2(j\omega)G_c(j\omega)$。曲线Ⅲ为曲线Ⅰ与曲线Ⅱ的差值曲线，即 $20\lg G(j\omega)-20\lg G'(j\omega)$ 曲线。由式(6－20)可知，$20\lg G(j\omega)-20\lg G'(j\omega)=20\lg[G(j\omega)/G'(j\omega)]=$

$20\lg[1+G_2(j\omega)G_c(j\omega)]$，所以曲线Ⅲ也就是$1+G_2(j\omega)G_c(j\omega)$的对数幅频特性曲线。由图可知，曲线Ⅲ在$\omega_1 \sim \omega_2$之间dB值大于零，即$|1+G_2(j\omega)G_c(j\omega)| \gg 1$，根据式(6-20)可得$G_{lc}(j\omega) \approx 1/G_c(j\omega)$。因此，此频段的曲线Ⅲ可近似地看成是$20\lg|G_2(j\omega)G_c(j\omega)|$曲线。

在$\omega<\omega_1$和$\omega>\omega_3$频段，未校正系统的开环对数幅频特性曲线Ⅰ与期望的特性曲线Ⅱ重合，即

$$G'(j\omega) = G(j\omega)$$

此时，要求$|G_2(j\omega) = G_c(j\omega)| \ll 1$(参看式(6-21)的条件)，为实现方便，将曲线Ⅲ的两段向下延伸，构成$G_{lc}(j\omega)$完整的对数频率特性曲线。根据图中曲线Ⅲ，可得到

$$G_2(s)G_c(s) = \frac{s}{\omega_1\left(\frac{1}{\omega_2}s+1\right)\left(\frac{1}{\omega_{01}}s+1\right)\left(\frac{1}{\omega_{02}}s+1\right)}$$

式中：$\omega_1=0.05$；$\omega_2=2.1$；$\omega_{01}=10$；$\omega_{02}=100$。所以

$$G_2(s)G_c(s) = \frac{20s}{(0.48s+1)(0.1s+1)(0.01s+1)}$$

从而求出

$$G_c(s) = \frac{2s}{0.48s+1}$$

第四节 复合控制和前馈(顺馈)校正

串联校正和反馈校正是控制工程中常用的校正方法，其主要出发点在于改善系统的稳定性和暂态性能，在一定程度上可以使已校正系统满足给定的性能指标。为了显著提高系统的精度(如提高误差阶数)，尤其是减小那些可测量的干扰误差，单纯使用上述校正方法则无法达到目的。如果在系统的反馈控制回路中加入前馈(也叫顺馈)通路，组成一个前馈控制和反馈控制相组合的系统，只要参数选择得当，不但可以保持系统稳定，极大地减小乃至消除静态误差，而且可以控制几乎所有的可测扰动，包括强低频扰动。这样的开、闭环控制结合在一起的控制系统就称之为复合控制系统，相应的控制方式称之为复合控制。把复合控制的思想用于系统设计，即所谓复合校正。在高精度的控制系统中，复合控制得到了广泛的应用。

复合控制的前馈装置是按不变性原理进行设计的，可分为对输入补偿的前馈(顺馈)校正和对干扰补偿的前馈(顺馈)校正两种。

一、对输入补偿的前馈(顺馈)校正

设对输入补偿的复合控制系统如图6-29所示。图中，$G_1(s)$为反馈控制系统的控制器，$G_2(s)$为固有特性，$G_c(s)$为输入前馈补偿器。由图可知，系统的输出量为

$$C(s) = \left(1+\frac{G_c(s)}{G_1(s)}\right)\frac{G_1(s)G_2(s)}{1+G_1(s)G_2(s)}\cdot R(s)$$

$$= \frac{[G_1(s)+G_c(s)]G_2(s)}{1+G_1(s)G_2(s)}\cdot R(s) \tag{6-26}$$

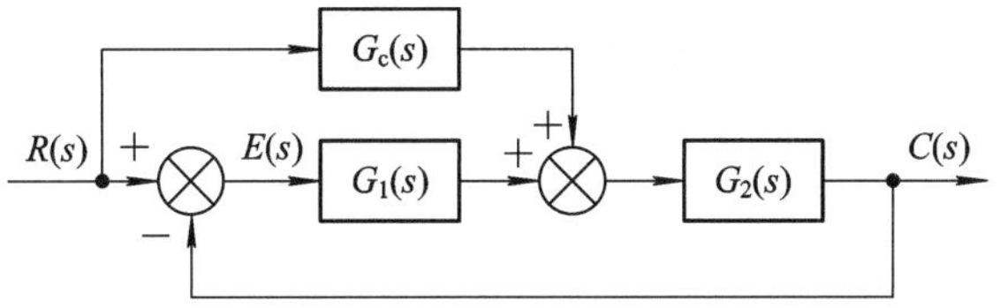

图 6-29　对输入补偿的复合控制结构图

如果选择前馈补偿装置 $G_c(s)$ 的传递函数为

$$G_c(s) = \frac{1}{G_2(s)} \tag{6-27}$$

则可使输出响应完全复现输入即 $C(s)=R(s)$，系统具有理想的时间响应特性，于是系统的动态和静态误差都为零，实现输出对输入不变，这就是不变性原理。

如图 6-29 所示，误差表达式 $E(s)$ 为

$$E(s) = R(s) - C(s) = \frac{1 - G_c(s)G_2(s)}{1 + G_1(s)G_2(s)}R(s) \tag{6-28}$$

上式说明，在式(6-27)成立的条件下，恒有 $E(s)=0$；前馈补偿装置 $G_c(s)$ 的存在，相当于在系统中增加了一个输入信号 $G_c(s)R(s)$，其产生的误差信号与原输入信号 $R(s)$ 产生的误差信号相比，大于相等而方向相反。故式(6-27)称为对输入信号的误差全补偿条件。

由于 $G_2(s)$ 一般均具有比较复杂的形式，故全补偿条件(6-27)的物理实现相当困难。在工程实践中，大多采用满足跟踪精度要求的部分补偿条件，或者在对系统性能起主要影响的频率内实现近似全补偿，以使 $G_c(s)$ 的形式简单并易于实现。

例 6-7　设对输入补偿的复合校正随动系统如图 6-30 所示。

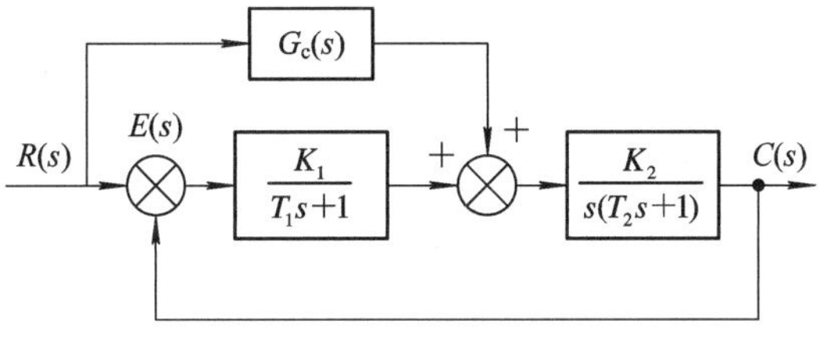

图 6-30　系统结构图

要求：

(1) 选择前馈补偿方案和参数；

(2) 对系统稳态误差进行分析。

解　(1) 根据式(6-27)，有

$$G_c(s) = \frac{1}{G_2(s)} = \frac{s(T_2s+1)}{K_2} = \frac{T_2s^2}{K_2} + \frac{1}{K_2}s = \lambda_2 s^2 + \lambda_1 s$$

如果取 $\lambda_2 = \frac{T_2}{K_2}$，$\lambda_1 = \frac{1}{K_2}$，则由输入信号的一阶微分与二阶微分构成完全补偿。

如果取 $\lambda_2 = 0$，$\lambda_1 = \frac{1}{K_2}$，则仅由输入信号的一阶微分构成近似补偿。

(2) 误差分析。选择 $\lambda_2 = \frac{T_2}{K_2}$，$\lambda_1 = \frac{1}{K_2}$，则 $E(s)\equiv 0$，复合校正系统对任何形式的输入信号均不产生误差。

选择 $\lambda_2=0$，$\lambda_1=\dfrac{1}{K_2}$，由于闭环传递函数为

$$\Phi(s)=\frac{G_1(s)G_2(s)+G_c(s)G_2(s)}{1+G_1(s)G_2(s)}$$

可以求出等效开环传递函数为

$$G(s)=\frac{\Phi(s)}{1-\Phi(s)}=\frac{G_2(s)[G_1(s)+G_c(s)]}{1-G_2(s)G_c(s)}=\frac{\dfrac{1}{T_2}(T_1s^2+s+K_1K_2)}{s^2(T_1s+1)}$$

由上式可以看出，等效开环传递函数中有两个积分环节，因此，具有Ⅱ型无差度，可以实现在输入斜坡信号时误差为零，可见系统的无差阶数提高了一阶，所以系统的精度显著提高。结论是利用前馈校正可以显著减小系统对输入信号的原理性误差。

二、对干扰补偿的前馈(顺馈)校正

设对干扰补偿的复合控制系统如图 6-31 所示。图中 $G_1(s)$为反馈控制系统的控制器 $G_2(s)$为固有特性，$G_n(s)$为扰动至输出间的传递函数，$G_c(s)$为干扰前馈补偿器(校正装置)。由图可知，系统的输出量为

$$C_n(s)=\Phi_n(s)N(s)=(G_n(s)+G_c(s)G_1(s))\frac{G_2(s)}{1+G_1(s)G_2(s)}N(s)$$

$$=\left(1+\frac{G_c(s)G_1(s)}{G_n(s)}\right)\frac{G_n(s)G_2(s)}{1+G_1(s)G_2(s)}N(s) \tag{6-29}$$

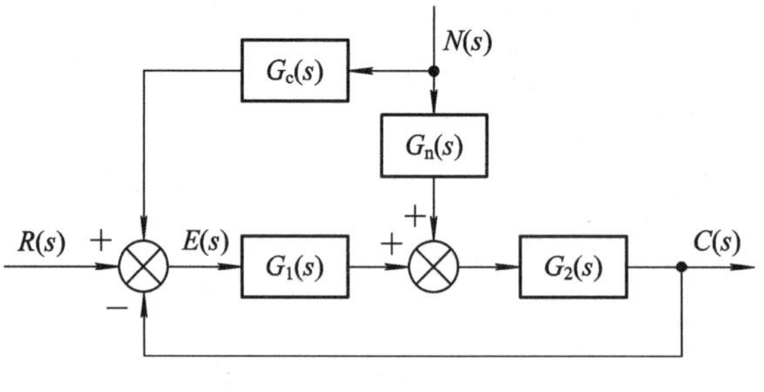

图 6-31　对扰动前馈补偿的复合控制结构图

如果选择前馈补偿装置 $G_c(s)$的传递函数为

$$G_c(s)=-\frac{G_n(s)}{G_1(s)} \tag{6-30}$$

则可使 $\Phi_n(s)=0$，$C_n(s)=0$ 及 $E(s)=0$，此时系统的输出完全不受扰动 $N(s)$的影响，即称为系统对干扰实现了完全不变性，也就是干扰对系统的正常输出不构成任何影响。式(6-30)称为对干扰误差的全补偿条件。实际上，系统很难对扰动实现完全不变性。如果选择 $G_c(0)=-\lim\limits_{s\to 0}\dfrac{G_n(s)}{G_1(s)}$，即系统在扰动 $n(t)$作用下的输出响应的稳态值 $C_n(\infty)=0$，则称系统对扰动实现了静态不变性。

例 6-8　设对干扰补偿的复合控制系统如图 6-32 所示。图中，K_1 为综合放大器的传递函数，$\dfrac{1}{T_1s+1}$为滤波器的传递函数，$N(s)$为负载转矩干扰。

要求：

(1) 计算系统干扰作用下的闭环传递函数 $\Phi_n(s)$；

(2) 设计前馈补偿装置 $G_n(s)$，使系统输出不受干扰影响。

解　(1) 对比图 6-31 可知，系统对干扰 $N(s)$的输出为

$$C_n(s)=\left(1+\frac{G_c(s)G_1(s)}{G_n(s)}\right)\frac{G_n(s)G_2(s)}{1+G_1(s)G_2(s)}\cdot N(s)$$

故干扰作用下的闭环传递函数 $\Phi_n(s)$为

$$\Phi_n(s)=\frac{C_n(s)}{N(s)}=\left(1+\frac{G_c(s)G_1(s)}{G_n(s)}\right)\frac{G_n(s)G_2(s)}{1+G_1(s)G_2(s)}$$

由图 6-32 可得

$$\Phi_n(s)=\frac{(K_s(T_1s+1)+K_1G_c(s))K_2}{s(T_1s+1)(T_2s+1)+K_1K_2}$$

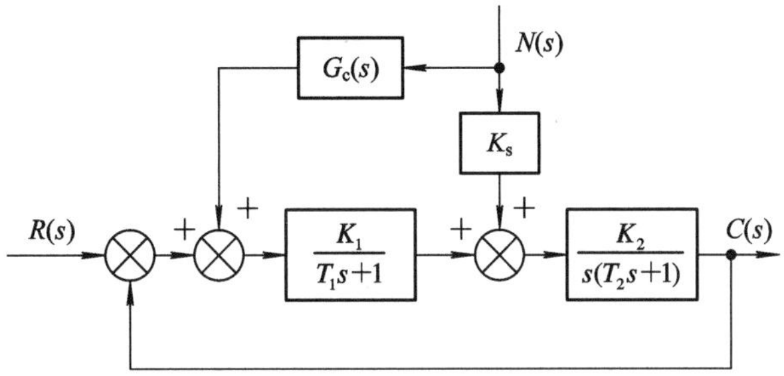

图 6-32　带前馈补偿的随动系统

(2) 令 $\Phi_n(s)=0$，可得

$$G_c(s)=-\frac{K_s}{K_1}(T_1s+1)$$

或由全补偿条件 $G_c(s)=-\dfrac{G_n(s)}{G_1(s)}$，可得

$$G_c(s)=-\frac{K_s}{K_1}(T_1s+1)$$

系统输出便可不受负载转矩干扰的影响。若取 $G_c(s)=-\dfrac{K_s}{K_1}$，即 $G_c(s)=-\lim\limits_{s\to0}\dfrac{G_n(s)}{G_1(s)}$，则在稳态时，系统输出完全不受扰动的影响，系统对干扰实现了稳态全实补偿，即静态不变性。它在物理原理上更容易实现。

第五节　控制系统的实验及传递函数估算

一、实验的重要性和目的

1. 重要性

在设计和研制自动控制系统的过程中，由于控制系统的复杂性，所以试验或实验是设计或使用控制系统不可缺少的一环。然而在设计过程中，往往有许多因素一开始是难以全

面考虑的，甚至有些元件的参数特性也难于用分析方法获得。因此，在设计中为了正确选择元件、系统参数及比较参数改变时对系统的影响，采用试验的方法解决是很有效的。由此可见，控制系统的试验对控制系统的研究和设计是非常重要的。

2. 目的

一般来说，设计一个自动控制系统，要经过以下几个步骤：

① 确定任务与收集所有可能的资料；

② 建立数学模型；

③ 分析系统的性能；

④ 确定来校正装置；

⑤ 验证；

⑥ 修正与调整设计，建立实际系统；

⑦ 整机调试。

在以上七个步骤中，除了第一步外，其余六步都与试验有关，而且每一步的试验目的是不同的。可归纳如下：

(1) 确定系统的数学模型。

(2) 选择合适的参数。

(3) 对控制系统设计作出粗略评价，以验证参数的选择、系统的假设和理论分析的有效程度。

(4) 验证系统能否在要求的负载条件、输入信号以及环境的条件下，满足规定的技术指标。

二、控制系统试验分类

控制系统因其配置、复杂程度、结构、用途以及职能的不同，而有各种各样的形式，因而试验种类也有多种。但是，无论系统为何种形式，总可以把控制系统的试验分为两大类：静态试验和动态试验。

(1) 静态试验是指控制系统在静态情况下，各种性能参数的测试与调整。包括的内容：测定元件的放大倍数及其非线性特性；对系统的绝缘检查；对系统各项误差或静态误差系数的测量。

(2) 动态试验是指控制系统对输入信号的响应特性以及动态参数的测试与调整。包括的内容：过渡过程品质的测试；频率特性的测试；时间常数的测试；等等。

三、控制系统实验方法

对控制系统的动态特性进行试验研究，若依所施加的输入信号，主要有时域法和频域法两种。这两种方法都是采用对系统施加一定的试验信号，然后测量系统的输出响应的手段进行的。时域法中，通常采用的试验信号为阶跃信号，而频域法中，通常采用的试验信号为正弦信号。然而，无论是时域法还是频域法，均可得出关于系统性能的同样结论。但比较起来，频域法试验利用简单的数据处理方法，就能看清楚系统各部分的影响效果和确定出改变系统参数的影响；而时域法试验则需要相当多的数据处理工作，但它的试验结果可以直接和时域特性指标比较。所以，在设计阶段常采用频率法试验，在系统性能测试阶段多采用时域法试验。

四、传递函数估算

1. 由控制系统的开环波德图确定开环增益 K

设最小相位系统的开环频率特性为

$$G(\mathrm{j}\omega)=\frac{K\{(1+\mathrm{j}\tau_a(\omega)\cdots[(\mathrm{j}\omega\tau_1)^2+2\zeta\tau_1(\mathrm{j}\omega)+1]\cdots\}}{(\mathrm{j}\omega)^{\nu}\{(1+\mathrm{j}T_1\omega)\cdots[(\mathrm{j}T_a\omega)^2+2\zeta_a T_a(j\omega)+1]\cdots\}} \tag{6-31}$$

式中：K 为开环传递函数的总增益；ν 为开环系统所含积分环节的个数。

由式(6－31)可知，当 $\omega\to 0$ 时，即在低频段，该式可表示为

$$G(\mathrm{j}\omega)=\frac{K}{(\mathrm{j}\omega)^{\nu}} \tag{6-32}$$

由此可见，开环增益 K 可由对数幅频特性曲线来确定，同时也可确定积分环节的个数 ν。

1) $\nu=0$(0 型系统)

根据前几章讨论的内容可知，当 $\nu=0$ 时，系统的位置误差系统 K_p 等于系统的开环增益 K，即 $K=K_p$。因此，求出系统的 K 值，就可知道该系统的稳态误差。

当 $\nu=0$ 时，式(6－32)可表示成

$$G(\mathrm{j}\omega)=K$$

故

$$20\ \lg|G(\mathrm{j}\omega)|=20\ \lg K-20\ \lg\omega \tag{6-33}$$

因此，对 0 型系统而言，其低频段的渐近线必然是一条平行于 0 dB 线的一条水平线，且幅值为 20 lg$K$ dB，如图 6－33 所示。

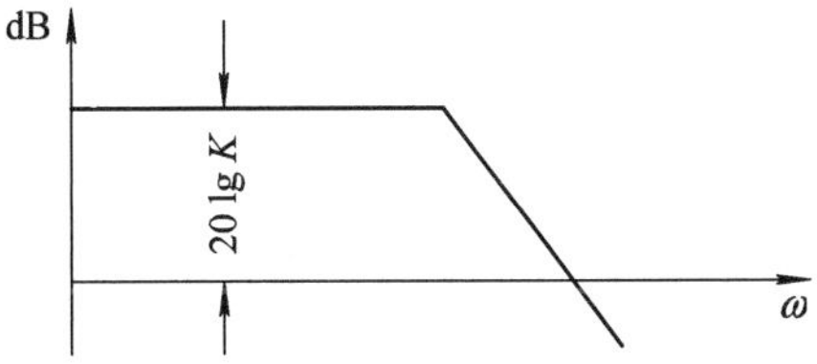

图 6－33　$\nu=0$ 系统的对数幅频特性图

K 值可以从图 6－33 中量取，并代入式(6－33)中求出。

2) $\nu=1$(Ⅰ型系统)

同理，$\nu=1$ 时，系统的速度误差系数 K_v 就是系统的开环增益 K，即 $K_v=K$。因此，已知 K，就可求得系统的稳态误差。

对Ⅰ型系统来说，系统的对数幅频特性曲线在低频段会有两种情况，如图 6－34 所示。

当 $\nu=1$ 时，式(6－27)可表示为

$$G(\mathrm{j}\omega)=\frac{K}{\mathrm{j}\omega}$$

故

$$20\ \lg|G(\mathrm{j}\omega)|=20\ \lg K-20\ \lg\omega \tag{6-34}$$

因此，Ⅰ型系统低频段的渐近线是一条斜率为－20 dB/dec 的直线，如图 6－34 所示。根据式(6－34)可知，当 $\omega=K$ 时，$20\ \lg|G(\mathrm{j}\omega)|=0$，此时，低频段渐近线与 0 dB 线相交(如图

6－34(a))或低频段渐近线的延长线与 0 dB 线相交(如图 6－34(b))。另外，从式(6－29)中还可看出，当 $\omega=1$ 时，$20\lg|G(j\omega)|=20\lg K$，此时，低频段渐近线或它的延长线在频率为 1 时的幅值为 $20\lg K$，如图 6－34 所示。由此可见，在系统的波德图上求取 K 值有两种方法。

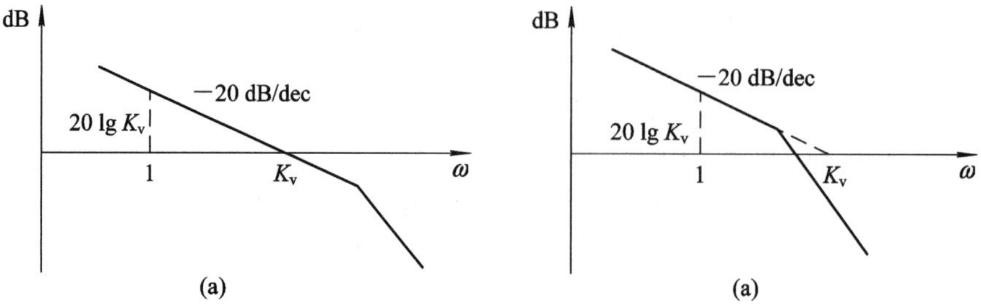

图 6－34　$\nu=1$ 系统对数幅频特性图

3) $\nu=2$(Ⅱ型系统)

同理，$\nu=2$ 时，系统的加速度误差系数 K_a 就等于系统开环增益系数 K，即 $K=K_a$。因此，只要求得系统的 K 值，则系统的稳态误差便可得到。

同样，对Ⅱ型系统而言，系统开环增益系数 K 也有两种求取的方法，如图 6－35 所示。

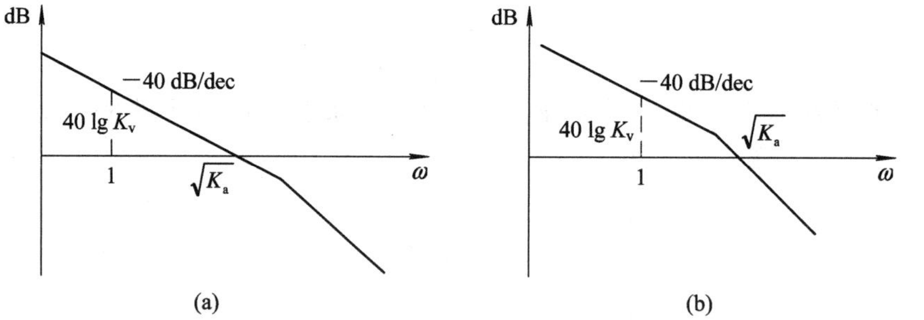

图 6－35　$\nu=2$ 系统对数幅频特性图

由式(6－28)可知，当 $\nu=2$ 时，可得

$$G(j\omega)=\frac{K}{(j\omega)^2}$$

故

$$20\lg|G(j\omega)|=20\lg K-40\lg\omega \tag{6-35}$$

因此，Ⅱ型系统低频段的渐近线是一条斜率为－40 dB/dec 的直线，如图 6－35 所示。根据式(6－35)可知，当 $\omega=\sqrt{K}$ 时，$20\lg|G(j\omega)|=0$，这表明Ⅱ型系统的低频渐近线与 0 dB 线相交(如图 6－35(a)所示)，或者系统的低频渐近线的延长线与 0 dB 线相交(如图 6－35(b)所示)。另外，从式(6－30)还可知道，在 $\omega=1$ 时，$20\lg|G(j\omega)|=40\lg K$，这表明低频段渐近线或它的延长线在频率为 1 时的幅值为 $20\lg K$。如图 6－35 所示。

由以上分析可知，只要通过试验方法测得系统的开环波德图，那么开环对数幅频特性起始段(即 $\omega\to 0$ 时)渐近线的斜率决定了系统的型数，即 ν 值；再由系统的 ν 值，就可在已知的波德图上求取 K 值。

2. 根据系统的波德图来估算传递函数

当控制系统的传递函数无法用解析法确定时，可通过试验法来确定，具体步骤如下：

(1) 在可测试的频率范围内，测量系统的幅值比和相位移。

(2) 根据所测得的数据，画出波德图。

(3) 在波德图上，画出试验曲线渐近线，将各渐近线连接起来，就可构成系统渐近对数幅频特性曲线。

注意：渐近线的斜率应为 $20n$ dB/dec，其中，$n=0$，±1，±2，±3，…。

(4) 在符合要求的渐近对数幅频特性曲线上，将各段渐近线的转折频率 ω_1、ω_2、…、ω_n 按由小到大的顺序标在 ω 轴上。

(5) 由所画出的渐近对数幅频特性曲线起始段斜率确定积分环节的个数 ν。

(6) 根据积分环节的个数 ν，求出系统的增益 K。

(7) 根据典型环节对数幅频特性的特点，求得系统的传递函数。

(8) 根据试验所测得的对数相频特性曲线来验证所求得的传递函数。

应当注意，求得的传递函数的对数相频曲线与试验曲线应该基本上一致。这两条曲线在低频和高频段应当严格相符。如果在比最高的转折频率高 10 倍频程的频率上，实验所得的相角不等于 $-\pi/2(n-m)$（n、m 分别为系统传递函数分母和分子的阶次），则被测系统肯定不是最小相位系统，而是非最小相位系统，而且系统中必含有延迟环节。因为含有一阶不稳定环节系统的对数幅频特性是无法测得的。

如果在高频区，按最小相位系统对待所得到的传递函数的相位与实验所得相位不符，两者差一个恒定的相角变化率，那么系统中必含有一个延迟环节。因为延迟环节的相频特性为 $\varphi(j\omega)=-\tau\omega$。

第六节　利用 MATLAB 进行控制系统校正

控制系统的校正是改善系统性能的必要手段，借助于 MATLAB 软件能够高效获取校正后系统的性能，因此具有重要的工程实用性。本节介绍如何利用 MATLAB 软件实现基于频率响应法的控制系统校正问题。

例 6-9　某受控对象的传递函数为 $G(s)=\dfrac{16}{s(s+2.8)}$，设计串联校正装置，使控制系统的相角裕度大于 50°，并且单位速度信号跟踪时稳态误差小于 0.1。

解

$$G(s)=\frac{16}{s(s+2.8)}=\frac{5.71}{s(0.36s+1)}$$

为了满足控制系统单位速度信号跟踪时静态误差小于 0.1 的要求，将被控对象附加到放大器后形成新的被控对象 $G_o(s)=\dfrac{15}{s(0.36s+1)}$。

计算此时系统的稳定裕度，输入如下 MATLAB 命令：

```
sysG=tf(15,[0.36  1  0]);
[Gm,Pm,Wcg,Wcp]=margin(sysG),
```

运行后可得

Gm=

　　Inf

Pm=

　　24.2619

Wcg=

　　Inf

Wcp=

　　6.1630

可知系统的相角裕度只有 24.2619°，不满足性能指标要求。为此，对系统进行串联超前校正，校正后的结构图如图 6-36 所示，其中校正装置的传递函数为

$$G_c(s) = \frac{\alpha Ts + 1}{Ts + 1}$$

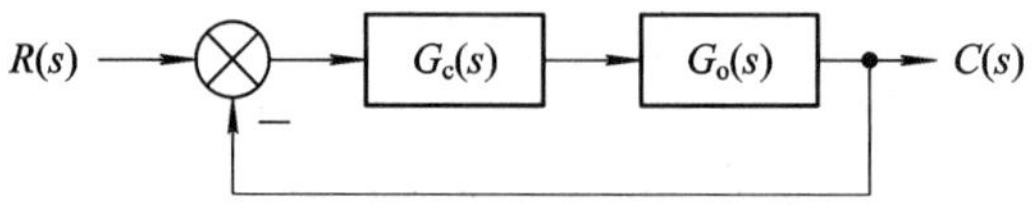

图 6-36　串联校正后系统的结构图

根据串联校正的步骤，可知对本系统需要超前校正网络增加的超前相角为 50－24.3＋5＝30.7°，从而确定超前校正网络的系数。按照如下命令：

```
thetam=31;
alpha=(1+sin(thetam*pi/180))/(1-sin(thetam*pi/180));
```

运行后可得

alpha=

　　3.1240

为了便于计算，取 $\alpha=4$，因此可知超前校正网络的最大超前频率 ω_m 为

$$\omega_m = \frac{1}{\sqrt{\alpha}T} = \frac{1}{\sqrt{4}T} = \frac{0.5}{T}$$

因超前校正网络在最大超前频率处有 $20\lg|G_c(\omega_m)| = 10\lg\alpha$ 的增益，利用如下命令计算出该值为 6.02 dB。

```
dltdb=10*log10(4)
```

进而从系统的 Bode 图上(见图 6-37)找到对应－6.02 dB 的频率，令校正环节的 ω_m 与之对应。

由图 6-37 可知，$\omega_m=\dfrac{0.5}{T}=8.92$，$T=0.0561$。

按照如下命令求超前校正网络的传递函数：

```
Gc=tf([alpha*T  1],[T,1])
```

运行可得

Transfer function:

0.2242s+1

0.05605s+1

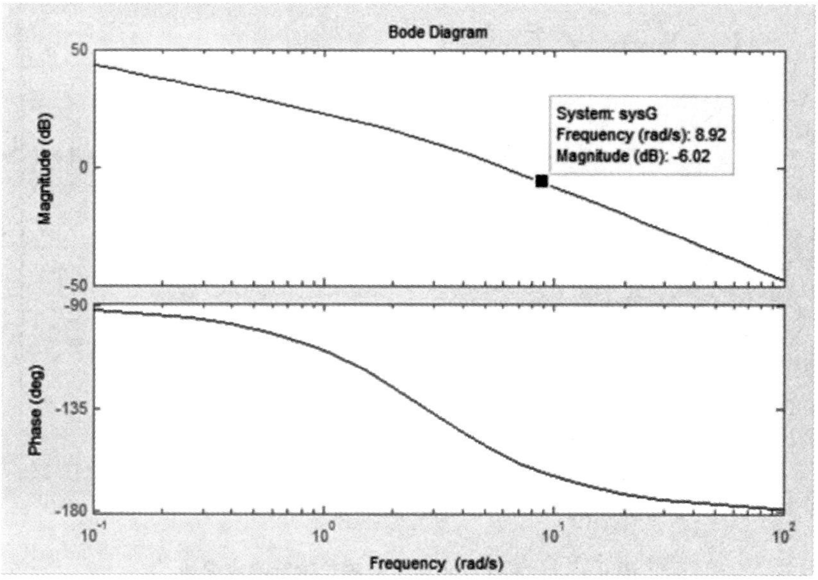

图 6-37　在原系统的 Bode 图上寻找 ω_m

校正后控制系统的的开环传递函数为

G=series(Gc, sysG)

Transfer function:

2.627s+15

0.02018s^3+0.4161s^2+s

进一步分析其 Bode 图和阶跃响应曲线如图 6-38 和图 6-39 所示，满足性能要求。

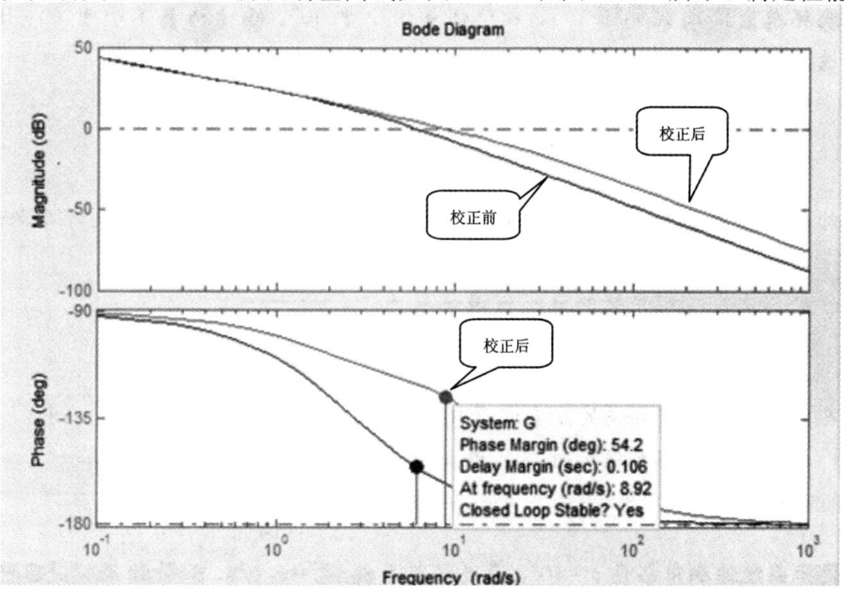

图 6-38　系统校正前后的 Bode 图和相角裕度

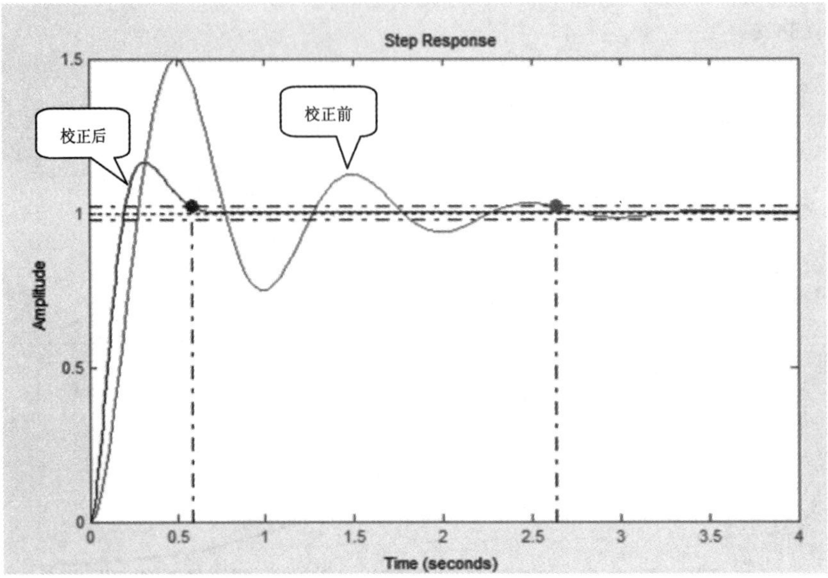

图 6-39　系统校正前后的单位阶跃响应曲线

【习　　题】

6-1　试论述超前、滞后和滞后-超前校正的特点和优缺点。

6-2　单位反馈系统的开环传递函数为

$$G_o(s)=\frac{K}{s(0.5s+1)}$$

若要使系统环放大倍数 $K=20\ 1/s$，相位裕量不小于 $50°$，幅值裕量不小于 10 dB，试设计系统超前校正装置。

6-3　单位反馈系统的开环传递函数为

$$G_o(s)=\frac{K}{s^2(0.2s+1)}$$

要使系统的相角裕量 $\nu=35°$，系统的加速度误差系数 $K_a=10\ 1/s$，试设计串联超前校正装置。

6-4　单位反馈控制系统的开环传递函数为

$$G(s)=\frac{200}{s(0.1s+1)}$$

试设计一个校正装置，使系统的相角裕量不小于 $45°$，截止频率不低于 50 rad/s。

6-5　单位反馈控制系统的开环传递函数为

$$G_o(s)=\frac{K}{s(s+1)(0.2s+1)}$$

(1) 要使系统的相角裕量 $\nu=40°$，速度误差系数 $K_v=8\ 1/s$，试设计串联滞后校正装置；

(2) 比较校正前系统和校正后系统的增益交界频率，说明校正装置的主要作用。

6－6　设控制系统的结构图如图6－40所示。

要使系统在测速反馈校正后，系统过渡过程的峰值时间 $t_p=1$ s，超调量 $\sigma\%=20\%$，试确定校正前系统的开环增益 K 和测速反馈系数 K_t'。

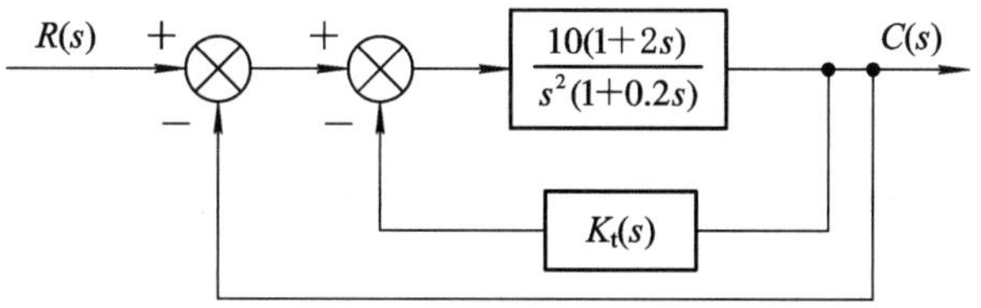

图 6－40　控制系统的结构图

6－7　单位反馈系统的前向通道传递函数为

$$G_o(s)=\frac{28(1+0.05s)}{s(s+1)}$$

若要求校正后的系统为临界阻尼系统，试确定能实现临界阻尼的局部速度反馈回路的速度反馈系数 $b(\zeta=1)$。

6－8　设单位反馈控制系统的开环传递函数为

$$G_o(s)=\frac{10}{s(0.2s+1)(0.5s+1)}$$

要求校正后系统的相角裕量 $\gamma=65°$，幅值裕量不小于 6 dB，试分别设计串联超前和滞后装置，并比较两种校正方式的特点。

6－9　图 6－41 所示为通过实验获得的对数幅频特性的近似渐近线，试确定系统的传递函数，并绘出其近似的相频特性曲线。(注：系统均为最小相位系统)

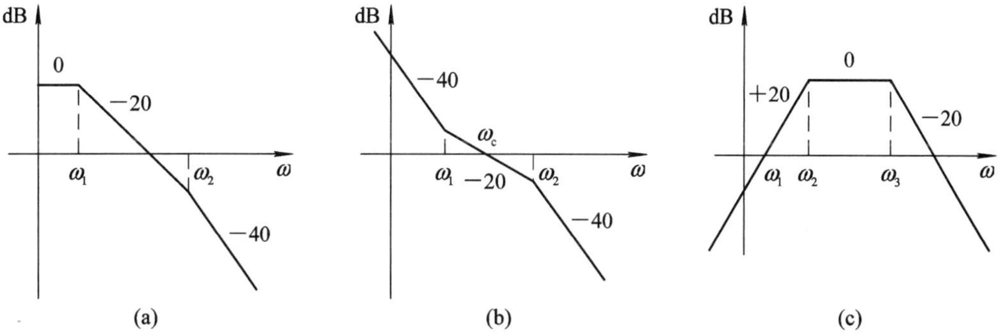

图 6－41

6－10　设最小相位系统其开环频率特性由实验测得如图 6－42 所示，并已用渐近线表示出，试求系统的开环传递函数，并分别绘出其近似的相频特性曲线。

6－11　已知某单位反馈的最小相位系统校正前和校正后的开环对数幅频特性曲线分别如图 6－43 中虚线和实线所示，试确定：

(1) 校正前及校正后系统开环传递函数；

(2) 校正装置的传递函数 $G_c(s)$，并画出 $G_c(s)$的所似对数幅频曲线；

(3) 校正前及校正后系统的相角裕度。

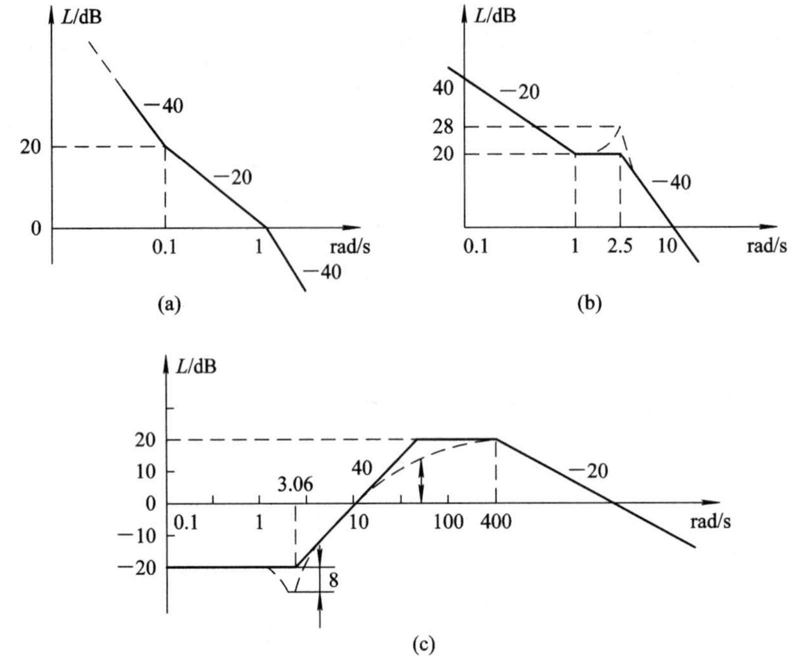

图 6-42

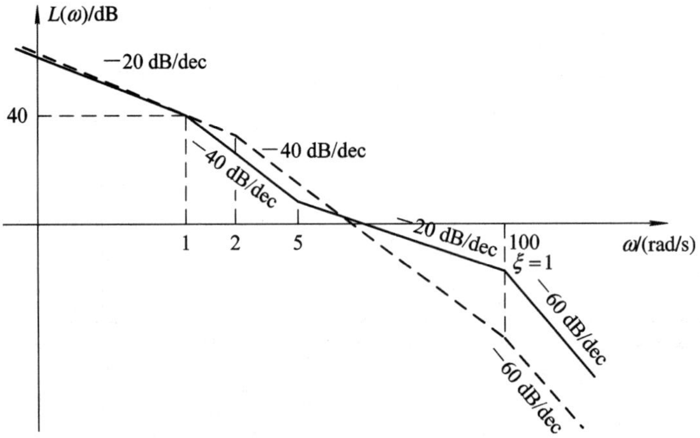

图 6-43

6-12　设某复合控制系统如图 6-44 所示。

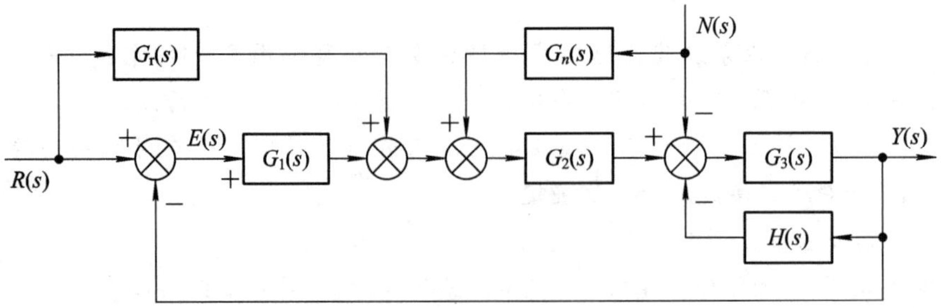

图 6-44

要求：

(1) 写出系统输出 $Y(s)$关于输入 $R(s)$的传递函数 $\Phi_r(s)$；

(2) 若要求实现系统对输入 $R(s)$的完全不变性，应如何选择前馈补偿装置 $G_r(s)$；

(3) 写出系统输出 $Y(s)$关于扰动 $N(s)$的传递函数 $\Phi_n(s)$；

(4) 若要求实现系统对扰动 $N(s)$的完全不变性，应如何选择顺馈补偿装置 $G_n(s)$。

第七章　非线性控制系统

在线性系统中，一般可采用传递函数、频率特性和脉冲响应等概念，同时由于线性系统的运动形式与输入大小和初始状态无关，因此通常在典型输入和零初始状态下对线性系统进行研究。在非线性系统中，因叠加原理不成立，所以研究线性系统的上述方法均不适用。目前普遍采用以下方法：对非本质非线性系统，先采用线性化方法进行研究分析，然后对研究结果加以修正；对本质非线性系统，工程上采用描述函数法和相平面分析法进行研究。描述函数法是一种近似的简化分析法，适用于任何阶的非线性系统。相平面分析法严密精确，但只适用于研究二阶及二阶以下的非线性系统。线性系统和非线性系统在稳定性方面有很大的区别，本章的重点是研究非线性系统的稳定性问题。

第一节　非线性系统的基本概念

前几章中，叙述的是线性控制系统的分析和计算方法。所谓线性系统，是指由线性常系数微分方程所描述的系统。尽管在工程实际中，各种控制系统及其组成元件大多数只是近似线性的，但只要系统不包含有特殊的本质的非线性元件，并且传输的信号也不太大，那么根据线性系统分析方法所得的结果，一般还是足够精确的。

当系统中包含有本质非线性元件，例如开关或继电器；或非线性结构因素，例如库仑摩擦、齿隙等；或者传输的信号过强，使某些元件的运行范围超出了工作特性的线性部分，例如饱和等。这时，再用线性分析方法来研究这些系统的性能，得出的结果往往与实际情况相差很远，甚至得出完全错误的结论。因此必须寻求研究非线性控制系统的方法。

图 7－1 表示控制电机的控制特性。如果控制电机工作在 A_1OA 区段，则可把它视为线性控制元件。如果工作电压加大到 $-U_B \sim U_B$，即电机工作在 B_1OB 区段，那么就不能再把控制电机作为线性元件来处理了，而必须视之为非线性元件，用非线性方法来处理。凡是包含非线性元件的控制系统，就称为非线性控制系统。

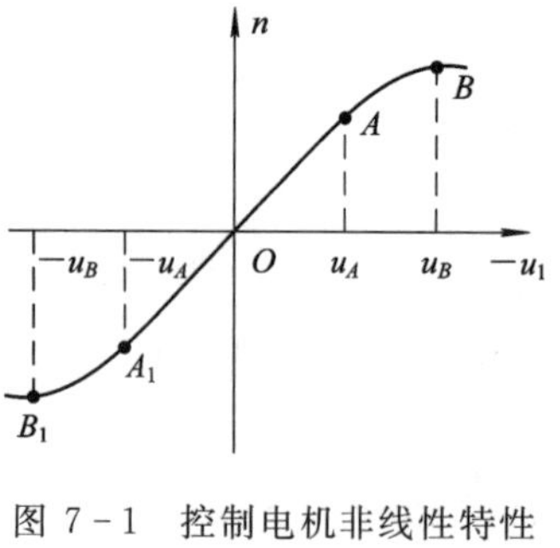

图 7－1　控制电机非线性特性

实际系统中的非线性因素是多种多样的。图 7-2 中表示了几种常见的非线性特性。如铁芯线圈的电流与磁链的磁化关系，以及晶体管放大器对小信号不敏感、大信号饱和的输入/输出曲线都如图 7-2(a)所示。机械传动中的齿轮减速器，由于齿轮之间存在间隙，当主动轮反转时，必须转过间隙的空行程后才能带动从动轮转动，则两转轴角的关系表现为图 7-2(b)所示的环状特性。图 7-2(c)、(d)表示的是继电器特性。

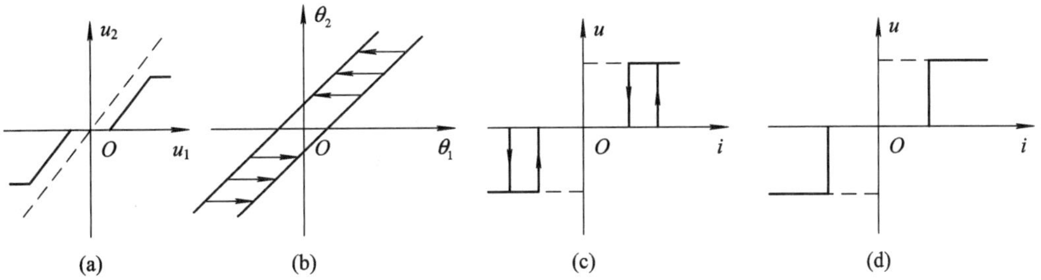

图 7-2　几种非线性特性

必须指出，非线性控制系统的分析方法，不像线性系统的分析方法那样完善、准确。本章介绍的描述函数法和相平面法，是目前较为流行的分析方法，能对非线性控制系统进行定性定量的分析与综合。

第二节　非线性系统的特性

一、非线性系统与线性系统的本质区别

非线性系统与线性系统主要有以下几点本质上的区别：

(1) 线性系统的稳定性仅取决于系统本身的结构和参数，与初始条件和输入信号无关；而非线性系统的稳定性，除了与系统本身的结构和参数有关系外，还依赖于初始条件和输入信号的性质，即非线性系统的稳定性因输入信号的大小和初始条件的不同而变化。

(2) 线性系统输入与输出的关系可用线性微分方程来描述，能用叠加原理进行分析；而非线性系统的输入与输出的关系要用非线性微分方程描述，不能用叠加原理来分析，稳定的非线性系统的响应形式因输入信号的大小和初始条件的不同会有显著变化。

(3) 从频域的观点出发，给线性系统输入一个正弦或余弦信号，则输出响应也是同一频率的正弦或余弦信号，不同的仅在于输出响应的振幅和相位是依系统特性和输入信号的频率而定。输入信号振幅的变化，仅使输出响应的振幅呈比例变化，而不影响其波形，即线性系统不会输出输入信号未包含的频率分量。但是，非线性系统则不然：输入一正弦信号，输出信号的波形不仅与系统特性有关，而且强烈地依赖于输入信号的大小，且输出信号常含有输入信号所没有的频率分量。

(4) 调换线性系统各串联环节的位置不影响分析结果，但在非线性系统中，非线性环节和线性环节的位置不能互相调换，否则会导致错误的结论。

二、极限环

在非线性系统中，常碰到自持振荡现象，即当没有周期输入信号时，在扰动的作用下，系统产生幅值和频率都固定的振荡。如果系统在非常微弱的扰动作用下便产生自持振荡，则称为弱自激，如图 7－3(a)所示。如果系统在大扰动作用下才产生自持振荡，则称为强自激，如图 7－3(b)所示。

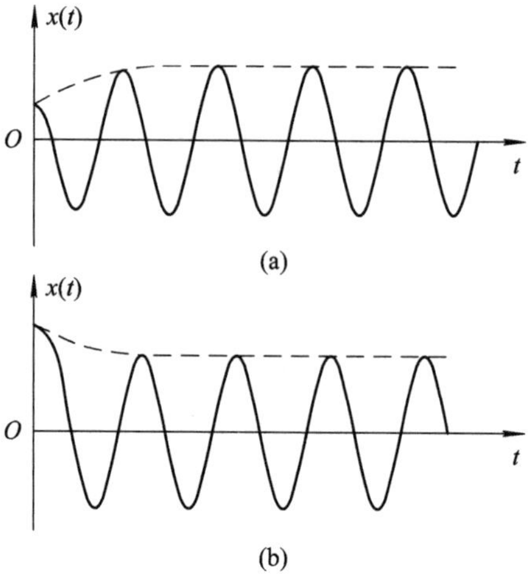

图 7－3　自持振荡

非线性系统的运动方程式为

$$m\ddot{x} - f(1 - x^2)\dot{x} + kx = 0 \tag{7-1}$$

称为万德波尔(Vanderpol)方程，式中 m、f、k 为正数。系统的阻尼是非线性的，当 $x<1$ 时，系统为负阻尼，从外部吸收能量；当 $x>1$ 时，系统是正阻尼，向外部发散能量。如果在一个周期中，系统吸收的能量和发散的能量相等，相当于无阻尼系统，则该系统就产生一个振幅和频率都不变的持续振荡。也就是说，不管给此系统的是一个小的初始扰动还是一个大的初始扰动，它最终都是稳定在某个振幅和频率上的持续振荡。在以系统的运动速度为纵坐标、以位移为横坐标的相平面图上，该振荡的相迹线最终稳定在连续包围原点的一个圆圈上，因此把自持振荡又称为极限环，其相平面图如图 7－4 所示。图中，A_1 为大扰动，A_2 为小扰动，关于相平面图在第四节还要详细讨论。

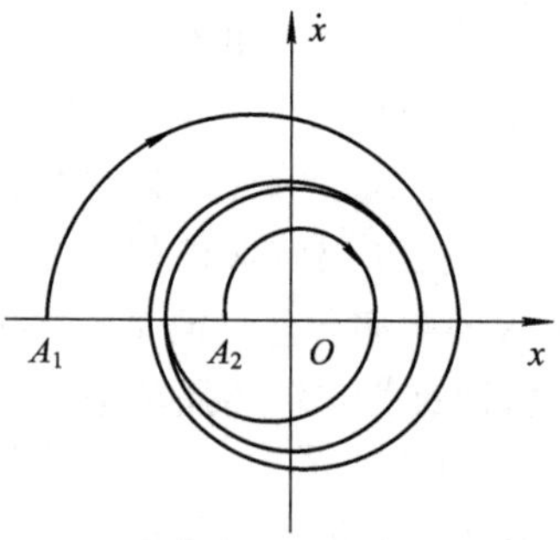

图 7－4　极限环

三、跳跃谐振

跳跃谐振特性出现在某些非线性系统的闭环响应中，如图 7-5 所示。系统的输入幅值不变，缓慢地改变频率 ω，在频率增加时，系统输出的幅值沿曲线 A—B—C—D 移动，频率降低时，沿曲线 D—E—F—A 移动。在 B 点和 E 点，频率稍有变化，系统输出的幅值就发生跳跃，这种现象称为跳跃谐振。这说明在 B 点和 E 点系统具有不稳定的平衡性质。应当指出，只是二阶以上的非线性控制系统才可能出现跳跃谐振。

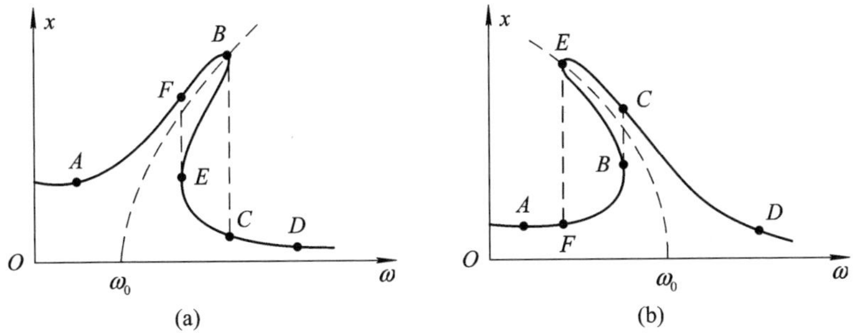

图 7-5　跳跃谐振

四、频率和振幅的依赖性

图 7-6 所示的系统，由质量为 m 的物体、阻尼系数为 f 的阻尼器和非线性弹簧组成。该系统的运动方程为

$$m\frac{\mathrm{d}^2x}{\mathrm{d}t^2}+f\frac{\mathrm{d}x}{\mathrm{d}t}+F(x)=0 \tag{7-2}$$

式中：x 表示物体的位移；$F(x)$表示非线性弹性力，$F(x)=kx+k'x^2$（k 表示正的实常数，k'表示非线性系数）。

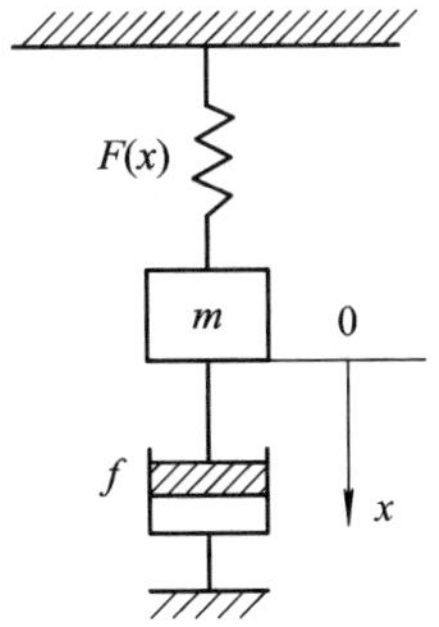

图 7-6　非线性振动系统

式(7-2)称为杜芬(Duffing)方程。它是一个非线性微分方程，其解为有阻尼的振荡。在实验中发现：当解的振荡幅值变化时，其振荡频率也发生变化，其响应特性如图 7-7 所示。

由图 7-7 可知：当 $k'>0$ 时，随着振幅的减小，振动的频率降低；当 $k'<0$ 时，随着振幅的减小，振动的频率变高；当 $k'=0$ 时，振动的频率与振幅无关，相当于一个线性系统。

这种振荡频率随振动振幅变化的关系是非线性振动形态最基本的特性之一，如图 7－8 所示。

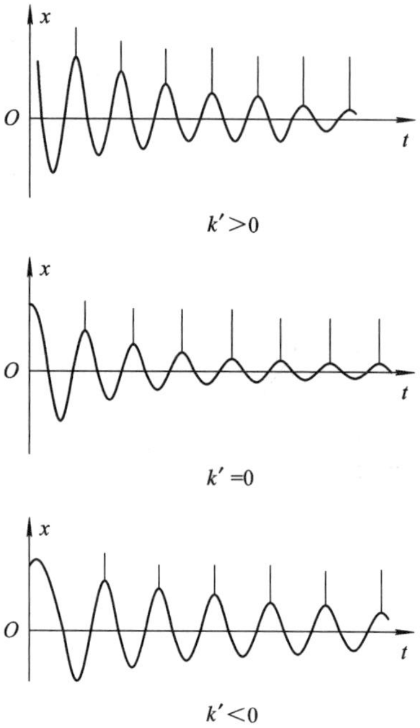

图 7－7　非线性振动响应曲线

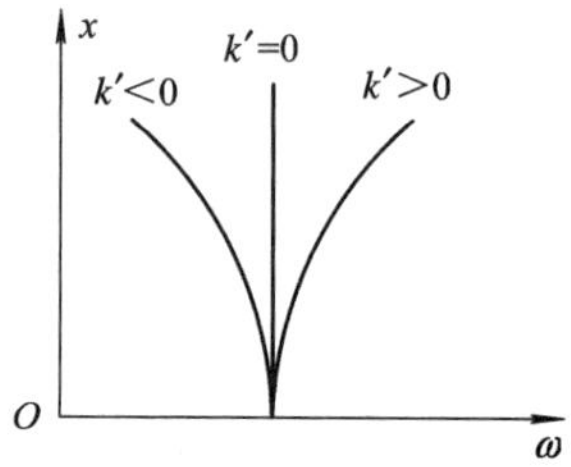

图 7－8　非线性振动频率与幅值的依赖关系

第三节　非线性特性的描述函数

描述函数法是在频域内分析非线性控制系统的一种近似方法。它将线性系统理论的频率分析法在一定条件下推广应用到非线性控制系统。该条件是，对一非线性环节输入一正弦信号，并用输出信号中的基波分量代替实际输出。这种条件对于一般的控制系统是正确的。因为在非线性元件输出信号中，高次谐波的振幅通常比基波分量要小，再加上系统的线性部分又大多具有低通滤波特性，所以高次谐波分量通过系统线性部分将衰减殆尽。

描述函数法主要用来分析非线性控制系统的稳定性，以及确定非线性系统自持振荡的幅值和频率。此方法不受控制系统阶数的限制，而且物理概念清楚，应用十分方便。描述函数法又称谐波平衡法或一次谐波法。

一、描述函数的定义

假定某非线性控制系统的方块图如图 7－9 所示。

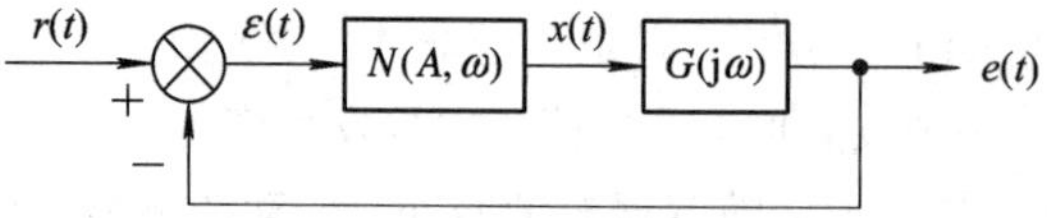

图 7－9　非线性控制系统

图中，$G(j\omega)$表示控制系统线性环节的频率特性，$N(A, \omega)$表示非线性环节的描述函数。假定非线性环节的输入信号为

$$e(t) = A\sin\omega t \tag{7-3}$$

那么输出信号$x(t)$必定为一非正弦的周期函数。

将周期函数$x(t)$展开为傅立叶级数

$$x(t) = \frac{A_0}{2} + \sum_{n=1}^{\infty}(A_n\cos n\omega t + B_n\sin n\omega t) = A_0 + \sum_{n=1}^{\infty}x_n\sin(n\omega t + \varphi_n) \tag{7-4}$$

式中：

$$\begin{cases} A_n = \dfrac{1}{\pi}\displaystyle\int_0^{2\pi}x(t)\cos n\omega t\,\mathrm{d}(\omega t) \\ B_n = \dfrac{1}{\pi}\displaystyle\int_0^{2\pi}x(t)\sin n\omega t\,\mathrm{d}(\omega t) \\ A_0 = \dfrac{1}{\pi}\displaystyle\int_0^{2\pi}x(t)\,\mathrm{d}(\omega t) \\ x_n = \sqrt{A_n^2 + B_n^2} \\ \varphi_n = \arctan\dfrac{A_n}{B_n} \end{cases} \tag{7-5}$$

$$(n = 1, 2, \cdots, \infty)$$

由于大多数非线性输出特性是对称的，所以$A_0=0$，这时输出信号$x(t)$的基波分量为

$$\begin{aligned} x_1(t) &= A_1\cos\omega t + B_1\sin\omega t \\ &= x_1\sin(\omega t + \varphi_1) \end{aligned} \tag{7-6}$$

式中：

$$\begin{cases} A_1 = \dfrac{1}{\pi}\displaystyle\int_0^{2\pi}x(t)\cos\omega t\,\mathrm{d}(\omega t) \\ B_1 = \dfrac{1}{\pi}\displaystyle\int_0^{2\pi}x(t)\sin\omega t\,\mathrm{d}(\omega t) \\ x_1 = \sqrt{A_1^2 + B_1^2} \\ \varphi_1 = \arctan\dfrac{A_1}{B_1} \end{cases} \tag{7-7}$$

若在非线性元件的输入端作用一正弦信号$A\sin\omega t$，则输出信号的基波分量$x_1\sin(\omega t+\varphi_1)$与输入信号的复数比称为该非线性元件的描述函数，记为

$$N(A, \omega) = \frac{x_1}{A}\angle\varphi_1 = \frac{\sqrt{A_1^2 + B_1^2}}{A}\angle\arctan\frac{A_1}{B_1} \tag{7-8}$$

式中：$N(A, \omega)$表示描述函数；A表示输入信号振幅；x_1表示输出基波分量的振幅；φ_1表示输出基波分量的相位移。

由式(7-8)可知，描述函数是输入振幅为A和频率为ω的复函数。但若非线性元件中不包含储能元件，那么，它仅是输入幅值的函数。所以有时也将描述函数记为$N(A)$。

由描述函数定义可知，采用描述函数法分析非线性控制系统必须满足两个条件。首先，非线性特性输出中的高次谐波振幅较小；其次，线性部分具有低通滤波性能。一般说来，系统阶次愈高，低通滤波性能愈好，分析结果的准确度也愈高；反之，分析结果的误差

就愈大，甚至会得出错误的结论。

尽管描述函数是非线性特性经过谐波线性化处理之后得到的，但本质上不同于小干扰线性化，也不同于线性部件。线性部分的频率特性和输入正弦信号的振幅绝不相关，而描述函数则是输入正弦信号振幅的函数。因此，描述函数的建立只是形式上借用了线性系统的频率响应，而其实质还是保留了非线性的基本特征，这是非线性理论中的一个重要的概念。

二、典型非线性特性的描述函数

在自动控制系统中，经常会遇到的典型的非线性特性有死区非线性、饱和非线性、继电器非线性以及齿隙、库仑摩擦和静摩擦所引起非线性的特性，下面分别介绍各种典型非线性的特性，并推导它们的描述函数，目的在于使读者能够掌握常用的非线性特性，并学会计算一般非线性环节的描述函数。

1. 死区非线性

死区非线性的静特性如图 7-10 所示，其输出的一般表达式如下：

$$x(t)=\begin{cases}0 & (|e(t)|\leqslant a)\\ k[e(t)-a\ \mathrm{sign}e(t)] & (|e(t)|>a)\end{cases} \tag{7-9}$$

式中：a 表示死区宽度；k 表示线性输出特性的斜率；当 $e(t)>0$ 时，$\mathrm{sign}e(t)=+1$；当 $e(t)<0$ 时，$\mathrm{sign}e(t)=-1$。

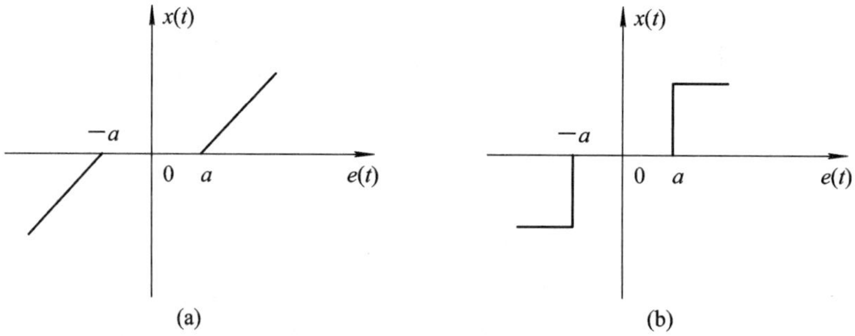

图 7-10　死区非线性

这类特性表示输入信号在零值附近变化时，元件无信号输出，只有当输入信号超过死区范围时，系统才有输出，死区以外的特性可以是线性的(见图 7-10(a))，也可以是继电器式的(见图 7-10(b))。控制电机的死区电压，测量元件的不灵敏区及库仑摩擦的特性都属于这一类非线性特性。在自动控制系统中，死区特性的存在，将引起系统的静态误差，但对系统的稳定性则是有利的。

以下推导死区的描述函数。

死区的特性及输入/输出波形如图 7-11 所示。当输入信号为 $e(t)=A\sin\omega t$ 时，输出的周期函数表达式为

$$x(t)=\begin{cases}0 & (0\leqslant\omega t<\alpha_1)\\ k(A\sin\omega t-a) & (\alpha_1\leqslant\omega t\leqslant\pi-\alpha_1)\\ 0 & (\pi-\alpha_1<\omega t\leqslant\pi)\end{cases} \tag{7-10}$$

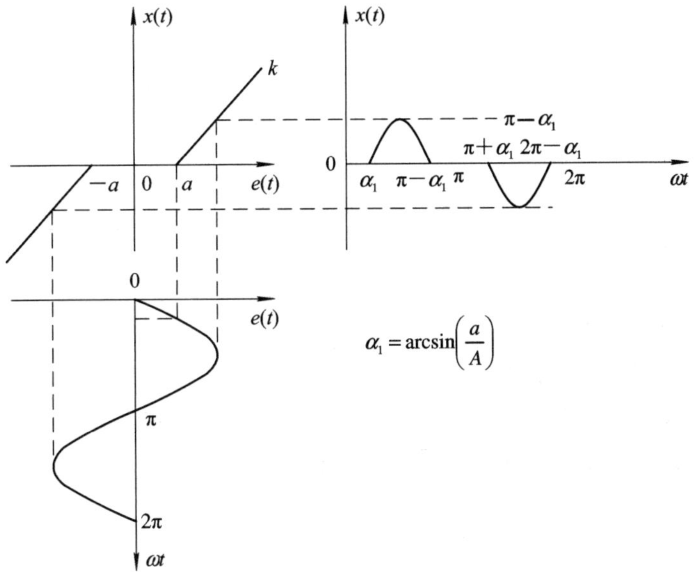

图 7-11　死区特性及输入、输出波形

由于 $x(t)$是奇函数，式(7-10)仅给出了 0～π 的 $x(t)$表示式，且 $A_0=0$，$A_1=0$，即

$$B_1=\frac{1}{\pi}\int_0^{2\pi}x(t)\sin\omega t\,d(\omega t)=\frac{4}{\pi}\int_0^{\frac{\pi}{2}}x(t)\ \sin\omega t\,d(\omega t)$$

$$=\frac{4}{\pi}\int_{\alpha_1}^{\frac{\pi}{2}}k(A\ \sin\omega t-a)\sin\omega t\,d(\omega t)$$

$$=\frac{2kA}{\pi}\left[\frac{\pi}{2}-\arcsin\frac{a}{A}-\frac{a}{A}\sqrt{1-\left(\frac{a}{A}\right)^2}\right]\tag{7-11}$$

$$x_1(t)=x_1\sin(\omega t+\varphi_1)=B_1\ \sin\omega t$$

故描述函数为

$$N(A)=\frac{x_1}{A}=\frac{B_1}{A}$$

$$=\frac{2k}{\pi}\left[\frac{\pi}{2}-\arcsin\frac{a}{A}-\frac{a}{A}\sqrt{1-\left(\frac{a}{A}\right)^2}\right]\tag{7-12}$$

上式说明，死区特性的描述函数是输入幅值的实函数，并与输入频率无关。以 a/A 为自变量，$N(A)/k$ 为因变量，则死区描述函数的特性如图 7-12 所示。当 $a/A\geqslant 1$ 时，$N(A)=0$，系统无输出；当 $a/A\ll 1$ 时，$N(A)\approx k$，即当输入幅值很大或死区宽度很小时，死区的影响可以忽略。

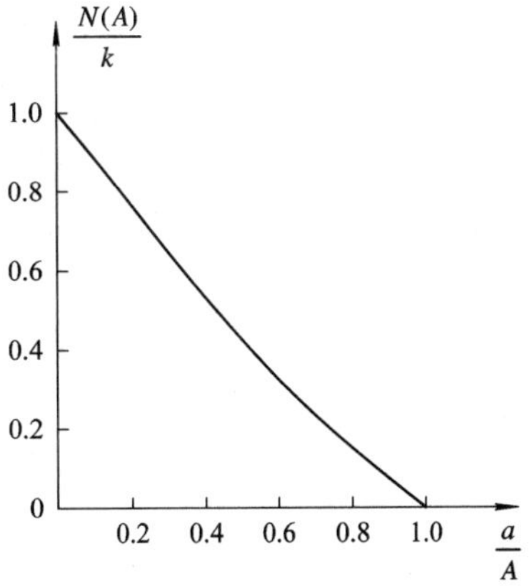

图 7-12　死区非线性描述函数

2. 饱和非线性

饱和非线性的静特性如图 7-13 所示，其输入/输出关系式为

$$x(t)=\begin{cases} ke(t) & |e(t)|\leqslant a \\ ka\ \mathrm{signe}(t) & |e(t)|>a \end{cases} \tag{7-13}$$

式中：a 表示线性区宽度；k 表示线性区斜率。

饱和非线性是对实际饱和特性的理想化。输入超出线性范围后，输出信号不再随输入信号的变化而变化，而保持为某一常值。放大器的饱和输出特性、在大控制电压下运行的控制电机的转速特性、液压调节阀具有的行程限制的特性和功率限制的特性都属于饱和非线性。当控制系统中有饱和非线性时，使系统在强信号作用下的等效放大倍数降低，从而引起系统过渡过程增长和稳态误差增加，动态性能变坏。需要指出，在有些系统中，饱和非线性是作为有利因素加以利用的，如功率限制和行程限制就是用来保证系统能在额定和安全状态下运行的。

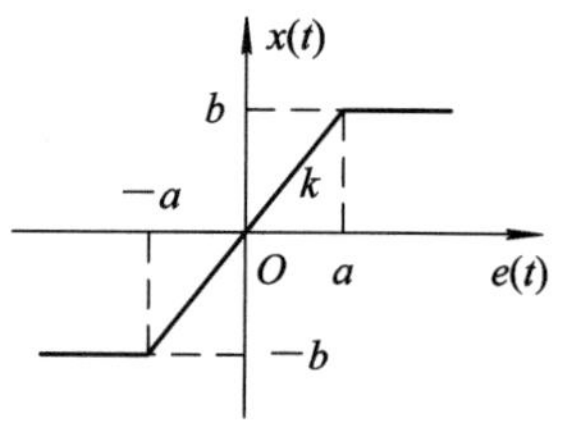

图 7－13　饱和非线性

以下推导饱和非线性的描述函数。

饱和非线性输入、输出特性及输入、输出波形如图 7－14 所示。当输入 $e(t)=A\sin\omega t$ 时，输出的表达式为

$$x(t)=\begin{cases} kA\sin\omega t & (0\leqslant\omega t<\alpha_1) \\ ka & (\alpha_1\leqslant\omega t\leqslant\pi-\alpha_1) \\ kA\sin\omega t & (\pi-\alpha_1<\omega t\leqslant\pi) \end{cases} \tag{7-14}$$

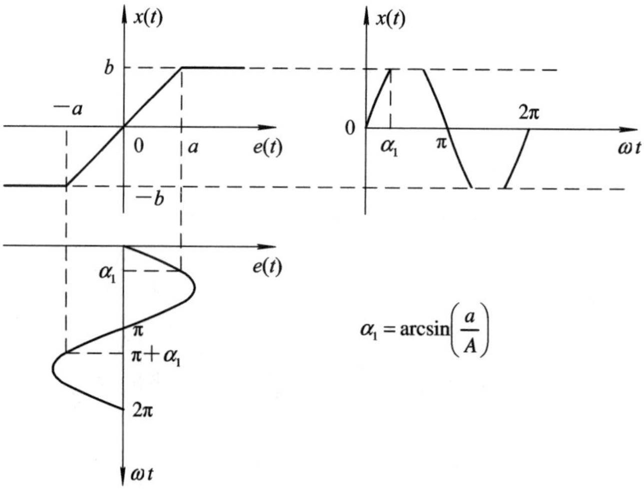

图 7－14　饱和非线性特性及输入、输出波形

由图 7－13 可知，输出函数 $x(t)$ 为奇函数，有 $A_0=A_1=\varphi_1=0$，而 $x(t)$ 的基波分量为

$$x_1(t)=B_1\sin\omega t$$

$$\begin{aligned} B_1 &= \frac{1}{\pi}\int_0^{2\pi}x(t)\sin\omega t\ \mathrm{d}(\omega t) \\ &= \frac{4}{\pi}\left[\int_0^{\alpha_1}kA\sin\omega t\sin\omega t\ \mathrm{d}(\omega t)+\int_{\alpha_1}^{\frac{\pi}{2}}ka\sin\omega t\ \mathrm{d}(\omega t)\right] \\ &= \frac{4}{\pi}\left[kA\cdot\frac{1}{2}\left(\alpha_1-\frac{1}{2}\sin 2\alpha_1\right)+ka\cos\alpha_1\right] \end{aligned} \tag{7-15}$$

将 $\alpha_1 = \arcsin(a/A)$ 代入式(7－15)，得

$$B_1 = \frac{2}{\pi}kA\left[\arcsin\frac{a}{A} + \frac{a}{A}\sqrt{1-\left(\frac{a}{A}\right)^2}\right] \quad (A \geqslant a)$$

因此，饱和非线性的描述函数为

$$N(A) = \frac{B_1}{A} = \frac{2k}{\pi}\left[\arcsin\left(\frac{a}{A}\right) + \frac{a}{A}\sqrt{1-\left(\frac{a}{A}\right)^2}\right] \quad (A \geqslant a) \tag{7-16}$$

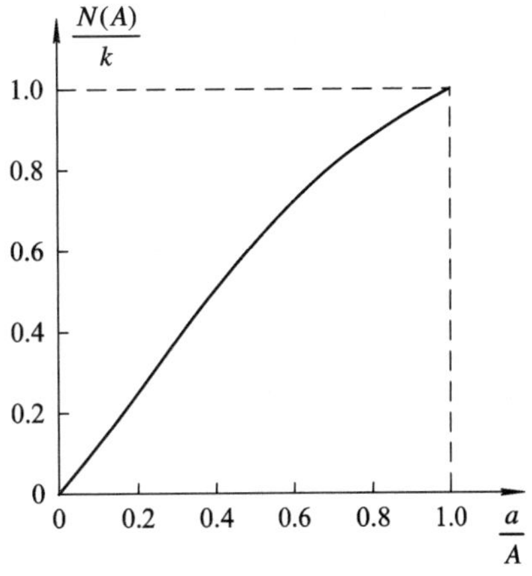

图 7－15　饱和非线性描述函数曲线

上式仅在 $A \geqslant a$ 时成立；如果 $A < a$，系统变为线性系统，即 $N(A) = k$。以 a/A 为自变量，$N(A)/k$ 为因变量，绘出饱和非线性描述函数曲线，如图 7－15 所示。

由式(7－12)和(7－16)可知，死区和饱和非线性的描述函数均为实数，即相移角为零；且描述函数仅为输入幅值的函数，与输入频率无关。

3. 继电器非线性

继电器特性一般用图 7－16 表示，其数学表达式如下：

$$x(t) = \begin{cases} 0 & (-ma < e(t) < a\dot{e}(t) > 0;\ -a < e(t) < ma\dot{e}(t) < 0) \\ b & \mathrm{sign}\,e(t) \quad (|e(t)| \geqslant a) \\ b & e(t) \geqslant ma \quad (\dot{e}(t) < 0) \\ -b & e(t) \leqslant -ma \quad (\dot{e}(t) > 0) \end{cases} \tag{7-17}$$

式中：a 表示继电器吸上电压；ma 表示继电器释放电压；b 表示饱和输出。

这类特性表示，由于继电器的吸合电压与释放电压不同，因此输入-输出特性不仅含有死区特性，而且还有滞环特性。如 a 值为零，即继电器吸合电压和释放电压均为零，这种特性的继电器称为理想继电器，如图 7－17(a)所示。

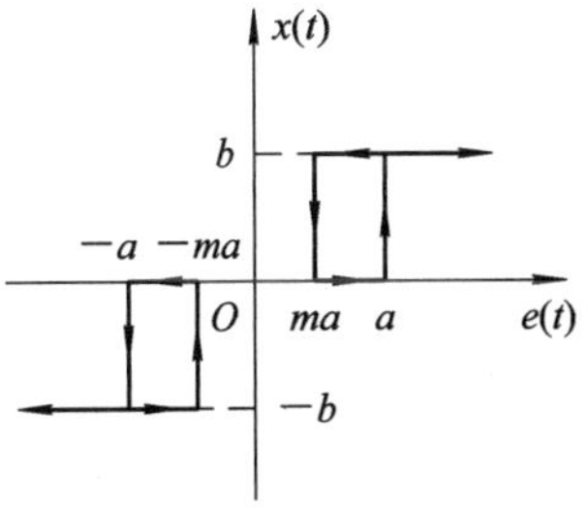

图 7－16　继电器特性

在图 7－16 中，若 $m=1$，即吸合电压和释放电压相等，则称这种特性为具有死区的单值继电器特性，如图 7－17(b)所示。

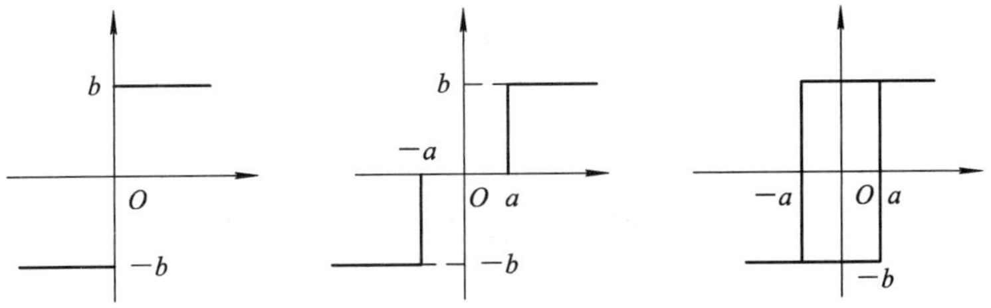

(a) 理想继电器　(b) 具有死区的单值继电器　(c) 具有滞环的继电器

图 7－17　继电器特性的几种特殊情况

若 $m=-1$，即继电器的正向释放电压等于反向吸合电压时，称为具有滞环的继电器特性，如图 7-17(c)所示。

(1) 理想继电器非线性的描述函数。理想继电器非线性特性和输入、输出波形如图 7-18所示，其输出表达式为

$$x(t)=\begin{cases}b & (0\leqslant \omega t<\pi)\\ -b & (\pi\leqslant \omega t<2\pi)\end{cases} \tag{7-18}$$

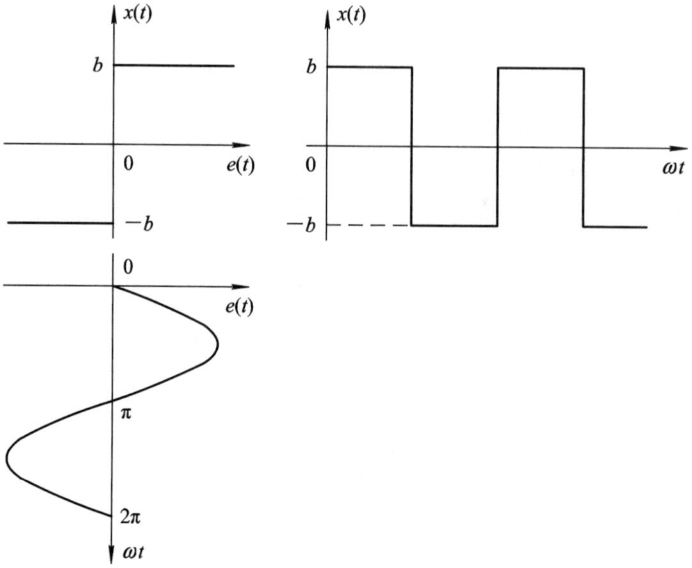

图 7-18　理想继电器非线性特性和输入、输出波形

同样，由于 $x(t)$为奇函数，$A_1=0$，$\varphi_1=0$，其基波分量为

$$x_1(t)=B_1\sin\omega t$$

$$B_1=\frac{2}{\pi}\int_0^{\pi}b\sin\omega t\,\mathrm{d}(\omega t)=\frac{4b}{\pi} \tag{7-19}$$

描述函数为

$$N(A)=\frac{B_1}{A}=\frac{4b}{\pi A} \tag{7-20}$$

理想继电器的描述函数如图 7-19 所示。

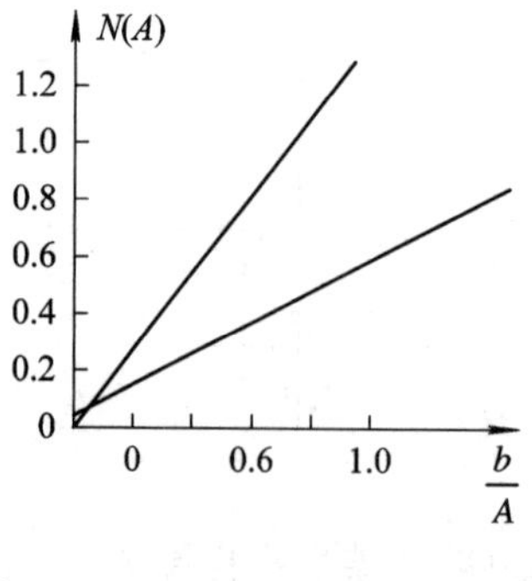

图 7-19　理想继电器的描述函数

（2）有死区和迟后的继电器非线性的描述函数。继电器非线性特性及输入、输出波形如图 7-20 所示，其输出的数学表达式为

$$x(t)=\begin{cases}0 & (0\leqslant \omega t<\alpha_1)\\ b & (\alpha_1\leqslant \omega t<\pi-\alpha_2)\\ 0 & (\pi-\alpha_2\leqslant \omega t<\pi+\alpha_1)\\ -b & (\pi+\alpha_1\leqslant \omega t<2\pi-\alpha_2)\\ 0 & (2\pi-\alpha_2\leqslant \omega t<2\pi)\end{cases} \tag{7-21}$$

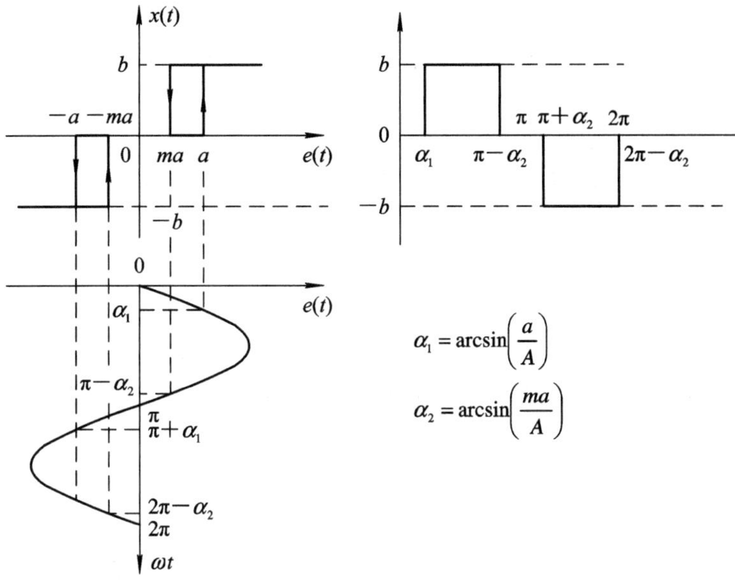

图 7-20　继电器特性及输入、输出波形

由输出波形可以看出，$x(t)$既不是奇函数，也不是偶函数，A_1、B_1 均不为零；又输出波形对 ωt 轴上下对称，故 $A_0=0$，所以 $x(t)$的基本分量为

$$x_1(t)=A_1\cos\omega t+B_1\sin\omega t$$

$$\begin{aligned}A_1&=\frac{1}{\pi}\int_0^{2\pi}x(t)\cos\omega t\ \mathrm{d}(\omega t)=\frac{2}{\pi}\int_{\alpha_1}^{\pi-\alpha_2}b\cos\omega t\ \mathrm{d}(\omega t)\\&=\frac{2b}{\pi}[\sin(\pi-\alpha_2)-\sin\alpha_2]=\frac{2b}{\pi}\left[\frac{ma}{A}-\frac{a}{A}\right]\\&=\frac{2ab(m-1)}{\pi A}\end{aligned} \tag{7-22}$$

$$\begin{aligned}B_1&=\frac{1}{\pi}\int_0^{2\pi}x(t)\sin\omega t\ \mathrm{d}(\omega t)=\frac{2}{\pi}\int_{\alpha_1}^{\pi-\alpha_2}b\sin\omega t\ \mathrm{d}(\omega t)\\&=\frac{2b}{\pi}[\cos\alpha_2+\cos\alpha_1]\\&=\frac{2b}{\pi}\left[\sqrt{1-\left(\frac{ma}{A}\right)^2}+\sqrt{1-\left(\frac{a}{A}\right)^2}\right]\end{aligned} \tag{7-23}$$

又因

$$x_1(t)=x_1\sin(\omega t+\varphi_1)$$

所以

$$N(A)=\frac{x_1}{A}\angle\varphi_1=\frac{\sqrt{A_1^2+B_1^2}}{A}\angle\varphi_1$$

描述函数的幅值为

$$\begin{aligned}|N(A)|&=\frac{\sqrt{A_1^2+B_1^2}}{A}\\&=\frac{2b}{\pi}\sqrt{2\left[1-m\left(\frac{a}{A}\right)^2+\sqrt{1+m^2\left(\frac{a}{A}\right)^4-(m^2+1)\left(\frac{a}{A}\right)^2}\right]}\end{aligned}\tag{7-24}$$

描述函数的相角为

$$\varphi_1(A)=\arctan\frac{A_1}{B_1}=\arctan\frac{m-1}{\sqrt{1-m^2\left(\frac{a}{A}\right)^2}+\sqrt{1-\left(\frac{a}{A}\right)^2}}\frac{a}{A}\tag{7-25}$$

描述函数也可用复数表示成

$$N(A)=\frac{2b}{\pi A}\left[\sqrt{1-\left(\frac{ma}{A}\right)^2}+\sqrt{1-\left(\frac{a}{A}\right)^2}\right]+\mathrm{j}\,\frac{2ba}{\pi A^2}(m-1)\tag{7-26}$$

对于一个给定的继电器元件，调整后的饱和输出值、吸合电压和释放电压都是一定的，即 m、a、b 均一定，为了分析方便，令 $b=\alpha a$(α 为常数)，则式(7-24)可写成

$$|N(A)|=\frac{2\alpha}{\pi}\cdot\frac{a}{A}\sqrt{2\left[1-m\left(\frac{a}{A}\right)^2+\sqrt{1+m^2\left(\frac{a}{A}\right)^4-(m^2+1)\left(\frac{a}{A}\right)^2}\right]}\tag{7-27}$$

以 a/A 为自变量，$|N(A)|/\alpha|$ 和 $\varphi_1(A)$ 为因变量，在不同的 m 取值情况下，继电器的描述函数的幅值特性曲线和相角特性曲线如图 7-21 所示。

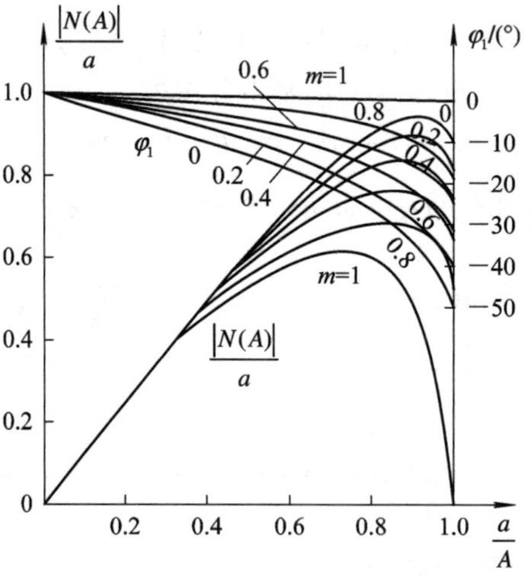

图 7-21　继电器的描述函数

将 $a=0$ 代入式(7-24)和式(7-25)，得到的描述函数即为理想继电器的描述函数，其结果与前推导的完全一致，即 $N(A)=\frac{4b}{\pi A}$，$\varphi_1=0$。

在一般情况下，由于 $m<1$，因此继电器非线性为一复数，既有幅值，又有相角，且相移角为负值。如某控制系统有继电器特性，附加一个负的相移角，一般来说对系统的稳定性是不利的。

4. 间隙非线性

间隙非线性特性如图 7-22 所示，其一般数学表达式可写为

$$x(t)=\begin{cases}k[e(t)-\Delta] & (\dot{x}(t)>0)\\ k[e(t)+\Delta] & (\dot{x}(t)<0)\\ b\ \mathrm{sign}\ e(t) & (\dot{x}(t)=0)\end{cases}\tag{7-28}$$

间隙非线性是由这样的器件形成的，其输入部分和输出部分之间存在空隙。当输入部分开始运动，而输入信号小于间隙 Δ 时，输出部分无输出。只有当输入信号大于 Δ 后，输出信号才随着输入信号的变化而线性变化。当输入部分反向运动时，输出信号保持在输入信号改变方向时的输出值上，直到输入部分反向运动两倍的 Δ 后，输出信号才随输入信号的变化而线性变化。负载转动惯量很小或摩擦力矩很大的齿轮传动的齿隙特性、液压传动的油隙特性均属这类特性。间隙特性对控制系统的稳定性是不利的，它将使系统稳定裕度变小，或使系统产生自持振荡。

必须指出，对于一般的齿轮传动的齿隙特性，不能简化成图 7-22 所示的特性，而必须将此特性加以改造。

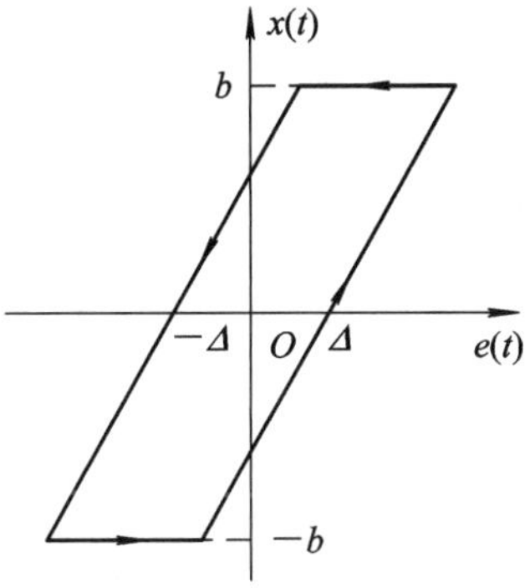

图 7-22　间隙非线性特性

下面讨论间隙非线性的描述函数。

间隙特性的输入、输出波形如图 7-23 所示。输出信号的数学表达式可写为

$$x(t)=\begin{cases}k(A\sin\omega t-\Delta) & \left(0\leqslant\omega t<\dfrac{\pi}{2}\right)\\ k(A-\Delta) & \left(\dfrac{\pi}{2}\leqslant\omega t<\pi-\alpha_1\right)\\ k(A\sin\omega t+\Delta) & \left(\pi-\alpha_1\leqslant\omega t<\dfrac{3}{2}\pi\right)\\ -k(A-\Delta) & \left(\dfrac{3}{2}\pi\leqslant\omega t<2\pi-\alpha_1\right)\\ k(A\sin\omega t-\Delta) & (2\pi-\alpha_1\leqslant\omega t<2\pi)\end{cases}\tag{7-29}$$

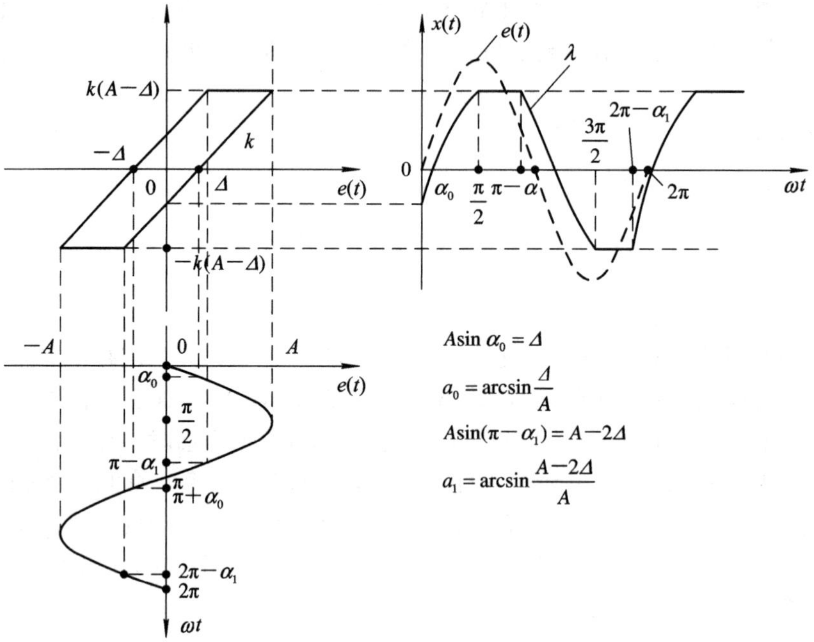

图 7-23　间隙非线性的输入、输出波形

同理，因为 $x(t)$ 既非奇函数，也非偶函数，所以其基波分量为

$$x_1(t) = A_1 \cos \omega t + B_1 \sin \omega t$$

因为

$$\begin{aligned}A_1 &= \frac{1}{\pi}\int_0^{2\pi} x(t)\cos\omega t \ \mathrm{d}(\omega t)\\&= \frac{2}{\pi}\left[\int_0^{\pi/2} k(A\ \sin\omega t - \Delta)\cos\omega t\ \mathrm{d}(\omega t) + \int_{\frac{\pi}{2}}^{\pi-\alpha_1} k(A-\Delta)\ \cos\omega t\ \mathrm{d}(\omega t)\right.\\&\quad\left.+ \int_{\pi-\alpha_1}^{\pi} k(A\ \sin\omega t + \Delta)\cos\omega t\ \mathrm{d}(\omega t)\right]\\&= \frac{2}{\pi}\left[-\frac{kA}{2} + kA\ \sin\alpha_1 - \frac{kA}{2}\ \sin^2\alpha_1 - 2k\Delta\ \sin\alpha_1\right]\end{aligned}$$

将 $\alpha_1 = \arcsin\dfrac{A-2\Delta}{A}$ 代入上式，得

$$A_1 = \frac{4kA}{\pi}\left[\frac{\Delta(\Delta - A)}{A^2}\right] = \frac{4kA}{\pi}\left[\left(\frac{\Delta}{A}\right)^2 - \frac{\Delta}{A}\right] \tag{7-30}$$

又因

$$\begin{aligned}B_1 &= \frac{1}{\pi}\int_0^{2\pi} x(t)\ \sin\omega t\ \mathrm{d}(\omega t)\\&= \frac{2}{\pi}\left[\int_0^{\pi/2} k(A\ \sin\omega t - \Delta)\ \sin\omega t\ \mathrm{d}(\omega t) + \int_{\pi/2}^{\pi-\alpha_1} k(A-\Delta)\ \sin\omega t\ \mathrm{d}(\omega t)\right.\\&\quad\left.+ \int_{\pi-\alpha_1}^{\pi} k(A\ \sin\omega t + \Delta)\sin\omega t\ \mathrm{d}(\omega t)\right]\\&= \frac{kA}{\pi}\left[\frac{\pi}{2} + \frac{2(A-2\Delta)}{A}\ \cos\alpha_1 + \alpha_1 - \cos\alpha_1\ \sin\alpha_1\right]\end{aligned}$$

将 $\alpha_1=\arcsin\dfrac{A-2\Delta}{A}$ 代入上式，得

$$B_1=\frac{kA}{\pi}\left[\frac{\pi}{2}+\arcsin\left(\frac{A-2\Delta}{A}\right)+\frac{A-2\Delta}{A}\sqrt{1-\left(\frac{A-2\Delta}{A}\right)^2}\right] \tag{7-31}$$

由式(7-30)和式(7-31)求得间隙非线性特性的描述函数为

$$\begin{aligned}N(A)&=\frac{x_1}{A}\angle\varphi_1=\frac{\sqrt{A_1^2+B_1^2}}{A}\angle\arctan\frac{A_1}{B_1}=\frac{B_1}{A}+\mathrm{j}\frac{A_1}{A}\\&=\frac{k}{\pi}\left[\frac{\pi}{2}+\arcsin\left(\frac{A-2\Delta}{A}\right)+\frac{A-2\Delta}{A}\sqrt{1-\left(\frac{A-2\Delta}{A}\right)^2}\right]+\mathrm{j}\frac{4k}{\pi}\left[\left(\frac{\Delta}{A}\right)^2-\left(\frac{\Delta}{A}\right)\right]\end{aligned} \tag{7-32}$$

其中：

$$\begin{aligned}|N(A)|=&\left\{\frac{k^2}{\pi^2}\left[\frac{\pi}{2}+\arcsin\left(\frac{A-2\Delta}{A}\right)+\frac{A-2\Delta}{A}\sqrt{1-\left(\frac{A-2\Delta}{A}\right)^2}\right]^2\right.\\&\left.+\frac{16k^2}{\pi^2}\left[\left(\frac{\Delta}{A}\right)^2-\left(\frac{\Delta}{A}\right)^2\right]^2\right\}^{\frac{1}{2}}\end{aligned} \tag{7-33}$$

$$\varphi_1=\arctan\frac{4\left[\left(\frac{\Delta}{A}\right)^2-\left(\frac{\Delta}{A}\right)\right]}{\frac{\pi}{2}+\arcsin\left(\frac{A-2\Delta}{A}\right)+\frac{A-2\Delta}{A}\sqrt{1-\left(\frac{A-2\Delta}{A}\right)^2}} \tag{7-34}$$

间隙非线性的描述函数为一复数。以 Δ/A 为自变量，$|N(A)|/k$ 和 φ_1 为因变量，所绘制的描述函数特性的曲线，如图 7-24 所示。必须说明，上述间隙非线性的适用范围是 $A>\Delta$。

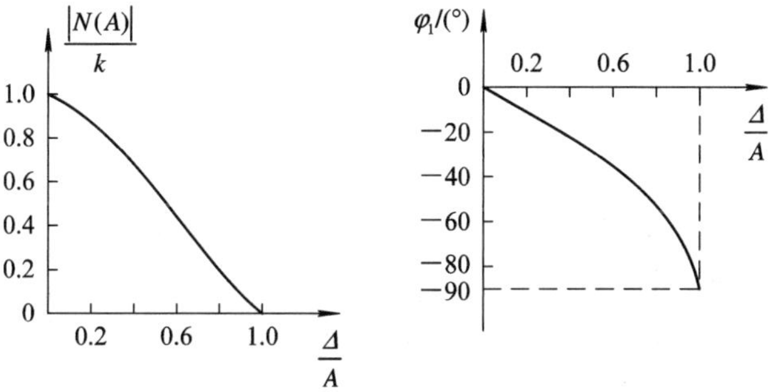

图 7-24　间隙非线性的描述函数

5. 变放大系数非线性

变放大系数非线性特性如图 7-25 所示，其输入与输出的关系式为

$$x(t)=\begin{cases}k_1\,e(t) & (|e(t)|\leqslant a)\\ k_2\,e(t) & (|e(t)|>a)\end{cases} \tag{7-35}$$

式中：a 表示切换点；k_1、k_2 表示放大系数。

该特性使系统在输入信号较大时具有较大的放大系数，因而系统响应迅速；而在输入信号较小时具有较小的放大系数，使系统响应既缓且稳。此类系统能抑制高频低振幅噪声干扰，而不影响控制信号的正常通过。

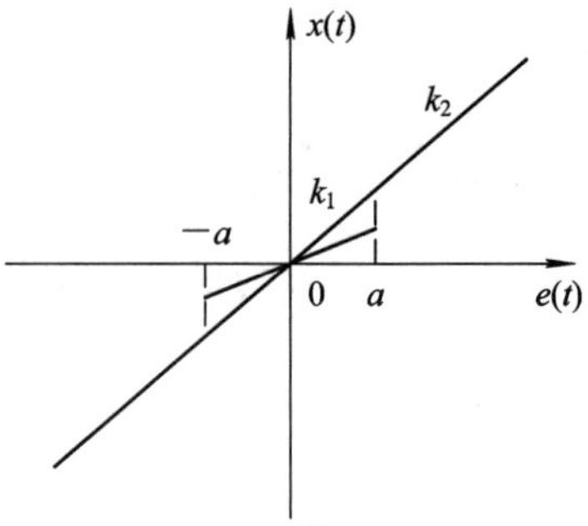

图 7-25　变放大系数非线性特性

变放大系数非线性特性和输入、输出波形如图 7-26 所示，其输出周期信号的数学表达式为

$$x(t)=\begin{cases}k_1A\sin\omega t & (0\leqslant\omega t<\alpha_1,\ \pi-\alpha_1\leqslant\omega t<\pi)\\ k_2A\sin\omega t & (\alpha_1\leqslant\omega t<\pi-\alpha_1)\end{cases}\tag{7-36}$$

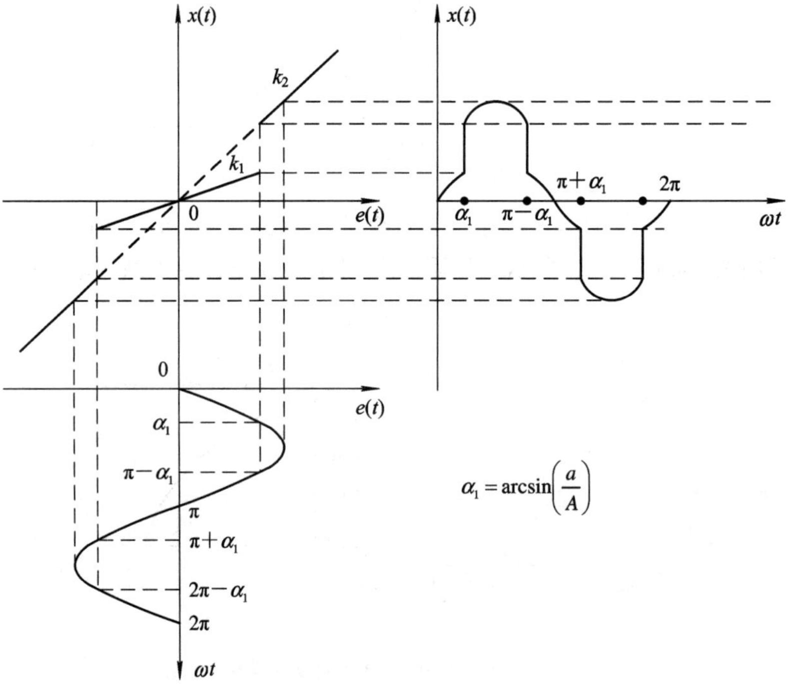

图 7-26　变系数放大器非线性特性和输入、输出波形

根据式(7-36)求得的 $x(t)$ 的基波分量为

$$\begin{cases}A_1=0\\ B_1=k_2A+\dfrac{2A}{\pi}(k_1-k_2)\left[\arcsin\dfrac{a}{A}-\dfrac{a}{A}\sqrt{1-\left(\dfrac{a}{A}\right)^2}\right]\end{cases}\tag{7-37}$$

描述函数为

$$N(A)=k_2+\frac{2}{\pi}(k_1-k_2)\left[\arcsin\frac{a}{A}-\frac{a}{A}\sqrt{1-\left(\frac{a}{A}\right)^2}\right]\tag{7-38}$$

式(7－38)成立的条件是 $A>a$。若 $A\leqslant a$，k_2 不起作用，相当于一个线性环节，传递函数为 k_1。变放大系数非线性的描述函数曲线如图 7－27 所示。图中，k_1、k_2 为常值，如果改变 k_1、k_2 数值，则曲线的形状将发生变化。

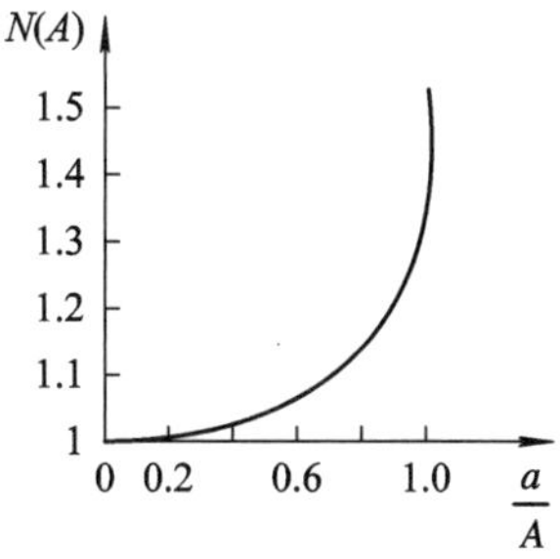

图 7－27　变放大系数非线性的描述函数

6. 组合非线性特性的描述函数

有的系统，存在着两个或多个非线性元件相并联的结构，或者一个复杂的非线性特性可以分解为几个简单特性的叠加。如果利用已知的、简单的非线性特性的描述函数，求复杂的非线性特性的描述函数就十分方便。图 7－28 所示为两个非线性并联。

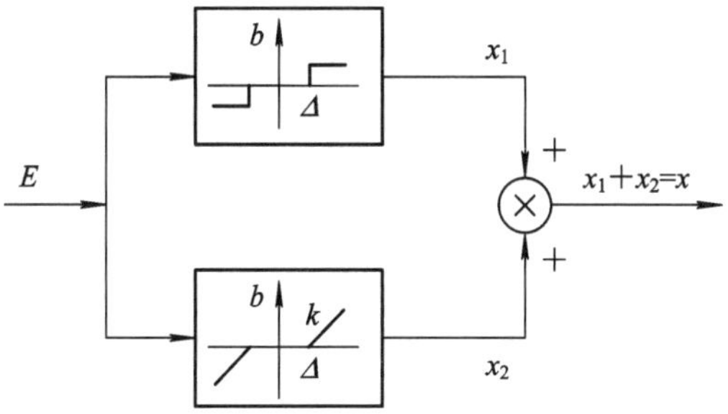

图 7－28　两个非线性的并联

对于上述并联结构，总的描述函数等于各部分描述函数之和。与图 7－28 等效的非线性特性如图 7－29 所示，其描述函数为

$$N(A)=k-\frac{2k}{\pi}\arcsin\frac{\Delta}{A}+\frac{4b-2k\Delta}{\pi A}\sqrt{1-\left(\frac{\Delta}{A}\right)^{2}}\qquad(7-39)$$

这恰为死区继电器特性与死区特性二者描述函数之和。

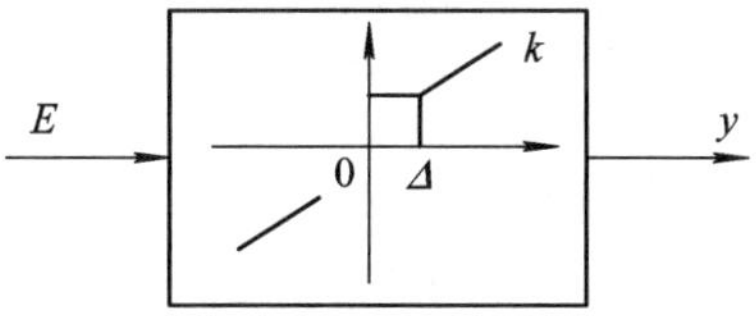

图 7－29　图 7－28 的等效非线性特性

另外，当非线性元部件的特性很复杂，不便于用解析形式来表达时，如果条件允许的话，也可采用实验的方法测量描述函数，即给非线性元部件输入一正弦信号，逐步改变输入信号的振幅及频率，测出输出量中的基波的振幅与相位，则可换算出描述函数。

表 7－1 列出了常见非线性特性的描述函数 $N(A)$ 及其负倒特性曲线，以供参考。

表 7-1　常见非线性特性的描述函数及其负倒特性曲线

非线性类型	静特性曲线	描述函数 $N(A)$	负倒特性曲线 $-1/N(A)$
理想继电器特性	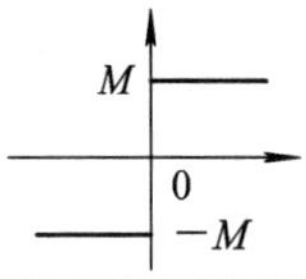	$\frac{4M}{\pi A}$	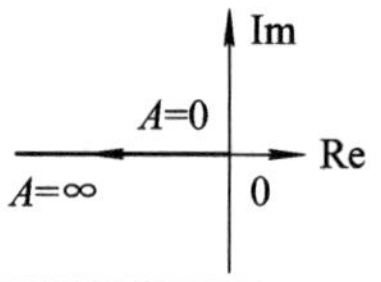
死区继电器特性	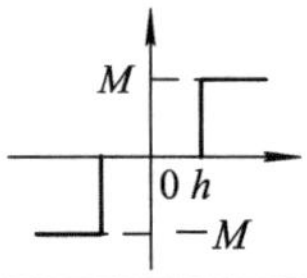	$\frac{4M}{\pi A}\sqrt{1-\left(\frac{h}{A}\right)^2}\quad(A\geqslant h)$	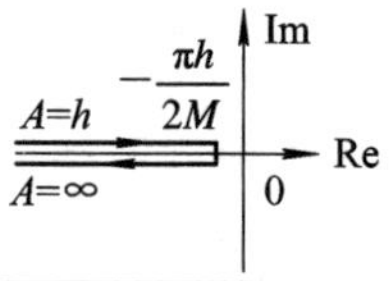
滞环继电器特性	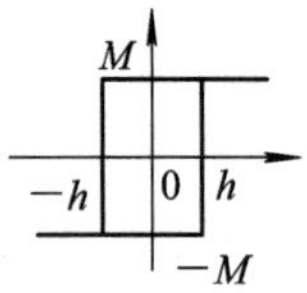	$\frac{4M}{\pi A}\sqrt{1-\left(\frac{h}{A}\right)^2}-\mathrm{j}\frac{4Mh}{\pi A^2}\quad(A\geqslant h)$	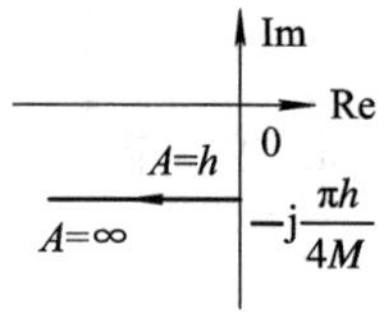
死区加滞环继电器特性	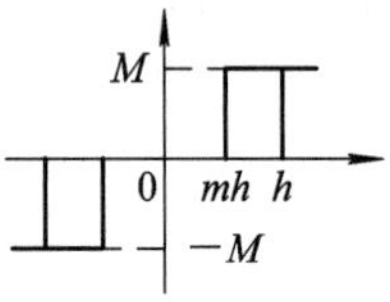	$\frac{2M}{\pi A}\left[\sqrt{1-\left(\frac{mh}{A}\right)^2}+\sqrt{1-\left(\frac{h}{A}\right)^2}\right]+\mathrm{j}\frac{2Mh}{\pi A^2}(m-1)\quad(A\geqslant h)$	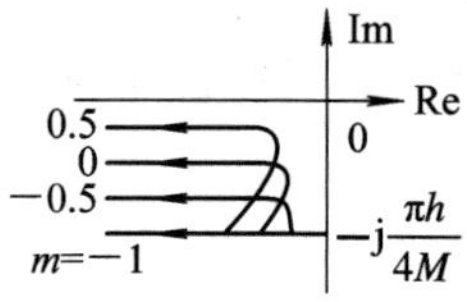
饱和特性	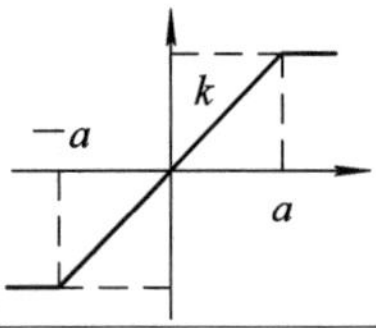	$\frac{2k}{\pi}\left[\arcsin\frac{a}{A}+\frac{a}{A}\sqrt{1-\left(\frac{a}{A}\right)^2}\right]\quad(A\geqslant a)$	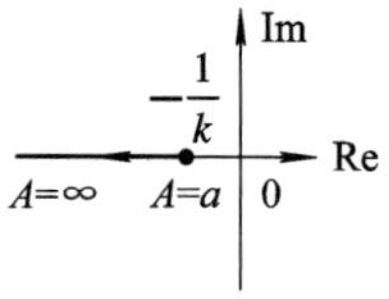
死区特性	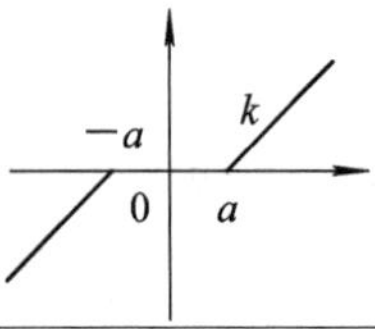	$\frac{2k}{\pi}\left[\frac{\pi}{2}-\arcsin\frac{a}{A}-\frac{a}{A}\sqrt{1-\left(\frac{a}{A}\right)^2}\right]\quad(A\geqslant a)$	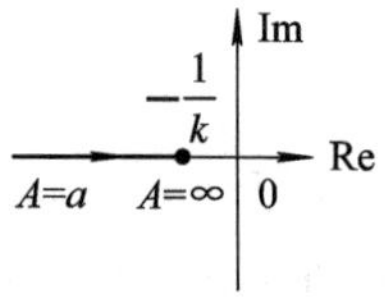
间隙特性	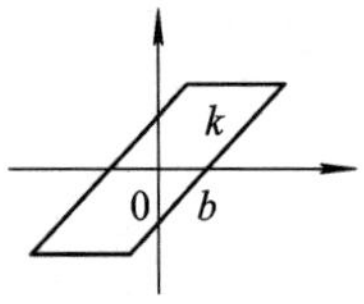	$\frac{k}{\pi}\left[\frac{\pi}{2}+\arcsin\left(1-\frac{2b}{A}\right)+2\left(1-\frac{2b}{A}\right)\sqrt{\frac{b}{A}\left(1-\frac{b}{A}\right)}\right]+\mathrm{j}\frac{4kb}{\pi A}\left(\frac{b}{A}-1\right)\quad(A\geqslant b)$	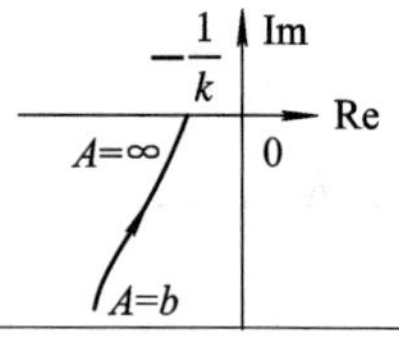
死区加饱和特性	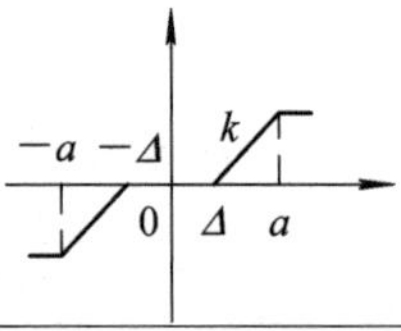	$\frac{2k}{\pi}\left[\arcsin\frac{a}{A}-\arcsin\frac{\Delta}{A}+\frac{a}{A}\sqrt{1-\left(\frac{a}{A}\right)^2}-\frac{\Delta}{A}\sqrt{1-\left(\frac{\Delta}{A}\right)^2}\right]\quad(A\geqslant a)$	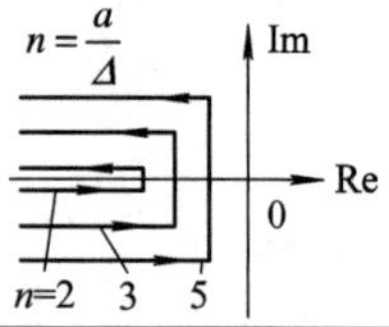
库仑摩擦加黏性摩擦	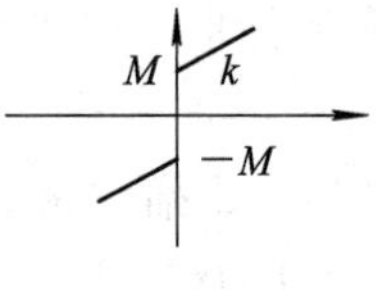	$k+\frac{4M}{\pi A}$	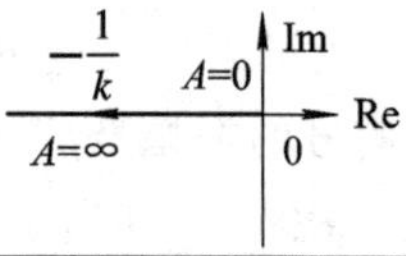

第四节 描述函数分析法

通过简化结构图，许多非线性控制系统可以变换成由非线性部分和线性部分串联组成的反馈系统，如图 7-30 所示。如果非线性元件的输出周期信号的高次谐波，由于线性部分的滤波作用而被充分衰减，那么，非线性元件的输出信号中，有意义的只是基波分量。在这种情况下，非线性控制系统的线性部分的特性，可用频率特性表示，非线性部分的特性可用描述函数表示。在图 7-30 中，$r(t)$、$e(t)$、$x(t)$、$c(t)$都可近似认为是正弦函数信号。以下着重讨论如何根据非线性元件的描述函数和线性部分的频率特性，用修改后的奈氏稳定性判据分析系统的稳定性；并研究当系统存在自持振荡时，如何判定自持振荡状态的稳定性及如何确定自持振荡的频率和振幅。

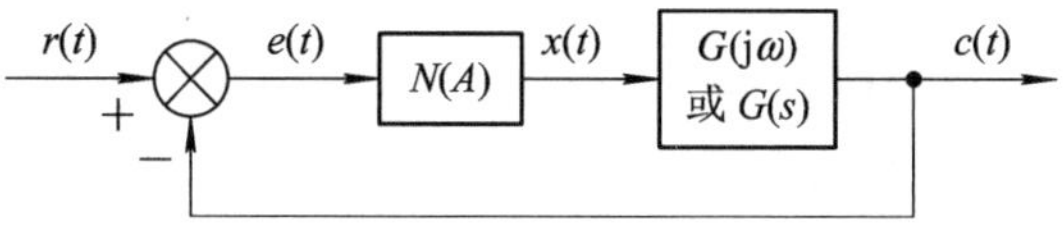

图 7-30 非线性控制系统结构图

一、利用描述函数分析系统的稳定性

1. 线性系统的稳定性分析

线性系统的结构图如图 7-31 所示，该系统开环稳定，即$G(s)$的极点均在左半 s 平面，则闭环系统的频率特性为

$$\Phi(\mathrm{j}\omega)=\frac{C(\mathrm{j}\omega)}{R(\mathrm{j}\omega)}=\frac{G(\mathrm{j}\omega)}{1+G(\mathrm{j}\omega)} \tag{7-40}$$

闭环系统的特征方程为

$$1+G(\mathrm{j}\omega)=0 \tag{7-41}$$

或

$$G(\mathrm{j}\omega)=-1+\mathrm{j}0$$

由奈氏稳定性判据知，当$G(\mathrm{j}\omega)$曲线不包围$(-1,\mathrm{j}0)$点时，系统是稳定的，如图 7-32 中的曲线 1；当$G(\mathrm{j}\omega)$曲线包围了$(-1,\mathrm{j}0)$点时，系统是不稳定的，如图 7-32 中的曲线 3；当$G(\mathrm{j}\omega)$曲线穿过$(-1,\mathrm{j}0)$点时，系统临界稳定，在理论上将产生等幅振荡，如图 7-32 中的曲线 2；由此可见，式(7-41)是线性系统产生等幅振荡的条件，复平面上的$(-1,\mathrm{j}0)$点为临界点。奈氏稳定性判据是根据$G(\mathrm{j}\omega)$曲线与临界点$(-1,\mathrm{j}0)$的相对位置来判断闭环系统稳定性的。

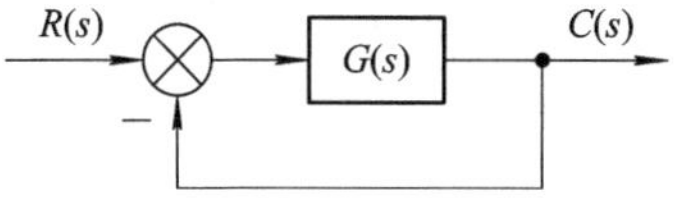

图 7-31 线性系统结构图

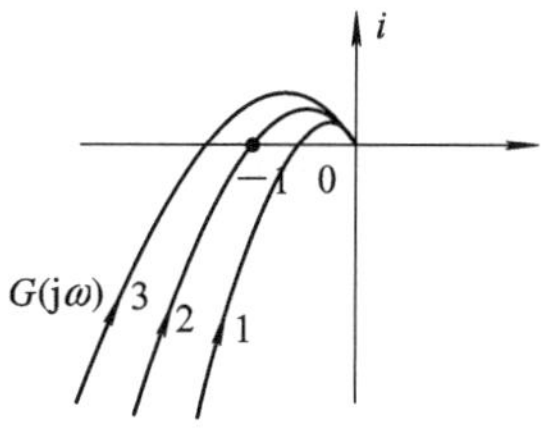

图 7-32 线性系统稳定性分析

2. 非线性系统的稳定性分析

设非线性系统的结构图如图 7－30 所示。图中，$G(s)$的极点均在左半 s 平面，故闭环系统的频率特性为

$$\Phi(\mathrm{j}\omega)=\frac{C(\mathrm{j}\omega)}{R(\mathrm{j}\omega)}=\frac{N(A)G(\mathrm{j}\omega)}{1+N(A)G(\mathrm{j}\omega)} \tag{7-42}$$

闭环系统的特征方程为

$$1+N(A)G(\mathrm{j}\omega)=0$$

等效的开环幅相特性为

$$N(A)G(\mathrm{j}\omega)=-1 \tag{7-43}$$

可将上式改写成

$$G(\mathrm{j}\omega)=-\frac{1}{N(A)} \tag{7-44}$$

式中，$-1/N(A)$ 称为非线性特性的负倒描述函数或负倒幅相特性，简称负倒特性。非线性系统若满足式(7－44)，则系统处于临界稳定，出现等幅振荡，即产生极限环。它与线性系统中 $G(\mathrm{j}\omega)$幅相特性穿过$(-1, \mathrm{j}0)$点的情况相似。而非线性系统把$(-1, \mathrm{j}0)$点扩展为一条线，这条线就是当输入幅值 A 由 $0\to\infty$变化时，$-\dfrac{1}{N(A)}$的轨迹。因此，对于非线性控制系统，必须利用 $G(\mathrm{j}\omega)$和$-1/N(A)$两轨迹线之间的相对位置来判断系统闭环状态的稳定性。设线性部分的 $G(\mathrm{j}\omega)$属开环最小相位系统，在极坐标图(幅相特性图)上，修改后非线性系统的奈氏稳定性判据如下：

(1) 在复平面上，如果$-1/N(A)$轨迹线没有被 $G(\mathrm{j}\omega)$轨迹线所包围，即当 ω 由 $0\to\infty$ 变化时，$-1/N(A)$轨迹线始终位于 $G(\mathrm{j}\omega)$轨迹线的左侧，如图 7－33(a)所示，则这个非线性系统闭环状态是稳定的。

(2) 在复平面上，如果$-1/N(A)$轨迹线被 $G(\mathrm{j}\omega)$轨迹线所包围，如图 7－33(b)所示，那么该非线性系统闭环状态是不稳定的。当这种系统受到任何干扰时，系统会发生振荡且振荡幅度持续增加，直到系统遭到破坏。当然，也可能出现这样的情况：随着振荡振幅的增加，系统线性部分的某些元件呈现出饱和非线性，以保护系统不遭破坏。但此时该系统变为另一个非线性系统，描述函数和 $G(\mathrm{j}\omega)$都将发生变化，需要重新分析。

(3) 在复平面上，如果$-1/N(A)$和 $G(\mathrm{j}\omega)$的轨迹线相交，那么，系统输出可能会出现自持振荡，即极限环。这种振荡可以用正弦振荡来近似表示。自持振荡的振幅和频率分别

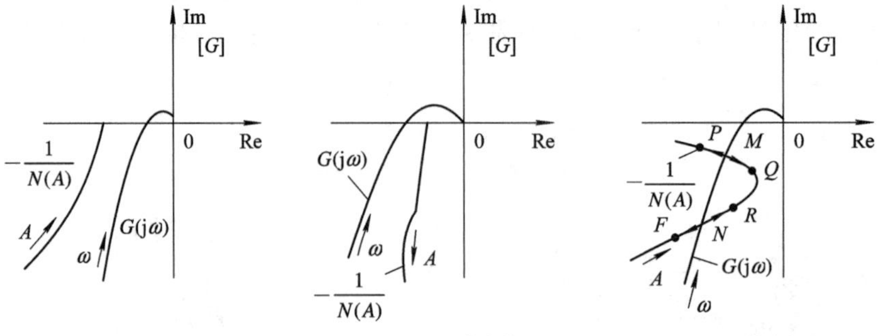

(a) 稳定的　　(b) 不稳定的　　(c) 存在极限环

图 7－33　非线性系统的奈氏判据

由$-1/N(A)$轨迹线在交点处的A值和$G(\mathrm{j}\omega)$轨迹线在交点处的ω值来决定，如图7-33(c)所示。

二、自持振荡的稳定性

所谓自持振荡的稳定性，是指等幅振荡在受到扰动时能保持下去。图7-31(c)所示的非线性控制系统的幅相图中，设两轨迹线相交于M和N两点，因为M点对应于$-1/N(A)$轨迹上的A值较大，N点对应于$-1/N(A)$轨迹上的A值较小，为了判别M、N两点对应的自持振荡是否稳定，必须对M、N两点的工作情况分别进行分析。设系统最初工作于M点(即维持M点条件下的等幅振荡)，则相应振荡的振幅为A_M、频率为ω_M，如果系统受到一个轻微的扰动，使非线性元件的输入略有增加，即图7-33(c)上的工作点移到P点，这时由于$G(\mathrm{j}\omega)$轨迹线不包围P点，系统是稳定的，振荡振幅减小，工作点再次回到M点。如果系统受到轻微扰动使非线性元件的输入振幅略有减小，工作点由M点移动到Q点，这时由于$G(\mathrm{j}\omega)$轨迹包围了Q点，系统不稳定，产生增幅振荡，导致非线性元件的输入振幅增大，结果也使工作点回到M点。因此，工作点M描述的自持振荡是稳定的，又称为稳定的极限环。同理，假定系统最初工作在N点。如果在轻微的扰动下工作点由N点移到R点，这时由于$G(\mathrm{j}\omega)$轨迹包围了R点，系统不稳定，且为增幅振荡，非线性元件的输入振幅逐渐增大，直至增大到工作点M为止；如果在轻微扰动下工作点由N点移到F点，由于$G(\mathrm{j}\omega)$轨迹线未包围F点，系统处于稳定状态，且为减幅振荡，非线性元件的输入振幅将逐渐减小，直至减小到零为止。因此，由N点描述的自持振荡是不稳定的，又称为不稳定的极限环。

如果$G(\mathrm{j}\omega)$的轨迹线与$-1/N(A)$的轨迹线相切，那么应用描述函数法所得结果的准确度取决于高次谐波衰减的程度。系统可能存在自持振荡(即系统不稳定)，也可能不存在自持振荡(即系统稳定)，这种情况称为临界状态。

必须强调，对于非线性控制系统，无论出现稳定的极限环，还是不稳定的极限环，系统都是不稳定的。因此，对于控制系统来说都是不希望的。

另外，也可以通过求解非线性系统的特征方程来确定系统自持振荡的振幅和频率(如果系统有自持振荡)。由式(7-43)可得

$$\begin{cases} |N(A)G(\mathrm{j}\omega)| = 1 \\ \angle N(A) + \angle G(\mathrm{j}\omega) = -\pi \end{cases} \tag{7-45}$$

三、描述函数法分析举例

例 7-1　某非线性控制系统的方框图如图7-34所示，试讨论系统的稳定性。如果产生自持振荡，确定其振幅和频率。

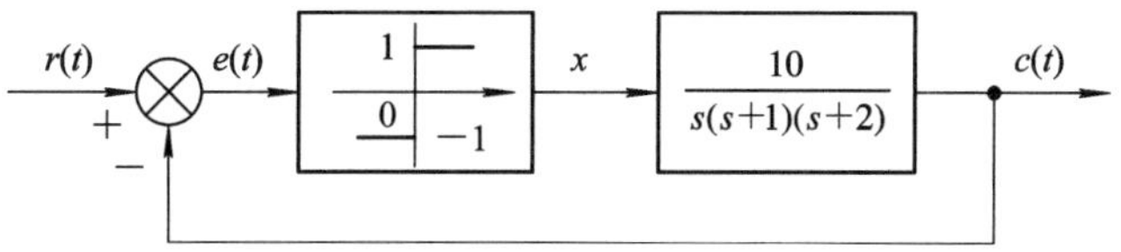

图7-34　非线性控制系统

解 因为系统的非线性元件是理想继电器，所以其描述函数为

$$N(A)=\frac{4b}{\pi A}$$

又因为 $b=1$，所以

$$-\frac{1}{N(A)}=-\frac{\pi A}{4}$$

在极坐标图上绘制 $-1/N(A)$ 和 $G(\mathrm{j}\omega)$ 轨迹线：当 $A=0$ 时，$-1/N(A)=0$；当 $A\rightarrow\infty$ 时，$-1/N(A)=\infty$，故 $-1/N(A)$ 的轨迹线为整个负实轴。根据第五章所讲述的方法绘制 $G(\mathrm{j}\omega)$ 的幅频特性曲线，如图 7-35 所示。由图可知，$G(\mathrm{j}\omega)$ 轨迹线和 $-1/N(A)$ 轨迹线相交，故此非线性控制系统闭环状态是不稳定的，如图 7-35 所示。

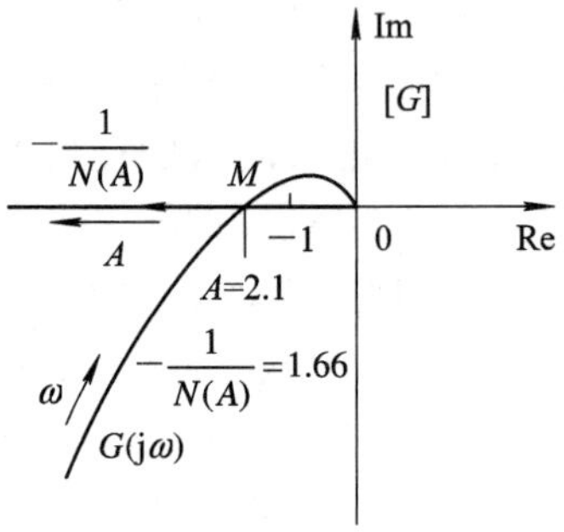

图 7-35 $-1/N(A)$ 和 $G(\mathrm{j}\omega)$ 轨迹线

根据前述的判断自持振荡稳定性的方法，可判定交点 M 为稳定的极限环，即稳定的自持振荡。

下面来确定自持振荡的频率和幅值。

由线性部分的传递函数，求得相应的频率特性为

$$G(\mathrm{j}\omega)=\frac{10}{\mathrm{j}\omega(\mathrm{j}\omega+1)(\mathrm{j}\omega+2)}=\frac{-30}{\omega^4+5\omega^2+4}-\mathrm{j}\,\frac{10(2-\omega^2)}{\omega(\omega^4+5\omega^2+4)}$$

$-1/N(A)$ 轨迹与 $G(\mathrm{j}\omega)$ 轨迹的交点即为 $G(\mathrm{j}\omega)$ 轨迹与负实轴的交点。由 $\mathrm{Im}G(\mathrm{j}\omega)=0$，得 $(2-\omega^2)=0$。由该式求出负实轴相交处的频率 $\omega=\sqrt{2}$，将 $\omega=\sqrt{2}$ 代入 $G(\mathrm{j}\omega)$ 的实部，得到

$$\mathrm{Re}\,G(\mathrm{j}\omega)\bigg|_{\omega=\sqrt{2}}=\frac{-30}{\omega^4+5\omega^2+4}\bigg|_{\omega=\sqrt{2}}=-1.66$$

因此，$G(\mathrm{j}\omega)$ 轨迹同负实轴的交点坐标为 $(-1.66,\ \mathrm{j}0)$。因为 $G(j\omega)$ 和 $-1/N(A)$ 轨迹线的交点决定自持振荡的振幅和频率，所以由

$$-\frac{1}{N(A)}=\mathrm{Re}G(\mathrm{j}\omega)\ \big|_{\omega=\sqrt{2}}$$

或

$$-\frac{\pi A}{4}=-1.66$$

求得自持振荡的振幅为

$$A=1.66\times\frac{4}{\pi}=2.1$$

交点 M 处 $G(\mathrm{j}\omega)$ 对应的频率即为自持振荡的频率，所以自持振荡的频率为

$$\omega=\sqrt{2}\ \text{rad/s}$$

如第五章所述，也可在尼柯尔斯图(即对数幅相图)上判断系统的稳定性。为此，首先将线性部分的频率特性 $G(j\omega)$ 和非线性元件的描述函数的倒幅相特性 $-1/N(A)$ 同时画在尼柯尔斯图上，然后按下述准则来判定系统的稳定性。

(1) 当 ω 由 $0\to\infty$ 变化时，若 $-1/N(A)$ 轨迹位于 $G(j\omega)$ 轨迹的上方，则系统是稳定的，如图 7-36(a)所示。因为这种情况下，$-1/N(A)$ 的模大于 $G(j\omega)$ 的模，所以 $G(j\omega)$ 轨迹不包围 $-1/N(A)$ 轨迹。

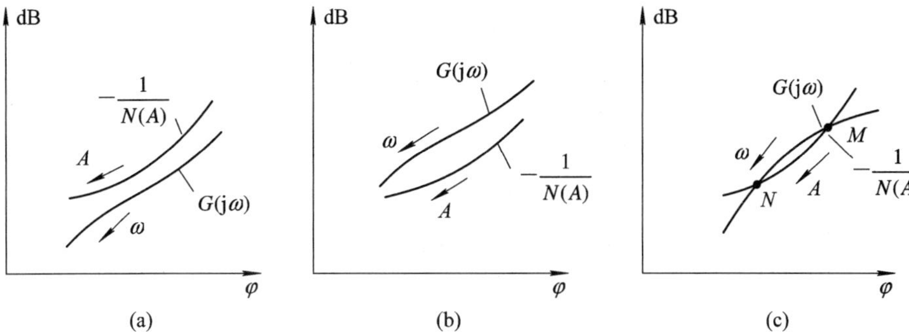

图 7-36　尼柯尔斯图

(2) 若 $-1/N(A)$ 轨迹线位于 $G(j\omega)$ 轨迹的下方，则系统是不稳定的，如图 7-36(b)所示。

(3) 若 $-1/N(A)$ 轨迹线和 $G(j\omega)$ 轨迹线相交，则系统产生自持振荡，且振荡的振幅和频率，由两条轨迹相交点处对应的参数 A 和 ω 来确定。此情况如图 7-36(b)所示。图中交点 N 对应振幅 A 较大的工作状态，且 N 点的自持振荡为稳定的自持振荡。

例 7-2　系统结构图示于图 7-37 中，已知 $b=10$、$a=1$，试判断此非线性系统的稳定性，若有自持振荡，求出自持振荡的振幅和频率。

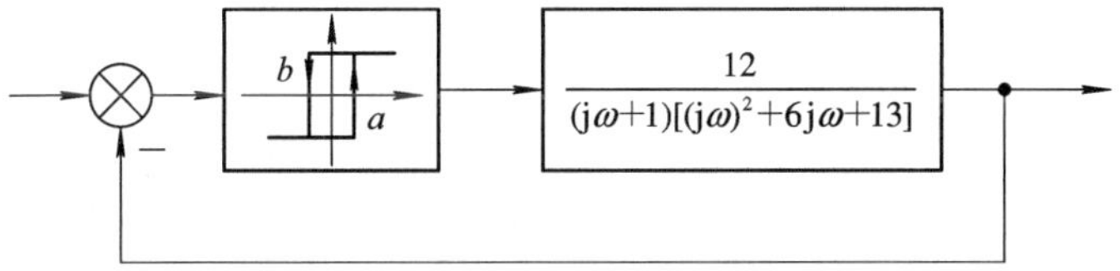

图 7-37　例 7-2 结构图

解　此非线性特性是具有滞环的继电器特性，将 $m=-1$ 代入式(7-22)和式(7-23)，得其描述函数为

$$N(A)=\frac{4b}{\pi A}\sqrt{1-\left(\frac{a}{A}\right)^2}-j\,\frac{4ab}{\pi A^2}$$

在实际运用中，可取相对描述函数和相对负倒描述函数，即将描述函数中的部分非线性参数分离出来，乘到线性部分中去，所剩部分中的非线性参数都以相对形式出现，在此例中将描述函数写成

$$N(A)=\frac{b}{a}\left[\frac{4}{\pi}\left(\frac{a}{A}\right)\sqrt{1-\left(\frac{a}{A}\right)^2}-j\,\frac{4}{\pi}\left(\frac{a}{A}\right)^2\right]=\frac{b}{a}\cdot N_0(A)$$

令 $K_0=b/a$，为一常数，将它乘到线性部分的频率特性中去。将 a、b 值代入，得

$$N_0(A)=\frac{4}{\pi}\left(\frac{a}{A}\right)\sqrt{1-\left(\frac{a}{A}\right)^2}-\mathrm{j}\,\frac{4}{\pi}\left(\frac{a}{A}\right)^2$$

$$-\frac{1}{N_0(A)}=-\frac{\pi}{4}\left(\frac{A}{a}\right)\left[\sqrt{1-\left(\frac{a}{A}\right)^2}+\mathrm{j}\left(\frac{a}{A}\right)\right]=-\frac{\pi}{4}\cdot A\left[\sqrt{1-\frac{1}{A^2}}+\mathrm{j}\,\frac{1}{A}\right]$$

将$-1/N(A)$轨迹和$K_0G(\mathrm{j}\omega)$轨迹绘制在同一个极坐标图上，见图 7-38。

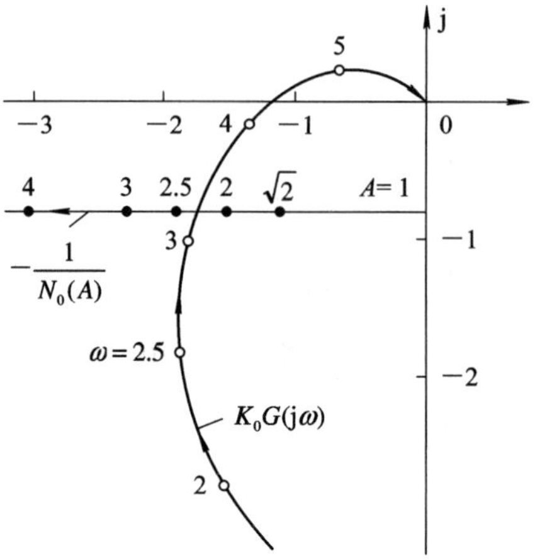

图 7-38 $a_0G(\mathrm{j}\omega)$和$-1/N(A)$轨迹线

由图 7-38 可知，$-1/N_0(A)$与$K_0G(\mathrm{j}\omega)$轨迹线相交，故此非线性控制系统不稳定。

系统存在自持振荡，根据自持振荡的频率由交点处的$K_0G(\mathrm{j}\omega)$的频率确定，振幅由交点处$-1/N_0(A)$的幅值确定的原则计算自持振荡的频率和幅值。由图 7-38 可查出自持振荡的频率$\omega=3.2(\mathrm{rad/s})$，自持振荡的振幅$A=2.3$。

由稳定分析可知，M点为稳定的极限环(自持振荡)。

例 7-3 图 7-39 为一非线性控制系统，其中，死区继电器特性的参数$b=1.7$、$a=0.7$，试分析该系统是否存在自持振荡，若有自持振荡，求出自振的振幅和频率。

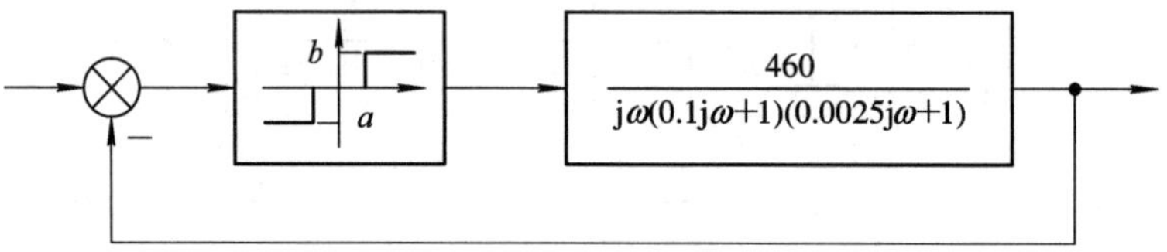

图 7-39 例 7-3 系统结构图

解 死区继电器特性的描述函数为

$$N(A)=\frac{4b}{\pi A}\sqrt{1-\left(\frac{a}{A}\right)^2}\quad(A\geqslant a)$$

将$N(A)$表示成相对描述函数的形式：

$$N(A)=\frac{b}{a}\cdot\frac{4a}{\pi A}\sqrt{1-\left(\frac{a}{A}\right)^2}=K_0N_0(A)$$

$$K_0=\frac{b}{a}=\frac{1.7}{0.7}=2.43$$

$$N_0(A)=\frac{4a}{\pi A}\sqrt{1-\left(\frac{a}{A}\right)^2}$$

相对负倒描述函数：

$$-\frac{1}{N_0(A)}=-\frac{\pi}{4}\cdot\frac{A}{a}\cdot\frac{1}{\sqrt{1-\left(\frac{a}{A}\right)^2}}=-\frac{\pi}{4}\cdot\frac{\left(\frac{A}{a}\right)^2}{\sqrt{\left(\frac{A}{a}\right)^2-1}}$$

下一步是在同一个复平面上绘制 $-1/N_0(A)$ 和 $K_0G(j\omega)$ 轨迹线，如图 7-40 所示。

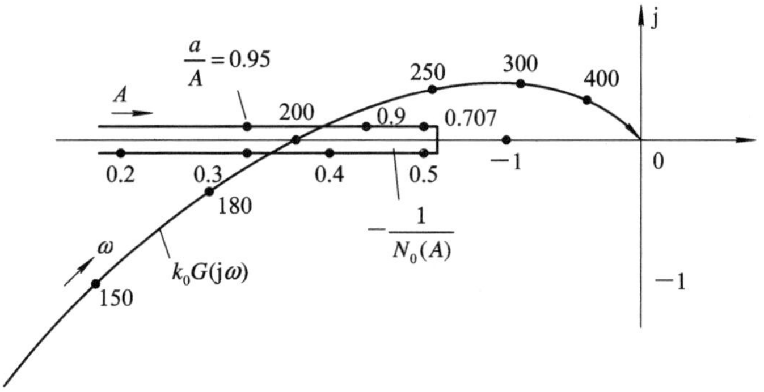

图 7-40　例 7-3 的 $-1/N_0(A)$ 和 $K_0G(j\omega)$ 曲线

$-1/N_0(A)$ 轨迹线在 $a/A=1/\sqrt{2}$ 时有最大值。而当 $a/A=1/\sqrt{2}$ 时，曲线在负实轴上完全重合，只是各点对应的 A 值不同。为清楚起见，图 7-40 中画出两条直线，对应于 a/A 由 $1\to1/\sqrt{2}$ 及由 $1/\sqrt{2}\to0$。

由图可见，$K_0G(j\omega)$ 与 $-\dfrac{1}{N_0(A)}$ 轨迹线有两个交点，从 $K_0G(j\omega)$ 的轨迹线看，交点频率 ω 均为 200 rad/s；从 $-1/N_0(A)$ 轨迹线看，交点对应的 a/A 为 0.92 和 0.38。振幅值 A 则为 0.757 及 1.84。这说明系统存在着两个振幅不同的周期运动，但振荡频率相同。根据判别自持振荡稳定性的方法即可判定：振幅为 0.757 的自持振荡是不稳定的，振幅稍有衰减，则逐渐收敛到死区内，最终系统保持静止状态；或振幅稍有增加，则逐渐发散到大振幅(1.84)的自持振荡。而大振幅的自持振荡是稳定的，振荡的频率 $\omega=200$ rad/s，振幅 $A=1.84$。

当然，该非线性控制系统是不稳定的系统。

例 7-4　非线性控制系统如图 7-41 所示，要求：

(1) 画出线性部分在 $K=2$ 时的幅相频率特性曲线。

(2) 非线性环节的描述函数 $N(A)=k+\dfrac{4M}{\pi A}$，设 $M=\pi$，$k=0.1$，绘制非线性环节的负倒特性 $-\dfrac{1}{N(A)}$。

(3) 当 K 由 $0\to\infty$ 变化时，讨论该非线性系统的稳定性，即是否稳定？是否存在自持

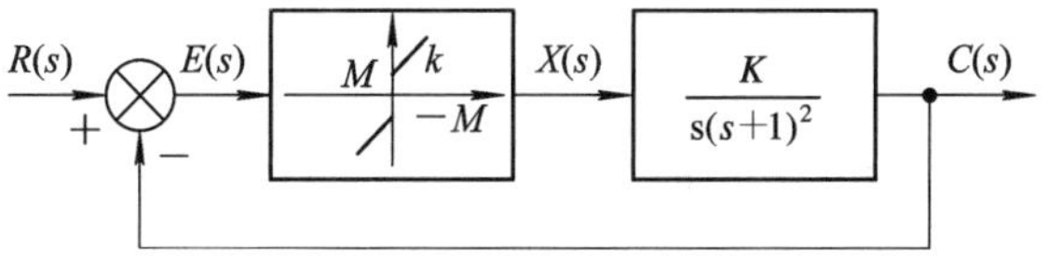

图 7-41　例 7-4 结构图

振荡？若存在稳定的自持振荡，其振幅和频率各为多少？

解　(1)　$G(\mathrm{j}\omega)=\dfrac{2}{(\mathrm{j}\omega)(\mathrm{j}\omega+1)^2}$

① 起点 $v=1$，∞，$-90°$

② 终点：$n-m=3$，0，$-270°$

③ $G(\mathrm{j}\omega)$ 与负实轴交点：$G(\mathrm{j}\omega)=\dfrac{2}{-2\omega^2+\mathrm{j}(\omega-\omega^3)}$，所以 $\omega_g^2=1$，$\omega_g=1(\mathrm{rad/s})$，$G(\mathrm{j}\omega)=-1$，线性部分在 $K=2$ 时的 $G(\mathrm{j}\omega)$ 幅相频率特性曲线如图 7-42 所示。

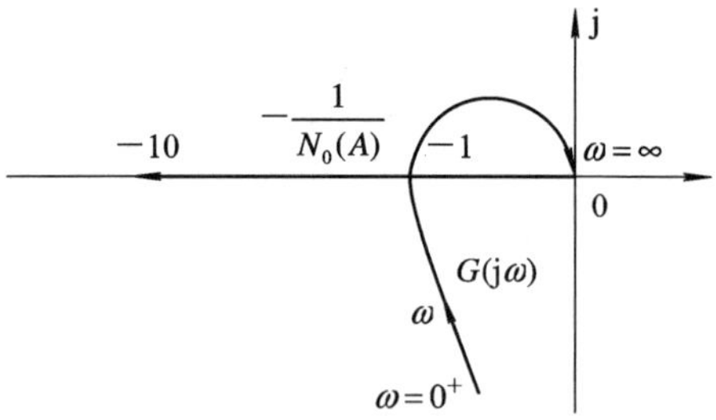

图 7-42　$G(\mathrm{j}\omega)$与$-\dfrac{1}{N(A)}$曲线

(2)　$$-\frac{1}{N(A)}=-\frac{1}{k+\dfrac{4M}{\pi A}}=-\frac{1}{0.1+\dfrac{4}{A}}$$

① 起点：$A=0$，$-\dfrac{1}{N(A)}=0$

② 终点：$A=\infty$，$-\dfrac{1}{N(A)}=-10$

非线性环节的负倒特性$-\dfrac{1}{N(A)}$曲线如图 7-42 所示。

(3) 当 K 由 $0\to\infty$变化时，$G(\mathrm{j}\omega)$的起点、终点不变，但其与负实轴的交点在变。

① 当 $K>20$ 时，$G(\mathrm{j}\omega_g)<-10$，此时 $G(\mathrm{j}\omega)$包围$-\dfrac{1}{N(A)}$，故系统不稳定，不存在自持振荡；

② 当 $20>K>0$，$-10<G(\mathrm{j}\omega_g)<0$，此时 $G(\mathrm{j}\omega)$与$-\dfrac{1}{N(A)}$相交，存在自持振荡且是稳定的自持振荡其频率为 1 rad/s，其振幅 A 为

$$G(\mathrm{j}\omega)=\frac{K}{-2\omega^2}=-\frac{K}{2}=-\frac{1}{0.1+\dfrac{4}{A}}$$

所以

$$A=\frac{4}{\dfrac{2}{K}-0.1}=(0,\infty)$$

即 K 从 0 到 20 变化时，对应的振幅从 0 到∞变化。

第五节　相平面分析法

一、相平面的基本概念

相平面法是非线性控制系统常用的分析方法之一，是状态空间分析法在二维空间特殊情况下的应用。它以时域分析法为基础，分析非线性反馈控制系统在阶跃输入下的瞬态响应，以确定系统的稳定性、时间响应、稳态误差或求解初始条件问题。相平面法能给出系

统运动轨迹的清晰图像。人们可以用它解决特殊的非线性控制问题。并加深对某些非线性系统中的基本特性的理解。虽然这种方法仅限于一阶二阶系统，但是从分析非线性因素对二阶系统响应的影响所得出的结果，对认识具有同样非线性因素的高阶系统的暂态过程也具有重要参考作用。在非线性程度严重或有非周期信号输入，不能采用描述函数法时，利用相平面法是非常有用。当然这种方法也适合于线性控制系统。

设二阶系统用下述微分方程来描述

$$\ddot{x}+f(\dot{x},\ x)=0 \tag{7-46}$$

式中，$f(\dot{x},\ x)$是$x(t)$和$\dot{x}(t)$的线性函数或非线性函数。

该系统的时间解既可以用$x(t)$同t的关系图来表示，也可以用以t为参变量，用$\dot{x}(t)$同$x(t)$的关系图来表示。如果以x和$\dot{x}$作平面图的直角坐标轴，则系统在每一时刻的状态均对应于该平面上的一个点，因此称为相点，当时间t变化时，这一点在x-$\dot{x}$平面上便描绘出一条相应的轨迹曲线。该轨迹线表征系统状态的变化过程，称为相轨迹。由x-$\dot{x}$所组成的平面称为相平面。这种用相轨迹表示系统动态过程的几何方法叫做系统动态特性的相平面表示法。初始条件不同，描述系统动态特性的相轨迹也不同。对于一个具体系统，将一系列不同幅度的阶跃信号依次输入(即不同的初始条件)时所产生的且绘在同一张相平面上的x-$\dot{x}$曲线族，叫做相平面图。$x(t)$、$\dot{x}(t)$和x-$\dot{x}$曲线如图7-43所示。

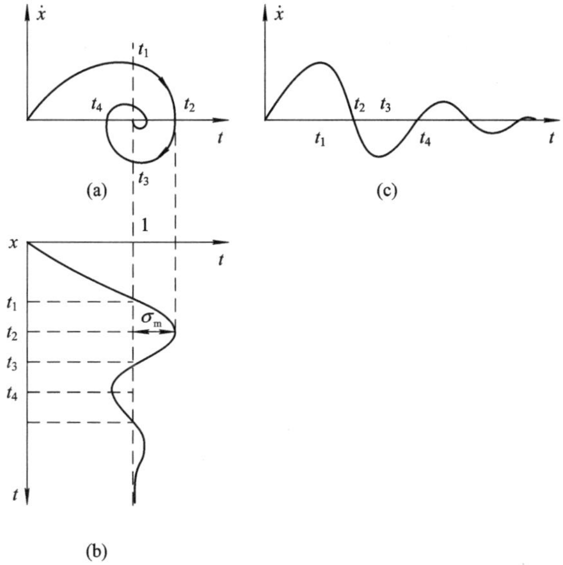

图7-43　$x(t)$、$\dot{x}(t)$和x-$\dot{x}$曲线

根据解析函数的微分方程解的唯一性定理，可以证明：通过由初始条件确定的点的相轨迹只有一条；所有的相轨迹不会相交；在奇点(或称为平衡点)上，由于该点斜率不定，因此有无穷多个相轨迹逼近或离开它。

例如，设图7-44所示的机械系统的运动方程为

$$m\ddot{x}+Kx=0$$

即

$$\ddot{x}+\omega_0^2x=0 \tag{7-47}$$

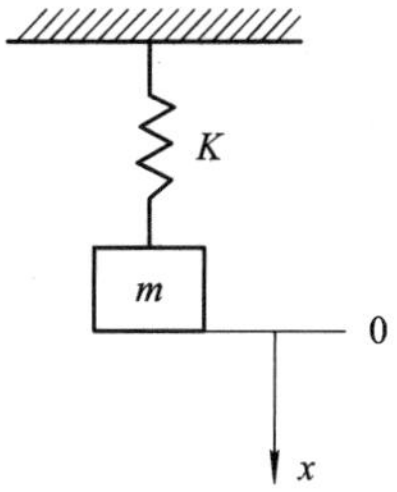

图7-44　机械系统

式中，$\omega_0^2=K/m$，其解为

$$\begin{cases}x = A\cos\omega_0 t\\ \dot{x} = -A\omega\sin\omega_0 t\end{cases} \tag{7-48}$$

式中，A 为由初始条件确定的振幅值。消去式(7-48)中的中间变量 t，得相迹方程

$$\left(\frac{\dot{x}}{\omega_0 A}\right)^2+\left(\frac{x}{A}\right)^2=1 \tag{7-49}$$

把不同的初始条件 A 代入式(7-45)，在相平面上便得出一族椭圆，如图 7-45 所示。图 7-45 所示的是一个线性系统。显然对该系统，给定一个初始条件，它将持续振荡下去，它的相迹线是一个封闭的环形，故通常说这样的系统存在一个极限环。

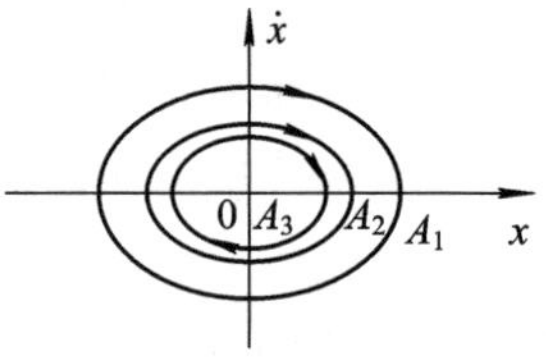

图 7-45　系统的相平面图

二、相平面的作图法

绘制系统相平面图的方法常见有三种，即微分方程直接求解、相迹微分方程法、等倾线法。前两种是解析法，后一种是图解法。

1. 微分方程的直接解法

该方法是获得相平面图的最直接的方法，本质上与时域分析法是一样的。然而，这种方法可以给人们一个对情况的实际感，所以仍然是一种基本的方法。

这种方法的步骤是：求解因变量 x 的微分方程，得 x；由 x 求 $\dot{x}$；消去中间变量 t，得 x 和 $\dot{x}$ 的关系式；用这个关系式描绘相平面图。

为了方便起见，我们以线性二阶系统为例。设二阶系统的运动方程为

$$\frac{d^2x}{dt^2}+2\zeta\omega_n\frac{dx}{dt}+\omega_n^2x=0 \tag{7-50}$$

如果系统的相对阻尼比 $\zeta=0$，则系统的运动方程式与式(7-47)相同，而相迹方程则与式(7-49)相同。该相迹方程在 $x-\dot{x}$ 平面上是同族椭圆，如图 7-45 所示。如果把方程(7-49)改为

$$\left(\frac{\dot{x}}{\omega_n}\right)^2+x^2=A^2 \tag{7-51}$$

那么，在 $x-\dfrac{\dot{x}}{\omega_n}$ 平面上，相迹线为一族不同半径(取不同的 A 值)的同心圆，如图 7-46 所示。

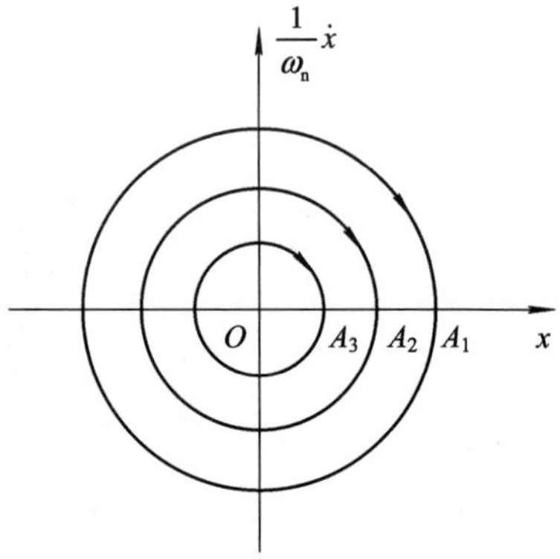

图 7-46　$\zeta=0$ 的相平面图

如果 $0<\zeta<1$，且初始条件为

$$x\big|_{t=t_0}=x_0$$

$$\dot{x}\big|_{t=t_0}=\dot{x}$$

则其解为

$$x=\frac{\omega_n^2}{\sqrt{1-\zeta^2}}e^{-\zeta\omega_n(t-t_0)}\sin[\omega_n\sqrt{1-\zeta^2}(t-t_0)]x_0$$
$$+\frac{\omega_n^2}{\sqrt{1-\zeta^2}}e^{-\zeta\omega_n(t-t_0)}\sin[\omega_n\sqrt{1-\zeta^2}(t-t_0)]\dot{x}_0 \tag{7-52}$$

对上式求导，得

$$\dot{x}=\omega_n^3e^{-\zeta\omega_n(t-t_0)}\cos[\omega_n\sqrt{1-\zeta^2}(t-t_0)]x_0$$
$$-\frac{\zeta\omega_n^3}{\sqrt{1-\zeta^2}}e^{-\zeta\omega_n(t-t_0)}\sin[\omega_n\sqrt{1-\zeta^2}(t-t_0)]x_0$$
$$+\omega_n^2e^{-\zeta\omega_n(t-t_0)}\cos[\omega_n\sqrt{1-\zeta^2}(t-t_0)]\dot{x}_0$$
$$-\frac{\zeta\omega_n^2}{\sqrt{1-\zeta^2}}e^{-\zeta\omega_n(t-t_0)}\sin[\omega_n\sqrt{1-\zeta^2}(t-t_0)]\dot{x}_0 \tag{7-53}$$

由于式(7-52)、式(7-53)比较复杂，消去中间变量 t 十分困难，因此我们采用迭代法对一些给定的 t 值，求等式(7-48)和式(7-49)的值，便可获得相平面上的一些点。图 7-47 的相平面图是 $\zeta=0.7$ 的情况下用迭代法绘制的。该相平面图是一族不相交的曲线，每条曲线对应于一种初始条件。因为所有曲线都趋向原点，所以系统是稳定的。

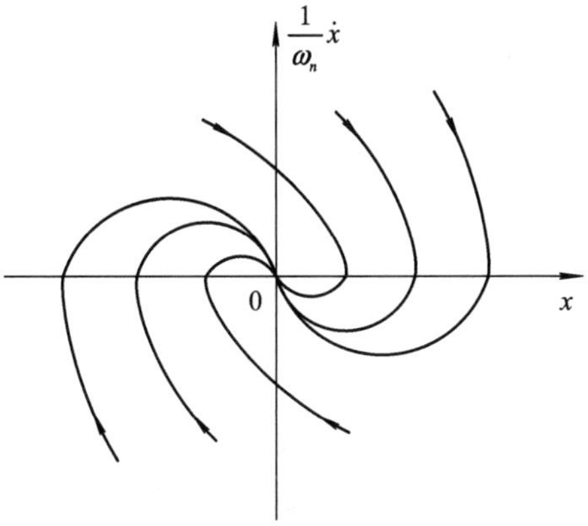

图 7-47　欠阻尼的相平面图

例 7-5　用微分方程直接求解法作如图 7-48 所示的非线性系统的相平面图。图中，K 为弹簧刚度，J 为转动惯量，M_c 为负载上的库仑摩擦。

解　系统存在库仑摩擦，属非线性系统，运动方程式为

$$J\frac{d^2c}{dt^2}+Kc\pm M_c=0$$

或

$$\frac{d^2c}{dt^2}+\omega_n^2\left(c\pm\frac{M_c}{J\omega_n^2}\right)=0$$

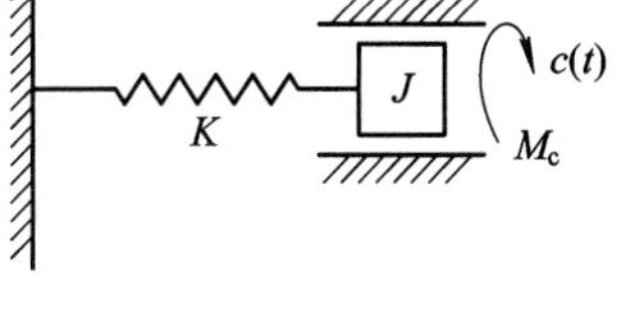

图 7-48　非线性机械系统

式中，$\omega_n^2=\frac{K}{J}$。M_c 前的符号按以下方法选取：$\dot{c}>0$，取正号；$\dot{c}<0$，取负号。

若令

$$\gamma = \frac{M_c}{J\omega_n^2}$$

且令

$$\alpha = \begin{cases} c-\gamma & (\dot{c}<0) \\ c+\gamma & (\dot{c}>0) \end{cases}$$

则运动方程式可变为

$$\ddot{\alpha} + \omega_n^2\alpha = 0$$

此标准形式与式(7－47)相同，其解可写成

$$\left(\frac{\dot{c}}{\omega_n}\right)^2 + (c\pm\gamma)^2 = R^2$$

即

$$\left(\frac{\dot{c}}{\omega_n}\right)^2 + (c+\gamma)^2 = R^2 \quad (\dot{c}>0) \tag{7-54}$$

$$\left(\frac{\dot{c}}{\omega_n}\right)^2 + (c-\gamma)^2 = R^2 \quad (\dot{c}<0) \tag{7-55}$$

式中，R 取决于系统的初始条件。在 $c-\frac{\dot{c}}{\omega_n}$ 坐标平面上作出含有库仑摩擦系统的相平面图，如图 7－49 所示。图中，在 c 轴的上半平面，$\dot{c}/\omega_n>0$，用式(7－54)作图，相平面图是以 $(-\gamma, 0)$ 为圆心的一族半圆；在 c 轴的下半平面，$\dot{c}/\omega_n<0$，用式(7－55)作图，相平面图是以 $(\gamma, 0)$ 为圆心的一族半圆，其起点都取决于初始条件。

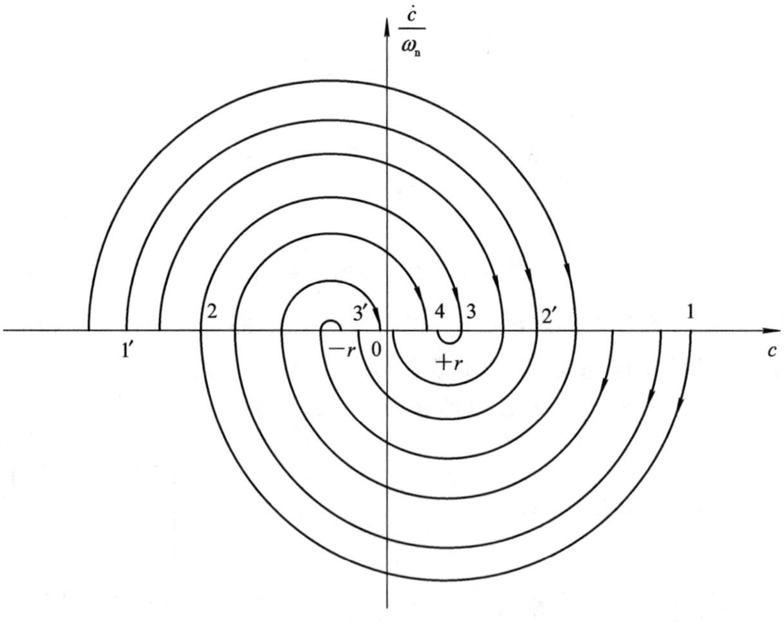

图 7－49　例 7－5 的相平面图

从图 7－49 还可以看到，当位移在 c 轴上满足

$$-\gamma \leqslant c \leqslant \gamma \tag{7-56}$$

时，运动就完全停止，即可能引起稳态误差。例如，初始状态从 1 点起，经过 2—3—4，停止在 4 点，引起的稳态误差就等于 0～4 间的距离。同理，如果初始状态从 1′点起，最后停止在 3′点，也引起稳态误差。1—2—3—4 相迹线对应的库仑摩擦系统的暂态特性如图 7-50 所示。

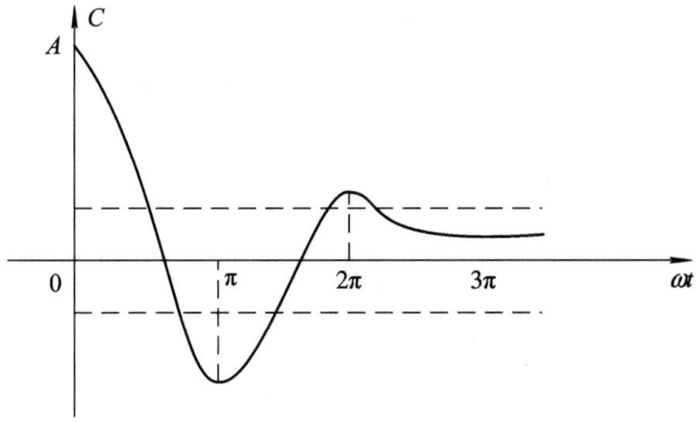

图 7-50 例 7-5 的暂态响应

应当指出，某一条轨迹在横坐标上的投影给出了 x 随时间的变化；在纵坐标上的投影给出了 $\dot{x}$ 随时间的变化。在相平面图中，时间是作为一个隐含参量存在的，相迹线上的箭头方向表示时间 t 增加时相迹线变化的方向。

2. 相迹微分方程法

如果系统的微分方程不能很容易地求解，则可把它分成两个一阶微分方程。现以上面讨论过的线性二阶无阻系统为例，说明这种方法。设系统的运动方程是

$$\ddot{x}+\omega_n^2x=0$$

定义状态变量

$$\begin{cases}x_1=x\\x_2=\dot{x}\end{cases}\tag{7-57}$$

则有

$$\dot{x}_1=x_2\tag{7-58}$$

$$\dot{x}_2=-\omega_n^2x_1\tag{7-59}$$

用式(7-58)除式(7-59)，得

$$\frac{dx_2}{dx_1}=\frac{-\omega_n^2x_1}{x_2}$$

即

$$x_2\,dx_2+\omega_n^2x_1\,dx_1=0\tag{7-60}$$

对上式积分，得

$$\frac{1}{2}x_2^2+\frac{1}{2}\omega_n^2x_1^2=c_0$$

或

$$x_2^2+\omega_n^2x_1^2=c_1\tag{7-61}$$

式中，c_1 由初始条件决定。从方程式(7-61)中解出

$$x_2=\pm\sqrt{c_1-\omega_n^2x_1^2}\tag{7-62}$$

根据式(7-62)绘制出的相平面图如图7-46所示。以上分析方法可推广到其他形式的二阶系统。

3. 等倾线法

等倾线法是确定相平面图的图解方法。它不用求解微分方程，主要用于微分方程不能解析求解，或求解困难的问题，是一种最常用的方法。

由前分析可知，相迹线除了奇点外，其他各点的斜率都是唯一确定的。因此，这种方法的实质就是找出相迹线各点的斜率。

设某二阶系统的运动方程为

$$\ddot{x}+f(x,\dot{x})=0 \tag{7-63}$$

令 $x_1=x$，$x_2=\dot{x}$，则可写出此系统的状态方程为

$$\begin{cases}\dot{x}_1=x_2\\ \dot{x}_2+f(x_1,x_2)=0\end{cases} \tag{7-64}$$

或

$$\begin{cases}\dot{x}_1=x_2\\ \dot{x}_2=-f(x_1,x_2)\end{cases} \tag{7-65}$$

由上式得

$$\frac{dx_2}{dx_1}=-\frac{f(x_1,x_2)}{x_2} \tag{7-66}$$

上式左边 dx_2/dx_1 是相迹线的斜率，右边除了 x_1 和 x_2 外，都是与系统参数有关的系数，表示斜率大小。令

$$\frac{dx_2}{dx_1}=-\frac{f(x_1,x_2)}{x_2}=\alpha=\frac{d\dot{x}}{dx} \tag{7-67}$$

其中，α 表示相迹线的斜率值。对具体的一点来说，α 为某一常数，将相平面上具有相同斜率的点连成的线，称为等倾线。α 取不同的值，可得到与之对应的一组等倾线。在每根等倾线上，画出斜率等于等倾线值的短线段，如图7-51所示。根据初始条件，就可以从等倾线上某点开始找出轨迹上的一点，然后沿着短线段的切线方向将各等倾线上的短线段光滑连接起来，即得到一条相迹线。当然，等倾线作的越密集，绘制出的相平面图就越精确。

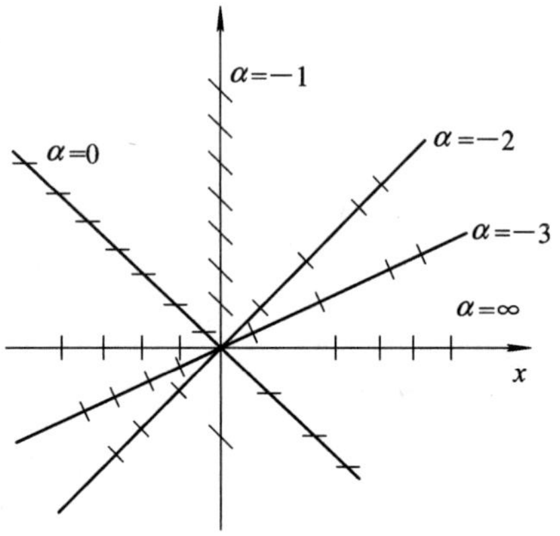

图7-51　等倾线

例 7-6　某系统的运动方程为

$$\ddot{x}+2\zeta\omega_n\dot{x}+\omega_n^2x=0$$

试用等倾线法绘制系统的相迹线。

解　设 $x_1=x$，$x_2=\dot{x}$，则方程变为

$$\begin{cases}\dot{x}_1=x_2\\ \dot{x}_2=-2\zeta\omega_n x_2-\omega_n^2x_1\end{cases}$$

由上式得

$$\frac{dx_2}{dx_1}=\frac{-2\zeta\omega_n x_2-\omega_n^2 x_1}{x_2}=\alpha$$

$$x_2=-\frac{\omega_n^2}{\alpha+2\zeta\omega_n}x_1$$

即

$$\dot{x}=-\frac{\omega_n^2}{\alpha+2\zeta\omega_n}x_1$$

设 $\zeta=0.5$，$\omega_n=1$，得

$$\dot{x}=-\frac{1}{\alpha+1}x$$

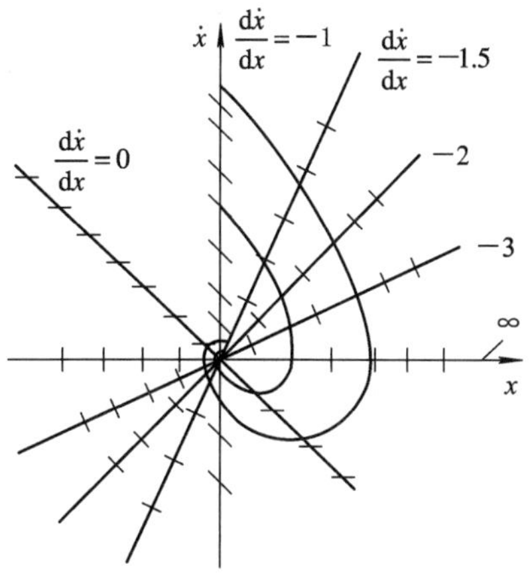

图 7-52　例 7-6 相平面图

上式为一直线方程，代入不同的 α 值，在 x-$\dot{x}$ 相平面上便画出一族直线(见图 7-51)，每条直线上相迹线的斜率相等。在每条直线上画出若干表示相迹斜率大小的短线，则可近似作相平面图，如图 7-52 所示。由图可知：$\alpha=1$，$\dot{x}=\frac{1}{2}x$；$\alpha=\infty$，$\dot{x}=0x$；$\alpha=-1$，$\dot{x}=\infty x$；$\alpha=-1.5$；$\dot{x}=2x$；$\alpha=-2$，$\dot{x}=x$，$\alpha=-3$，$\dot{x}=\frac{1}{2}x$。

由上例可知，当等倾线为直线时，应用等倾线法绘制相平面图是比较方便的。但如果等倾线为曲线，则绘制起来就不大方便。

三、相平面图的特性

1. 相迹线的运动方向和通过 x 轴的斜率

由前述分析知，因为在相平面的Ⅰ、Ⅱ象限中，$dx/dt>0$，所以位移 x 总是随时间的增加而增加的；在Ⅲ、Ⅳ象限中，$dx/dt<0$，所以位移 x 总是随时间的增加而减小的。根据这一原则，相迹线的箭头方向就容易确定了。即在Ⅰ、Ⅱ象限向右运动，在Ⅲ、Ⅳ象限向左运动。

相轨迹通过 x 轴时，通常与 x 轴垂直相交。因为在 x 轴上的各点，$\dot{x}=0$。如果 x 轴上有相轨迹的奇点，则相轨迹在该点可以不垂直于 x 轴。

2. 奇点

奇点是相平面上对应系统平衡状态的点。在奇点，系统的速度和加速度均为零。根据二阶系统特征方程根的性质，奇点又可分为以下四种。

(1) 中心点。中心点是在相平面内由封闭轨迹包围的奇点。中心点对应于具有实部为零的一对共轭根的系统，如图 7-53(a)所示。

(2) 焦点。当螺旋形相迹族以确定方向收敛(或发散)于某一奇点时，该奇点称为焦点。稳定的(收敛)的焦点对应于具有一对共轭复根且根位于 s 左半平面的系统，如图 7-53(b)所示。不稳定的(发散)的焦点对应于具有一对共轭复根且根位于 s 右半平面的系统，如图 7-53(c)所示。

(3) 节点。当相迹族以确定方向收敛(或发散)于某一奇点的时候，该奇点称为节点。

稳定的(收敛的)节点对应于具有两个负实根的系统，如图 7-53(d)所示。不稳定的(发散的)节点对应于具有两个正实根的系统，如图 7-53(e)所示。

(4) 鞍点。在相平面内，图 7-53(f)所示的相平面图所表征的奇点称为鞍点。它对应于具有一个正实根和一个负实根的正反馈系统。

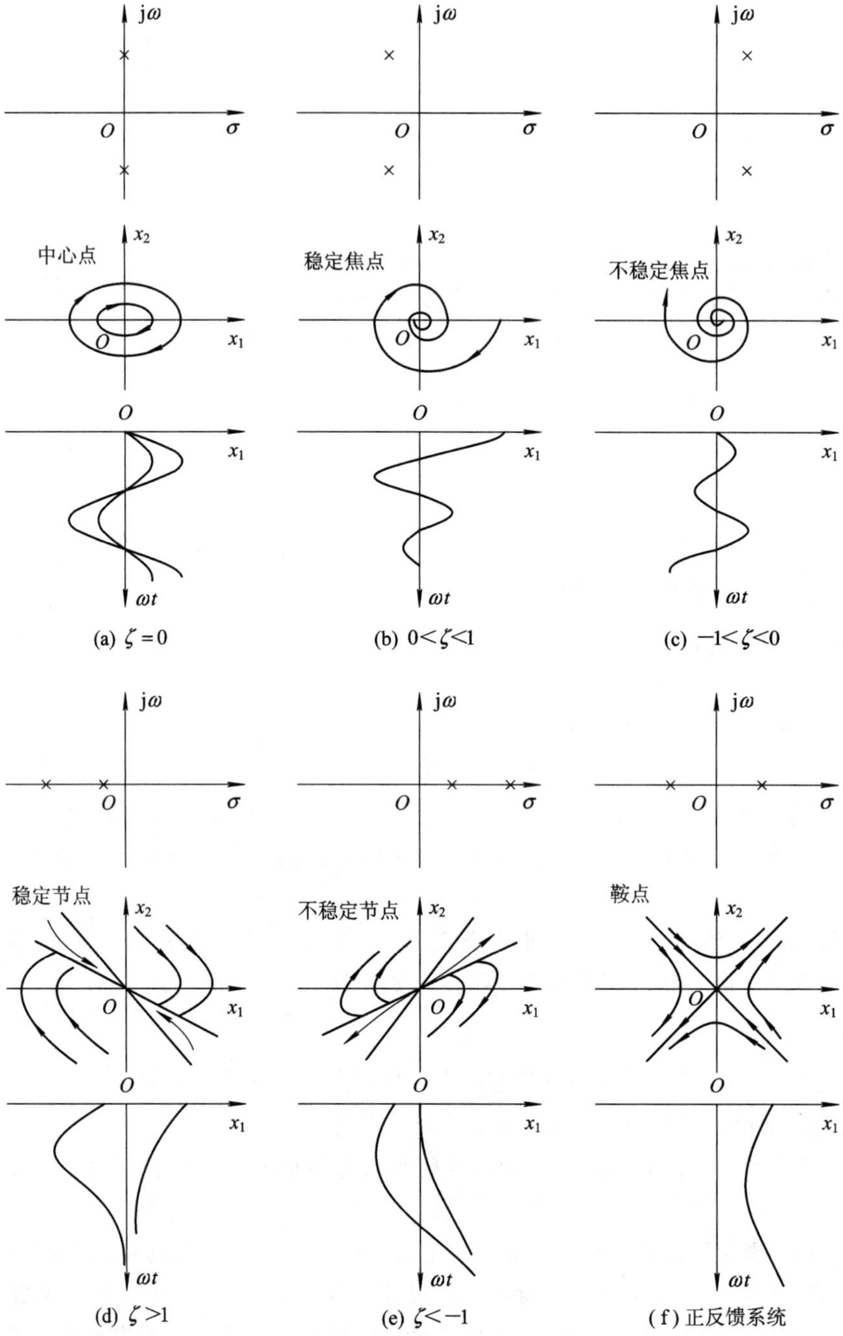

图 7-53 奇点的分类

3. 极限环

对于非线性系统来说，还有一种与线性系统不同的状态，即自持振荡状态。在相平面图上表现为一个孤立的封闭的相轨迹，其他轨迹都趋向或者离开这个相轨迹，这个相轨迹称之为极限环。极限环在系统运动状态上表现为自持振荡。非线性系统可以有一个或一个以上的极限环。它将相平面分为极限环的内部和极限环的外部两部分。

在实际物理系统中，极限环现象会经常发生，例如在通信电子线路中，经常采用非线性方法产生和保持一定频率的振荡信号，这种能维护稳定地周期性变化的响应实际就是一种极限环作用。根据相应系统的动态响应变化情况，极限环分为稳定的、不稳定的和半稳定的三种。

(1) 稳定的极限环。当 $t \to \infty$ 时，极限环内、外部起始的相轨迹都渐近地趋于这个极限环，如图 7-54(a)所示，其运动状态最终为稳定的等幅振动，如图 7-54(b)所示，与描述函数法中稳定自激振荡情况是一致的。这种情况下在设计时应减小极限环半径，以减小稳态误差。当该极限环半径小于工程上允许的精度及振荡范围时，可将该环及其面积看成一个点。

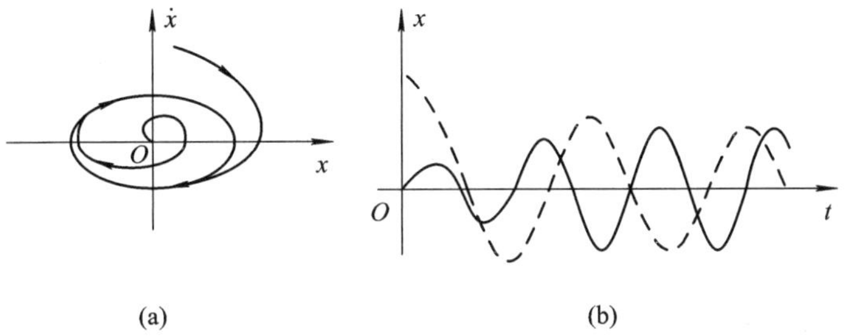

图 7-54　稳定极限环特性及其相平面图

(2) 不稳定极限环。当 $t \to \infty$ 时，极限环内、外部起始的相轨迹都渐近地远离这个极限环，如图 7-55(a)所示，系统运动状态不是振荡发散，就是趋于稳定，即相限环内部渐近稳定，外部不稳定。不能维护等幅振荡，如图 7-55(b)所示，这与描述函数法中不稳定自持振荡情况一致。

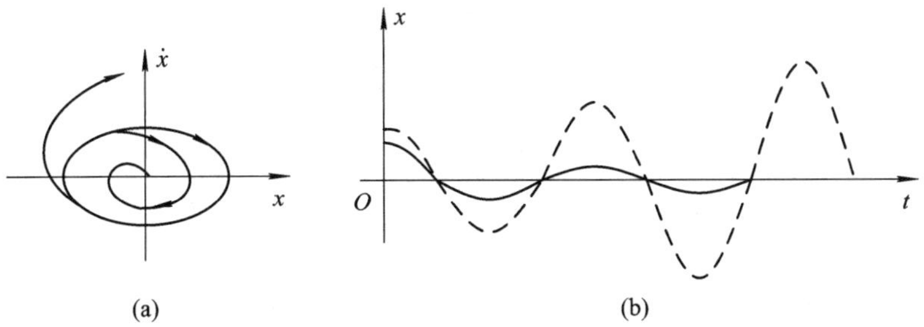

图 7-55　不稳定极限环特性及其相平面图

这种情况下，因为极限环内部系统响应是稳定的，故在设计系统时应尽可能增大极限环半径，从而增大稳定区域，对系统有利。系统运行时，尽量使初始状态位于极限环内，以保证系统输出稳定。

(3) 半稳定极限环。分两种情况分析，当 $t \to \infty$ 时，极限环内起始的相轨迹渐近地趋于极限环，而外部起始的相轨迹却渐近地远离极限环，如图 7-56(a)所示；或当 $t\to\infty$时，极限环内起始的相轨迹渐近的离开极限环而趋于平衡点，而外部起始的相轨迹却渐近地趋于该极限环，如图 7-56(b)所示。两种情况下，系统都难以维护稳定的等幅振荡，稍有任何干扰、参数变化等既可能造成系统不能稳定正常地运行，如图 7-57(a)所示；也可能造成非线性系统稳定运行，如图 7-57(b)所示。

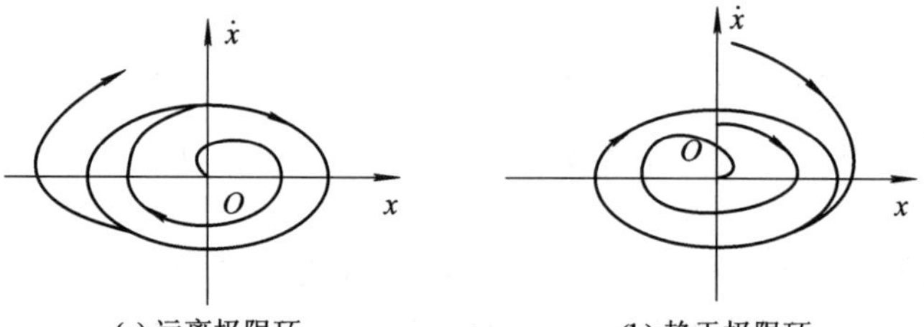

(a) 远离极限环　　(b) 趋于极限环

图 7-56　半稳定极限环相平面图的两种情况

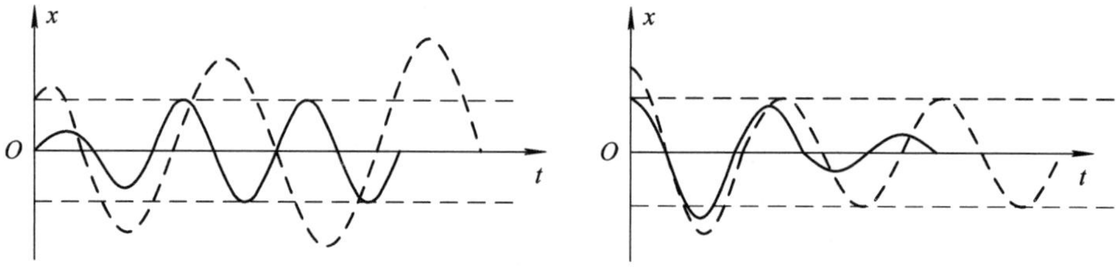

(a) 不稳定运行　　(b) 稳定运行

图 7-57　半稳定极限环时域特性

4. 由相迹线求时间解

在绘出系统的相迹之后，就可以根据相迹的形状和奇点的类型，对系统的性能进行估算，近似地求出系统的状态随时间的变化关系。

如图 7-58 所示，在 $t=0$ 时，二阶系统的初始状态：$x_0=x_A$，$\dot{x}_0=v_A$；经过一段时间后，系统的位移变为 x_B，速度为 $\dot{x}=v_B$。如果时间间隔 Δt 取的足够小，可近似认为有

$$\bar{v}_{AB}=\frac{v_A+v_B}{2}=\frac{x_A-x_B}{\Delta t}=\frac{\Delta x_{AB}}{\Delta t} \tag{7-68}$$

即

$$\Delta t=\frac{\Delta x_{AB}}{\bar{v}_{AB}} \tag{7-69}$$

令 $\Delta t\to 0$，则 $\Delta x_{AB}\to \mathrm{d}x_A$，$\bar{v}_{AB}\to \dot{x}_A$。于是，上式变为

$$\mathrm{d}t=\frac{\mathrm{d}x_A}{\dot{x}_A}$$

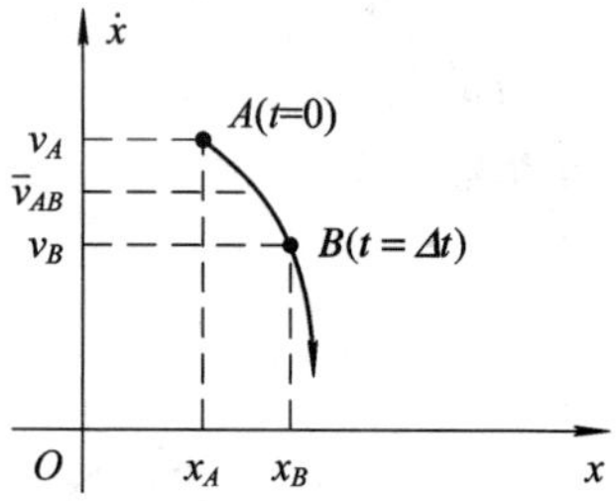

图 7-58　由相迹求时间解

对上式积分得

$$t_{AB}=t_B-t_A=\int_{x_A}^{x_B}\frac{1}{\dot{x}}\mathrm{d}x \tag{7-70}$$

若式(7-70)中的 $\dot{x}=0$，则此积分无法进行。

四、线性系统的相平面分析

线性系统的相平面分析是非线性系统相平面分析的基础。以下讨论参见文献[3]第287页，文中涉及到了系统的稳定性、稳态误差和超调量。

下面应用相平面法分析一个典型二阶线性系统的阶跃响应、斜坡响应和脉冲响应。图7-59所示的线性系统方程是

$$\begin{cases} T\ddot{c}+\dot{c}=Ke \\ e=r-c \end{cases}$$

将上式合并改写成关于误差 e 的方程，有

$$T\ddot{e}+\dot{e}+Ke=T\ddot{r}+\dot{r} \tag{7-71}$$

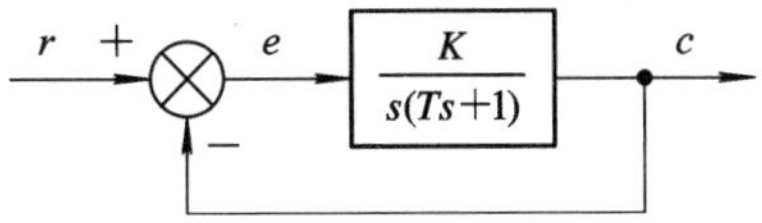

图 7-59　典型二阶系统

1. 阶跃响应

若输入信号为阶跃函数，即 $r(t)=R\cdot U(t)$，则当 $t>0$ 时，有 $r(t)=R$，$\dot{r}(t)=\ddot{r}(t)=0$。代入式(7-71)，得阶跃输入下系统的误差方程

$$T\ddot{e}+\dot{e}+Ke=0 \tag{7-72}$$

由此绘制相平面图，奇点为(0，0)。设系统的初始状态为 $c(0)=0$，$\dot{c}=0$，误差的初始条件为 $e(0)=R$，$\dot{e}(0)=0$。若参数 T、K 使系统具有一对实部为负的共轭复数特征根(欠阻尼情况)，则其相轨迹如图7-60(a)所示。若具有两个负实根(过阻尼情况)，则其相轨迹如图7-60(b)所示。分析相平面图即可了解系统响应的性质。例如，静态误差为零，当 $R=1$ 时，超调量如图7-60(a)所示。

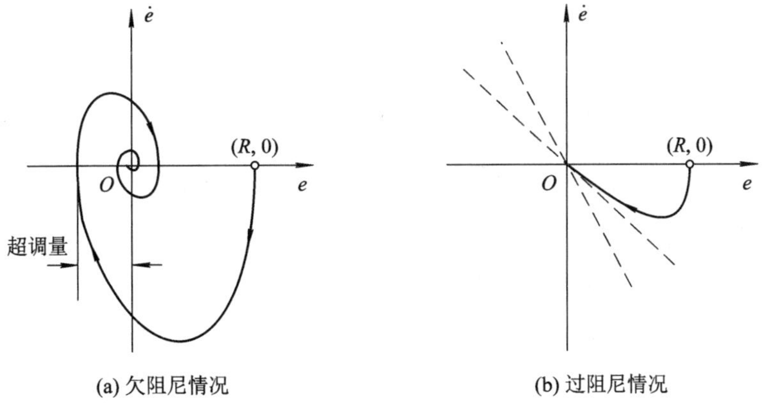

图 7-60　典型二阶系统相轨迹

2. 阶跃加斜坡响应

设输入信号为 $r(t)=R+vt$，$t>0$ 时，$\dot{r}(t)=v>0$，$\ddot{r}(t)=0$，代入式(7-71)，得斜坡输入下的误差方程

$$T\ddot{e}+\dot{e}+Ke=v$$

此方程也可以写为

$$T\ddot{e}+\dot{e}+K\left(e-\frac{v}{K}\right)=0 \tag{7-73}$$

只要作变量置换，即

$$e'=e-\frac{v}{k}$$

就可以把式(7-73)化为式(7-72)的形式。因此只需把式(7-72)的相平面图右移 v/k 即可得出式(7-73)的相平面图。由此便知在阶跃加斜坡输入系统误差 e 的相轨迹的奇点为 $(v/K、0)$。图 7-61(a)、(b)分别对欠阻尼和过阻尼情况给出了系统在误差初始条件 $e(0)=R$，$\dot{e}(0)=0$ 下阶跃加斜坡响应的相平面图，起始点 A 对应于 $R=0$ 情况，起始点 B 对应于 $R>0$ 情况。显然，由相平面图可知系统的静态误差是 v/K。

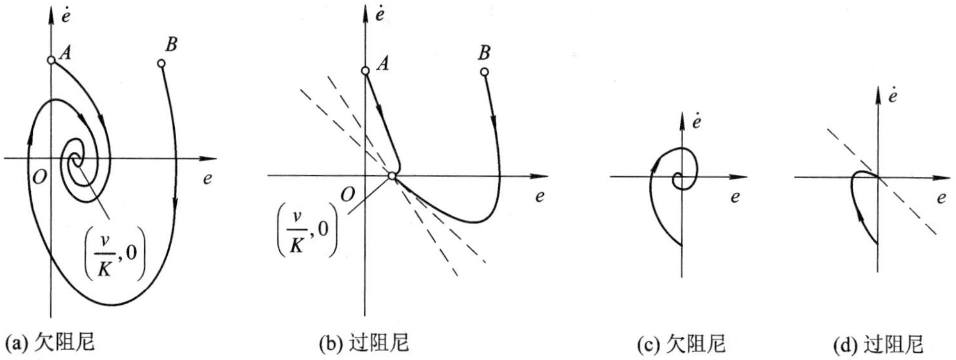

图 7-61　相平面图

3. 脉冲响应

设系统的输入为单位脉冲函数，即 $r(t)=\delta(t)$。当 $t>0$ 时，$\ddot{r}(t)=\dot{r}(t)=0$，代入式(7-71)，得到脉冲函数作用下的系统误差方程

$$T\ddot{e}+\dot{e}+Ke=0$$

它与阶跃输入下的误差方程(7-72)完全一致，因而奇点(0, 0)相同，但两者的初始条件不同。因为 $r(s)=\delta(s)=1$，所以根据图 7-59，有

$$c(s)=\frac{\dfrac{K}{s(Ts+1)}}{1+\dfrac{K}{s(Ts+1)}}r(s)=\frac{K}{Ts^2+s+K}$$

根据 Laplace 变换的初值定理便可求得

$$c(0^+)=\lim_{s\to\infty}sc(s)=\lim_{s\to\infty}\frac{Ks}{Ts^2+s+K}=0$$

和

$$\dot{c}(0^+)=\lim_{s\to\infty}s[sc(s)-c(0^+)]=\lim_{s\to\infty}\frac{Ks^2}{Ts^2+s+K}=\frac{K}{T}$$

由于 $e=r-c$，而 $r(0^+)=\dot{r}(0^+)=0$，故得

$$e(0^+)=0$$

$$\dot{e}(0^+)=-\frac{K}{T}$$

因此，相轨迹的起始点是(0，$-K/T$)。单位脉冲函数作用下系统的相轨迹如图 7-61(c)、(d)所示。

第六节　利用 MATLAB 分析非线性系统

一、非线性微分方程的数值解法

非线性系统的数学描述为非线性微分方程，对其求解是研究非线性的首要内容。我们可以采用 MATLAB 软件中的 ode45 命令求解微分方程，其命令格式为

```
[t, x]=ode45('func', t, x0);
```

其中，func 为待求解的微分方程或方程组，可以通过函数文件或脚本形式进行传递；t 为设定的求解时间曲线，x0 为微分方程的初始值向量。

例 7-6　求解本章第二节所述万德波尔方程：

$$m\ddot{x} - f(1 - x^2)x + kx = 0$$

式中：$m=1$，$f=0.3$，$k=1$ 为正数。

解　因该微分方程为二阶，将其等效化为一个如下一阶方程组：

$$\begin{cases}\dot{x}_1 = x_2 \\ \dot{x}_2 = 0.3(1 - x_1^2)x_2 - x_1\end{cases}$$

编写该方程组的函数文件 vanderpol.m，其代码如下：

```
function[sys, x0]=vanderpol(t, x)
sys=[x(2); -x(1)+0.3*(1-x(1)^2)*x(2)];
end
```

再用下列命令调用 vanderpol.m，可以求得系统的初始状态分别为($x(0)=-0.5$，$\dot{x}(0)=0$)，($x(0)=2.5$，$\dot{x}(0)=0$)，在 0 到 40 s 时间段内系统的响应曲线如图 7-62 和图 7-63 所示。

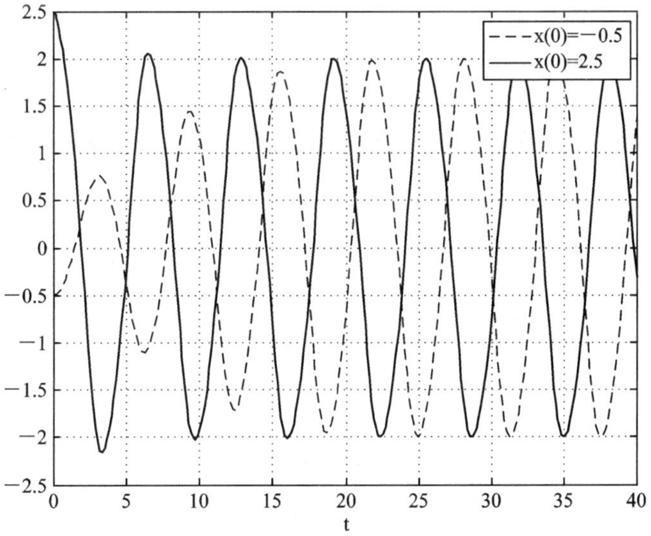

图 7-62　万德波尔方程的时域解

```
[t1, x1]=ode45('vanderpol', [0, 40], [-0.5, 0]);
[t2, x2]=ode45('vanderpol', [0, 40], [2.5, 0]);

figure(1); plot(t1, x1(:, 1), 'r:', t2, x2(:, 1)); grid;
xlabel('t'); ylabel('x'); legend('x(0)=-0.5', 'x(0)=2.5');

figure(2); plot(x1(:, 1), x1(:, 2), 'r:', x2(:, 1), x2(:, 2)); grid;
xlabel('x'); ylabel('xdot'); legend('x(0)=-0.5', 'x(0)=2.5')
```

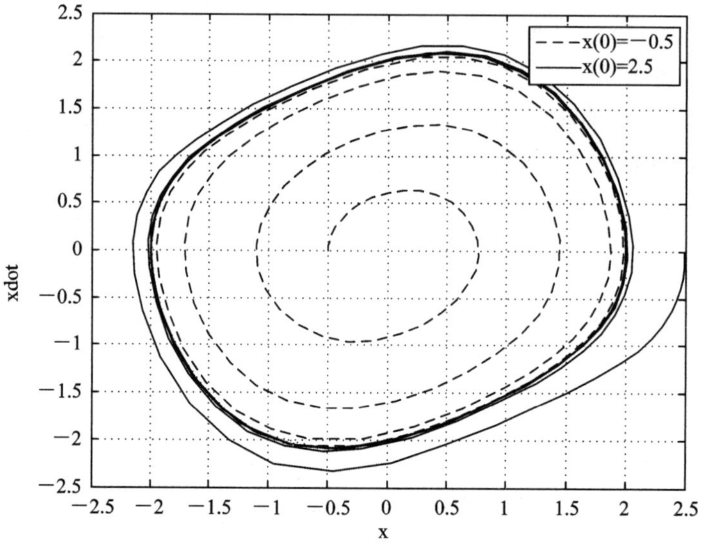

图 7-63　万德波尔方程的相轨迹解

二、利用 Simulink 求解非线性系统

利用 Simulink 的图形化建模方法，可以很直观地建立非线性系统的数学模型，并得到系统的时域响应。还可以利用 Simulink 资源库内的 XY Graph 绘图模块，方便地得到系统的相平面图。

例 7-7　用 MATLAB 求解图 7-64 所示的非线性系统当输入为零时的时域响应曲线和相平面图。

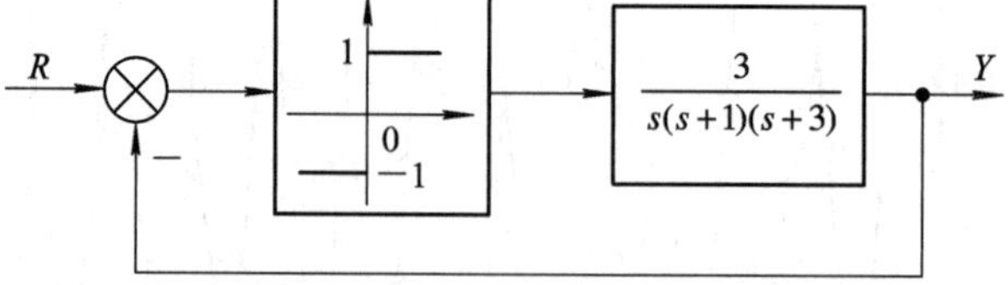

图 7-64　非线性控制系统的结构图

解　在 Simulink 中搭建如图 7-65 的仿真模型图，运行仿真后，可以分别在 Scope 和 XY Graph 中得出时域响应曲线和相轨迹图，分别如图 7-66 和图 7-67 所示。

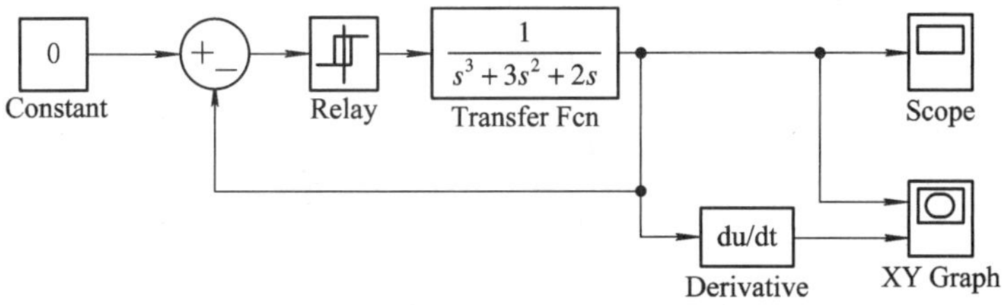

图 7-65　非线性控制系统的仿真模型

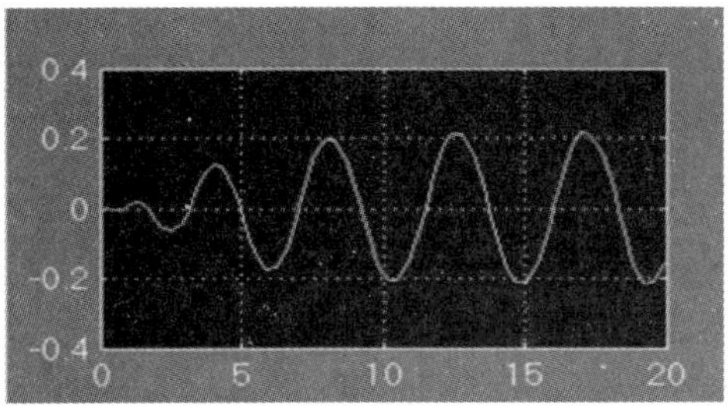

图 7-66　非线性系统的时域响应曲线

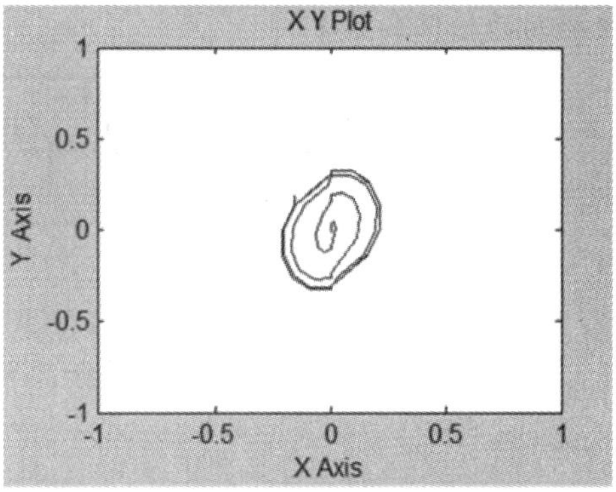

图 7-67　非线性系统的相轨迹图

【习　　题】

7-1　试求图 7-68 所示的非线性特性的描述函数。

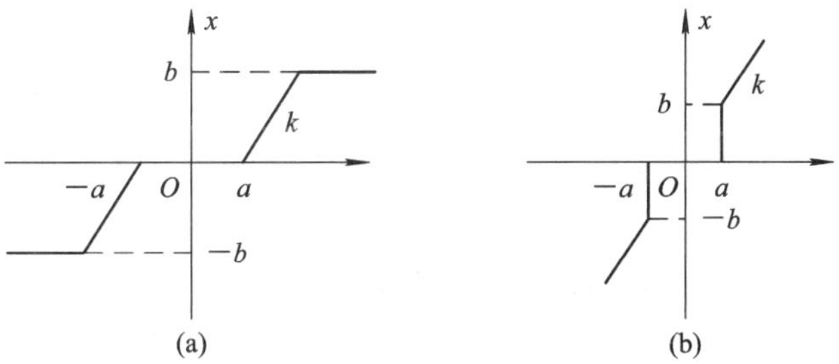

图 7-68

7-2　非线性控制系统的方块图如图 7-69 所示，试应用描述函数法完成下列两题：

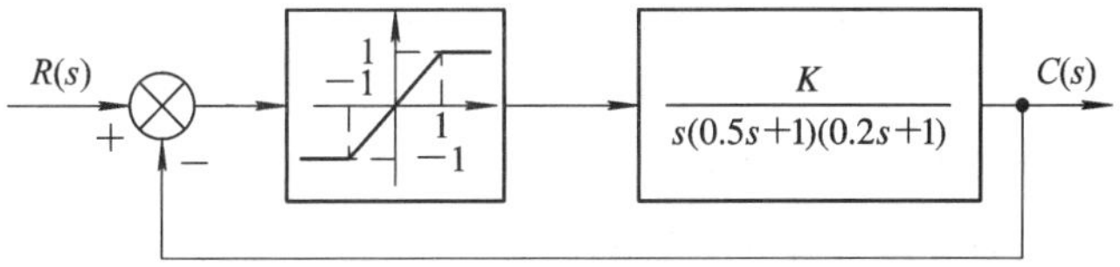

图 7-69

(1) K 为何值时系统处于临界稳定状态？

(2) 求 $K=10$ 时，系统产生自持振荡的频率和振幅。

7-3　已知非线性控制系统的方块图如图 7-70 所示，试用描述函数法确定为使系统不产生自激振荡，继电器特性的参数 a、b 的值。

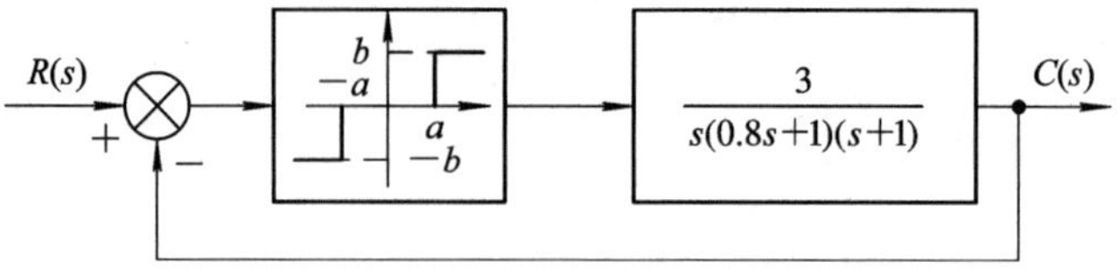

图 7-70

7-4　非线性控制系统如图 7-71 所示，试判断系统的稳定性。若系统不稳定，求出系统振荡的振幅和频率。

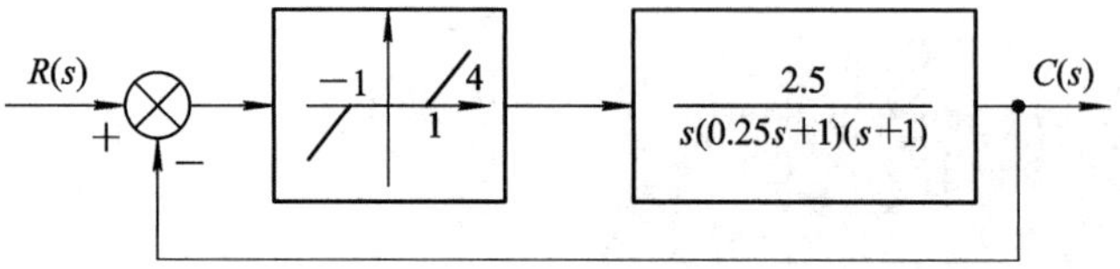

图 7-71

7-5　已知图 7-72 所示系统，如要使系统稳定，求 b 的取值范围。

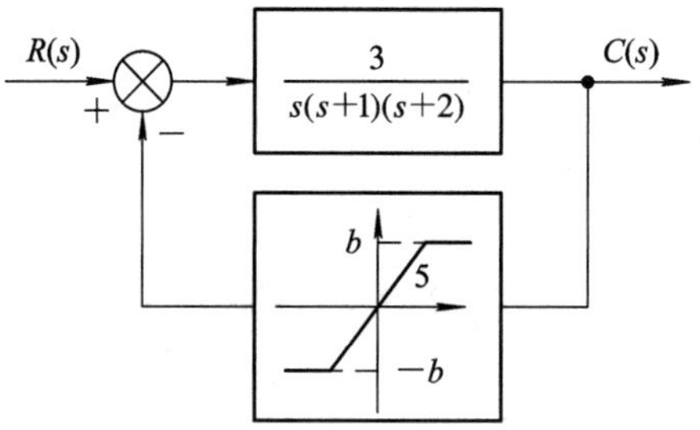

图 7-72

7-6　已知二阶系统的微分方程为

$$\ddot{\theta}+2\zeta\dot{\theta}\omega_{n}+\omega_{n}^{2}\theta=0$$

设 $\omega_n=2$，系统的起始状态 $\theta_0=0$，$\dot{\theta}_0=a$，试利用等倾线法绘出系统在 $\zeta=0.5$ 和 $\zeta=1$ 时的相迹图。

7-7　绘制如图 7-73 所示非线性控制系统的相迹图。

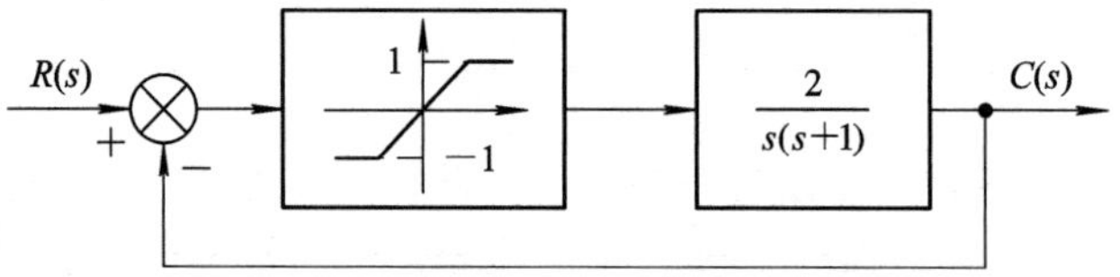

图 7-73

7-8　设非线性系统的结构图如图 7-74 所示。要求：

(1) 在复平面上绘制非线性环节的负倒特性 $-\dfrac{1}{N(x)}$。其中：

$$N(A)=\frac{2K}{\pi}\left[\arcsin\frac{a}{A}+\frac{a}{A}\sqrt{1-\left(\frac{a}{A}\right)^{2}}\right]\quad(x\geqslant a)$$

(2) 绘制线性部分的奈氏图(概略幅相频率特性曲线)。

(3) 确定该非线性系统存在稳定周期振荡时的 K 值范围。

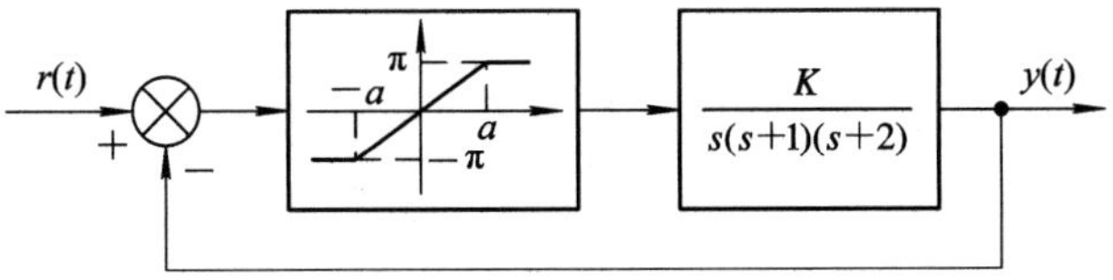

图 7-74

第八章　采样控制系统

超大规模集成电路和计算机的迅猛发展，为采样控制系统的广泛应用提供了广阔的前景。采样行为在一些应用中是固有的，如雷达扫描；在另一些应用中是必要的，如计算机控制；在其他的一些应用中是经济并且合乎需要的，如工业过程控制。本书第一至六章主要讨论了连续系统的古典控制理论。连续控制系统就是系统中的信号和变量是随时间连续变化的。

本章介绍采样系统的古典控制理论。采样控制系统就是系统中有一处或几处信号是一串脉冲序列或数码信号。从 20 世纪 60 年代开始，计算机被应用于自动控制工程中，为分析研究此类系统，古典控制理论扩展到了“采样控制系统”。本章将介绍采样系统的一般概念、采样过程、信号保持器，以及运用采样系统的数学模型——脉冲传递函数对系统的稳定性及静态性能和动态性能进行分析的方法。

第一节　采样系统的基本概念

汉语中的“采样”是指从大量物品或材料中抽取少量做样品，控制理论中的采样是指对信号或变量仅取一些给定时刻上的值，然后用这些间断时间上的值来代表原信号或原变量。有一个或多个变量仅在采样时刻发生变化，或有一个或多个变量为采样信号的系统称为采样系统。

从采样信号角度可将采样系统分为：采样控制系统(即系统中被采样的连续信号)，仅仅变成时间上断续的脉冲序列，但每一脉冲的值是连续的，一般而言，控制器是离散的，对象是连续的；数字控制系统(即连续信号既被采样又被量化)，变成了时间上和幅值上均断续的数字信号。当数字信号量化误差足够小时，可将其看成仅时间上断续的采样信号；离散控制系统(即包括时间离散和离散事件控制系统)，从控制原理上讲，采样控制系统和数字控制系统均属离散控制系统。

一、离散时间信号

在采样系统中，信号是用离散时间的数字序列表示的。序列中的第 N 个数字记做 $x(NT)$，全部信号序列可写为

$$x=\{x(NT)\}\qquad(-\infty<N<\infty)\tag{8-1}$$

其中，N 取整数。

图 8-1 为离散时间数字序列常用图形描述。虽然图中横坐标画成一条连续的直线，但 $x(NT)$ 仅仅对于整数 N 值才有定义，而对于非整数 N 值，$x(NT)$ 是没有定义的。

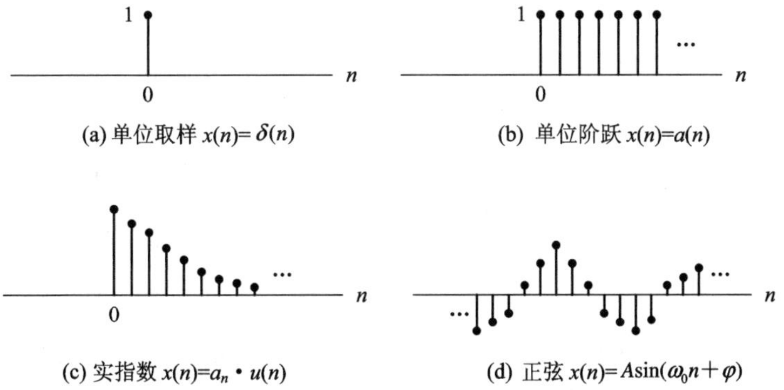

图 8-1　常用离散序列

二、采样控制系统

实际上，当控制系统间断地获得控制或测量信号时，就变成了离散系统。由图 8-2(a)可知，连续系统是利用连续的反馈信号 $b(t)$与连续的输入信号 $r(t)$进行比较后的连续误差信号 $e(t)$来控制的。而对于离散系统，如图 8-2(b)所示，反馈信号和输入信号进行比较的是断续信号(断续信号均用带“ * ”表示)，误差信号

$$e^*(t)=r^*(t)-b^*(t)$$

也是断续信号，系统是利用断续的误差信号控制的。

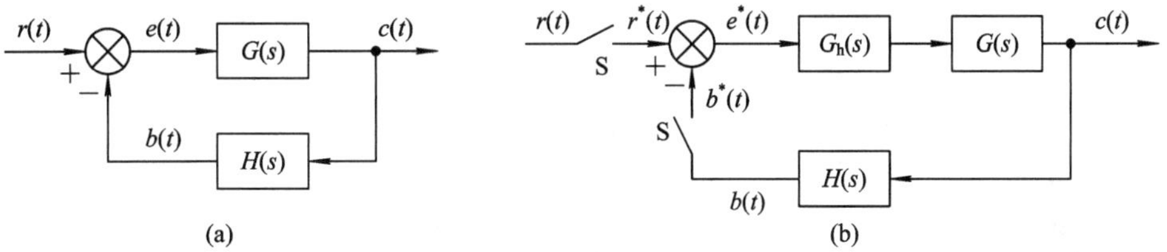

图 8-2　典型反馈系统方块图

在图 8-2(b)中，断续信号由采样开关 S 重复地开关获得。把连续信号变成脉冲(或数字)序列的过程就叫采样。因此，图 8-2(b)实际就是采样控制系统。其中，$G_h(s)$为采样保持器。

如果图 8-2(b)采样系统两个采样开关同步，则可等效为图 8-3，它为采样系统的典型结构。

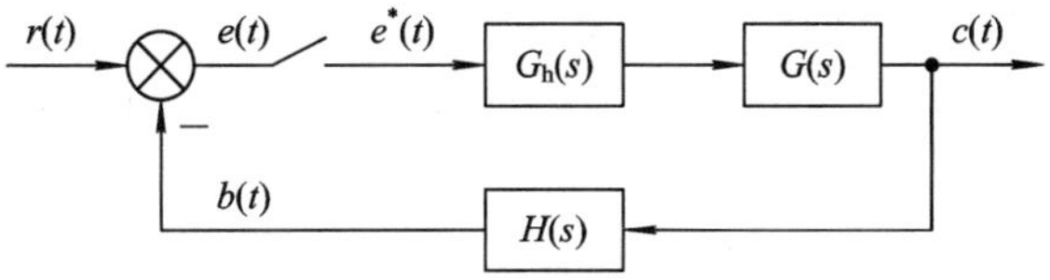

图 8-3　8-2(b)图的等效结构图

图 8-3 中的误差连续信号 $e(t)$的波形图、$e(t)$经采样开关采样后 $e^*(t)$的波形图和采样信号 $e^*(t)$经保持器保持后的信号 $e_h(t)$波形图，如图 8-4 所示。

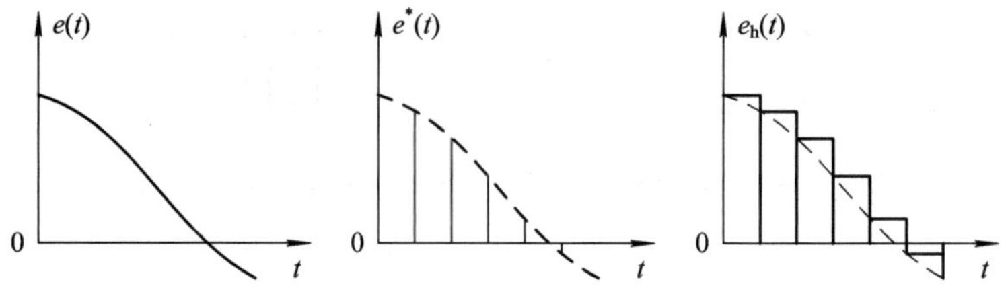

(a) $e(t)$　　(b) $e^*(t)$　　(c) $e_h(t)$

图 8-4　波形图

采样系统用数字式控制器或数字计算机作为校正装置构成了数字式控制系统，其原理方块图如图 8-5 所示。图中，计算机作为校正装置被引进系统，它只能接受时间上离散、量值上被数字化的信号，而控制系统的被控量 $c(t)$、给定量 $r(t)$一般在时间上是连续的、量值上是模拟的信号。因此，要将这样的信号送入计算机运算，就必须先把 $e(t)$这个量用采样开关在时间上离散，再由模/数转换器 A/D 将其每个离散点上的量值数字化。这两项工作一般都由 A/D 转换器来完成，然后进入计算机进行数字运算，输出的仍是时间上离散、量值上数字化的信号。它无法作用到控制对象(这里指广义对象)上去，必须先经过数/模转换器D/A把它先还原成时间上离散、量值上模拟的信号。但这样的离散信号还不能直接作用于对象，因为两离散点之间是没有信号的，在采样间隔不是无限小时，用偏差进行控制将有很大误差。于是必须设法在两离散点之间补上输出信号值。一般可采用保持器的办法。最简单的一种是将其前一离散点的值一直保持至后一离散点出现之前的保持器，此时保持器输出信号是阶梯状信号(如图 8-4 中 $e_h(t)$信号)，可以将它看成是连续信号，并能作用到控制对象上。同样要指出的是，数/模转换和保持器都是由 D/A 装置完成的。

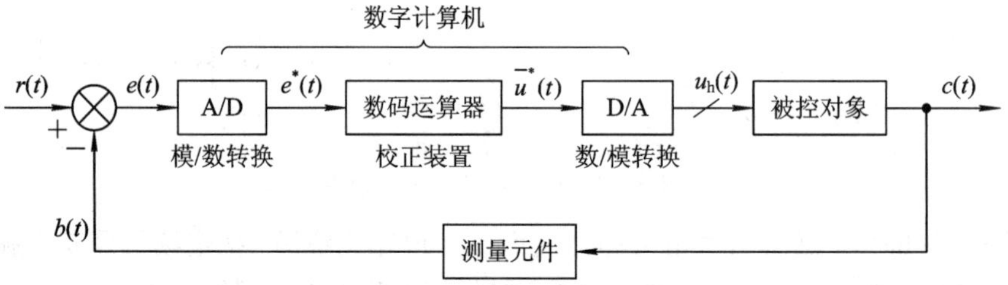

图 8-5　数字控制系统

由此可见，A/D 和 D/A 转换器都起着模拟量和数字量之间转换的作用。当假设转换有足够精度时，则可以近似认为转换有唯一的对应关系。对系统特性来说，转换器相当于前述系统中的一个比例系数，不对系统特性分析起实质影响，可以略去或归并到其他元件中去。此时，A/D 转换器就仅相当于一个采样开关，D/A 相当于保持器，这时图 8-5 可以简化成图 8-6。

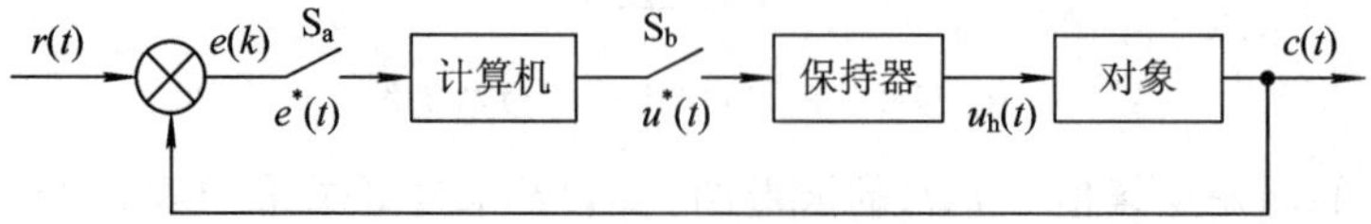

图 8-6　采样、数字控制系统

三、采样控制系统的优点

采样和数字控制技术在自动控制领域中得到了广泛的应用，主要原因是由于采样控制系统特别是数字控制系统与一般连续控制系统比较具有下列优点。

1. 精度高

只要 A/D、D/A 及计算机的位数足够多，就能保证足够的计算精度，从而保证整个控制系统的精度。

2. 灵敏度好

在采样控制系统中，可以通过采用高灵敏度的控制元件或装置来提高系统的灵敏度。

3. 抑制噪声能力强

由于采样信号，特别是数码信号的传递可以有效地抑制噪声，从而可以提高系统的抗干扰能力。

4. 控制灵活

数字计算机可以很方便地通过改变计算机程序来灵活地实现控制所需要的信息处理和校正(如自适应、最优化等)，从而提高控制系统的性能。

5. 设备利用率高

使用一台控制器或计算机，利用采样分时控制若干个控制对象，可以提高控制设备的利用率。

第二节 采样过程及采样定理

一、采样过程及数学描述

如前所述，在采样系统中，把连续信号转换成脉冲或数字序列的过程，称做采样过程。实现采样的装置叫做采样开关或采样器，用 S 表示。如果采样开关 S 以周期 T 时间闭合，并且闭合的时间为 τ，这样就把一个连续的函数 $e(t)$变成了一个断续的脉冲序列 $e^*(t)$ $(t=0, T, 2T, \cdots)$，如图 8-7 所示。

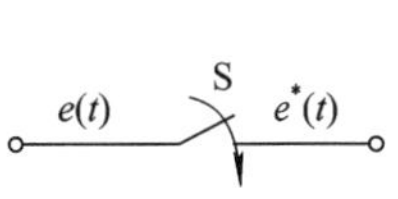

(a) 结构图

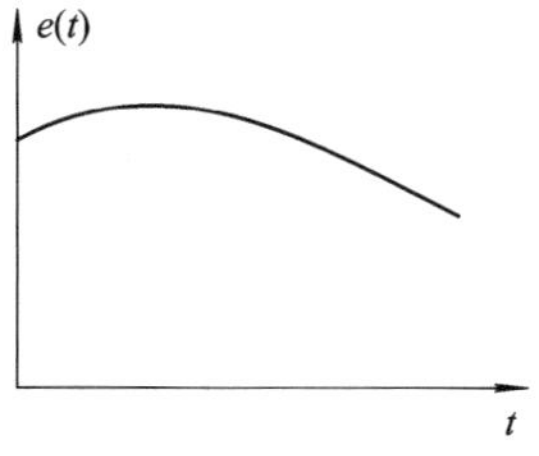

(b) $e(t)$

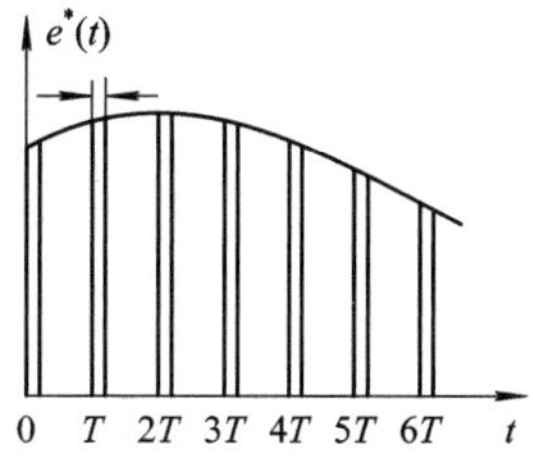

(c) $e^*(t)$

图 8-7 采样过程

由于采样开关 S 闭合持续时间很短，即 $\tau \ll T$，因此在分析时可以近似地认为 $\tau \approx 0$。这样可看出，当采样器输入为连续信号 $e(t)$时，输出采样信号就是一串理想脉冲，采样瞬时

$e^*(t)$的脉冲等于相应瞬时 $e(t)$的幅值，即 $e(0T)$，$e(T)$，$e(2T)$，$e(3T)$，…，$e(NT)$，…，如图 8-8 所示。

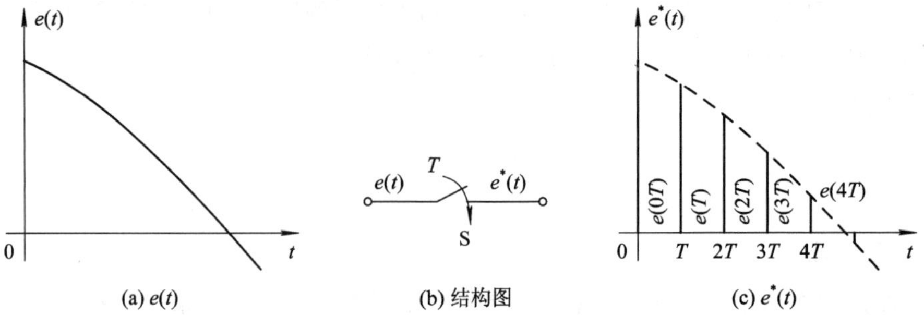

图 8-8　$\tau\approx 0$ 的采样过程

根据图 8-8 可以写出采样过程的数学描述为

$$e^*(t)=e(0)\delta(t)+e(T)\delta(t-T)+e(2T)\delta(t-2T)+\cdots+e(NT)\delta(t-NT)+\cdots \tag{8-2}$$

或

$$e^*(t)=\sum_{N=0}^{\infty}e(NT)\delta(t-NT) \tag{8-3}$$

式(8-3)也可写成

$$e^*(t)=e(t)\sum_{N=0}^{\infty}\delta(t-NT) \tag{8-4}$$

其中，N 是采样的步数，即采样开关 S 闭合的次数。由式(8-3)可以看出，采样器好像是一个幅值调制器，理想采样值 $e^*(t)$可看成由理想单位脉冲对连续量调制而形成，如图 8-9 所示，其中，$\delta_T(t)=\sum\limits_{N=-\infty}^{\infty}\delta(t-NT)$ 是载波，仅决定采样周期，不决定幅值，$e(t)$为被调制信号，它的$e(NT)$值决定了调制后输出的幅值。

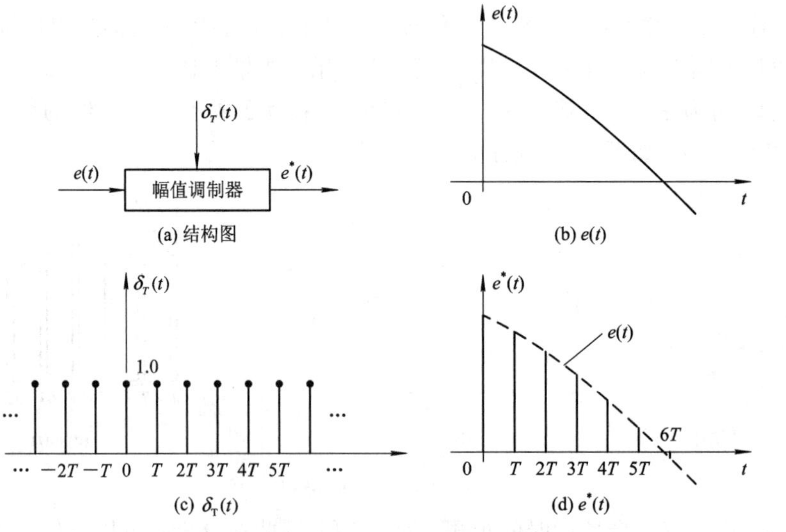

图 8-9　采样脉冲调制过程

二、采样定理

一般采样控制系统加到控制对象上的信号都是连续的信号，那么如何将离散的采样信号不失真地恢复到原来的形状，也就是采样频率如何选取的问题。采样定理便说明了这一问题。

首先，求取单位脉冲序列 $\delta_T(t)$的傅氏级数。因为 $\delta_T(t)$为周期函数，可以展开为复数形式的富氏级数，即

$$\delta_T(t) = \sum_{N=-\infty}^{+\infty} C_N e^{jN\omega_s t} \tag{8-5}$$

$$\omega_s = \frac{2\pi}{T}$$

式中：ω_s 为采样角频率；T 为采样周期；C_N 为富氏级数系数，它由下式确定

$$C_N = \frac{1}{T}\int_{-\frac{T}{2}}^{\frac{T}{2}} \delta_T(t) e^{-jN\omega_s t}\, dt \tag{8-6}$$

因为 $\delta_T(t)$仅在 $t=0$ 处有值，而在积分区间其余时间为零，故

$$C_N = \frac{1}{T}\int_{0_-}^{0_+} \delta(t) dt = \frac{1}{T} \tag{8-7}$$

将式(8－7)代入式(8－5)，得

$$\delta_T(t) = \frac{1}{T}\sum_{N=-\infty}^{+\infty} e^{jN\omega_s t} \tag{8-8}$$

将式(8－8)代入式(8－4)，得

$$e^*(t) = \frac{1}{T}\sum_{N=-\infty}^{+\infty} e(t) e^{jN\omega_s t} \tag{8-9}$$

对式(8－9)进行拉氏变换，用 $E^*(s)$表示，可得

$$E^*(s) = \frac{1}{T}\sum_{N=-\infty}^{+\infty} \mathscr{L}[e(t) e^{jN\omega_s t}]$$

根据拉氏变换的位移定理，如果输入连续信号 $e(t)$的拉氏变换为 $E(s)$，则

$$E^*(s) = \frac{1}{T}\sum_{N=-\infty}^{+\infty} E(s + jN\omega_s) \tag{8-10}$$

相应可以得到采样信号的频率特性为

$$E^*(j\omega) = \frac{1}{T}\sum_{N=-\infty}^{+\infty} E[j(\omega + N\omega_s)] \tag{8-11}$$

$E(j\omega)$为连续信号 $e(t)$的频率特性，$|E(j\omega)|$为 $e(t)$的频谱。一般说来，连续信号的频带宽度是有限的，其频谱如图 8－10(a)所示，包含的最高频率为 ω_{max}。采样信号 $E^*(t)$具有以采样频率 ω_s 为周期的无限多个频谱，如图 8－10(b)所示。当 $n=0$ 时，其频谱就是采样前连续信号 $e(t)$的频谱，只不过在幅值上变化了 $1/T$ 倍。除主频谱外，$e^*(t)$还包含无限多个附加的高频频谱。为了准确地复现被采样的连续信号，必须使采样后的离散信号的频谱彼此不重叠，这样就可以用一个比较理想的低通滤波器，滤除掉全部附加的高频频谱分量，保留主频谱。

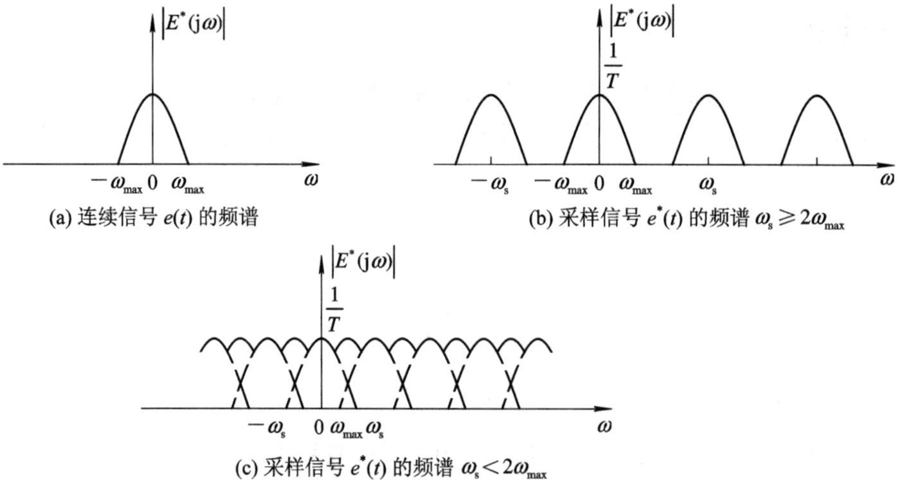

图 8-10　$e(t)$和 $e^*(t)$的频谱

如果连续信号 $e(t)$所含的最高频率为 ω_{max}，则相邻两频谱互不重叠的条件为

$$\omega_s \geqslant 2\,\omega_{max} \tag{8-12}$$

即如果被采样的连续信号 $e(t)$的频谱为有限宽度，且频谱的最大宽度为 ω_{max}，又如果采样角频率 $\omega_s \geqslant 2\omega_{max}$，并且采样后再加上如图 8-11 所示理想滤波器，则连续信号 $e(t)$可以不失真地恢复出来。这就是著名的采样定理，也称为香农定理(Shannon Theorem)。

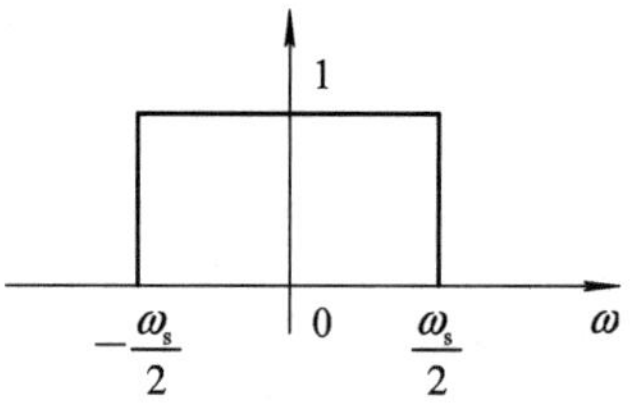

图 8-11　理想滤波器的频率特性

倘若 $\omega_s < 2\omega_{max}$，则会出现图 8-10(c)所示的相邻频谱的重叠现象。这时，即使采用理想滤波器也无法将主频谱分离出来，因而就难以准确复现原有的连续信号。

第三节　信号保持器

一、保持器

为了实现系统的控制，采样信号就需要恢复成连续的信号。根据采样定理，当 $\omega_s \geqslant 2\omega_{max}$时，离散信号的频谱彼此互不重叠。这时用一个具有图 8-11 特性的理想滤波器滤掉高频频谱分量，保留主频谱，从而可无失真地复现原有的连续信号。

但是，上述的理想滤波器实际上是不存在的。因此，必须寻找在特性上接近理想滤波器，而在物理上又可以实现的滤波器。在采样系统中广泛采用的保持器就是这样一种实际的滤波器，而零阶保持器又是最常用的一种保持器。

二、零阶保持器

零阶保持器的作用：使采样信号 $e^*(t)$ 每一采样时刻 NT 的采样值 $e(NT)(N=0, 1, 2, \cdots)$ 不增不减地一直保持到下一个采样时刻 $(N+1)T$，从而使采样信号 $e^*(t)$ 变成阶梯信号 $e_h(t)$，其关系如图 8-12 所示。因为 $e_h(t)$ 在每个采样区间内的值均为常数，其导数为零，故称之为零阶保持器。

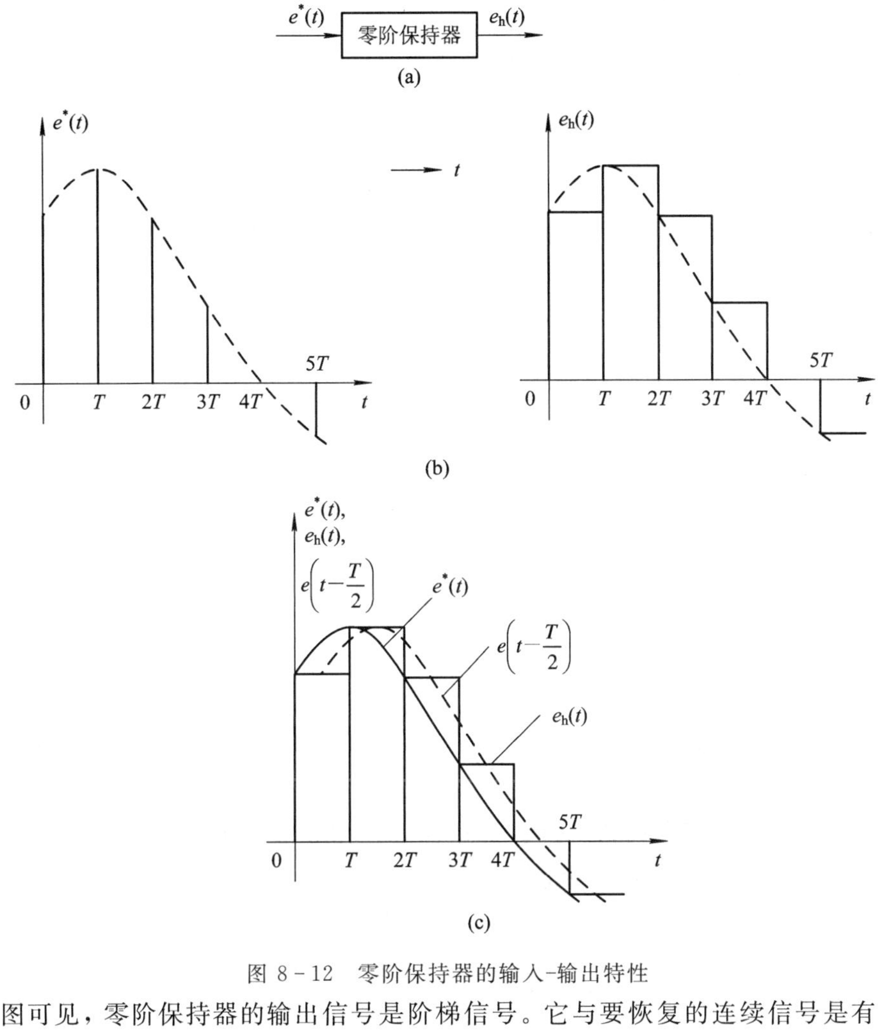

图 8-12　零阶保持器的输入-输出特性

由图可见，零阶保持器的输出信号是阶梯信号。它与要恢复的连续信号是有区别的，并含有高次谐波。若将阶梯信号的中点连接起来，如图 8-12 所示，则可以得到与 $e(t)$ 形状一致而在时间上滞后了 $T/2$ 的曲线。这反映了零阶保持器的相位滞后特性。

三、零阶保持器的数学描述

为了方便地分析系统，有必要求出零阶保持器的传递函数和频率特性。由零阶保持器的作用可知，在某一瞬时，如果零阶保持器输入为单位理想脉冲函数 $\delta(t)$，那么零阶保持器的输出是幅值为 1、持续时间为 T 的脉冲响应函数 $g_h(t)$，如图 8-13(a)所示。

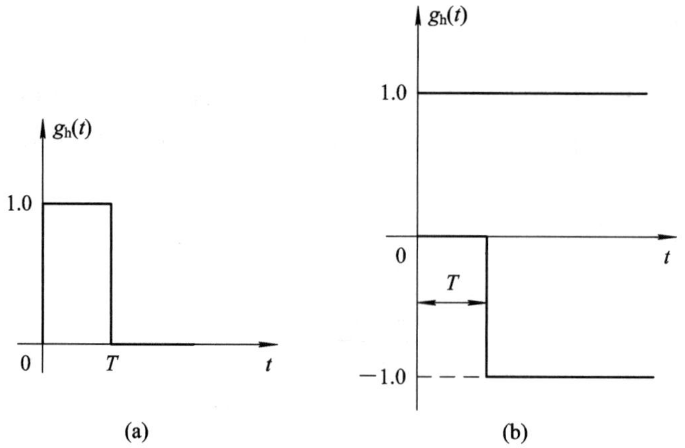

图 8-13　零阶保持器的脉冲响应函数

根据叠加原理，零阶保持器的脉冲响应函数可分解为两个阶跃函数之和，即可表示为

$$g_h(t) = 1(t) - 1(t - T)$$

如图 8-13(b)所示。对上式进行拉氏变换，可得

$$G_h(s) = \mathscr{L}[g_h(t)] = \frac{1 - e^{-Ts}}{s} \tag{8-13}$$

即单位脉冲响应函数的拉氏变换，就是零阶保持器的传递函数。

用 $j\omega$ 代替式(8-13)中的 s，可得零阶保持器的频率特性为

$$G_h(j\omega) = \frac{1 - e^{-j\omega T}}{j\omega} = \frac{2e^{-j\omega T/2}(e^{j\omega T/2} - e^{-j\omega T/2})}{2j\omega} = T \cdot \frac{\sin\dfrac{\omega T}{2}}{\dfrac{\omega T}{2}} e^{-j\omega T/2}$$

若以采样频率 $\omega_s = 2\pi/T$ 来表示，则

$$G_h(j\omega) = \frac{2\pi}{\omega_s} \frac{\sin\left(\dfrac{\pi\omega}{\omega_s}\right)}{\dfrac{\pi\omega}{\omega_s}} e^{\frac{-j\pi\omega}{\omega_s}} \tag{8-14}$$

图 8-14 表示了零阶保持器的幅频特性 $|G_h(j\omega)|$ 和相频特性 $\angle G_h(j\omega)$。

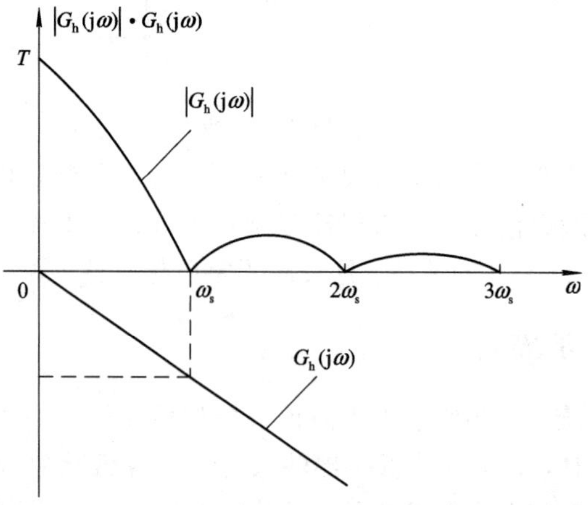

图 8-14　零阶保持器的幅频和相频特性曲线

四、零阶保持器的特点

从图 8-14 中可看出，零阶保持器的幅值随频率 ω 的增大而衰减，具有明显的低通滤波特性。因此，可将零阶保持器看成低通滤波器，但不是理想的低通滤波器。它除了允许离散信号 $e^*(t)$的主频谱通过外，还允许一部分高频分量通过。所以，经过恢复以后所得到的连续信号 $e_h(t)$与原有信号 $e(t)$是有区别的。

另外，从相频特性来看，零阶保持器还会产生负相移。因此，零阶保持器的引入，会使系统的稳定性变差。

五、零阶保持器的实现

零阶保持器可采用无源网络来近似实现。如果将零阶保持器传递函数中的 e^{Ts} 展开成幂级数，即

$$\mathrm{e}^{Ts}=1+Ts+\frac{1}{2!}T^2s^2+\cdots$$

假若取级数的前两项，可得

$$G_h(s)=\frac{1-\mathrm{e}^{-Ts}}{s}=\frac{1}{s}\left(1-\frac{1}{\mathrm{e}^{Ts}}\right)\approx\frac{1}{s}\left(1-\frac{1}{1+Ts}\right)=\frac{T}{1+Ts} \tag{8-15}$$

则式(8-15)可用图 8-15 所示的 RC 无源网络来实现。

假若取幂级数的前三项，可得

$$G_h(s)\approx\frac{1}{s}\left(1-\frac{1}{1+Ts+\frac{T^2s^2}{2}}\right)=T\frac{1+\frac{Ts}{2}}{1+Ts+\frac{T^2s^2}{2}} \tag{8-16}$$

则式(8-16)可用图 8-16 所示的 RLC 无源网络来实现。

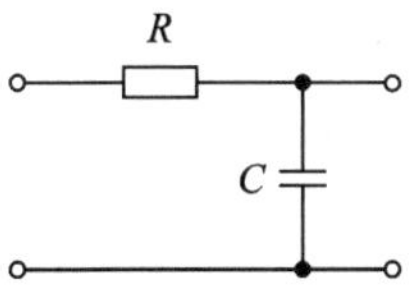

图 8-15　用 RC 无源网络近似实现零阶保持器

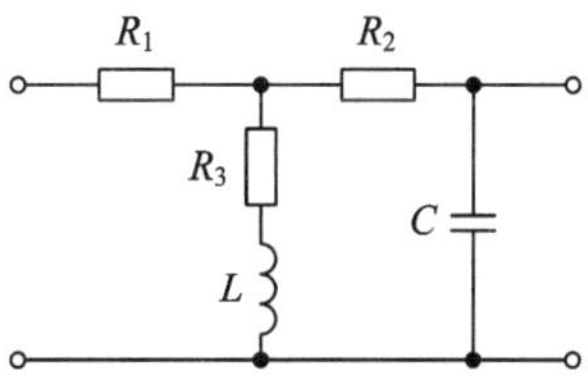

图 8-16　用 RLC 无源网络近似实现零阶保持器

第四节　Z 变 换

在连续量的系统中，采用了拉氏变换求解微分方程，并直接定义了传递函数，成为研究控制系统的基本工具。在采样系统中，连续量离散成了离散量，将拉氏变换用于离散量中，就得到了所谓的 Z 变换。和拉氏变换一样，Z 变换可用来解差分方程，定义的 Z 传递函数(脉冲传递函数)成为分析研究采样系统的基本工具。

一、Z 变换定义

对式(8-3)进行拉氏变换，有

$$E^*(s)=\mathscr{L}[e^*(t)]=\mathscr{L}\left[\sum_{N=0}^{\infty}e(NT)\delta(t-NT)\right]=\sum_{N=0}^{\infty}e(NT)\mathrm{e}^{-NTs} \tag{8-17}$$

式中，e^{-Ts} 是 s 的超越函数，直接运算不方便，为此，引入变量

$$z=\mathrm{e}^{Ts} \tag{8-18}$$

式中：z 和 s 一样是复变量，或者说是 z 平面定义的复变量；T 为采样周期。把式(8-18)代入式(8-17)，就得到了以 z 为自变量的函数 $E(z)$，即有

$$E(z)=\sum_{N=0}^{\infty}e(NT)z^{-N} \tag{8-19}$$

定义式(8-19)为采样信号 $e^*(t)$ 的 Z 变换，用下列符号表示

$$E(z)=\mathscr{Z}[e^*(t)] \tag{8-20}$$

因为 Z 变换只对采样点上信号起作用，所以也可写成

$$\mathscr{Z}[e(t)]=E(z) \tag{8-21}$$

式(8-17)～式(8-21)表明，Z 变换就是对采样信号 $e^*(t)$ 进行拉普拉斯变换并通过变量替换而推演得出。

二、典型函数的 Z 变换

1. 单位脉冲函数

设 $e(t)=\delta(t)$，因为 $e^*(t)=\delta(t)$，所以 $e^*(t)$ 的拉氏变换为

$$E^*(s)=1$$

由式(8-18)可得，$s=\frac{1}{T}\ln z$，代入上式可得

$$\mathscr{Z}[\delta(t)]=E(z)=E^*(s)\big|_{s=\frac{1}{T}\ln z}=1 \tag{8-22}$$

2. 单位阶跃函数

设 $e(t)=1(t)$，因为

$$e^*(t)=\delta_T(t)=\sum_{N=0}^{\infty}\delta(t-NT)$$

所以

$$\mathscr{L}[e^*(t)]=E^*(s)=\sum_{N=0}^{\infty}\mathrm{e}^{-NTs}$$

故

$$\mathscr{Z}[1(t)]=E(z)=\sum_{N=0}^{\infty}\mathrm{e}^{-NTs}\Big|_{s=\frac{1}{T}\ln z}=\sum_{N=0}^{\infty}z^{-N}=\frac{z}{z-1} \tag{8-23}$$

3. 单位速度函数

设 $e(t)=t$，由式(8-19)可得

$$E(z)=\sum_{N=0}^{\infty}NT\cdot z^{-N}$$

对式(8-23)中的 $\sum_{N=0}^{\infty}z^{-N}=\frac{z}{z-1}$ 等式两边求导数，并将和式与导数交换，得

$$\sum_{N=0}^{\infty}(-N)\cdot z^{-N-1}=\frac{-1}{(z-1)^2}$$

两边同乘$(-Tz)$，得

$$\mathscr{Z}[t]=E(z)=\sum_{N=0}^{\infty}NT\cdot z^{-N}=\frac{Tz}{(z-1)^2} \tag{8-24}$$

4. 指数函数

设 $e(t)=\mathrm{e}^{-at}$，a 为实常数。根据 Z 变换定义可得 e^{-at} 的 Z 变换为

$$E(z)=\sum_{N=0}^{\infty}\mathrm{e}^{-aNT}\cdot z^{-N}=1+\mathrm{e}^{-aT}z^{-1}+\mathrm{e}^{-2aT}z^{-2}+\cdots$$

因上式为等比级数，所以当$|\mathrm{e}^{-aT}z^{-1}|<1$ 时，该级数可表示为

$$E(z)=\frac{1}{1-\mathrm{e}^{-aT}z^{-1}}=\frac{z}{z-\mathrm{e}^{-aT}} \tag{8-25}$$

5. 正弦函数

设 $e(t)=\sin\omega t$，根据欧拉公式可知：

$$\sin\omega t=\frac{1}{2\mathrm{j}}(\mathrm{e}^{\mathrm{j}\omega t}-\mathrm{e}^{-\mathrm{j}\omega t})$$

因此，再根据式(8-25)就可以得到 $\sin\omega t$ 的 Z 变换表达式为

$$\begin{aligned}E(z)&=\frac{1}{2\mathrm{j}}\left[\frac{z}{z-\mathrm{e}^{\mathrm{j}\omega T}}-\frac{z}{z-\mathrm{e}^{-\mathrm{j}\omega T}}\right]=\frac{1}{2\mathrm{j}}\left[\frac{z(\mathrm{e}^{\mathrm{j}\omega T}-\mathrm{e}^{-\mathrm{j}\omega T})}{z^2-z(\mathrm{e}^{\mathrm{j}\omega T}+\mathrm{e}^{-\mathrm{j}\omega T})+1}\right]\\&=\frac{z\cdot\sin\omega T}{z^2-2z\cos\omega T+1}\end{aligned} \tag{8-26}$$

6. 控制系统中 $G(s)$的 Z 变换

设

$$G(s)=\frac{a}{s(s+a)} \tag{8-27}$$

首先将 $G(s)$进行部分分式展开为

$$G(s)=\frac{1}{s}-\frac{1}{s+a}$$

其次求 $G(s)$的拉氏反变换：

$$\mathscr{L}^{-1}[G(s)]=1(t)-\mathrm{e}^{-at}$$

最后利用式(8-23)和式(8-25)求出式(8-27)函数的 Z 变换为

$$G(z)=\mathscr{Z}[1(t)-\mathrm{e}^{-at}]=\frac{z}{z-1}-\frac{z}{z-e^{-aT}}=\frac{z(1-\mathrm{e}^{-aT})}{(z-1)(z-\mathrm{e}^{-aT})} \tag{8-28}$$

要注意 $G(s)$与 $G^*(s)$的本质区别，不能直接将 $s=\frac{1}{T}\ln z$ 代入 $G(s)$中求得 $G(z)$，因为 $G(s)\neq G^*(s)$。

表 8-1 列出了常用函数的拉氏变换式和对应的 Z 变换式。表中，$e(N)$就是 $e(t)$在采样时刻的值 $E(NT)$的简写。

表 8-1　拉氏变换及 Z 变换表

序　号	$E(s)$	$e(t)$或$e(N)$	$E(z)$
1	1	$\delta(t)$	1
2	e^{-kTs}	$\delta(t-kT)$	z^{-k}
3	$\frac{1}{s}$	$1(t)$	$\frac{z}{z-1}$
4	$\frac{1}{s^2}$	t	$\frac{Tz}{(z-1)^2}$
5	$\frac{2}{s^3}$	t^2	$\frac{T^2 z(z+1)}{(z-1)^3}$
6	$\frac{1}{1-e^{-Ts}}$	$\sum_{k=0}^{\infty}\delta(t-kT)$	$\frac{z}{z-1}$
7	$\frac{1}{s+a}$	e^{-at}	$\frac{z}{z-e^{-aT}}$
8	$\frac{1}{(s+a)^2}$	$t\cdot e^{-at}$	$\frac{Tze^{-aT}}{(z-e^{-aT})^2}$
9	$\frac{a}{s(s+a)}$	$1-e^{-at}$	$\frac{(1-e^{-aT})z}{(z-1)(z-e^{-aT})}$
10	$\frac{\omega}{s^2+\omega^2}$	$\sin\omega t$	$\frac{z\cdot\sin\omega T}{z^2-2z\cos\omega T+1}$
11	$\frac{s}{s^2+\omega^2}$	$\cos\omega t$	$\frac{z(z-\cos\omega T)}{z^2-2z\cos\omega T+1}$
12	$\frac{\omega}{(s+a)^2+\omega^2}$	$e^{-at}\sin\omega t$	$\frac{z\cdot e^{-aT}\sin\omega T}{z^2-2ze^{-aT}\cos\omega T+e^{-2aT}}$
13	$\frac{s+a}{(s+a)^2+\omega^2}$	$e^{-at}\cos\omega t$	$\frac{z^2-z\cdot e^{-aT}\cos\omega T}{z^2-2ze^{-aT}\cos\omega T+e^{-2aT}}$
14		a^k	$\frac{z}{z-a}$
15		$a^k\cdot\cos k\pi$	$\frac{z}{z+a}$

三、Z 变换基本定理

Z 变换的基本定理反映了 Z 变换的重要性质和运算关系，利用这些性质和关系，可以方便地求出某些函数的 Z 变换，或者根据 Z 变换求出原函数。

1. 线性定理

设 $e_1(t)$和 $e_2(t)$的 Z 变换分别为 $E_1(z)$和 $E_2(z)$，并且 A 和 B 为常数，则有

$$\mathscr{Z}[Ae_1(t)\pm Be_2(t)]=AE_1(z)\pm BE_2(z) \tag{8-29}$$

证明　根据 Z 变换定义，有

$$\begin{aligned}\mathscr{Z}[Ae_1(t)\pm Be_2(t)] &= \sum_{N=0}^{\infty}[Ae_1(NT)\pm Be_2(NT)]z^{-N}\\ &= \sum_{N=0}^{\infty}A\,e_1(NT)z^{-N}\pm\sum_{N=0}^{\infty}Be_2(NT)z^{-N}\\ &= A\sum_{N=0}^{\infty}e_1(NT)z^{-N}\pm B\sum_{N=0}^{\infty}e_2(NT)z^{-N}\\ &= AE_1(z)\pm BE_2(z)\end{aligned}$$

2. 滞后定理

设 $e(t)$ 的 Z 变换为 $E(z)$，则有

$$\mathscr{Z}[e(t-kT)] = z^{-k}E(z) \tag{8-30}$$

证明　根据 Z 变换定义，有

$$\begin{aligned}\mathscr{Z}[e(t-kT)] &= \sum_{N=0}^{\infty}e(NT-kT)z^{-N}\\ &= \sum_{N=0}^{k-1}e(NT-kT)z^{-N}+\sum_{N=k}^{\infty}e(NT-kT)z^{-N}\end{aligned}$$

由图 8-17 可知，当 $N<k$ 时，$e(NT-kT)=0$，因此上式中第一项等于零，第二项中令 $m=N-k$，则

$$\begin{aligned}\mathscr{Z}[e(t-kT)] &= \sum_{N=k}^{\infty}e(NT-kT)z^{-(N-k)}\cdot z^{-k}\\ &= z^{-k}\sum_{m=0}^{\infty}e(mT)z^{-m} = z^{-k}E(z)\end{aligned}$$

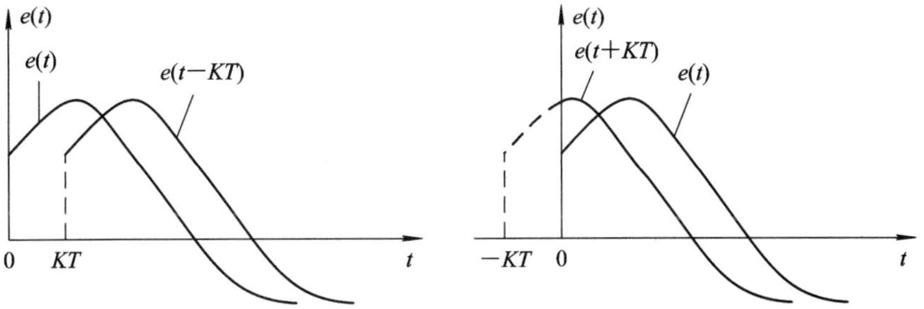

图 8-17　$e(t-kT)$ 和 $e(t+kT)$ 的波形图

例 8-1　已知 $e(t)=1(t-mT)$，求它的 Z 变换。

解　由式(8-23)可知，$\mathscr{Z}[1(t)]=\dfrac{z}{z-1}$，根据滞后定理可求得

$$\mathscr{Z}[1(t-mT)] = z^{-m}\mathscr{Z}[1(t)] = \frac{1}{z^{m-1}(z-1)}$$

3. 超前定理

设 $e(t)$ 的 Z 变换为 $E(z)$，则有

$$\mathscr{Z}[e(t+kT)] = z^{k}\left[E(z)-\sum_{N=0}^{k-1}e(NT)z^{-N}\right] \tag{8-31}$$

证明　根据 Z 变换定义，有

$$\mathscr{Z}[e(t+kT)] = \sum_{N=0}^{\infty} e(NT+kT)z^{-N} = \sum_{N=0}^{\infty} e(NT+kT)z^{-(k+N)} \cdot z^{k}$$

$$= z^{k}\sum_{m=k}^{\infty} e(mT)z^{-m} = z^{k}\left[\sum_{m=0}^{\infty} e(mT)z^{-m} - \sum_{m=0}^{k-1} e(mT)z^{-m}\right]$$

$$= z^{k}\left[E(z) - \sum_{N=0}^{k-1} e(NT)z^{-N}\right]$$

$e(t+kT)$的波形图如图 8-17 所示。

4. 复数位移定理

设 $e(t)$的 Z 变换为 $E(z)$，则

$$\mathscr{Z}[e(t) \cdot \mathrm{e}^{\mp at}] = E(z\mathrm{e}^{\pm aT}) \tag{8-32}$$

证明　根据 Z 变换定义，有

$$\mathscr{Z}[e(t) \cdot \mathrm{e}^{\mp at}] = \sum_{N=0}^{\infty} e(NT) \cdot \mathrm{e}^{\mp aNT} \cdot z^{-N}$$

令 $z_1 = z\mathrm{e}^{\pm aT}$，则上式为

$$\mathscr{Z}[e(t) \cdot \mathrm{e}^{\mp at}] = \sum_{N=0}^{\infty} e(NT)z_1^{-N} = E(z_1) = E(z\mathrm{e}^{\pm aT})$$

例 8-2　已知 $E(t)=\mathrm{e}^{-at}\sin\omega t$，求它的 Z 变换。

解　根据复数位移定理，用 $z_1=\mathrm{e}^{aT}z$ 代替式(8-26)中的 z，得

$$E(z) = \mathscr{Z}[\mathrm{e}^{-at}\sin\omega t] = \frac{\mathrm{e}^{aT}z\sin\omega T}{\mathrm{e}^{2aT}z^2 - 2\mathrm{e}^{aT}z\cos\omega T + 1}$$

$$= \frac{z\mathrm{e}^{-aT}\sin\omega T}{z^2 - 2z\mathrm{e}^{-aT}\cos\omega T + \mathrm{e}^{-2aT}}$$

5. 初值定理

设 $e(t)$的 Z 变换为 $E(z)$，并存在极限$\lim\limits_{z\to\infty} E(z)$，则

$$\lim_{t\to 0} e^{*}(t) = \lim_{z\to\infty} E(z) \tag{8-33}$$

证明　根据 Z 变换定义，有

$$E(z) = \sum_{n=0}^{\infty} e(NT)z^{-n} = e(0) + e(T)z^{-1} + e(2T)z^{-2} + \cdots$$

因为

$$\lim_{z\to\infty} z^{-N} = 0 \quad (N \geqslant 1)$$

所以

$$\lim_{z\to\infty} E(z) = e(0) = \lim_{t\to 0} e^{*}(t)$$

6. 终值定理

设 $e(t)$的 Z 变换为 $E(z)$，并且$\lim\limits_{t\to\infty} e(t)$存在，则

$$\lim_{t\to\infty} e(t) = \lim_{z\to 1}[z-1]E(z) \tag{8-34}$$

证明　根据 Z 变换定义，有

$$E(z)=\sum_{N=0}^{\infty}e(NT)z^{-N}$$

根据超前定理，又有

$$\mathscr{Z}[e(t+T)]=z[E(z)-e(0)]=\sum_{N=0}^{\infty}e(NT+T)z^{-N}$$

将上两式相减，得

$$(z-1)E(z)-ze(0)=\sum_{N=0}^{\infty}[e(NT+T)-e(NT)]z^{-N}$$

对上式两边分别取极限后得到

$$左=\lim_{z\to1}[(z-1)E(z)-ze(0)]=\lim_{z\to1}(z-1)E(z)-e(0)$$

$$\begin{aligned}右&=\lim_{z\to1}\left\{\sum_{N=0}^{\infty}[e(NT+T)-e(NT)]z^{-N}\right\}\\&=\sum_{N=0}^{\infty}[e(NT+T)]-\sum_{N=0}^{\infty}e(NT)\\&=\{e(T)+e(2T)+\cdots+e(NT)+e[(N+1)T]+\cdots\}\\&\quad-\{e(0)+e(T)+e(2T)+\cdots+e(NT)+e[N+1)T]+\cdots\}\\&=e(\infty)-e(0)\end{aligned}$$

比较左右两边式子，从中得到

$$\lim_{z\to1}(z-1)E(z)=e(\infty)=\lim_{t\to\infty}e(t)$$

7. 复微分定理

设 $e(t)$ 的 Z 变换为 $E(z)$，则有

$$\mathscr{Z}[t\cdot e(t)]=Tz\frac{\mathrm{d}}{\mathrm{d}z}[E(z)] \tag{8-35}$$

证明　根据 Z 变换定义，有

$$E(z)=\sum_{N=0}^{\infty}e(N)z^{-N}$$

对上式两边对 z 求导数后得到

$$\begin{aligned}\frac{\mathrm{d}}{\mathrm{d}z}E(z)&=\sum_{N=0}^{\infty}\left[e(NT)\left(\frac{\mathrm{d}}{\mathrm{d}z}\cdot z^{-N}\right)\right]=\sum_{N=0}^{\infty}e(NT)(-N)z^{-N-1}\\&=\frac{-z^{-1}}{T}\sum_{N=0}^{\infty}(NT)e(NT)z^{-N}=-\frac{z^{-1}}{T}\mathscr{Z}[t\cdot e(t)]\end{aligned}$$

所以

$$\mathscr{Z}[t\cdot e(t)]=-Tz\frac{\mathrm{d}}{\mathrm{d}z}E(z)$$

8. 相似定理

设 $e(t)$ 的 Z 变换为 $E(z)$，则有

$$\mathscr{Z}[a^{-N}e(t)]=E(az) \tag{8-36}$$

$$\mathscr{Z}[a^{N}e(t)]=E\left(\frac{z}{a}\right) \tag{8-37}$$

证明式(8-36)，根据Z变换定义，有

$$\mathscr{Z}[a^{-N}e(t)]=\sum_{N=0}^{\infty}a^{-N}e(NT)z^{-N}=\sum_{N=0}^{\infty}e(NT)(az)^{-N}$$

所以

$$\mathscr{Z}[a^{-N}e(t)]=E(az)$$

同理可证明式(8-37)。

四、Z反变换

对Z域函数求时间域函数的过程称为Z反变换。用符号$\mathscr{Z}^{-1}$表示，即

$$\mathscr{Z}^{-1}[E(z)]=e^{*}(t)$$

求反变换的方法有级数展开法、部分分式法和反演积分法等三种。

1. 级数展开法

级数展开法又称长除法，即把$E(z)$展开成为z^{-1}升幂排列的幂级数。

一般$E(z)$是z的有理函数，可表示为两个z的多项式之比，即

$$E(z)=\frac{b_0z^m+b_1z^{m-1}+\cdots+b_m}{a_0z^n+a_1z^{n-1}+\cdots+a_n}\quad(n\geqslant m)\tag{8-38}$$

对上式用分子除以分母，并将商按z^{-1}升幂的规律排列后为

$$E(z)=c_0+c_1z^{-1}+c_2z^{-2}+\cdots+c_kz^{-k}+\cdots=\sum_{k=0}^{\infty}c_kz^{-k}\tag{8-39}$$

根据Z变换定义，可得

$$E(z)=\sum_{k=0}^{\infty}e(kT)z^{-k}=\sum_{k=0}^{\infty}c_kz^{-k}$$

由此可见，z^{-k}次项的系数c_k就是在采样时刻$t=kT$的函数值$e(kT)$，即$c_k=e(kT)$。因此，只要求出系数c_1，c_2，c_3，…，c_k，便可得到时间函数$e(t)$在采样点的函数值序列。

例8-3　设$E(z)=\dfrac{5z}{(z-4)(z-2)}$，求Z反变换。

解

$$E(z)=\frac{5z}{z^2-6z+8}=\frac{5z^{-1}}{1-6z^{-1}+8z^{-2}}$$

可列如下长除式：

$$\begin{array}{r l}
 & 5z^{-1}+30z^{-2}+140z^{-3}+600z^{-4}+\cdots \\
1-6z^{-1}+8z^{-2}\,\big) & 5z^{-1} \\
 & \underline{5z^{-1}-30z^{-2}+40z^{-3}} \\
 & \qquad 30z^{-2}-40z^{-3} \\
 & \qquad \underline{30z^{-2}-180z^{-3}+240z^{-4}} \\
 & \qquad\qquad 140z^{-3}-240z^{-4} \\
 & \qquad\qquad \underline{140z^{-3}-840z^{-4}+1\,120z^{-5}} \\
 & \qquad\qquad\qquad 600z^{-4}-1\,120z^{-5} \\
 & \qquad\qquad\qquad \cdots\cdots
\end{array}$$

从而得到

$$E(z) = 5z^{-1} + 30z^{-2} + 140z^{-3} + 600z^{-4} + \cdots$$

$$e^*(t) = 0 + 5\delta(t-T) + 30\delta(t-2T) + 140\delta(t-3T) + 600\delta(t-4T) + \cdots$$

2. 部分分式法

利用 $E(z)$ 的形式是有理分式的特点，将 $E(z)$ 通过部分分式分解为低阶的分式之和。这些低阶分式可直接通过表 8-1 查出其 Z 反变换，从而求得 $e^*(t)$。因为 $E(z)$ 通常在分子中含有一个 z 因子，所以在部分分式分解之前，先将 $E(z)$ 除以 z，然后对 $[E(z)/z]$ 进行部分分式分解，最后将 $[E(z)/z]$ 的分解式乘上 z 就得到了 $E(z)$ 的分解式。这样进行部分分式分解往往比较容易。

例 8-4　设 $E(z)=\dfrac{5z}{(z-4)(z-2)}$，用部分分式法求 $e^*(t)$。

解　首先将 $E(z)/z$ 用部分分式法分解：

$$\frac{E(z)}{z} = \frac{5}{(z-4)(z-2)} = \frac{2.5}{z-4} - \frac{2.5}{z-2}$$

所以

$$E(z) = \frac{2.5z}{z-4} - \frac{2.5z}{z-2}$$

从表 8-1 中查得

$$\mathscr{Z}^{-1}\left[\frac{z}{z-4}\right] = 4^N$$

$$\mathscr{Z}^{-1}\left[\frac{z}{z-2}\right] = 2^N$$

因此有

$$e(NT) = 2.5(4^N - 2^N) \quad (N = 0, 1, 2, \cdots)$$

即

$$e(0) = 0,\ e(T) = 5,\ e(2T) = 30,\ e(3T) = 140,\ e(4T) = 600,\ \cdots$$

所以

$$e^*(t) = 0 + 5\delta(t-T) + 30\delta(t-2T) + 140\delta(t-3T) + 600\delta(t-4T) + \cdots$$

这个结果与例 8-3 完全一致。

3. 反演积分法

应用复变函数中的柯西定理，可将 Z 域函数通过反演积分求出相应时间函数，即 Z 变换。反演积分公式为

$$e(NT) = \frac{1}{2\pi \mathrm{j}} \oint E(z) z^{N-1}\, \mathrm{d}z \tag{8-40}$$

该积分可用留数法求得，即

$$e(NT) = \sum_{z=z_i} \mathrm{Res}\left[E(z) z^{N-1}\right] \tag{8-41}$$

Res 指求留数，z_i 是 $E(z)$ 的极点，n 为 $E(z)$ 极点个数。

例 8-5　求例 8-3 中的 $E(z)$ 反变换(用反演积分法)。

解
$$e(NT)=\frac{1}{2\pi j}\oint\frac{5z}{(z-4)(z-2)}z^{N-1}\,dz$$
$$=\sum_{\substack{z=2\\z=4}}\text{Res}\frac{5z^N}{(z-2)(z-4)}$$
$$=\left.\frac{5z^N}{z-4}\right|_{z=2}+\left.\frac{5z^N}{z-2}\right|_{z=4}=2.5(4^N-2^N)$$

第五节　采样系统的数学模型

与连续系统相似，要对采样系统进行分析和研究，首先要建立采样系统的数学模型。本节讨论经典理论中描述采样系统的两种数学模型：差分方程和脉冲传递函数。它们与连续系统中的微分方程和传递函数相对应。

一、差分方程

1. 差分的概念

设连续函数为 $e(t)$，其采样函数为 $e(NT)$，为书写方便，令 $e(NT)\triangleq e(N)$，则一阶前向差分定义为
$$\Delta e(N)\triangleq e(N+1)-e(N)\tag{8-42}$$
二阶前向差分定义为
$$\Delta^2 e(N)=\Delta\{\Delta e(N)\}=\Delta\{e(N+1)-e(N)\}$$
$$=\Delta e(N+1)-\Delta e(N)=e(N+2)-2e(N+1)+e(N)\tag{8-43}$$
n 阶前向差分定义为
$$\Delta^n e(N)=\Delta^{n-1}e(N+1)-\Delta^{n-1}e(N)\tag{8-44}$$
同理，一阶后向差分定义为
$$\nabla e(N)=e(N)-e(N-1)\tag{8-45}$$
二阶后向差分定义为
$$\nabla^2 e(N)=\nabla e(N)-\nabla e(N-1)$$
$$=e(N)-2e(N-1)+e(N-2)\tag{8-46}$$
n 阶后向差分定义为
$$\nabla^n e(N)=\nabla^{n-1}e(N)-\nabla^{n-1}e(N-1)\tag{8-47}$$

2. 采样系统的差分方程

对连续系统而言，系统的数学模型可用微分方程来表示，即
$$\sum_{i=0}^{n}a_i\frac{d^i c(t)}{dt^i}=\sum_{j=0}^{m}b_j\frac{d^j r(t)}{dt^j}\tag{8-48}$$
式中：$r(t)$为系统的输入；$c(t)$为系统的输出。如果把离散序列 $r(N)$、$c(N)$看成是连续系统中 $r(t)$、$c(t)$的采样结果，那么式(8-48)可以化为采样系统的差分方程。

设连续输入信号 $r(t)$如图 8-18 所示，采样周期为 T，当 T 足够小时，$t=NT$ 处的函数的一阶导数近似为

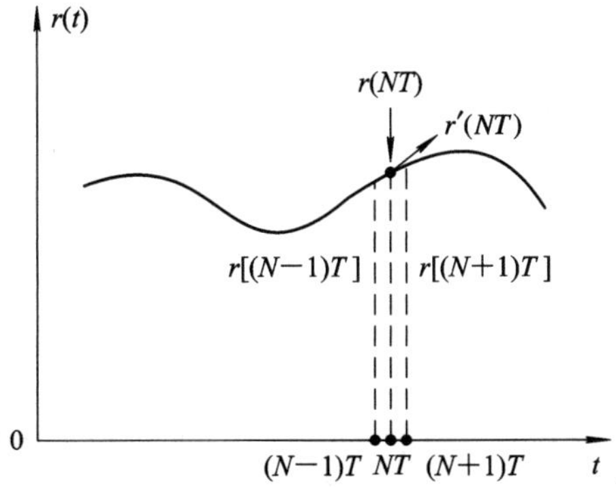

图 8-18　连续函数 $r(t)$ 的采样

$$r'(NT) \approx \frac{r(NT) - r[(N-1)T]}{T}$$

上式可简写为

$$r'(N) \approx \frac{r(N) - r[(N-1)]}{T} = \frac{\nabla r(N)}{T} \tag{8-49}$$

式(8-49)为一阶后向差分。在工程上常使用后向差分。

同理，可导出二阶差分为

$$r''(N) \approx \frac{r(N) - 2r(N-1) + r(N-2)}{T^2} \tag{8-50}$$

如此可以一直写出 n 阶导数。

同样方法，输出信号 $c(t)$ 的各阶导数也能写出。所以，采样系统的一般差分方程的表达式为

$$\sum_{i=0}^{n} a_i c(N-i) = \sum_{j=0}^{m} b_j r(N-j) \tag{8-51}$$

3. 差分方程的求解

差分方程(8-51)的解和微分方程相似，有齐次解和非齐次解两项。如果不给定初始条件，则解有无穷多个；如果给定初始条件，则解有限。

用 Z 变换法可求解差分方程。方法是利用 Z 变换的线性定理和超前、滞后定理将差分方程变为以 Z 为变量的代数方程，然后用 Z 反变换解出时间响应。

例 8-6　用 Z 变换法求下式二阶差分方程。

$$c(N+2T) + 3c(N+T) + 2c(N) = 0 \tag{8-52}$$

其中，初始条件为 $c(0)=0$，$c(T)=1$。

解　设 $c(N)$ 的 Z 变换为 $C(z)$，即 $\mathscr{Z}[c(N)]=C(z)$，根据超前和滞后定理，可得

$$\mathscr{Z}[c(N+2T)] = z^2 c(z) - z^2 c(0) - zc(T) \tag{8-53}$$

$$\mathscr{Z}[c(N+T)] = zc(z) - zc(0) \tag{8-54}$$

对式(8-52)进行 Z 变换，并将式(8-53)和式(8-54)及初始条件代入，经整理得

$$C(z) = \frac{z}{z^2+3z+2} = \frac{z}{z+1} - \frac{z}{z+2}$$

查表 8-1，可求出上式 Z 反变换为

$$c(N) = 1^N \cos N\pi - 2^N \cos N\pi = (-1)^N - (-2)^N$$

所以

$$c^*(t) = \sum_{N=0}^{\infty}[(-1)^N - (-2)^N]\delta(t - NT)$$

二、脉冲传递函数(Z 传递函数)

1. 脉冲传递函数定义

在线性连续系统中，当系统的初始条件为零时，把系统输出信号的拉氏变换与输入信号的拉氏变换之比，定义为系统的传递函数，并用它来分析和研究系统的性能。

对采样系统而言，研究的思路与连续系统完全类似，即用脉冲传递函数来分析和研究采样系统的性能。

脉冲函数定义：线性离散系统在初始条件为零时，系统输出采样信号的 Z 变换与输入采样信号的 Z 变换之比，定义为脉冲传递函数，或称为 Z 传递函数，用符号 $G(z)$表示。

在图 8－19(a)所示的采样系统中，脉冲传递函数为

$$G(z) = \frac{C(z)}{R(z)} \tag{8-55}$$

若已知 $R(z)$和 $G(z)$，则在零初始条件下，可求出系统的输出采样信号为

$$c^*(t) = \mathscr{Z}^{-1}[c(z)] = \mathscr{Z}^{-1}[G(z)R(z)]$$

然而，对大多数采样系统来说，其输出信号是连续信号，如图 8－19(b)所示。在这种情况下，可以在输出端虚设一个采样开关(图 8－19(b)中虚线表示)，并设它和输入采样开关以相同的采样周期 T 同步工作。这样就可以沿用脉冲传递函数的概念。

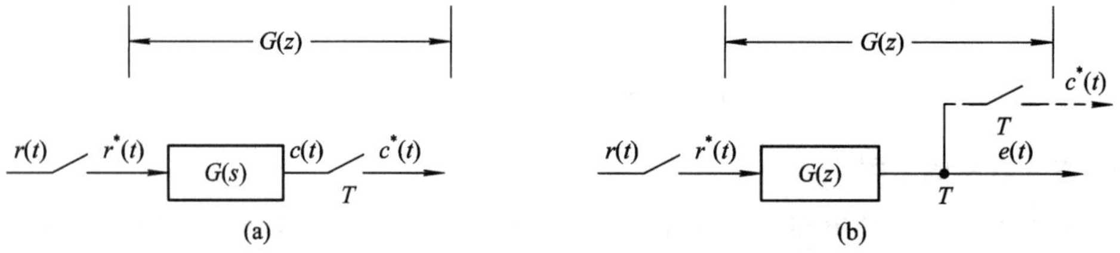

图 8－19　采样系统结构图

2. 脉冲传递函数求法

(1) 若已知系统的传递函数 $G(s)$或脉冲响应函数 $g(t)$，则可以通过对 $G(s)$进行 Z 变换或根据式(8－19)求出 $g(NT)$的 Z 变换 $G(z)$。

(2) 若已知系统的差分方程，则对差分方程进行 Z 变换，从而求出脉冲传递函数。

例 8－7　求图 8－20 所示系统的脉冲传递函数。

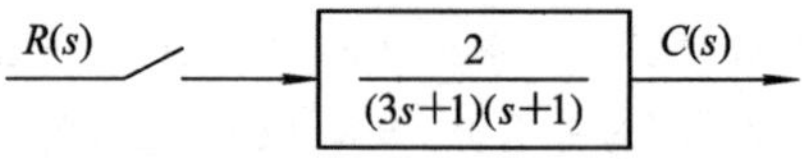

图 8－20　例 8－7 采样系统

解　将系统的 $G(s)$用部分分式法展开：

$$G(s) = \frac{2}{(3s+1)(s+1)} = \frac{3}{3s+1} - \frac{1}{s+1} = \frac{1}{s+\frac{1}{3}} - \frac{1}{s+1}$$

由表 8-1 可查到

$$\mathscr{Z}\left[\frac{1}{s+a}\right]=\frac{z}{z-\mathrm{e}^{-aT}}$$

所以

$$G(z)=\mathscr{Z}[G(s)]=\frac{z}{z-\mathrm{e}^{-T/3}}-\frac{z}{z-\mathrm{e}^{-T}}$$
$$=\frac{z(\mathrm{e}^{-T/3}-\mathrm{e}^{-T})}{(z-\mathrm{e}^{-T/3})(z-\mathrm{e}^{-T})}$$

3. 串联环节的脉冲传递函数

在采样系统中，环节相串有两种不同的情况，如图 8-21 和图 8-22 所示。

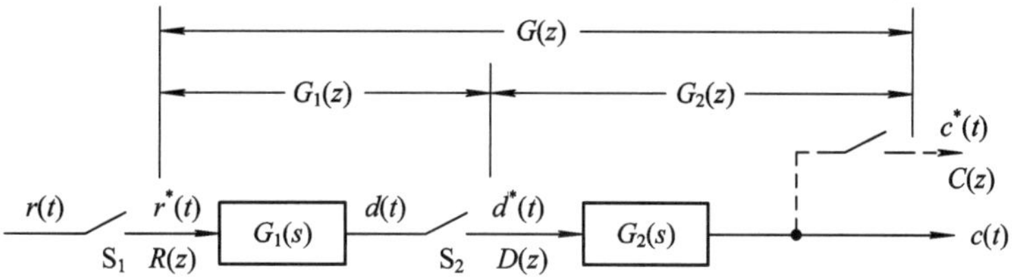

图 8-21 中间有采样器的开环串联系统

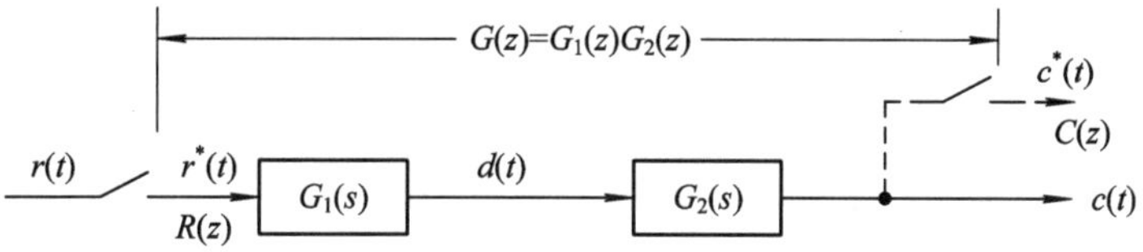

图 8-22 中间无采样器的开环串联系统

这两种情况下的脉冲传递函数有很大的差别，现分别进行分析。

1）串联之间有采样器

如图 8-21 所示，采样器 S_1 和 S_2 是同步的，显然

$$D(z)=G_1(z)R(z)$$

$$C(z)=G_2(z)D(z)=G_1(z)G_2(z)R(z)$$

所以，开环系统的脉冲传递函数为

$$\frac{C(z)}{R(z)}=G_1(z)G_2(z)=G(z) \tag{8-56}$$

上式表明，被采样器分隔的两个线性环节串联时，其脉冲传递函数等于这两个环节的脉冲传递函数的乘积。这个结论可以推广到 n 个环节串联而各相邻环节之间都有采样器分隔的情况。此时，整个开环系统总脉冲传递函数等于各个环节的脉冲传递函数的乘积，即

$$G(z)=G_1(z)G_2(z)\cdots G_n(z) \tag{8-57}$$

2）串联之间无采样器

如图 8-22 所示，$G_1(s)$和 $G_2(s)$之间无采样器。此时应把 $G_1(s)$和 $G_2(s)$合并看成一个环节，即

$$G(s)=G_1(s)G_2(s)$$

这样就可对 $G(s)$求 Z 变换，从而求出开环系统的脉冲传递函数为

$$G(z)=\frac{C(z)}{R(z)}=\mathscr{Z}\left[G_1(s)G_2(s)\right]=G_1G_2(z) \tag{8-58}$$

注意：式(8－56)与式(8－58)是有区别的，即

$$G_1(z)G_2(z)\neq G_1G_2(z)$$

式(8－58)表明，无采样器分隔的两个线性环节串联时，其脉冲传递函数等于这两个环节脉冲传递函数之积的Z变换。显然，这个结论也可以推广到 n 个环节直接串联的情况，即

$$G(z)=\mathscr{Z}\left[G_1(s)G_2(s)\cdots G_n(s)=G_1G_2G_3\cdots G_n(z)\right] \tag{8-59}$$

例 8－8 求图 8－23 所示两种串联连接系统的脉冲传递函数。

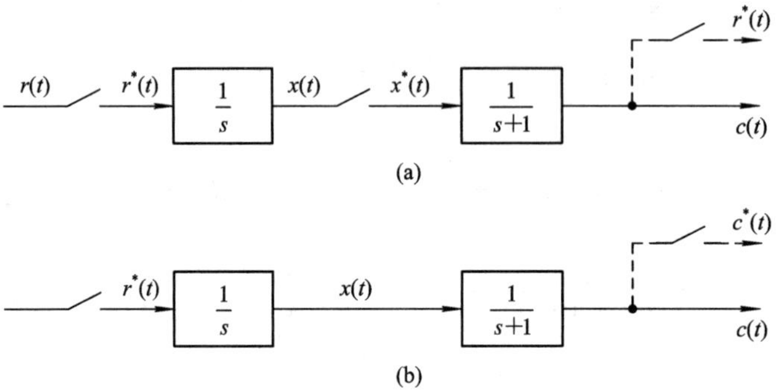

图 8－23 例 8－8 两种串联连接采样系统

解 对图 8－23(a)所示系统，根据式(8－56)可求得系统的脉冲传递函数为

$$G(z)=G_1(z)G_2(z)=\mathscr{Z}\left[G_1(s)\right]\mathscr{Z}\left[G_2(s)\right]=\left(\frac{z}{z-1}\right)\left(\frac{z}{z-e^{-T}}\right)$$

对图 8－23(b)所示系统，由式(8－58)求得系统的脉冲传递函数为

$$G(z)=G_1G_2(z)=\mathscr{Z}\left[G_1(s)G_2(s)\right]=\mathscr{Z}\left[\frac{1}{s(s+1)}\right]=\frac{z(1-e^{-T})}{(z-1)(z-e^{-T})}$$

显然

$$G_1(z)G_2(z)\neq G_1G_2(z)$$

4. 带有零阶保持器时的开环系统脉冲传递函数

带有零阶保持器的开环系统如图 8－24(a)所示。图中，零阶保持器的传递函数为

$$G_h(s)=\frac{1-e^{-Ts}}{s}$$

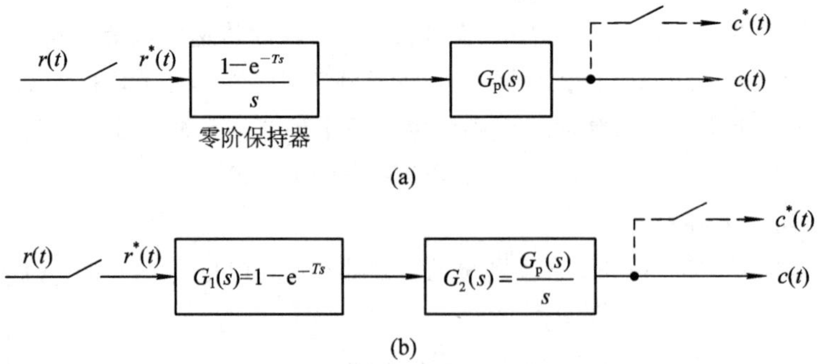

图 8－24 带有零阶保持器的开环系统

图中，$G_p(s)$为系统其他连续部分传递函数。为分析方便，将图 8-24(a)等效成图 8-24(b)的形式。图中 $G_1(s)=1-e^{-Ts}$，$G_2(s)=G_p(s)/s$，由于 $G_1(s)$是 s 的超越函数，不是 s 的有理分式，因此不能用前面的方法来求开环脉冲传递函数 $G(z)$。可以采用下面方法求 $G(z)$。

在图 8-24(b)中，把输出采样信号 $C^*(t)$看成是由两部分组成，一部分是 $r^*(t)$经过 $G_2(s)$所产生的响应 $c_1{}^*(t)$，所对应的 Z 变换为

$$C_1(z)=G_2(z)R(z)$$

其中：

$$G_2(z)=\mathscr{Z}[G_2(s)]=\mathscr{Z}\left[\frac{G_p(s)}{s}\right]$$

另一部分是 $r^*(t)$经 $e^{-Ts}G_2(s)$所产生的响应 $c_2^*(t)$，由于 e^{-Ts}是延迟了一个采样周期 T 的延迟环节，因此，$c_2^*(t)$比 $c_1^*(t)$延迟了一个采样周期。根据 Z 变换的滞后定理可知$c_2^*(t)$的 Z 变换为

$$C_2(z)=z^{-1}G_2(z)R(z)$$

所以

$$\begin{aligned}C(z)&=G_2(z)R(z)-z^{-1}G_2(z)R(z)\\&=(1-z^{-1})G_2(z)R(z)=\frac{z-1}{z}G_2(z)R(z)\end{aligned}$$

故开环系统的脉冲传递函数为

$$G(z)=\frac{C(z)}{R(z)}=\frac{z-1}{z}G_2(z)=\frac{z-1}{z}\mathscr{Z}\left[\frac{G_p(s)}{s}\right]\tag{8-60}$$

例 8-9　求图 8-25 所示系统的脉冲传递函数。

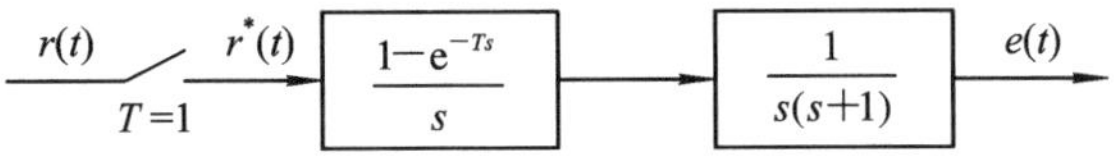

图 8-25　例 8-9 系统结构图

解　由图可知：

$$G_1(s)=1-e^{-Ts}$$

$$G_2(s)=\frac{1}{s^2(s+1)}=\frac{1}{s^2}-\frac{1}{s}+\frac{1}{s+1}$$

对上式进行 Z 变换，即

$$\mathscr{Z}[G_2(s)]=\frac{z}{(z-1)^2}-\frac{z}{z-1}+\frac{z}{z-e^{-1}}=G_2(z)$$

根据式(8-60)可求得系统的开环脉冲传递函数为

$$\begin{aligned}G(z)&=\frac{z-1}{z}\left[\frac{Tz}{(z-1)^2}-\frac{z}{z-1}+\frac{z}{z-e^{-1}}\right]\\&=\frac{e^{-1}z+(1-2e^{-1})}{(z-1)(z-e^{-1})}\end{aligned}$$

与例 8-8 相比，可看出带有零阶保持器的系统与不带有零阶保持器的系统的极点完全相同，仅在分子上有差别。

5. 闭环系统的脉冲传递函数

一般情况下，闭环采样系统的脉冲传递函数与连续闭环系统的传递函数有相似的反馈表达式，但由于采样器在闭环系统中位置和数目的不同，因此，闭环系统的脉冲传递函数也将有不同的形式。

1）常见的闭环采样系统

图 8-26 为比较常见的采样系统结构图。图中输入端和输出端的采样开关是为了便于分析而虚设的(图中虚线所示)，并且都以周期 T 同步工作。

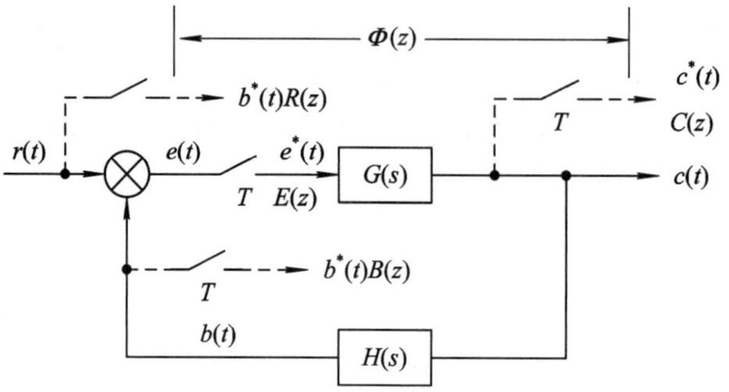

图 8-26　闭环采样系统结构图

由图 8-26 可知：

$$C(s) = E^*(s)G(s)$$

$$E(s) = R(s) - E^*(s)G(s)H(s)$$

对上两式进行采样后得

$$C^*(s) = E^*(s)G^*(s) \tag{8-61}$$

$$E^*(s) = R^*(s) - E^*(s)GH^*(s) \tag{8-62}$$

其中：

$$GH^*(s) = [G(s)H(s)]^*$$

将式(8-62)代入式(8-61)，可得

$$C^*(s) = \frac{G^*(s)}{1+GH^*(s)}R^*(s)$$

对上式进行 Z 变换后为

$$C(z) = \frac{G(z)}{1+GH(z)}R(z)$$

所以系统的闭环脉冲传递函数为

$$\frac{C(z)}{R(z)} = \frac{G(z)}{1+GH(z)} = \Phi(z) \tag{8-63}$$

对式(8-62)进行 Z 变换，得

$$E(z) = R(z) - E(z)GH(z)$$

上式经整理后为

$$E(z) = \frac{R(z)}{1+GH(z)}$$

$E(z)$称为系统误差信号的 Z 变换，所以系统的误差脉冲传递函数为

$$\frac{E(z)}{R(z)}=\frac{1}{1+GH(z)}=\Phi_e(z) \qquad (8-64)$$

与连续系统相似，把 $\Phi(z)$或 $\Phi_e(z)$看做为零的等式，即闭环系统特征方程式为

$$1+GH(z)=0 \qquad (8-65)$$

式中，$GH(z)$为闭环系统的开环脉冲传递函数。

对于单位反馈系统，$H(s)=1$，闭环脉冲传递函数分别为

$$\Phi(z)=\frac{C(z)}{R(z)}=\frac{G(z)}{1+G(z)} \qquad (8-66)$$

$$\Phi_e(z)=\frac{E(z)}{R(z)}=\frac{1}{1+G(z)} \qquad (8-67)$$

从上两式可看出，采样系统的脉冲传递函数在形式上与连续系统的闭环传递函数相似，但要注意：

$$\frac{G(z)}{1+G(z)}\neq \mathscr{Z}\left[\frac{G(s)}{1+G(s)}\right]$$

$$\frac{1}{1+G(z)}\neq \mathscr{Z}\left[\frac{1}{1+G(s)}\right]$$

2）有数字校正装置的闭环采样系统

图 8-27 所示的系统中，在前向通道上设置一个数字校正装置 $D(s)$，并在 $D(s)$与 $G(s)$之间引入一个采样开关。

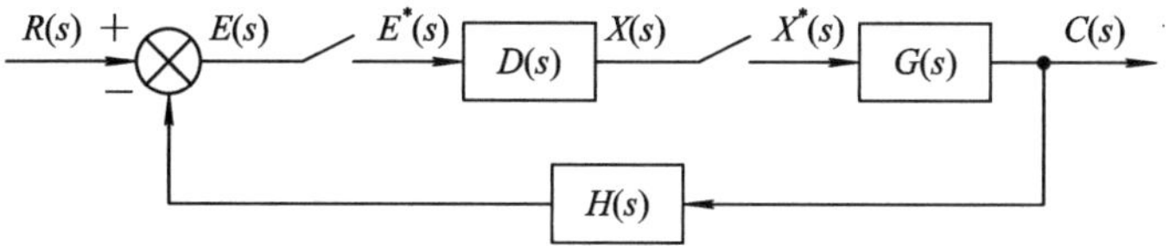

图 8-27　具有数字校正装置的闭环采样系统

由图可知：

$$C(s)=X^*(s)G(s)$$
$$X(s)=E^*(s)D(s)$$
$$E(s)=R(s)-X^*(s)G(s)H(s)$$

对以上各式分别采样，得

$$C^*(s)=X^*(s)G^*(s)$$
$$X^*(s)=E^*(s)D^*(s)$$
$$E^*(s)=R^*(s)-X^*(s)GH^*(s)$$

从以上式子中可求得

$$C^*(s)=\frac{D^*(s)G^*(s)}{1+D^*(s)GH^*(s)}R^*(s)$$

相应的 Z 变换为

$$C(z)=\frac{D(z)G(z)}{1+D(z)GH(z)}R(z)$$

所以，系统的脉冲传递函数为

$$\frac{C(z)}{R(z)}=\frac{D(z)G(z)}{1+D(z)GH(z)} \tag{8-68}$$

3) $r^*(t)$不存在的闭环采样系统

在图 8-28 中，连续信号$r(t)$直接进入连续环节。

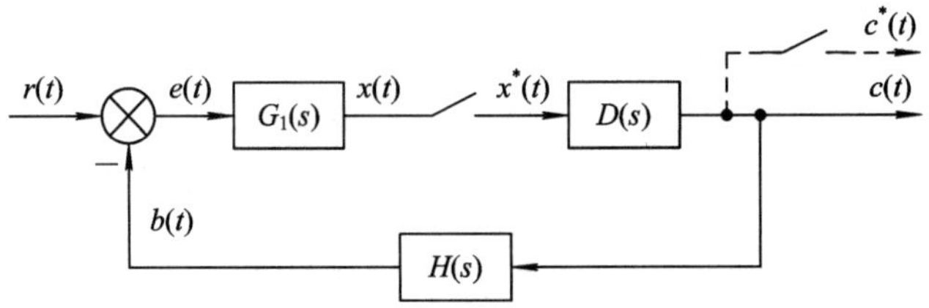

图 8-28　$r^*(t)$不存在的闭环采样系统

由图可知：

$$X(s)=E(s)G_1(s)$$
$$E(s)=R(s)-C(s)H(s)$$
$$C(s)=X^*(s)G_2(s)$$

从以上各式可求得

$$X(s)=G_1(s)R(s)-G_1(s)G_2(s)H(s)X^*(s)$$

对上式采样，有

$$X^*(s)=[G_1(s)R(s)]^*-[G_1(s)G_2(s)H(s)]^*X^*(s)$$

对上式进行 Z 变换得

$$X(z)=G_1R(z)-G_1G_2H(z)X(z)$$

所以

$$X(z)=\frac{G_1R(z)}{1+G_1G_2H(z)} \tag{8-69}$$

因为

$$C(s)=G_2(s)X^*(s)$$

采样后

$$C^*(s)=G_2^*(s)X^*(s)$$

对上式 Z 变换后为

$$C(z)=G_2(z)X(z)$$

将式(8-69)代入上式得

$$C(z)=\frac{G_2(z)G_1R(z)}{1+G_1G_2H(z)} \tag{8-70}$$

从式(8-70)中可以看到，由于输入信号的 Z 变换无法与 $G_1(s)$分开，因此得不出系统的脉冲传递函数。但仍可根据式(8-70)的 Z 反变换求出系统的输出采样信号 $C^*(t)$。

表 8-2 中列出了几种闭环采样系统输出的 Z 变换，以供参考。

从表 8-2 中可看出，由于采样开关的位置不同，有的系统能求出闭环传递函数，有的就只能写出其输出 $C(z)$。

表 8-2　几种闭环采样系统输出的 Z 变换

系统方框图	输出的 Z 变换，$C(z)$
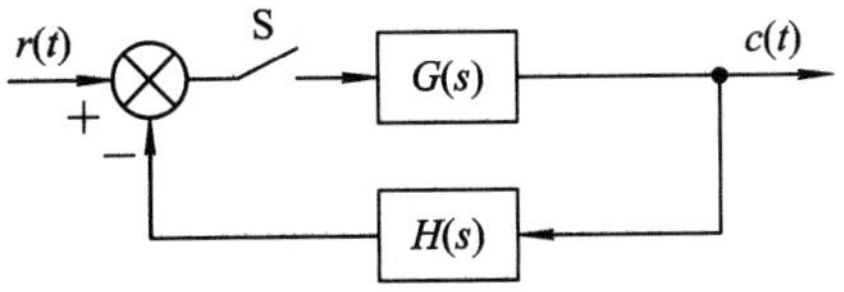	$\dfrac{G(z)R(z)}{1+GH(z)}$
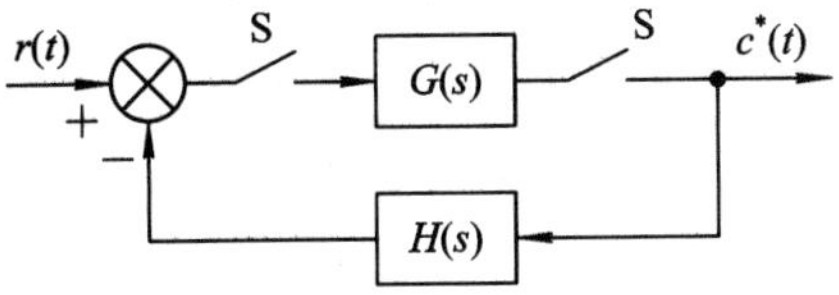	$\dfrac{G(z)R(z)}{1+G(z)H(z)}$
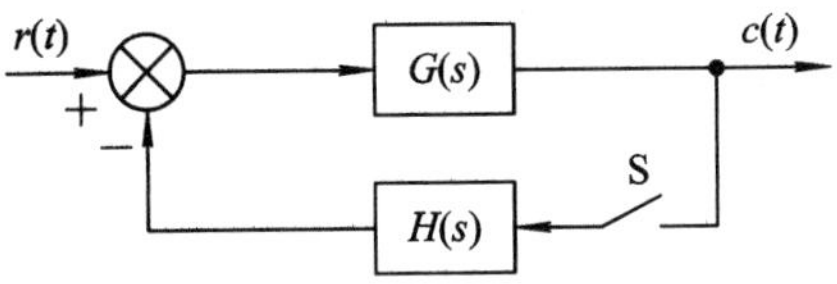	$\dfrac{GR(z)}{1+GH(z)}$
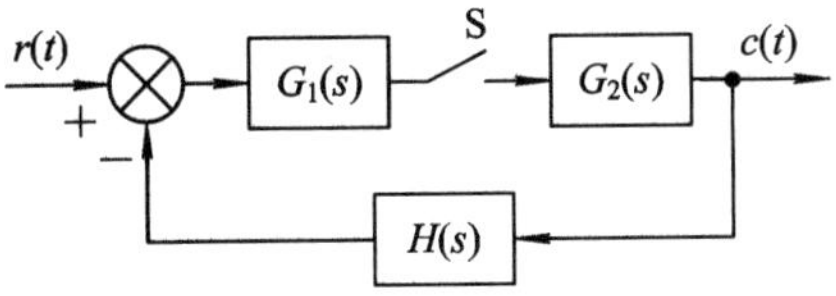	$\dfrac{G_2(z)G_1R(z)}{1+G_1G_2H(z)}$
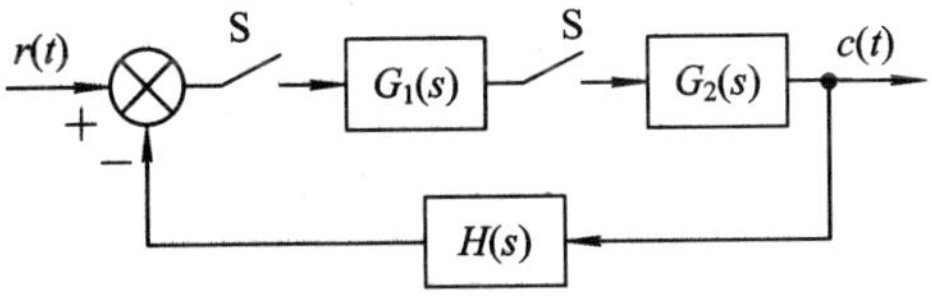	$\dfrac{G_1(z)G_2(z)R(z)}{1+G_1(z)G_2H(z)}$
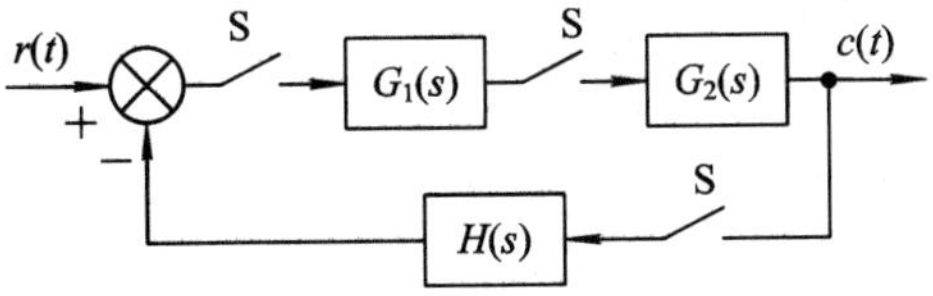	$\dfrac{G_1(z)G_2(z)R(z)}{1+G_1(z)G_2(z)H(z)}$
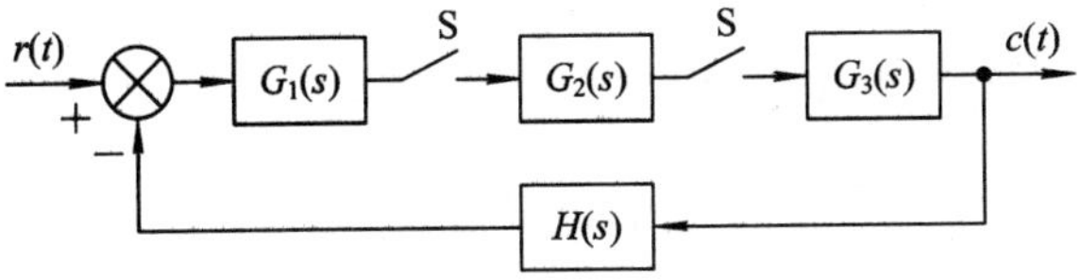	$\dfrac{G_2(z)G_3(z)G_1R(z)}{1+G_2(z)G_1G_3H(z)}$

第六节　采样控制系统的分析

类似于连续系统，采样控制系统分析也包括三个方面：稳定性、准确性和快速性。

一、稳定性

由第三章可知，连续系统稳定的充分必要条件是其特征方程的所有根均位于 s 平面的左半平面，s 平面的虚轴就是系统稳定的边界。对于采样控制系统，由于传递函数中含有 e^{-NTs} 项，因此，仍在 s 平面内分析采样系统就很困难了。经过 Z 变换后，采样控制系统的特征方程式转变为代数方程，使采样系统的分析大大简化。Z 变换只是以 Z 代替了 e^{Ts}，在稳定性分析中，可以把系统在 s 平面上的稳定范围映射到 z 平面上来，在 z 平面上分析采样控制系统的稳定性问题。

1. S 域到 Z 域的映射

设在 s 平面上有 $s=\sigma+j\omega(\omega=-\infty\sim+\infty)$，经 Z 变换后，$s$ 平面的 s 点在 z 平面上的映像为

$$z=e^{Ts}=e^{(\sigma+j\omega)T}=e^{\sigma T}e^{j\omega T} \tag{8-71}$$

$$|z|=e^{\sigma T},\ \angle z=\omega T$$

当 $\sigma=0$ 时，$|z|=1$，表示 s 平面的虚轴映射到 z 平面上是一个单位圆周；

当 $\sigma>1$ 时，$|z|>1$，表示 s 平面的右半平面映射到 z 平面上是单位圆以外的区域；

当 $\sigma<1$ 时，$|z|<1$，表示 s 平面的左半平面映射到 z 平面上是单位圆的内部区域。如图 8-29 所示。

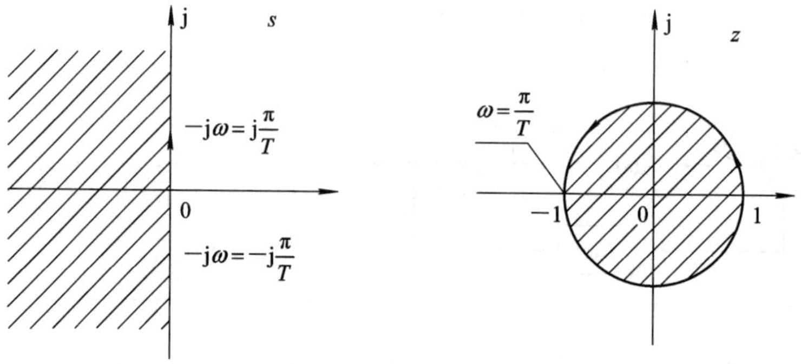

图 8-29　s 平面的左半平面在 z 平面上的映像

现在再观察 ω 由 $-\infty$ 到 $+\infty$ 变化时，相角 $\angle z$ 的变化情况。当 ω 从 $-\pi/T$ 变到 $+\pi/T$ 时，ωT 从 $-\pi$ 变到 $+\pi$，即相应点沿 z 平面逆时针旋转一周，ω 从 π/T 变到 $3\pi/T$ 时，z 平面上相应点将再沿逆时针方向转动一周。由此可见，当代表点在 s 平面 $j\omega$ 轴上从 $-j\infty$ 移动到 $+j\infty$ 时，z 平面上的相应点将沿着单位圆移动无穷多周。主频带 $-\pi/T\sim\pi/T$ 则与第一圈相对应。一般把 ω 从 $-\pi/T$ 到 π/T 的带称为主带，其他为次要带。

2. 稳定条件

根据线性系统稳定的充分必要条件和 S 域与 Z 域的映射关系不难得出，采样控制系统稳定的充分必要条件是系统特征方程的根全部位于 z 平面的单位圆内。如果采样控制系统

的特征根只要有一个位于 z 平面的单位圆外，系统就不稳定。如果采样系统的特征根有一个在 z 平面的单位圆上，而其他根均在单位圆内，则系统为临界稳定。

上述采样控制系统的稳定条件可用一个采样控制系统(如图 8-30 所示)来说明。

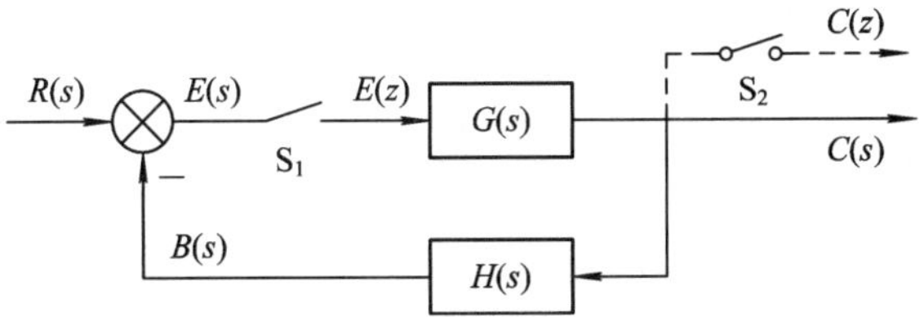

图 8-30　采样控制系统

根据式(8-64)，可得

$$E(z) = \frac{1}{1+GH(z)}R(z) \tag{8-72}$$

令 $r(t)=\delta(t)$、$R(z)=1$，则

$$E(z) = \frac{1}{1+GH(z)}$$

根据式(8-63)可知系统的闭环脉冲传递函数为

$$\frac{C(z)}{R(z)} = \frac{G(z)}{1+GH(z)} \tag{8-73}$$

闭环系统的特征方程为

$$1+GH(z) = 0 \tag{8-74}$$

为了便于讨论，设特征方程的根均为单根 z_1，z_2，…，z_n，且 $R(z)=1$。这样 $C(z)$可分解为

$$C(z) = \sum_{i=1}^{n} \frac{k_i z}{z - z_i} \tag{8-75}$$

对上式两边取 Z 反变换可得

$$c^*(t) = \sum_{i=1}^{n}\left[k_i \sum_{k=0}^{\infty}\delta(t-kT)\right] \tag{8-76}$$

由式(8-76)可知，当

$$|z_i| < 1$$

时，即系统特征方程的根全部在单位圆内时，$e^*(t)$收敛，系统稳定。如果有一个根在单位圆外，$e^*(t)$发散，系统不稳定。如果有一个根在单位圆上，系统临界稳定。

应当指出，上述稳定条件是从闭环特征方程无重根，即系统无重极点的情况下推导出来的，但对于有重极点的情况，它也是正确的。

3. 稳定判据

通过直接求解采样系统特征方程根来判别系统稳定性的方法，一般用于二阶以下的系统。对于高阶采样控制系统，这种方法用起来很困难。所以希望找到一种类似于连续系统的代数判据方法，即利用系统特征方程的系数来判别系统的稳定性。为此，需要对特征方程进行下列变换，称为 W 变换。令

$$z = \frac{w+1}{w-1} \tag{8-77}$$

$$w = \frac{z+1}{z-1} \tag{8-78}$$

式(8-77)与式(8-78)表明，复变量 z 与 w 互为线性变换，故 W 变换又称为双线性变换。

1) *Z* 域到 *W* 域的映射

设 $z=x+\mathrm{j}y$，$w=u+\mathrm{j}v$，将 $z=x+\mathrm{j}y$ 代入式(8-78)，得

$$w = \frac{(x+1)+\mathrm{j}y}{(x-1)+\mathrm{j}y} = \frac{(x^2+y^2)-1}{(x-1)^2+y^2} + \mathrm{j}\frac{-2y}{(x-1)^2+y^2} \tag{8-79}$$

由式(8-79)可知，当 $|z^2|=x^2+y^2>1$ 时，$u>0$，即 z 平面上单位圆外部分映射到 w 平面的右半平面；当 $|z|^2=x^2+y^2=1$ 时，$u=0$，即 z 平面上的单位圆映射到 w 平面为 w 平面上的虚轴；当 $|z|^2=x^2+y^2<1$ 时，$u<0$，表明 z 平面单位圆内部映射到 w 平面的左半平面。如图 8-31 所示。

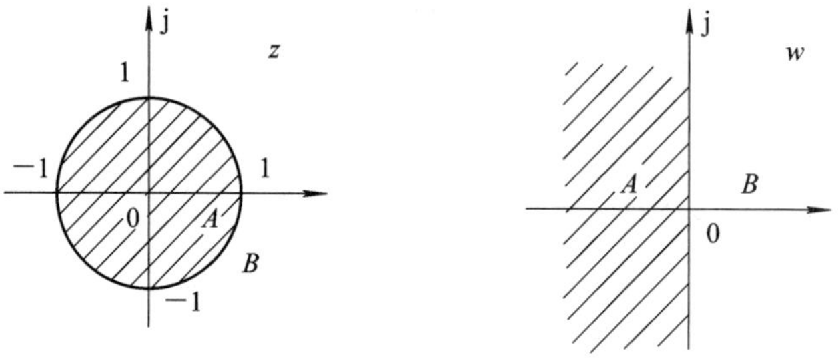

图 8-31　z 平面与 w 平面的对应关系

判别一个采样系统是否稳定，可先将采样系统的特征方程的 z 多项式变换成 w 多项式，然后像线性连续系统那样，用代数判据的方法来断别系统的稳定性。

2) *W* 域中的劳斯判据

设采样控制系统的特征方程式为

$$D(z)=0$$

将式(8-77)代入上式后，可得到以 w 为复变量的特征方程 $D(w)=0$，它是 w 的代数方程。由图 8-31 可知，如果 $D(z)=0$ 的根均在 z 平面的单位圆内，则对应的 $D(w)=0$ 的根必定都在 *W* 域的左半平面。因此，判据采样系统是否稳定，可在 *W* 域上用劳斯判据方法进行判稳。

例 8-10　设采样控制系统的闭环特征方程为

$$D(z) = z^3 - 1.5z^2 - 0.25z + 0.4 = 0$$

试判别系统的稳定性。

解　用 $z=\dfrac{w+1}{w-1}$ 代入上述方程式，得

$$\left(\frac{w+1}{w-1}\right)^3 - 1.5\left(\frac{w+1}{w-1}\right)^2 - 0.25\frac{w+1}{w-1} + 0.4 = 0$$

用 $(w-1)^3$ 同乘上式两边，整理得

$$0.35w^3 - 0.55w^2 - 5.95w - 1.85 = 0$$

由上式可知系统为不稳定系统，因为 $D(w)$ 方程的系数符号不相同。为判定不稳定系统在 *Z* 域单位圆外的极点个数，需列出劳斯行列式表，具体如下：

w^3	0.35	−5.95
w^2	−0.55	−1.85
w^1	−7.12	0
w^0	−1.85	0

因劳斯表中第一列系数符号变化了一次，所以该系统有一个极点在单位圆外。

例 8-11　设采样控制系统如图 8-32 所示，试用劳斯判据方法确定系统开环增益 K 的稳定范围。

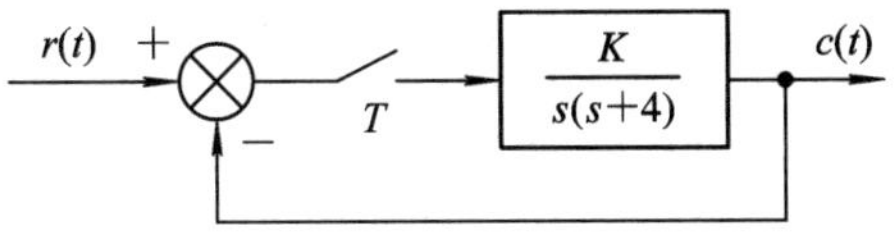

图 8-32　例 8-11 的采样控制系统

解　系统的开环脉冲传递函数为

$$G(z)=\mathscr{Z}\left[\frac{K}{s(s+4)}\right]=\mathscr{Z}\left[\frac{K}{4}\left(\frac{1}{s}-\frac{1}{s+4}\right)\right]=\frac{K}{4}\,\frac{(1-e^{-4T})z}{(z-1)(z-e^{-4T})}$$

系统的闭环脉冲传递函数为

$$\frac{C(z)}{R(z)}=\frac{G(z)}{1+G(z)}$$

系统的特征方程式为

$$D(z)=1+G(z)=(z-1)(z-e^{-4T})+\frac{K}{4}(1-e^{-4T})z=0$$

令 $z=\dfrac{w+1}{w-1}$、$T=0.25$，代入上式，得

$$\left(\frac{w+1}{w-1}-1\right)\left(\frac{w+1}{w-1}-0.368\right)+0.158K\,\frac{w+1}{w-1}=0$$

将上式两边同乘以 $(w-1)^2$，经整理后为

$$0.158\,Kw^2+1.264\,w+(2.736-0.158K)=0$$

由上式可列出劳斯表，具体如下：

w^2	$0.158K$	$2.736-0.158K$
w^1	1.264	0
w^0	$2.736-0.158K$	0

为使该系统稳定，则必须使劳斯表中第一列元素均大于零，即

$$K>0$$

$$2.736-0.158K>0$$

所以，当 $0<K<17.3$ 时，系统稳定。

由线性连续系统理论可知，二阶线性连续系统总是稳定的。然而，当在二阶系统中加入采样器后，由于信息损失，会使系统在增益增大到一定程度时，由稳定变为不稳定。一般来说，当提高采样频率时，采样系统的稳定性将得到改善。因为随着采样频率的提高，采样系统的工作更接近于连续系统。

例 8-12 设具有零阶保持器的采样系统如图 8-33 所示，采样周期 $T=0.2$ s，试判别系统的稳定性。

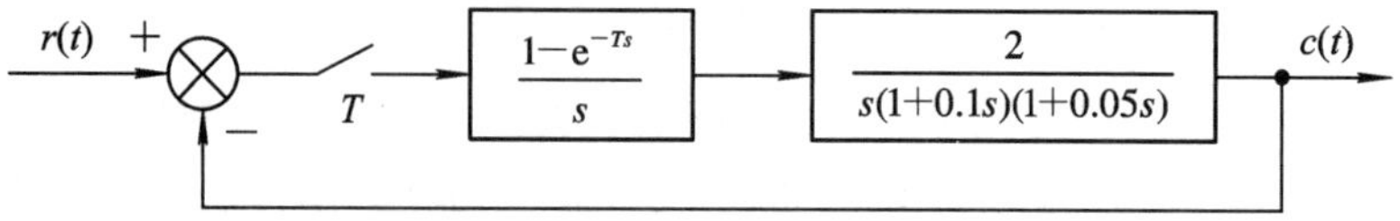

图 8-33　例 8-12 的采样控制系统

解　由图 8-33 可知系统的开环脉冲传递函数为

$$G(z)=\mathscr{Z}\left[\frac{2(1-e^{0.2s})}{s^2(1+0.1s)(1+0.05s)}\right]$$

$$=\frac{0.4}{z-1}+\frac{0.4(z-1)}{z-0.135}-\frac{0.1(z-1)}{z-0.0185}-0.3$$

系统的特征方程式为

$$D(z)=1+G(z)=z^3-1.001z^2+0.3356z+0.00535=0$$

将 $z=\dfrac{w+1}{w-1}$ 代入上式，经整理后得

$$0.34w^3+1.65w^2+3.68w+2.33=0$$

根据上式列出劳斯表如下：

w^3	0.34	3.68
w^2	1.65	2.33
w^1	3.2	0
w^0	2.33	0

因为劳斯表中第一列元素符号均为正，所以该系统稳定。

根据以上的分析和讨论可以看出，通过 W 变换后，凡是适用于连续系统的稳定分析方法(包括频域分析法中的奈奎斯特判据、对数坐标图分析法等)，均可用来分析采样控制系统。但是，对于高阶系统，作 W 变换还是麻烦的。

例 8-13 已知采样系统如图 8-34 所示。要求：

(1) 计算系统的开、闭环脉冲传递函数 $G(z)$、$\Phi(z)$；

(2) 确定使该系统稳定的 K 值的取值范围，并讨论 K、T_s 对稳定性的影响。

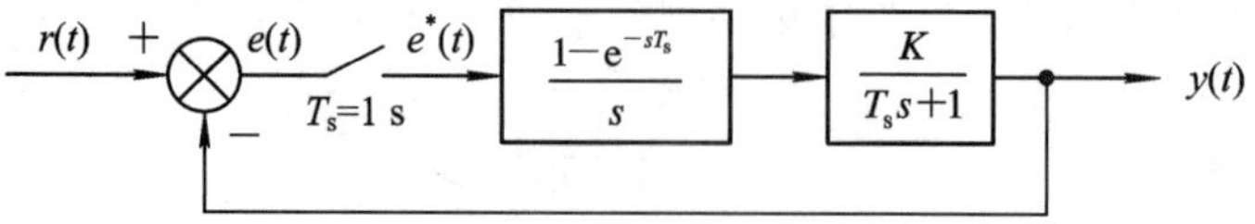

图 8-34　采样系统结构图

解　(1) 系统的开环脉冲传递函数为

$$G(z) = Z\left\{\mathscr{L}^{-1}\left[\frac{K(1-\mathrm{e}^{-sT_s})}{s(Ts+1)}\right]\right\} = \frac{K(1-\mathrm{e}^{-T_s/T})}{z-\mathrm{e}^{-T_s/T}}$$

闭环脉冲传递函数为

$$\Phi(z) = \frac{G(z)}{1+G(z)} = \frac{K(1-\mathrm{e}^{-T_s/T})}{z-\mathrm{e}^{-T_s/T}+K(1-\mathrm{e}^{-T_s/T})}$$

(2) 闭环特征方程为

$$z-\mathrm{e}^{-T_s/T}+K(1-\mathrm{e}^{-T_s/T})=0$$

则闭环极点 z_1 为

$$z_1 = \mathrm{e}^{-T_s/T}-K(1-\mathrm{e}^{-T_s/T})$$

若系统稳定，则

$$|\, z_1 \,| < 1$$

$$|\, \mathrm{e}^{-T_sT}-K(1-\mathrm{e}^{-T_s/T}) \,| < 1$$

即

$$\frac{\mathrm{e}^{-T_s/T}-1}{1-\mathrm{e}^{-T_s/T}} < K < \frac{\mathrm{e}^{-T_s/T}+1}{1-\mathrm{e}^{-T_s/T}}$$

$$-1 < K < \frac{1+\mathrm{e}^{-T_s/T}}{1-\mathrm{e}^{-T_s/T}}$$

由此可知，T_s 增大，K 的稳定范围减小，K 稳定裕度减小，即 T_s、K 增大，对系统稳定不利，但 K 也不能太小。

二、稳态误差

在连续控制系统中，系统的稳态误差不仅与系统的结构、参数有关，还与输入信号的性质有关。采样控制系统的稳态误差与连续系统类似，也与这些因素有关。

设采样控制系统如图 8-35 所示。由图 8-35 可知，系统为单位反馈采样系统，由式(8-72)可得

$$E(z) = \frac{R(z)}{1+G(z)} \tag{8-80}$$

根据终值定理，可知系统的稳态误差为

$$e(\infty) = \lim_{N\to\infty} e(NT) = \lim_{z\to 1}(z-1)\frac{R(z)}{1+G(z)} \tag{8-81}$$

在 z 平面上极点 $z=1$ 与 s 平面上 $s=0$ 相对应，因此，采样控制系统也可以按其开环脉冲传递函数 $G(z)$ 有 0，1，2，…个 $z=1$ 的极点而分为 0 型、Ⅰ型、Ⅱ型、…系统。

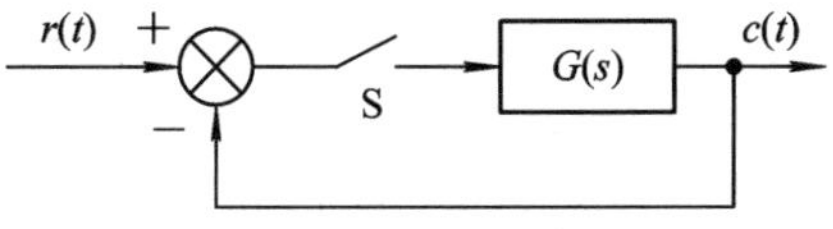

图 8-35　采样控制系统

1. 单位阶跃输入

当 $r(t)=1(t)$ 时，则

$$R(z)=\frac{z}{z-1}$$

将上式代入式(8-81)，得系统的稳态误差为

$$e(\infty)=\lim_{z\to 1}\left[(z-1)\frac{1}{1+G(z)}\frac{z}{z-1}\right]=\frac{1}{1+G(1)} \tag{8-82}$$

定义

$$K_p=\lim_{z\to 1}G(z) \tag{8-83}$$

为系统的静态位置误差系数。

对于0型系统，由于$G(z)$中没有$z=1$的极点，由式(8-83)可知，K_p为有限值。

由式(8-82)可知

$$e(\infty)=\frac{1}{1+K_p}$$

对于Ⅰ型或Ⅰ型以上的采样控制系统，由于$G(z)$中含有一个或一个以上$z=1$的极点，由式(8-83)可知

$$K_p=\infty$$

所以

$$e(\infty)=\frac{1}{1+K_p}=0$$

2. 单位速度输入

当$r(t)=t$时，则

$$R(z)=\frac{Tz}{(z-1)^2}$$

将上式代入式(8-81)，可得

$$\begin{aligned}e(\infty)&=\lim_{z\to 1}\left[(z-1)\frac{1}{1+G(z)}\frac{Tz}{(z-1)^2}\right]\\&=\lim_{z\to 1}\frac{T}{(z-1)[1+G(z)]}=T\lim_{z\to 1}\frac{1}{(z-1)G(z)}\end{aligned} \tag{8-84}$$

定义

$$K_v=\frac{1}{T}\lim_{z\to 1}[(z-1)G(z)] \tag{8-85}$$

为系统静态速度误差系数。

0型系统

$$K_v=0\qquad e(\infty)=\infty$$

Ⅰ型系统

令

$$G(z)=\frac{G_1(z)}{(z-1)}$$

式中，$G_1(z)$中没有$z=1$的极点。由式(8-85)，得

$$K_v=\frac{G_1(z)}{T}$$

$$e(\infty)=\frac{1}{K_v}=\frac{T}{G_1(1)}$$

Ⅱ型系统

因 $G(z)$ 中含有两个 $z=1$ 的极点，所以

$$K_v=\infty,\quad e(\infty)=0$$

Ⅱ型以上系统

$$k_v=\infty,\quad e(\infty)=0$$

3. 单位加速度输入

当 $r(t)=\frac{1}{2}t^2$ 时，则

$$R(z)=\frac{T^2z(z+1)}{2(z-1)^3}$$

将上式代入式(8-81)，得

$$e(\infty)=\lim_{z\to 1}\frac{(z-1)}{1+G(z)}\frac{T^2z(z+1)}{2(z-1)^3}=T^2\lim_{z\to 1}\frac{1}{(z-1)^2G(z)} \tag{8-86}$$

定义

$$K_a=\frac{1}{T^2}\lim_{z\to 1}[(z-1)^2G(z)] \tag{8-87}$$

为系统静态加速度误差系数。

0型和Ⅰ型系统

由式(8-87)和式(8-86)可知

$$K_a=0$$

$$e(\infty)=\frac{1}{K_a}=\infty$$

Ⅱ 型系统

因 $G(z)$ 中含有两个 $z_1=1$ 的极点，所以可将 $G(z)$ 表示为

$$G(z)=\frac{1}{(z-1)^2}G_1(z)$$

其中，$G_1(z)$ 中不含有 $z=1$ 的极点。根据式(8-87)，可得

$$K_a=\frac{1}{T^2}\lim_{z\to 1}\left[(z-1)^2\frac{G_1(z)}{(z-1)^2}\right]=\frac{G_1(1)}{T^2}$$

$$e(\infty)=\frac{1}{K_a}=\frac{T^2}{G_1(1)}$$

Ⅲ 型以上系统

由于系统中含有 3 个以上 $z=1$ 极点，因此

$$K_a=\infty$$

$$e(\infty)=\frac{1}{K_a}=0$$

根据以上分析可以看出，采样系统的稳态误差与采样周期 T 有密切关系，如果减小采样系统的采样周期 T，则可使系统的稳态误差减小，从而提高系统的精度。另外还可看出，当采样控制系统的型数越高时，系统跟踪信号的能力就越强。如果要使采样控制系统在上述三种典型信号的输入时，做到无差，即稳态误差为零，则必须采用Ⅲ型或Ⅲ型以上的采

样系统。

各种类型的采样控制系统在不同输入信号作用下的稳态误差见表 8－3。

表 8－3　采样控制系统的稳态误差

系统型别	$r(t)=1(t)$时的误差	$r(t)=t$ 时的误差	$r(t)=\frac{1}{2}t^2$ 时的误差
0 型	$1/(1+K_p)$	∞	∞
Ⅰ型	0	T/K_v	∞
Ⅱ型	0	0	T^2/K_a
Ⅲ型	0	0	0

例 8－14　已知采样控制系统如图 8－36 所示。

(1) 计算开、闭环脉冲传递函数 $G(z)$、$\Phi(z)$；

(2) 确定使系统稳定的 K 值范围；

(3) 计算输入 $r(t)=atU(t)$时的稳态误差 e_{ss}。

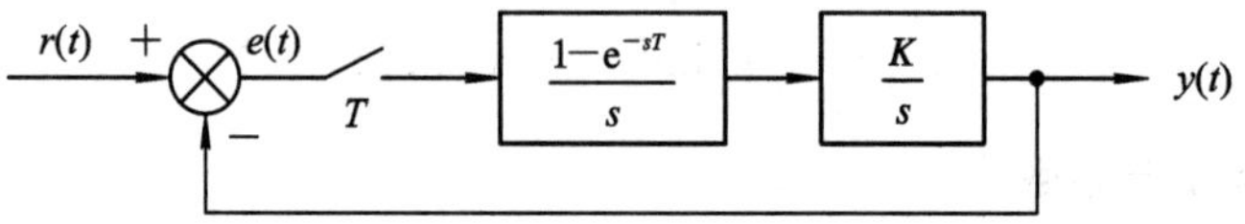

图 8－36

解　(1) 因为开环传递函数

$$G_o(s) = \frac{1-e^{-Ts}}{s^2}K$$

所以

$$G_o(z) = (1-z^{-1})Z\left[\frac{K}{s^2}\right] = (1-z^{-1})\cdot\frac{KTz}{(z-1)^2} = \frac{KT}{z-1}$$

则

$$\Phi(z) = \frac{G_o(z)}{1+G_o(z)} = \frac{KT}{z-1+KT}$$

则极点

$$z_1 = 1-KT$$

(2) 若要系统稳定，则

$$|z_1| < 1$$

$$|1-KT| < 1$$

即

$$0 < KT < 2$$

因此系统稳定的 K 值范围为

$$0 < K < \frac{2}{T}$$

(3) 因系统的输入为斜坡信号，所以

$$R(z) = \frac{aTz}{(z-1)^2}$$

$$\Phi_e(z)=\frac{1}{1+G_o(z)}=\frac{z-1}{z-1+KT}$$

则

$$E(z)=\frac{R(z)}{1+G_o(z)}=\frac{aTz}{(z-1)(z-1+KT)}$$

$$e_{ss}=\lim_{z\to 1}[(z-1)E(z)]=\frac{a}{K}$$

三、动态特性

在前面连续系统的分析和讨论中，我们知道连续系统的动态性能与系统的结构有很大的关系，即系统的暂态响应取决于系统闭环零、极点在 s 平面的分布。与线性连续系统类似，采样控制系统的暂态响应也是取决于系统闭环脉冲传递函数的零、极点在 z 平面上的分布。

1. 采样系统的暂态响应与极点位置的关系

如前所述，采样控制系统稳定的充分必要条件是：系统所有闭环极点均位于 z 平面的单位圆内。然而，采样系统闭环极点的位置不同，其暂态响应也有很大差别。

设采样控制系统的闭环脉冲传递函数可表示为

$$\begin{aligned}\Phi(z)&=\frac{B(z)}{A(z)}=\frac{b_0z^m+b_1z^{m-1}+\cdots+b_m}{a_0z^n+a_1z^{n-1}+\cdots+a_n}\\&=\frac{b_0}{a_0}\frac{(z-z_1)(z-z_2)\cdots(z-z_i)\cdots(z-z_m)}{(z-p_1)(z-p_2)\cdots(z-p_j)\cdots(z-p_n)}\\&=\frac{b_0}{a_0}\frac{\prod_{i=1}^{m}(z-z_i)}{\prod_{k=1}^{n}(z-p_k)}\end{aligned}\qquad(8-88)$$

其中，z_i 和 p_k 分别为 $\Phi(z)$ 的零点和极点，一般 $n\geqslant m$，z_i 和 p_k 或是实数或是复数。

为了方便，设系统是稳定的，即 $|p_k|<1$，并设系统的闭环极点为互异的单极点。

当系统输入信号为 $r(t)=1(t)$ 时，即

$$R(z)=\frac{z}{z-1}$$

根据式(8-88)，可得

$$C(z)=\Phi(z)R(z)=\frac{B(z)}{A(z)}\frac{z}{z-1}=\frac{B(1)}{A(1)}\frac{z}{z-1}+\sum_{k=1}^{n}\frac{c_kz}{z-p_k}\qquad(8-89)$$

对上式进行 Z 反变换：

$$c(NT)=\frac{B(1)}{A(1)}+\sum_{k=1}^{n}c_kp_k^N\qquad(N=0,1,2,\cdots)\qquad(8-90)$$

上式中的第一项是与 $z=1$ 对应的常数项，即为系统的稳态分量；第二项是与 p_k 所对应的暂态分量。根据 p_k 在 z 平面上单位圆的位置不同，将使采样系统的输出响应单调收敛(发散)或衰减(发散)振荡。由式(8-90)可得到以下结果。

1) p_k 为实数极点

(1) 当 $0<p_k<1$ 时，由图 8-35 可知，极点 p_k 位于单位圆内的正实轴上，$(p_k)^N$ 总为

正值，并且随 N 增大而减小。故输出响应为单调收敛，且 p_k 越靠近原点，其值越小，收敛越快。如图 8-35 所示。

(2) 当 $-1<p_k<0$ 时，即 p_k 位于单位圆内的负实轴上。因为 p_k 为负值，所以 $(p_k)^N$ 是正负交替的，即当 N 为偶数时，$(p_k)^N$ 为正值；当 N 为奇数时，$(p_k)^N$ 为负值。这时系统输出响应的暂态分量呈现正负交替衰减振荡。振荡角频率 π/T 越高，系统的性能越差，如图 8-37 所示。

(3) 当 $p_k>1$ 或 $p_k<-1$ 时，这时极点位于单位圆外，采样系统是不稳定的，输出响应发散，当 $p_k>1$ 时，响应单调发散。当 $p_k<-1$ 时，响应正、负交替发散，如图 8-37 所示。

2) p_k 为共轭复数极点

由于 $\Phi(z)$ 中的共轭复数极点是成对出现的，如 p_k，p_{k+1}，所以 p_k、p_{k+1} 所对应的系数 c_k、c_{k+1} 也必是共轭的，即

$$c_k,\ c_{k+1}=|c_k|\cdot e^{\pm j\varphi_k}$$

由式(8-90)可知，p_k、p_{k+1} 所对应的暂态分量为

$$\begin{aligned}\mathscr{Z}^{-1}\left[\frac{c_k z}{z-p_k}+\frac{c_{k+1}z}{z-p_{k+1}}\right]&=c_k p_k^N+c_{k+1}p_k^{N+1}\\&=|c_k|e^{j\varphi_k}\cdot|p_k|^N e^{jN\theta_k}+|c_k|e^{-j\varphi_k}\cdot|p_k|^N e^{-jN\theta_k}\\&=|c_k||p_k|^N\left[e^{j(N\theta_k+\varphi_k)}+e^{-j(N\theta_k+\varphi_k)}\right]\\&=2|c_k|p_k|^N\cos(N\theta_k+\varphi_k)\end{aligned}\tag{8-91}$$

由此可见，共轭复数极点所对应的暂态分量呈现余弦振荡。

(1) 当 $|p_k|<1$ 时，输出响应为衰减振荡，振荡角频率为 θ_k/T。共轭复数极点越接近于原点，对应的暂态分量衰减越快，如图 8-37 所示。

(2) 当 $|p_k|>1$ 时，输出响应为发散振荡，如图 8-37 所示。

采样系统闭环极点的位置与系统暂态响应的关系如图 8-37 所示。

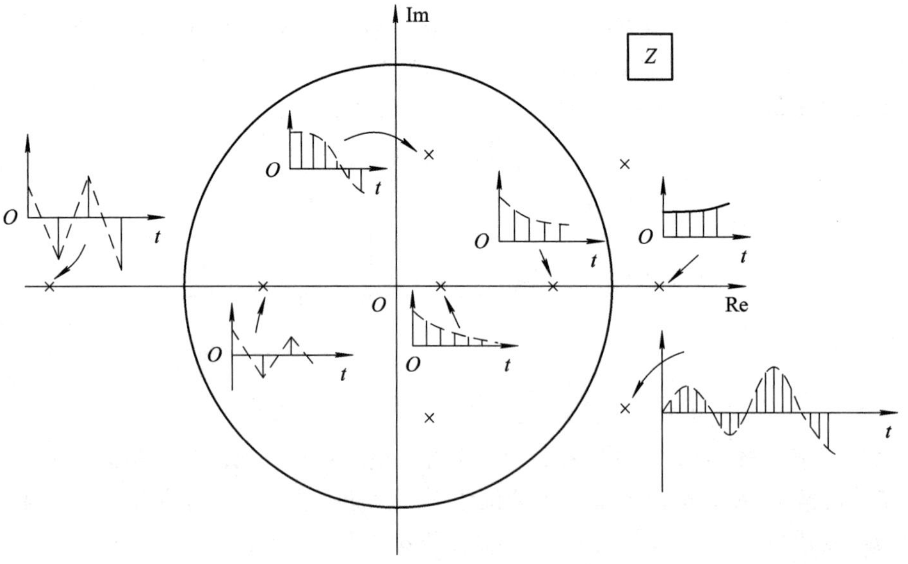

图 8-37　采样系统闭环极点的位置与系统暂态响应的关系

2. 采样控制系统的暂态响应

如前所述，如果我们得到了某一采样系统输出的 Z 变换 $C(z)$，则该系统的暂态响应可通过对 $C(z)$ 求 Z 反换来获得，即 $c^*(t)=\mathscr{Z}^{-1}[C(z)]$。

例 8-15　设有一采样控制系统，如图 8-38 所示。其中，$G_c(s)$是数字校正装置，$G_h(s)$是零阶保持器，$G_p(s)$为系统连续部分传递函数。设采样周期为 $T=1$ s，$k_p=1$，试求该系统的单位阶跃响应。

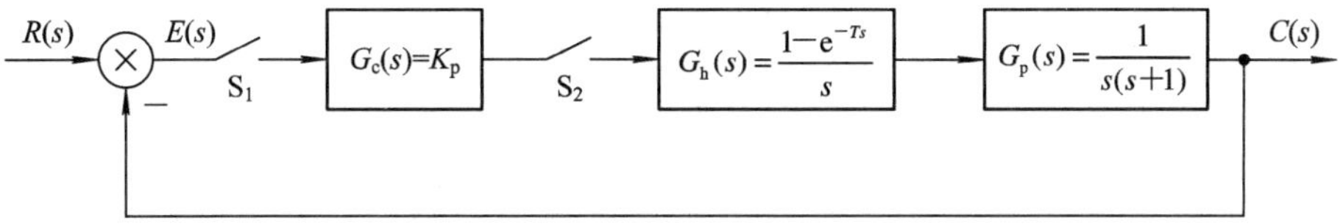

图 8-38　例 8-13 采样控制系统

解　由于保持器 $G_h(s)$与连续部分 $G_p(s)$之间无采样器，所以系统输出(参看表 8-2)为

$$C(z)=\frac{G_c(Z)G_hG_p(z)}{1+G_c(z)G_hG_p(z)}R(Z)$$

由于

$$G_h(s)G_p(s)=\frac{1-e^{-s}}{s}\frac{1}{s(s+1)}$$

参看例 8-9，可得

$$G_hG_p(z)=\mathscr{Z}\left[\frac{1-e^{-s}}{s}\frac{1}{s(s+1)}\right]$$

$$=\frac{e^{-1}z+(1-2e^{-1})}{(z-1)(z-e^{-1})}=\frac{0.368z+0.264}{z^2-1.368z+0.368}$$

由于

$$R(s)=\frac{1}{s},\ G_c(s)=1$$

因此

$$R(z)=\frac{z}{z-1},\ G_c(z)=1$$

所以系统的响应为

$$C(z)=\frac{G_hG_p(z)}{1+G_hG_p(z)}R(z)=\frac{0.368z^2+0.264}{z^2-z+0.632}\cdot\frac{z}{z-1}$$

$$=\frac{0.368z^2+0.264z}{z^3-2z^2+1.632z-0.632}$$

将上式用长除法展开成幂级数为

$$C(z)=0.368z^{-1}+z^{-2}+1.4z^{-3}+1.4z^{-4}+1.147z^{-5}$$
$$+0.895z^{-6}+0.802z^{-7}+0.866z^{-8}+\cdots$$

对上式进行 Z 反变换后得输出响应为

$$c^*(t)=0+0.368\delta(t-T)+\delta(t-2T)+1.4\delta(t-3T)$$
$$+1.4\delta(t-4T)+1.147\delta(t-5T)+0.895\delta(t-6T)$$
$$+0.802\delta(t-7T)+0.866\delta(t-8T)+\cdots$$

根据 $c^*(t)$可作出系统在单位阶跃输入下的输出响应曲线，如图 8－39 所示。它是一串脉冲序列。

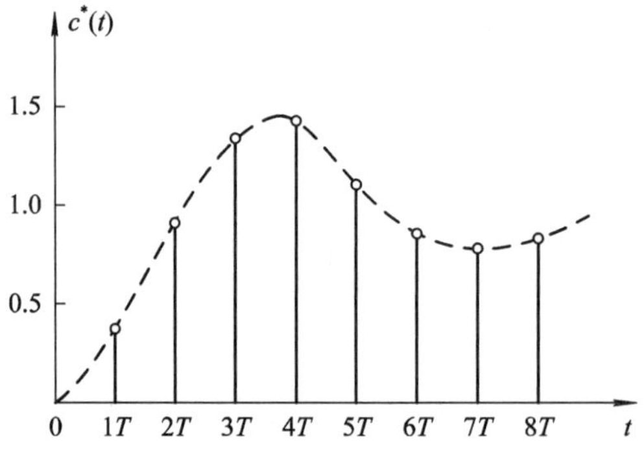

图 8－39　例 8－13 系统的单位阶跃响应曲线

由于 Z 变换分析不能给出采样点之间的响应信息，所以连接各已知采样点的光滑曲线只是近似曲线，如图虚线所示。从图中可知，该系统的响应形式是衰减振荡的，并且在时间 $3T$ 与 $4T$ 之间输出达到最大值，这个最大值可近似为 $c^*(3T)=c^*(4T)=1.4$。由此可见，一旦得到了采样系统输出响应的光滑曲线，则可从图中近似地估算出系统的上升时间 t_r、峰值时间 t_p、超调量 σ、调整时间 t_s 及稳态误差 e_{ss}。

第七节　利用 MATLAB 进行采样系统的时域分析

一、用 MATLAB 进行连续系统的离散化

用 c2d 命令和 d2c 命令可以实现连续系统模型和离散系统模型之间的转换。c2d 命令用于将连续系统模型转换成离散系统模型，d2c 命令用于将离散系统模型转换为连续系统模型，MATLAB 中这两个函数的调用格式为

```
Sysd=c2d(sys, Ts, 'zoh');
Sys=d2c(sysd, 'zoh');
```

其中：sys 表示连续系统模型；sysd 表示离散系统模型；Ts 表示离散化采样时间；'zoh' 表示该系统中采用零阶保持器，可以缺省。此处不单独举例，在下面的例题分析中读者可以看到如何使用这两个命令。

二、用 MATLAB 进行采样系统的时域分析

例 8－16　设采样控制系统如图 8－40 所示。采样周期 $T=1$ s，$K=1$；试分析其动态性能。

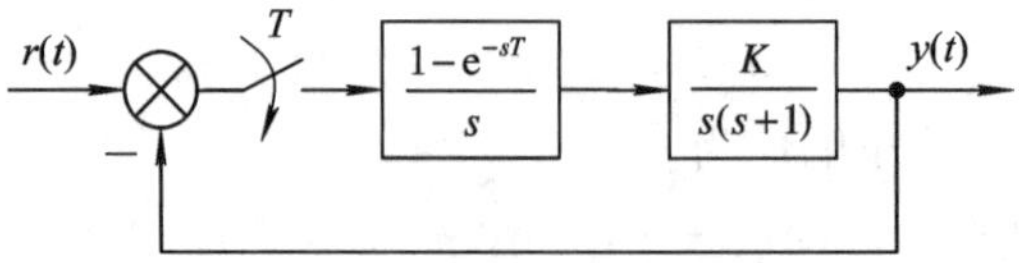

图 8－40　采样控制系统的结构图

解　［方法Ⅰ］　脚本方式。

```
num=[1];
den=[1 1 0];
sys=tf(num, den);
sysd=c2d(sys, 1, 'zoh')
```

运行结果如下：

```
Transfer function:
0.3679z+0.2642
--------------------
z^2-1.368z+0.3679


Sampling time (seconds): 1
```

再将上述传递函数进行单位反馈等效，运行如下函数命令：

```
sysdphi=feedback(sysd, 1)
```

运行结果如下：

```
Transfer function:
0.3679z+0.2642
--------------------
z^2-z+0.6321


Sampling time (seconds): 1
step(sysdphi);
```

可得图 8-41 所示的采样控制系统单位阶跃响应。

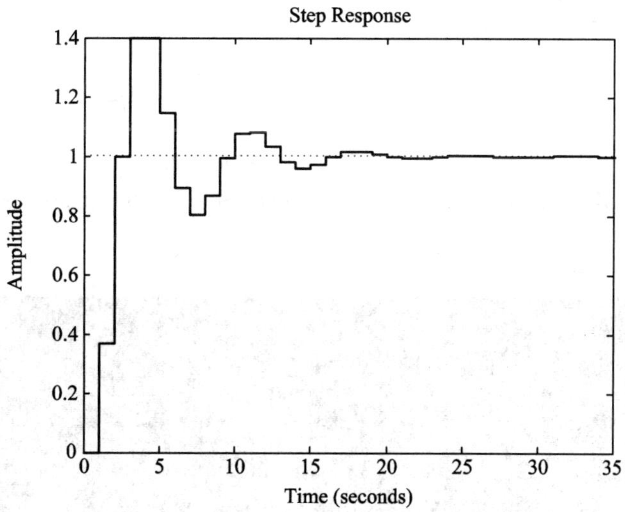

图 8-41　采样控制系统的单位阶跃响应曲线

［方法Ⅱ］　Simulink 方式

先在 MATLAB 命令窗内输入如下命令：

```
num=[1];
den=[1 1 0];
```

```
T=1;
sys=tf(num, den);
sysd=c2d(sys, 1, 'zoh');
```

运行结果如下：

```
0.3679z+0.2642
--------------------
z^2-1.368z+0.3679
```

再在 Simulink 中搭建如图 8-42 所示控制系统，其中被控对象的参数通过双击 Discrete Transfer Fcn 在参数框内输入，如图 8-43 所示。

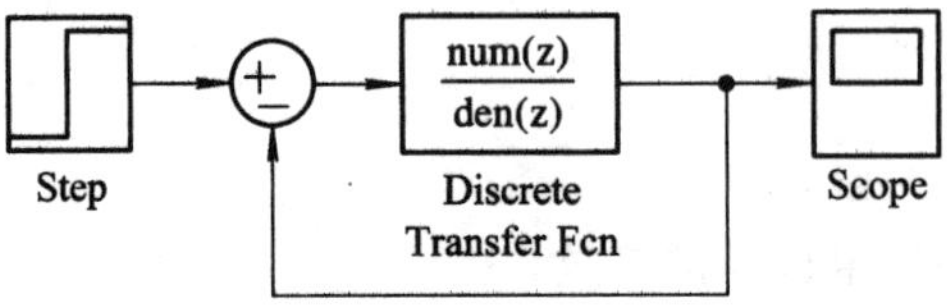

图 8-42　采样控制系统的仿真框图

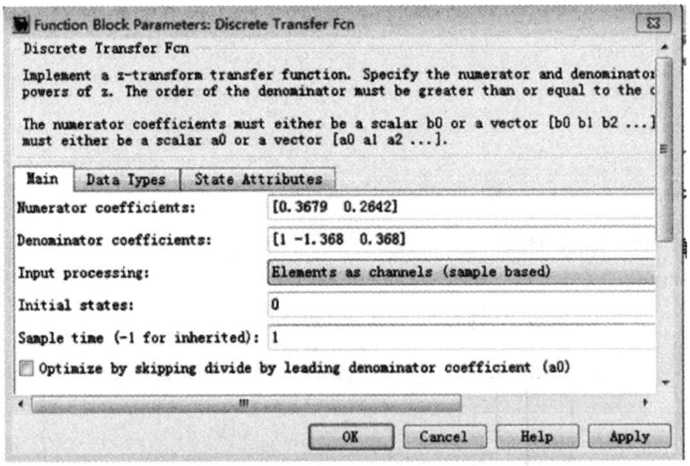

图 8-43　离散传递函数的参数输入

运行 Simulink 后双击 Scope 模块，可以得到如图 8-44 所示的阶跃响应曲线。

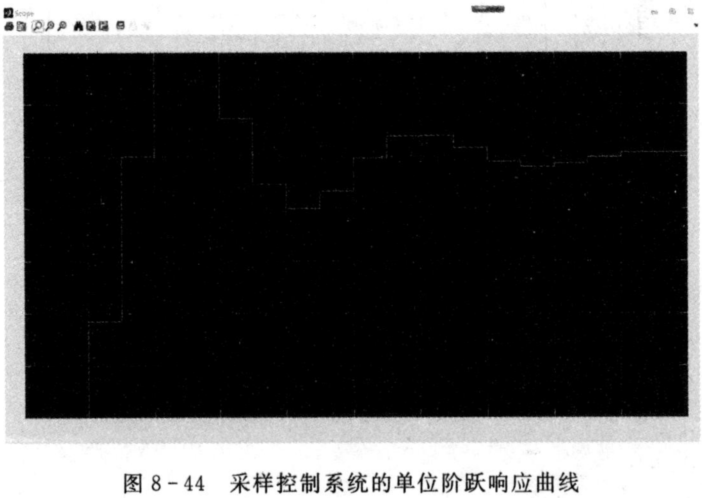

图 8-44　采样控制系统的单位阶跃响应曲线

【习　题】

8-1　已知采样器的采样周期为 T 秒，连续信号为

(1) $f(t)=t$；

(2) $f(t)=te^{-at}$；

(3) $f(t)=e^{-at}\sin\omega t$；

(4) $f(t)=t\cos\omega t$。

求采样后的输出信号 $f^*(t)$ 及其拉氏变换 $F^*(s)$。

8-2　求下列函数的 Z 变换。

(1) $f(t)=1-e^{-at}$；

(2) $f(t)=t^2e^{-3t}$；

(3) $f(t)=t^3$；

(4) $f(t)=a^{mt}$。

8-3　求下列函数的 Z 变换。

(1) $F(s)=\dfrac{1}{s^2}$；

(2) $F(s)=\dfrac{1}{(s+a)(s+b)}$；

(3) $F(s)=\dfrac{k}{(s+a)^2}$；

(4) $F(s)=\dfrac{s+3}{(s+1)(s+2)}$。

8-4　确定下列函数的初值和终值：

(1) $F(z)=\dfrac{1}{1-z^{-1}}$；

(2) $F(z)=\dfrac{T_0z^{-1}}{(1-z^{-1})^2}$；

(3) $F(z)=\dfrac{z^2}{(z-0.5)(z-0.1)^0}$ 。

8-5　求下列函数的 Z 反变换。

(1) $F(z)=\dfrac{z}{z-0.5}$；

(2) $F(z)=\dfrac{5z}{(z+1)(z+2)}$；

(3) $F(z)=\dfrac{10z}{(z-1)(z-2)}$；

(4) $F(z)=\dfrac{z}{(z-3)(z-1)^2}$；

(5) $F(z)=\dfrac{z^3}{(ze-1)^3}$；

(6) $F(z)=\frac{z^3}{(z-e^{-aT})(z-e^{-bT})}$。

8-6　求解下列差分方程，结果以 $c^*(t)$ 表示。

(1) $c(N+2)+2c(N+1)+c(N)=r(N)$，其中，$c(0)=c(1)=0$，$r(N)=N(N=0, 1, 2, \cdots)$；

(2) $c(N+2)-6c(N+1)+8c(N)=r(N)$，其中，$c(0)=c(1)=0$，$r(N)=3N\ (N=0, 1, 2, \cdots)$。

8-7　求图 8-45 所示系统的脉冲传递函数。

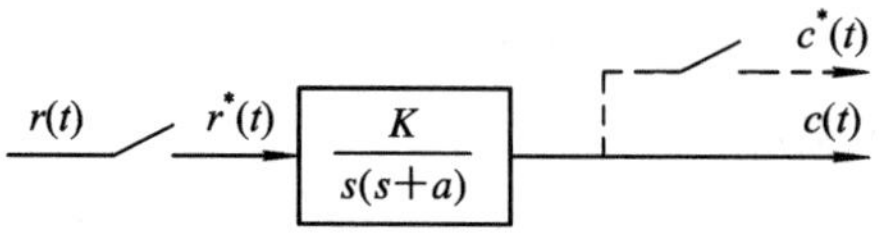

图 8-45

8-8　已知系统如图 8-46 所示，试求系统的开环脉冲传递函数 $G(z)$。

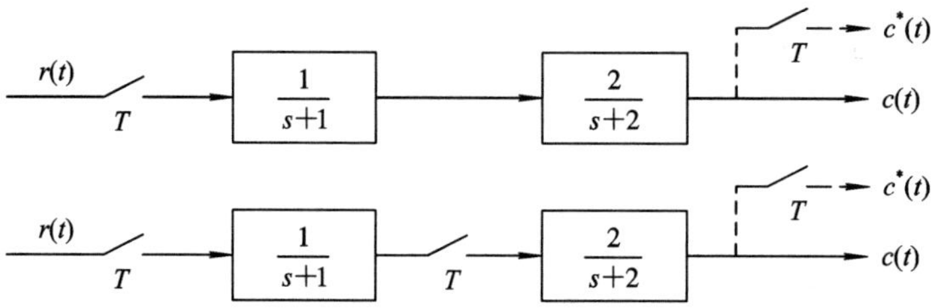

图 8-46

8-9　求图 8-47 所示系统的输出 $C(z)$。

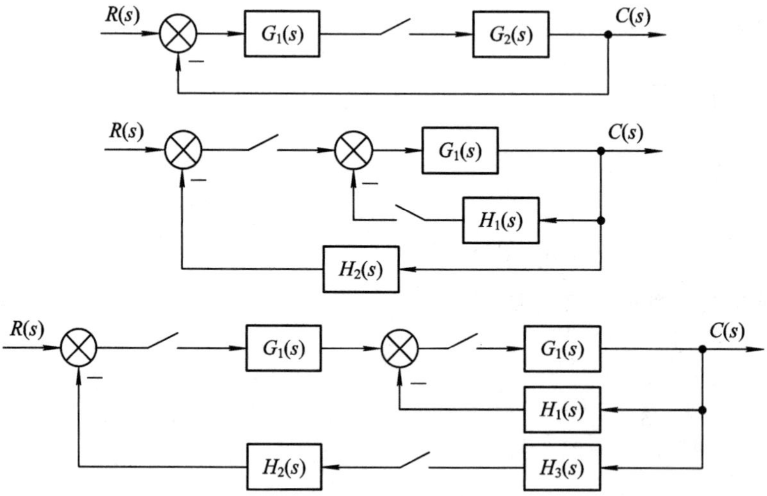

图 8-47

8-10　已知单位反馈采样系统的开环传递函数如下：

(1) $G(z)=\frac{0.36z+0.26}{z^2-1.36z+0.36}$；

(2) $G(z)=\dfrac{(z+0.7)}{(z-1)(z-0.36)}$。

试判别系统的稳定性。

8-11　系统如图 8-48 所示，设输入 $r(t)=1(t)$，求输出 $C(z)$。

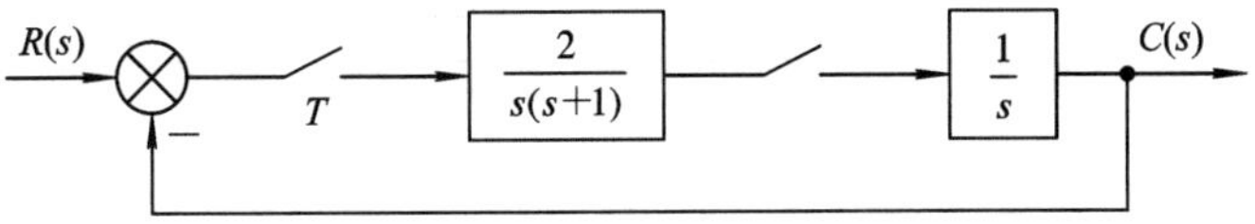

图 8-48

8-12　试求使图 8-49 所示系统稳定的 K 的取值范围，其中 $T=0.5$ s。

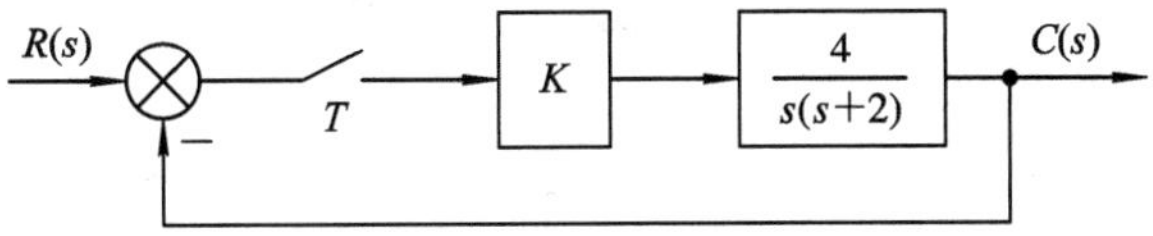

图 8-49

8-13　已知系统如图 8-50 所示，试求采样周期 $T=1$ s，$T=0.5$ s 时，系统临界稳定的 K 值，并讨论 T 对系统稳定的影响。

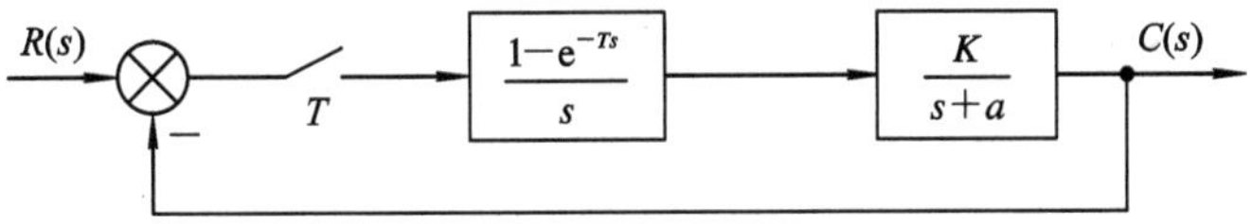

图 8-50

8-14　在图 8-51 中，已知：

(1) $G_p(s)=1$，$G(s)=\dfrac{1-e^{-Ts}}{s}\dfrac{K}{s+a}$；

(2) $G_p(s)=1$，$G(s)=\dfrac{K}{s(s+a)}$。

试求系统(1)和(2)在单位阶跃输入和单位斜坡输入时的稳态误差。并将结果与具有相同传递函数的连续系统稳态误差相比，可以得到什么结论？

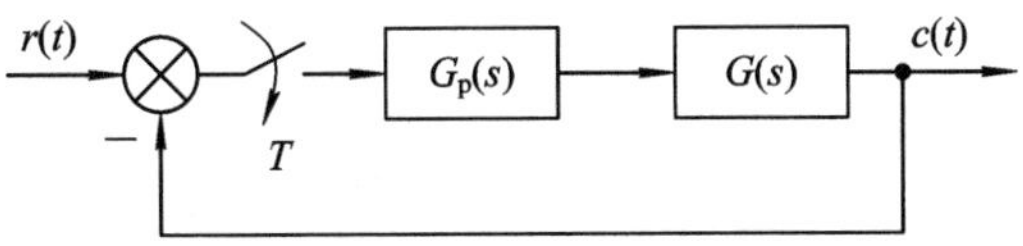

图 8-51

8-15　已知系统如图 8-52 所示，其中 $K=10$，$T=0.2$ s。试求：

(1) 静态位置误差系数 K_p；

(2) 静态速度误差系数 K_v；

(3) 静态加速度误差系数 K_a；

(4) 输入 $r(t)=1(t)+t+\dfrac{1}{2}t^2$ 时，系统的稳态误差。

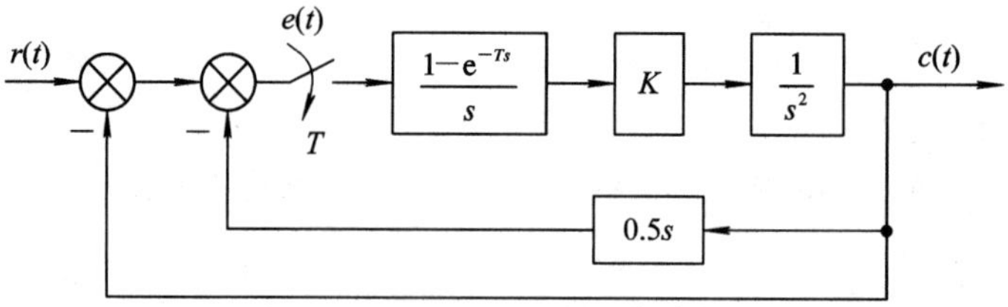

图 8-52

8-16　已知系统结构图如图 8-53 所示。

(1) 试写出系统闭环传递函数 $\varphi(z)=\dfrac{C(z)}{R(z)}=?$

(2) 试求使系统稳定的 K 的取值范围；已知采样周期 $T=1$ s。

(已知 $z[1/s^2]=Tz/(z-1)^2$)。

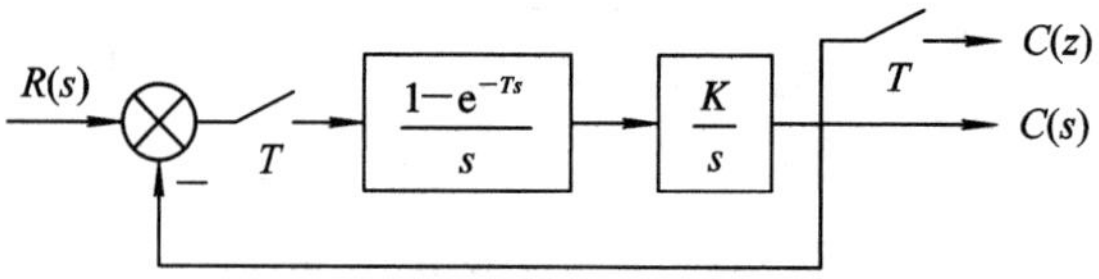

图 8-53

8-17　已知系统结构图如图 8-54 所示。

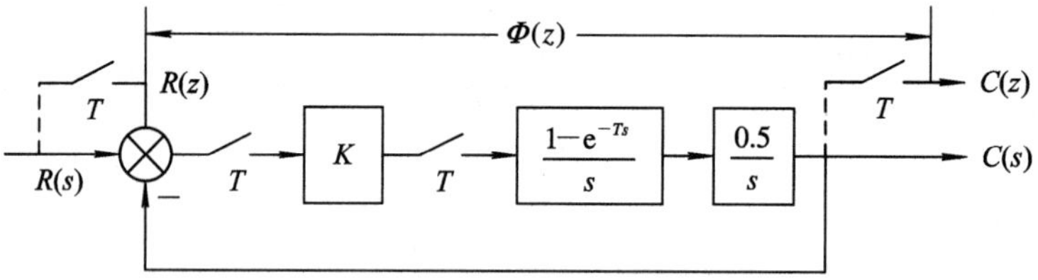

图 8-54

(1) 试写出系统闭环传递函数 $\Phi(z)=\dfrac{C(z)}{R(z)}=?$

(2) 若 $K=2$，试求使系统稳定的 T 取值范围。

(已知 $Z[1/s^2]=Tz/(z-1)^2$)

附录　拉普拉斯变换

拉普拉斯变换简称为拉氏变换，是求解线性微分方程的简捷的方法。更重要的是，由于采用了这一方法，能把系统的动态数学模型很方便地转换为系统的传递函数，并由此发展出传递函数的零点和极点分布、频率特性等间接分析和设计系统的工程方法。本附录只介绍拉氏变换的定义、性质及其计算方法，不作严格数学证明。

一、拉氏变换的定义

如果函数 $f(t)$（t 为实变量）的线性积分

$$\int_0^{\infty} f(t)\mathrm{e}^{-st}\,\mathrm{d}t \qquad (s=\sigma+\mathrm{j}\omega \text{ 为复变量})$$

存在，则称其为函数 $f(t)$ 的拉氏变换。变换后的函数是复变量 s 的函数，记作 $F(s)$ 或 $\mathscr{L}[f(t)]$，即

$$\mathscr{L}[f(t)]=F(s)=\int_0^{\infty} f(t)\mathrm{e}^{-st}\,\mathrm{d}t \tag{1}$$

称 $F(s)$ 为 $f(t)$ 的变换函数或象函数，而 $f(t)$ 为 $F(s)$ 的原函数。

另外，有逆运算

$$\mathscr{L}^{-1}[F(s)]=f(t)=\frac{1}{2\pi\mathrm{j}}\int_{\sigma-\mathrm{j}\infty}^{\sigma+\mathrm{j}\infty} F(s)\mathrm{e}^{st}\,\mathrm{d}s \tag{2}$$

上式称为 $F(s)$ 的拉氏反变换。

二、拉氏变换表

为了工程应用方便，常把 $f(t)$ 和 $F(s)$ 的对应关系编成表格，就是通常所说的拉氏变换表，如附表 1 所示。在“自动控制原理”中，最常用的是表格中的前八项，应该通过不断地应用加以熟记。

三、拉氏变换的性质和定理

1. 线性性质

拉氏变换也像一般线性函数那样具有齐次性和叠加性。

齐次性：一个时间函数乘以常数时，其拉氏变换为该时间函数的拉氏变换乘以该常数，即

$$\mathscr{L}[af(t)]=aF(s) \tag{3}$$

叠加性：若 $f_1(t)$ 和 $f_2(t)$ 的拉氏变换分别为 $F_1(s)$ 和 $F_2(s)$，则有

$$\mathscr{L}[f_1(t) \pm f_2(t)] = F_1(s) \pm F_2(s) \tag{4}$$

2. 微分定理

设 $F(s)=\mathscr{L}[f(t)]$，则有

$$\mathscr{L}\left[\frac{\mathrm{d}f(t)}{\mathrm{d}t}\right] = sF(s) - f(0)$$

附表 1　拉普拉斯变换对照表

序号	原函数 $f(t)$	象函数 $F(s)$
1	$\delta(t)$	1
2	$1(t)$	$\frac{1}{s}$
3	t	$\frac{1}{s^2}$
4	t^n	$\frac{n!}{s^{n+1}}$
5	e^{-at}	$\frac{1}{s+a}$
6	te^{-at}	$\frac{1}{(s+a)^2}$
7	$\sin \omega t$	$\frac{\omega}{s^2+\omega^2}$
8	$\cos \omega t$	$\frac{s}{s^2+\omega^2}$
9	$\frac{1}{(b-a)}(e^{-at}-e^{-bat})$	$\frac{1}{(s+a)(s+b)}$
10	$\frac{1}{(b-a)}(be^{-bt}-ae^{-at})$	$\frac{s}{(s+a)(s+b)}$
11	$\frac{1}{ab}\left[1+\frac{1}{a-b}(be^{-bt}-ae^{-at})\right]$	$\frac{1}{s(s+a)(s+b)}$
12	$e^{-at}\sin \omega t$	$\frac{\omega}{(s+a)^2+\omega^2}$
13	$e^{-at}\cos \omega t$	$\frac{s+a}{(s+a)^2+\omega^2}$
14	$\frac{\omega_n}{\sqrt{1-\zeta^2}}e^{-\zeta\omega_n t}\sin(\sqrt{1-\zeta^2}\,\omega_n t)$	$\frac{\omega_n^2}{s^2+2\zeta\omega_n s+\omega_n^2}$
15	$\frac{-1}{\sqrt{1-\zeta^2}}e^{-\zeta\omega_n t}\sin(\omega_n\sqrt{1-\zeta^2}\,t+\varphi)$ $\varphi=\arctan\frac{\sqrt{1-\zeta^2}}{\zeta}$ $0<\zeta<1$	$\frac{s}{s^2+2\zeta\omega_n s+\omega_n^2}$

$$\mathscr{L}\left[\frac{\mathrm{d}^2 f(t)}{\mathrm{d}t^2}\right]=s^2F(s)-sf(0)-f'(0)$$

$$\vdots$$

$$\mathscr{L}\left[\frac{\mathrm{d}^n f(t)}{\mathrm{d}t^n}\right]=s^nF(s)-s^{n-1}f(0)-s^{n-2}f'(0)-\cdots-f^{(n-1)}(0)$$

式中，$f(0)$，$f'(0)$，…，$f^{(n-1)}(0)$为函数 $f(t)$及其各阶导数在 $t=0$ 时的值。

如果初始条件都为零，即

$$f(0)=f'(0)=\cdots=f^{(n-1)}(0)=0$$

则有

$$\mathscr{L}\left[\frac{\mathrm{d}f(t)}{\mathrm{d}t}\right]=sF(s) \tag{5}$$

$$\mathscr{L}\left[\frac{\mathrm{d}^n f(t)}{\mathrm{d}t^n}\right]=s^nF(s) \tag{6}$$

3. 积分定理

设 $F(s)=\mathscr{L}[f(t)]$，则有

$$\mathscr{L}\left[\int f(t)\mathrm{d}t\right]=\frac{1}{s}F(s)+\frac{1}{s}f^{(-1)}(0)$$

$$\mathscr{L}\left[\iint f(t)\mathrm{d}t^2\right]=\frac{1}{s^2}F(s)+\frac{1}{s^2}f^{(-1)}(0)+\frac{1}{s}f^{(-2)}(0)$$

$$\vdots$$

$$\mathscr{L}\left[\underbrace{\int\cdots\int}_{n} f(t)\mathrm{d}t^n\right]=\frac{1}{s^n}F(s)+\frac{1}{s^n}f^{(-1)}(0)+\cdots+\frac{1}{s}f^{(-n)}(0)$$

式中，$f^{(-1)}(0)$，$f^{(-2)}(0)$，…，$f^{(-n)}(0)$为 $f(t)$的各重积分在 $t=0$ 时刻的值。

如果 $f^{(-1)}(0)=f^{(-2)}(0)=\cdots=f^{(-n)}(0)=0$，则

$$\left.\begin{aligned}&\mathscr{L}\left[\int f(t)\mathrm{d}t\right]=\frac{1}{s}F(s)\\&\mathscr{L}\left[\iint f(t)\mathrm{d}t^2\right]=\frac{1}{s^2}F(s)\\&\qquad\vdots\\&\mathscr{L}\left[\int\cdots\int f(t)\mathrm{d}t^n\right]=\frac{1}{s^n}F(s)\end{aligned}\right\} \tag{7}$$

4. 终值定理

若函数 $f(t)$的拉氏变换为 $F(s)$，且 $F(s)$在 s 平面的右半面及除原点外的虚轴上解析，则有终值

$$\lim_{t\to\infty}f(t)=\lim_{s\to 0}sF(s) \tag{8}$$

应用终值定理时，要留意上述条件是否满足。例如 $f(t)=\sin\omega t$ 时，$F(s)$在 $\mathrm{j}\omega$ 轴上有 $\pm\mathrm{j}\omega$ 两个极点且$\lim\limits_{t\to\infty}f(t)$不存在，因此终值定理不能使用。

5. 初值定理

如果函数 $f(t)$及其一阶导数是可以拉氏变换的，并且$\lim\limits_{s\to\infty}sF(s)$存在，则

$$\lim_{t\to 0} f(t) = \lim_{s\to\infty} sF(s) \tag{9}$$

利用终值定理和初值定理可以直接和方便地求出时域里系统响应的初值和终值，而不必求出其时间函数 $f(t)$。

6. 迟延定理

设 $F(s)=\mathscr{L}[f(t)]$，则有

$$\mathscr{L}[f(t-\tau)] = e^{-\tau s}F(s) \tag{10}$$

$$\mathscr{L}[e^{-at}f(t)] = F(s+a) \tag{11}$$

式(10)说明实函数 $f(t)$ 向右平移一个迟延时间 τ 后，相当于复域中 $F(s)$ 乘以 $e^{-\tau s}$ 的因子。式(11)说明实域函数 $f(t)$ 乘以 e^{-at} 所得到的衰减函数 $e^{-at}f(t)$，相当于复域向左平移的 $F(s+a)$。

7. 时标变换

用模拟和对实际系统进行仿真时，常需要将时间 t 的标尺扩展或缩小为 (t/a)，以使所得曲线清晰或节省观察时间。这并不妨碍实验的真实性。这里 a 是一个正数。可证得

设 $F(s)=\mathscr{L}[f(t)]$，则

$$\mathscr{L}\left[f\left(\frac{t}{a}\right)\right] = aF(as) \tag{12}$$

四、拉氏反变换

拉氏反变换已由式(2)给出

$$\mathscr{L}^{-1}[F(s)] = f(t) = \frac{1}{2\pi j}\int_{\sigma-j\infty}^{\sigma+j\infty} F(s)e^{st}\,ds$$

这是复变函数积分，一般很难直接计算，故由 $F(s)$ 求 $f(t)$ 常用部分分式法。该方法是将 $F(s)$ 分解成一些简单的有理分式函数之和，然后由拉氏变换表一一查出对应的反变换函数，即得所求的原函数 $f(t)$。

$F(s)$ 通常是复变量 s 的有理分式函数，即分母多项式的阶次高于或等于分子多项式的阶次。$F(s)$ 的一般形式为

$$F(s) = \frac{M(s)}{N(s)} = \frac{b_m s^m + b_{m-1}s^{m-1} + \cdots + b_1 s + b_0}{s^n + a_{n-1}s^{n-1} + \cdots + a_1 s + a_0} \tag{13}$$

式中：a_0，a_1，…，a_{n-1} 及 b_0，b_1，…，b_{n1} 均为实数；m、n 为正整数，且 $n \geqslant m$。

首先将 $F(s)$ 的分母多项式 $N(s)$ 进行因式分解，即写为

$$N(s) = (s-s_1)(s-s_2)\cdots(s-s_n)$$

式中，s_1，s_2，…，s_n 为 $N(s)=0$ 的根。

1. $A(s)=0$ 无重根

这时可将 $F(s)$ 换写为 n 个部分分式之和，每个分式的分母都是 $N(s)$ 的一个因式，即

$$F(s) = \frac{C_1}{s-s_1} + \frac{C_2}{s-s_2} + \cdots + \frac{C_n}{s-s_n}$$

或

$$F(s) = \sum_{i=1}^{n} \frac{C_i}{(s-s_i)} \tag{14}$$

如果确定了每个部分分式中的待定常数 C_i，则由拉氏变换表即可查得 $F(s)$的反变换：

$$\mathscr{L}^{-1}F(s) = f(t) = \mathscr{L}^{-1}\left[\sum_{i=1}^{n}\frac{C_i}{(s-s_i)}\right] = \sum_{i=1}^{n}C_i e^{s_i t} \tag{15}$$

各待定常数 C_i 可按下式求得

$$C_i = F(s)\cdot(s-s_i)\big|_{s=s_i} \tag{16}$$

或

$$C_i = \frac{M(s)}{N(s)}\cdot(s-s_i)\big|_{s=s_i} \tag{17}$$

例 1 求 $F(s)=\dfrac{s+2}{s^2+4s+3}$的拉氏反变换。

解 令

$$F(s) = \frac{s+2}{s^2+4s+3} = \frac{s+2}{(s+3)(s+1)} = \frac{C_1}{s+3}+\frac{C_2}{s+1}$$

由式(16)得

$$C_1 = F(s)(s+3)\big|_{s=-3} = \frac{(s+2)}{(s+3)(s+1)}\cdot(s+3)\big|_{s=-3} = \frac{1}{2}$$

$$C_2 = F(s)(s+1)\big|_{s=-1} = \frac{(s+2)}{(s+3)(s+1)}\cdot(s+1)\big|_{s=-1} = \frac{1}{2}$$

所以

$$F(s) = \frac{1/2}{s+3}+\frac{1/2}{s+1}$$

查拉氏变换表，得原函数

$$f(t) = \frac{1}{2}e^{-3t}+\frac{1}{2}e^{-t}$$

例 2 求 $F(s)$的拉氏反变换。

$$F(s) = \frac{s^2+5s+5}{s^2+4s+3}$$

解 因为 $F(s)$的分子多项式和分母多项式同阶，故必先分解为

$$F(s) = 1+\frac{s+2}{s^2+4s+3}$$

后一项为例 1 的示例，故 $F(s)$的原函数为

$$f(t) = \mathscr{L}^{-1}F(s) = \mathscr{L}^{-1}1+\mathscr{L}^{-1}\left[\frac{s+2}{s^2+4s+3}\right] = \delta(t)+\frac{1}{2}e^{-3t}+\frac{1}{2}e^{-t}$$

例 3 求 $F(s)$的原函数，有

$$F(s) = \frac{s+3}{s^2+2s+2}$$

解 分母多项式方程的根为复数根：

$$s_1 = -1 + \mathrm{j}1, \quad s_2 = -1 - \mathrm{j}1$$

于是

$$F(s) = \frac{s+3}{(s+1-\mathrm{j}1)(s+1+\mathrm{j}1)} = \frac{C_1}{s+1-\mathrm{j}1} + \frac{C_2}{s+1+\mathrm{j}1}$$

应用式(16)得

$$C_1 = \frac{s+3}{(s+1-\mathrm{j}1)(s+1+\mathrm{j}1)} \cdot (s+1+\mathrm{j}1)\Big|_{s=-1+\mathrm{j}1} = \frac{2+\mathrm{j}}{2\mathrm{j}}$$

$$C_2 = \frac{s+3}{(s+1-\mathrm{j}1)(s+1+\mathrm{j}1)} \cdot (s+1+\mathrm{j}1)\Big|_{s=-1-\mathrm{j}1} = \frac{2-\mathrm{j}}{2\mathrm{j}}$$

故原函数为

$$\begin{aligned} f(t) &= \frac{2+\mathrm{j}}{2\mathrm{j}}\mathrm{e}^{(-1+\mathrm{j})t} - \frac{2-\mathrm{j}}{2\mathrm{j}}\mathrm{e}^{(-1-\mathrm{j})t} = \frac{1}{2\mathrm{j}}\mathrm{e}^{-t}[(2+\mathrm{j})\mathrm{e}^{\mathrm{j}t} - (2-\mathrm{j})\mathrm{e}^{-\mathrm{j}t}] \\ &= \frac{1}{2\mathrm{j}}\mathrm{e}^{-t}[2\cos t + 4\sin t]\mathrm{j} \\ &= \mathrm{e}^{-t}(\cos t + 2\sin t) \end{aligned}$$

本例对 $F(s)$进行配方，再用迟延定理：

$$F(s) = \frac{s+3}{s^2+2s+2} = \frac{s+1+2}{(s+1)^2+1} = \frac{s+1}{(s+1)^2+1} + 2\frac{1}{(s+1)^2+1}$$

将上式与 $\cos \omega t$、$\sin \omega t$ 的拉氏变换式相比较，相当于复域向左移 1，所以

$$\begin{aligned} f(t) &= \mathscr{L}^{-1}[F(s)] = \cos\omega t \cdot \mathrm{e}^{-t} + 2\sin\omega t\,\mathrm{e}^{-t} \\ &= \mathrm{e}^{-t}(\cos t + 2\sin t) \end{aligned}$$

式中，$\omega=1$。

2. $N(s)=0$ 有重根

设 s_1 为 m 阶重根，s_{m+1}，s_{m+2}，…，s_n 为单根，则 $F(s)$可展成如下部分分式之和，即

$$F(s) = \frac{C_m}{(s-s_1)^m} + \frac{C_{m-1}}{(s-s_1)^{m-1}} + \cdots + \frac{C_1}{s-s_1} + \frac{C_{m+1}}{s-s_{m+1}} + \cdots + \frac{C_n}{s-s_n} \tag{18}$$

上式中，C_{m+1}，C_{m+2}，…，C_n 为单根部分分式待定常数，可按照式(16)计算，而重根待定系数 C_1，C_2，…，C_m 则按下式计算

$$\begin{aligned} C_m &= [F(s) \cdot (s-s_1)^m]\big|_{s=s_1} \\ C_{m-1} &= \frac{\mathrm{d}}{\mathrm{d}s}[F(s) \cdot (s-s_1)^m]\big|_{s=s_1} \\ &\vdots \\ C_1 &= \frac{1}{(m-1)!}\frac{\mathrm{d}^{(m-1)}}{\mathrm{d}s^{(m-1)}}[F(s) \cdot (s-s_1)^m]\big|_{s=s_1} \end{aligned} \tag{19}$$

将待定常数确定后代入 $F(s)$，取拉氏反变换，可求得 $f(t)$，即

$$\begin{aligned} f(t) &= \mathscr{L}^{-1}[F(s)] \\ &= \mathscr{L}^{-1}\left[\frac{C_m}{(s-s_1)^m} + \frac{C_{m-1}}{(s-s_1)^{m-1}} + \cdots + \frac{C_1}{s-s_1} + \frac{C_{m-1}}{s-s_{m+1}} + \cdots + \frac{C_m}{s-s_n}\right] \\ &= [C_m t^{m-1} + C_{m-1}t^{m-2} + \cdots + C_1]\mathrm{e}^{s_1 t} + \sum_{i=m+1}^{n} C_i \mathrm{e}^{s_i t} \end{aligned} \tag{20}$$

例 4　求 $F(s)$的原函数

$$F(s)=\frac{s+2}{s(s+1)^2(s+3)}$$

解　将 $F(s)$表示为

$$F(s)=\frac{C_2}{(s+1)^2}+\frac{C_1}{s+1}+\frac{C_3}{s}+\frac{C_4}{s+3}$$

根据式(19)可求得

$$C_2=\left[\frac{s+2}{s(s+1)^2\times(s+3)}\cdot(s+1)^2\right]_{s=-1}=-\frac{1}{2}$$

$$C_1=\frac{\mathrm{d}}{\mathrm{d}s}\left[\frac{s+2}{s(s+1)^2\times(s+3)}\cdot(s+1)^2\right]_{s=-1}=-\frac{3}{4}$$

$$C_3=\left[\frac{s+2}{s(s+1)^2(s+3)}\cdot s\right]_{s=0}=\frac{2}{3}$$

$$C_4=\left[\frac{s+2}{s(s+1)^2(s+3)}\cdot(s+3)\right]_{s=-3}=\frac{1}{12}$$

将各常数代入部分分式中，有

$$F(s)=-\frac{1}{2}\frac{1}{(s+1)^2}-\frac{3}{4}\cdot\frac{1}{(s+1)}+\frac{2}{3}\cdot\frac{1}{s}+\frac{1}{12}\cdot\frac{1}{(s+3)}$$

对照拉氏变换表，可求得

$$\begin{aligned}f(t)&=-\frac{1}{2}t\mathrm{e}^{-t}-\frac{1}{4}\mathrm{e}^{-t}+\frac{2}{3}+\frac{1}{12}\mathrm{e}^{-3t}\\&=\frac{2}{3}-\left(\frac{1}{2}t+\frac{1}{4}\right)\mathrm{e}^{-t}+\frac{1}{12}\mathrm{e}^{-3t}\end{aligned}$$

五、用拉氏变换求解微分方程

拉氏变换求解微分方程的步骤：

(1) 将微分方程进行拉氏变换，得到以 s 为变量的代数方程，又称变换方程。方程中的初始值应取系统 $t=0^-$ 时的对应值。

(2) 解变换方程，求输出变量的象函数表达式。

(3) 将输出象函数表达式展开成部分分式。

(4) 求待定常数，对部分分式进行拉氏反变换，即得微分方程的全解。

下面举例说明。

例 5　已知系统微分方程

$$\frac{\mathrm{d}^2x_c}{\mathrm{d}t^2}+2\frac{\mathrm{d}x_c}{\mathrm{d}t}+2x_c=x_r$$

式中：x_c 为系统的输出变量；x_r 为系统的输入变量。并设 $x_r=\delta(t)$，$x_c(0)=\dot{x}_c(0)=0$，求系统的输出 $x_c(t)$。

解　对微分方程进行拉氏变换，并代入初始条件，得

$$s^2X_c(s)+2sX_c(s)+2X_c(s)=1$$

则输出的拉氏变换式

$$X_c(s) = \frac{1}{s^2+2s+2}$$

将上式展开成部分分式，有

$$X_c(s) = \frac{C_1}{(s+1+\mathrm{j})} + \frac{C_2}{(s+1-\mathrm{j})}$$

并求得

$$C_1 = -\frac{1}{2\mathrm{j}}$$

$$C_2 = \frac{1}{2\mathrm{j}}$$

所以

$$X_c(s) = \frac{-1}{2\mathrm{j}}\frac{1}{(s+1+\mathrm{j})} + \frac{1}{2\mathrm{j}}\frac{1}{(s+1-\mathrm{j})}$$

进行拉氏反变换，得

$$x_c(t) = -\frac{1}{2\mathrm{j}}\mathrm{e}^{(-1-\mathrm{j})t} + \frac{1}{2\mathrm{j}}\mathrm{e}^{(-1+\mathrm{j})t}$$

运用欧拉公式化简上式，得

$$x_c(t) = \mathrm{e}^{-t}\sin t$$

例 6　设 RC 网络如图 2-18 所示，在开关 S 闭合之前，电容 C 上有初始电压 $u_C(0)$。试求将开关瞬时闭合后，电容的端电压 $u_C(t)$。

解　开关 S 瞬时闭合，相当于网络有阶跃电压 $u_0\cdot 1(t)$输入，故网络的微分方程为

$$RC\frac{\mathrm{d}u_C(t)}{\mathrm{d}t} + u_C(t) = u_0\cdot 1(t)$$

两端进行拉氏变换，得变换方程

$$RCsU_C(s) - RCU_C(0) + u_C(s) = \frac{1}{s}u_0$$

由上式求出输出量的拉氏变换表达式：

$$U_C(s) = \frac{u_0}{s(RCS+1)} + \frac{RC}{RCS+1}u_C(0) \tag{21}$$

将 $\ddot{U}_C(s)$展开成部分分式，有

$$U_C(s) = \frac{u_0}{s} - \frac{1}{s+\frac{1}{RC}}u_0 + \frac{1}{s+\frac{1}{RC}}u_C(0) \tag{22}$$

对上式进行拉氏反变换，则

$$u_C(t) = u_0 - u_0\mathrm{e}^{-\frac{1}{RC}t} + u_C(0)\mathrm{e}^{-\frac{1}{RC}t} \tag{23}$$

从式(23)右端来看，第一项的基本特点取决于外加的输入作用 $u_0\cdot 1(t)$，对应着$u_C(t)$的稳态分量，也称强迫解；第二项基本规律取决于网络的结构参数，$-1/RC$ 是该网络微分方程的特征根，$-u_0\mathrm{e}^{-\frac{1}{RC}t}$常称 $u_C(t)$的伴随过渡分量，其衰减快慢完全由 RC 决定；第三项除与 RC 有关外，还与初始条件 $u_C(0)$密切相关。

考试样题及答案 A

自动控制原理试题

第一部分 选择题(共 30 分)

一、单项选择题(本大题共 16 小题，每小题 1 分，共 16 分)

在每小题列出的 4 个备选项中只有 1 个是符合题意要求的，请将其选出并将“答题卡”的相应代码涂黑。未涂、错涂或多涂均无分。

1. 单位阶跃响应的幅值随时间收敛的控制系统是(　　)。

A. 开环系统　　B. 闭环系统

C. 稳定系统　　D. 不稳定系统

2. 对控制系统性能基本要求的第一要求是(　　)。

A. 精度高　　B. 稳定性好

C. 响应速度快　　D. 便于控制

3. 单位正反馈系统的开环传递函数为 $G(s)=\frac{1}{s}$，其闭环传递函数为(　　)。

A. $\frac{1}{s}$　　B. $\frac{1}{s-1}$

C. $\frac{1}{s+1}$　　D. $s+1$

4. 反映系统精度的指标是(　　)。

A. τ_r　　B. $\sigma_p\%$

C. t_p　　D. e_{ss}

5. 二阶系统的闭环传递函数为 $\Phi(s)=\frac{10}{(s+4)^2}$，该系统所处的状态是(　　)。

A. 无阻尼　　B. 临界阻尼

C. 过阻尼　　D. 欠阻尼

6. 闭环稳定系统的闭环特征根在 s 平面内的位置是(　　)。

A. 均在左边　　B. 均在右边

C. 在右边或虚轴上　　D. 在左边或虚轴上

7. 系统开环传递函数为 $G(s)H(s)=\frac{K(s+1)}{s^2(s+3)}$，则实轴上的根轨迹段是(　　)。

A. $0\sim+\infty$　　B. $0\sim-1$

C. $-1\sim-3$　　D. $-3\sim-\infty$

8. 传递函数的概念适用于(　　)。

A. 线性系统　　B. 非线性系统

C. 离散系统　　D. 采样系统

9. 系统的开环传递函数为 $G(s)=\dfrac{12}{s(s+6)}$，其单位速度响应的稳态误差 $e_{ss}=$(　　)。

A. ∞　　B. 0.5

C. 2　　D. 0

10. 系统的开环对数幅频特性如图所示，该系统的型号是(　　)。

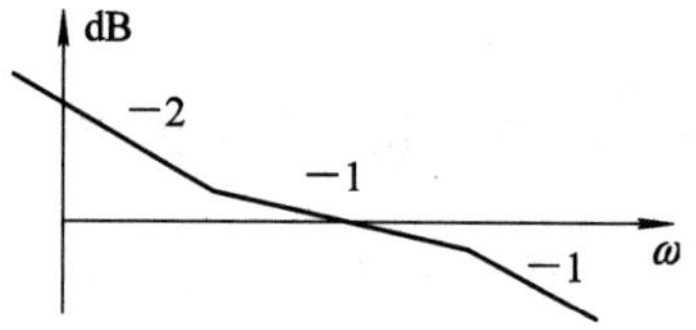

A. Ⅰ型系统　　B. 0 型系统

C. Ⅱ型系统　　D. Ⅲ型系统

11. 单位负反馈系统的开环传递函数为 $\dfrac{K}{(s+1)}$，则其相角裕度 $\gamma=$(　　)。

A. $180°-\arctan\omega_c$　　B. $90°-\arctan\omega_c$

C. $180°-\arctan\omega_n$　　D. $90°-\arctan\omega_n$

12. 相位超前校正装置的 $G_c(s)=\dfrac{1+\alpha TS}{1+TS}$，$\alpha>1$，其最大超前相角 $\varphi_m=$(　　)。

A. $\arcsin\dfrac{1-\alpha}{1+\alpha}$　　B. $\arcsin\dfrac{\alpha+1}{\alpha-1}$

C. $\arcsin\dfrac{\alpha-1}{\alpha+1}$　　D. $\arcsin\dfrac{1+\alpha}{1-\alpha}$

13. 非线性系统中，呈现极限环的情况是 $G(j\omega)$ 相交于(　　)。

A. $-\dfrac{1}{N(A)}$　　B. $-N(A)$

C. $\dfrac{1}{N(A)}$　　D. $N(A)$

14. 图所示系统的校正方式属于(　　)。

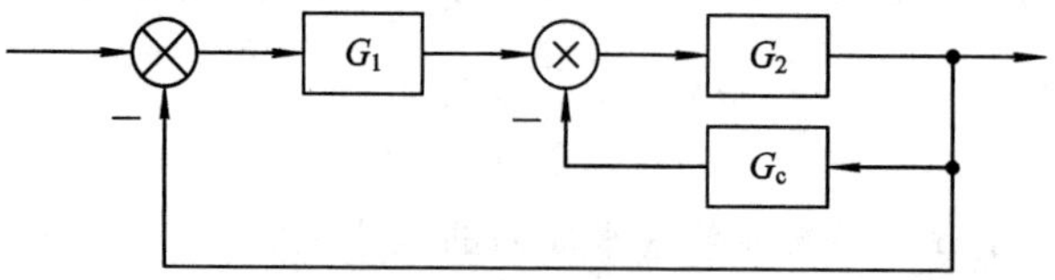

A. 前置校正　　B. 并联校正

C. 串联校正　　D. 反馈校正

15. 零型采样控制系统，在单位阶跃信号作用下，其稳态误差是(　　)。

A. $\frac{1}{1+K_p}$　　B. 0

C. ∞　　D. $\frac{T}{K_v}$

16. 零阶保持器两相邻采样点之间的输出是(　　)。

A. 正弦变化　　B. 常值

C. 线性减小　　D. 线性增加

二、双项选择题(本大题共 7 小题，每小题 2 分，共 14 分)

在每小题列出的 5 个备选项中有 2 个是符合题意要求的，请将其选出并将“答题卡”的相应代码涂黑。未涂、错涂或多涂均无分。

17. 当 $\omega=0\rightarrow+\infty$ 变化时，下面说法正确的是(　　)。

A. 惯性环节的相角 $\varphi=0\rightarrow-90°$　　B. 一阶微分环节的相角恒为 $+90°$

C. 振荡环节的相角 $\varphi=0\rightarrow180°$　　D. 二阶微分环节的相角 $\varphi=0\rightarrow-180°$

E. 积分环节的相角恒为 $-90°$

18. 系统开环传递函数为 $G(s)=\frac{K(s+2)}{s^2(s+3)(s+7)}$，则实轴上的根轨迹段是(　　)。

A. $0\sim+\infty$　　B. $0\sim-2$　　C. $-2\sim-3$

D. $-3\sim-7$　　E. $-7\sim-\infty$

19. 系统开环传递函数为 $\Phi(s)\frac{21}{s^2+4s+16}$，其中包含有(　　)。

A. 微分环节　　B. 振荡环节 C. 比例环节

D. 惯性环节　　E. 积分环节

20. 系统的开环频率性能指标有(　　)。

A. ω_b　　B. ω_cC. $M(0)$

D. ω_n　　E. h

21. 在小的扰动作用下，不稳定的极限环具有如下特点(　　)。

A. 离开此环到相邻的环上

B. 或发散到无穷远或收敛于中心点

C. 回到该极限环上

D. 有可能发散到无穷远也可能回到该极限环上

E. 有可能收敛于中心点也有可能回到该极限环上

22. 系统开环传递函数为 $G(s)H(s)=\frac{2}{(0.3s+1)(0.9s+1)}$，该系统称为(　　)。

A. 0 型系统　　B. Ⅱ型系统 C. 有差系统

D. 一阶有差系统　　E. 二阶有差系统

23. 线性控制系统中常用的数学模型有(　　)。

A. 代数方程　　B. 微分方程 C. 代数函数

D. 传递函数　　E. 脉冲传递函数

第二部分　非选择题(共 70 分)

三、填空题(本大题共 10 小题，每小题 1 分，共 10 分)

24. 控制系统的控制方式主要有：开环控制、__________和复合控制。

25. 传递函数是在零初始条件下，系统输出量的拉氏变换与__________之比。

26. 一阶微分环节的运动方程为__________。

27. 系统的开环传递函数为 $G(s)H(s)=\dfrac{8}{(6s+1)(0.2s+1)}$，则系统的单位阶跃响应的稳态误差 $e_{ss}=$ __________。

28. 根轨迹在 s 平面中的分布，对称于__________。

29. 系统的开环幅相特性曲线的起点取决于__________。

30. 系统开环对数幅频特性等于各环节的__________。

31. 校正的目的就是改善原有系统的特性，使系统满足各项__________要求。

32. 若在非线性元件的输入端作用一正弦信号，则输出信号的__________与输入信号的复数比称为该非线性元件的描述函数。

33. 类似与连续控制系统，采样控制系统的性能分析也包括三个方面即稳定性，准确性和__________。

四、简答题(本大题共 2 小题，每小题 5 分，共 10 分)

34. 自动控制系统按给定输入信号的性质分为哪三类？按组成系统的数学模型分为哪两类？

35. 简述采样控制系统稳定，临界稳定和不稳定的条件。

五、计算题(本大题共 5 小题，每小题 10 分，共 50 分)

36. 系统结构图如图所示。

要求：(1) 变换化简结构图；(2) 求出传递函数$\dfrac{C(s)}{R(s)}$。

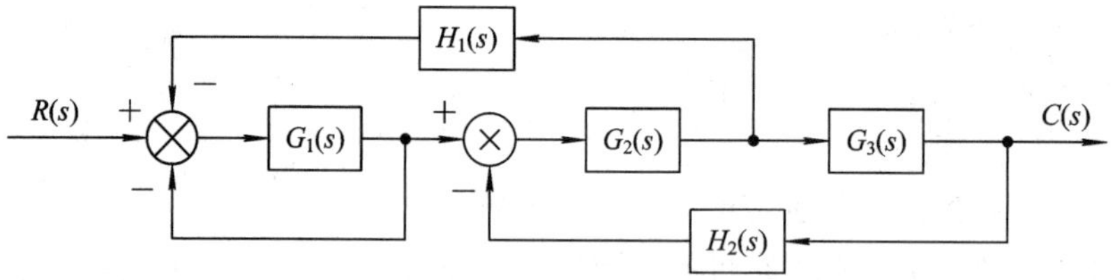

37. 设单位负反馈系统的开环传递函数为 $G(s)=\dfrac{64}{s(s+9.6)}$，试求：

(1) 系统的闭环传递函数；

(2) 系统的阻尼比 ζ 和自然谐振频率 ω_n；

(3) 系统的峰值时间；

(4) 系统输入单位斜坡信号时的稳态误差。

38. 单位负反馈系统的闭环特征方程为 $s^3+4s^2+3s+K=0$，试求：

(1) 系统的开环传递函数；

(2) 根轨迹在实轴上的分布；

(3) 计算根轨迹的渐近线、分离点与虚轴的交点；

(4) 绘制根轨迹。

39. 已知单位负反馈最小相位系统的开环对数幅频特性如图所示。要求：

(1) 写出开环传递函数 $G(s)$；

(2) 写出开环频率特性 $G(j\omega)$；

(3) 计算相位裕度 γ。

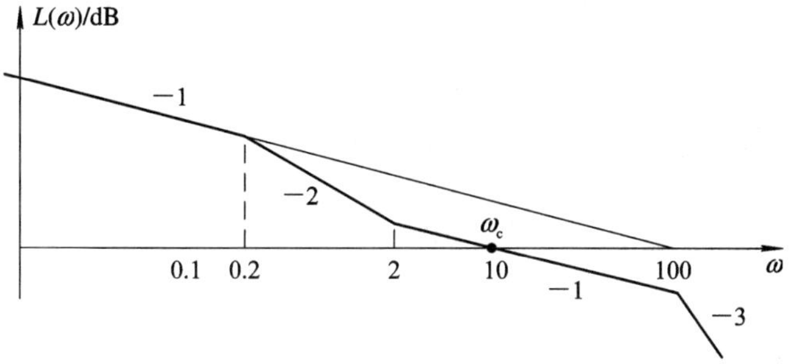

40. 设非线性控制系统如图所示，已知 $G(s)=\dfrac{3}{s(s+1)(s+10)}$，$N(A)=\dfrac{4}{\pi A}$。要求：

(1) 画出 $-\dfrac{1}{N(A)}$ 的轨迹和 $G(j\omega)$ 的奈奎斯特图，判断系统的稳定性；

(2) 是否存在极限环？若存在，计算自振频率和振幅；若不存在，说明理由。

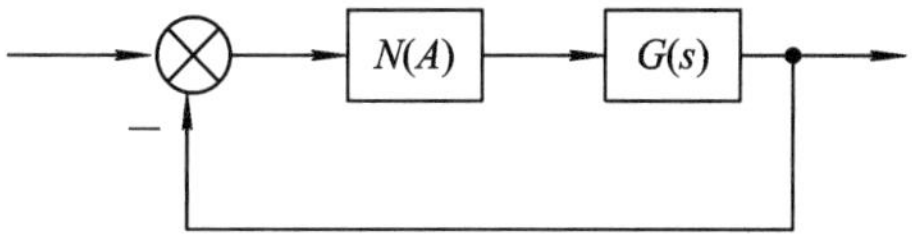

试题参考答案

一、单项选择题

1. C　2. B　3. B　4. D　5. B　6. A　7. C　8. A　9. B

10. C　11. A　12. C　13. A　14. D　15. A　16. B

二、双项选择题

17. AE　18. CE　19. BC　20. BE　21. AB　22. AC　23. BD

三、填空题

24. 闭环控制　25. 输入量的拉氏变换　26. $\tau\dfrac{dr(t)}{dt}+r(t)=c(t)$

27. $\dfrac{1}{9}$(或 0.11)　28. 实轴

29. 积分环节的个数(或：系统的型号)　30. 对数幅频特性之和

31. 指标(或：性能指标、技术指标)　　32. 基波分量(或：一次谐波)　　33. 快速性

四、简答题

34. 自动控制系统按给定输入值分为恒值控制系统，随动系统，程序控制系统。
按组成系统的主要元件的数学模型分为线性控制系统和非线性控制系统。

35. (1) 稳定的充要条件：系统的特征根均位于 z 平面的单位圆内。
(2) 若系统特征根位于单位圆上，其余特征根位于单位圆内，是临界稳定。
(3) 若系统特征根只要有一个位于单位圆外，系统不稳定。

五、计算题

36. (1) 有过程，用框图变换法或信号流图法求解，均可；
(2) $\dfrac{C(s)}{R(s)}=\dfrac{G_1(s)G_2(s)G_3(s)}{1+G_1(s)+G_2(s)G_3(s)H_2(s)+G_1(s)G_2(s)G_3(s)H_2(s)+G_1(s)G_2(s)H_1(s)}$。

37. (1) 系统的闭环传递函数 $\Phi(s)=\dfrac{G(s)}{1+G(s)}=\dfrac{64}{s^2+9.6s+64}$；
(2) 系统的阻尼比 $\zeta=0.6$，自然谐振频率 $\omega_n=8$；
(3) 系统的峰值时间 $t_p=\dfrac{\pi}{\omega_n\sqrt{1-\zeta^2}}=0.49s$；
(4) 系统单位斜坡信号响应的稳态误差 $e_{ss}=\dfrac{1}{K_v}=0.15$。

38. (1) 开环传递函数：$G(s)=\dfrac{k}{s(s+1)(s+3)}$；
(2) 根轨迹在实轴上的分布：$0\to-1$，$-3\to-\infty-1$；
(3) 渐近线 $\varphi_a=\pm60°$，$180°$，$\sigma_a=-\dfrac{4}{3}$；
分离点 $s_1=-2.2$、$s_2=-0.47$，取 $s=-0.47$；
虚轴交点 $\omega=\sqrt{3}$，$k=12$，$\pm j\sqrt{3}$；
(4) 绘制根轨迹图。

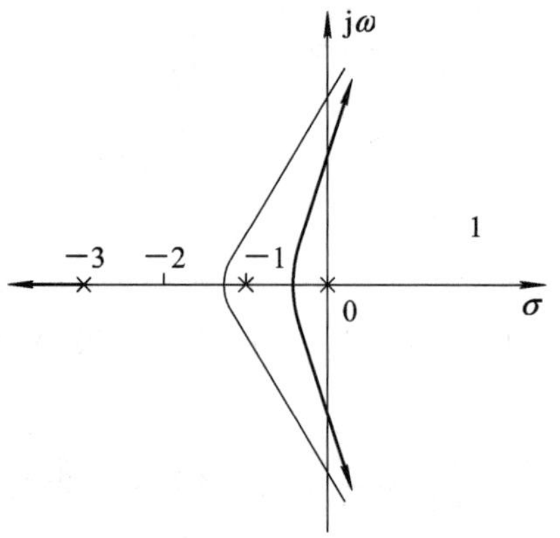

39. (1) 开环传递函数 $G(s)=\dfrac{100(0.5s+1)}{s(5s+1)(0.01s+1)}$；

(2) 开环频率特性 $G(s)=\dfrac{100(0.5j\omega+1)}{j\omega(5j\omega+1)(0.01j\omega+1)}$；

(3) 相位裕度：$\gamma=180^0+\varphi(\omega_c)=180°-111.6°=68.4°$。

40. (1) $-\dfrac{1}{N(A)}$的轨迹：$A=0$，$-\dfrac{1}{N(A)}=0$；

$$A=\infty,\ -\frac{1}{N(A)}=-\infty;$$

$G(j\omega)$的奈奎斯特图：起点，$-90°$，∞；

终点，$-270°$，0；

交点：$\omega_g=\sqrt{10}$，$G(j\omega)=-0.027$；

系统不稳定。

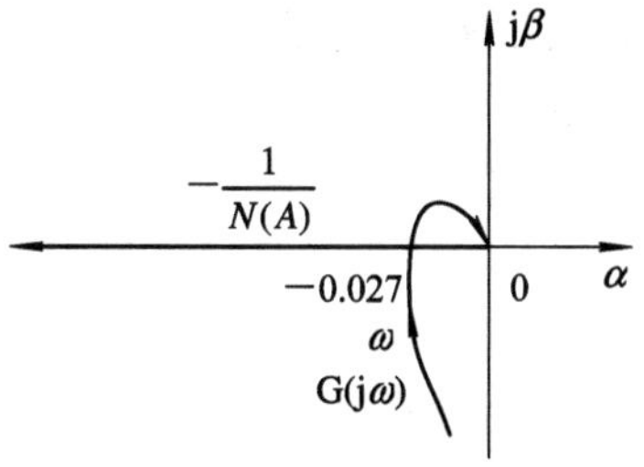

(2) 存在极限环。极限环的频率：$\omega=\omega_g=\sqrt{10}$ rad/s；

极限环的振幅 A：$-\dfrac{1}{N(A)}=-\dfrac{\pi A}{4}=G(j\omega_g)=-0.027$，$A=0.035$。

考试样题及答案 B

自动控制原理试题

第一部分 选择题(共 30 分)

一、单项选择题(本大题共 20 小题，每小题 1 分，共 20 分)

在每小题列出的 4 个备选项中只有 1 个是符合题目要求的，请将其选出并将“答题卡”的相应代码涂黑。未涂、错涂或多涂均无分。

1. 含有一个以上非线性元件的系统是(　　)。

A. 开环系统　　B. 闭环系统

C. 线性系统　　D. 非线性系统

2. 系统的单位阶跃响应为 $c(t)=1-e^{-t}$，其拉氏表达式为(　　)。

A. $\frac{1}{s}$　　B. $\frac{1}{s+1}$

C. $\frac{1}{s(s+1)}$　　D. $\frac{1}{s^2(s+1)}$

3. 单位斜坡信号的拉氏表达式为(　　)。

A. 1　　B. $\frac{1}{s}$

C. $\frac{1}{s^2}$　　D. $\frac{1}{s^3}$

4. 系统中的惯性元件主要影响系统的(　　)。

A. 稳定性　　B. 响应速度

C. 稳态误差　　D. 灵敏度

5. 系统稳定时的充要条件是劳斯行列式第一列元素的符号应为(　　)。

A. 均为正　　B. 有正有负

C. 一个为 0 其他为正　　D. 一个为 0 其他为负

6. 系统处于无阻尼状态时的特征根为(　　)。

A. 实数根　　B. 共轭复根

C. 共轭虚根　　D. 不相等的实数根

7. 系统的开环传递函数为 $G(s)H(s)=\frac{4}{s+10}$，位置误差系数为(　　)。

A. 0.4　　B. 4

C. 0　　D. ∞

8. 系统的开环传递函数为 $G(s)H(s)=\dfrac{k(s+b)}{s^2(s+a)}$，为使根轨迹均位于 s 平面左半部分，必须是(　　)。

A. $a>0$，$b>0$，$a>b$　　B. $a>0$，$b>0$，$a<b$

C. $a>0$，$b<0$，$a>b$　　D. $a<0$，$b<0$，$a<b$

9. 系统的开环传递函数为 $G(s)H(s)=\dfrac{10}{s(s+5)}$，单位阶跃信号响应的稳态误差 $e_{ss}=$(　　)。

A 10　　B. 2

C. 0　　D. ∞

10. 系统根轨迹在 s 平面中的分布(　　)。

A. 对称于实轴　　B. 对称于虚轴

C. 对称于原点　　D. 对称于渐近线

11. 系统的开环对数幅频特性如图示，与它对应的传递函数是(　　)。

A. $\dfrac{1}{0.1s+1}$　　B. $\dfrac{1}{10s+1}$

C. $10s+1$　　D. $0.1s+1$

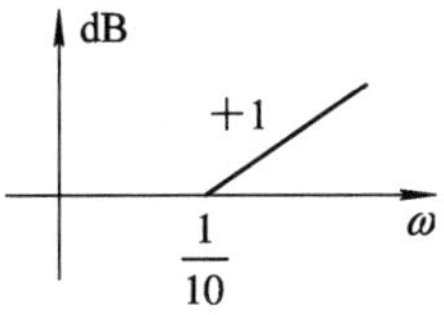

12. 系统的开环传递函数为 $G(s)H(s)=\dfrac{1}{T^2s^2+2\zeta Ts+1}$，当 $\omega=0\to\infty$ 变化时，其相频特性 $\varphi(\omega)$ 为(　　)。

A. $-90^\circ\to-180^\circ$　　B. $0\to-90^\circ$

C. $0^\circ\to-180^\circ$　　D. $-180^\circ\to-90^\circ$

13. 系统的开环对数频率特性波德图，当 $\omega\to\infty$ 时，$\varphi(\omega)$ 为(　　)。

A. $-(n-m)180^\circ$　　B. $+(n-m)90^\circ$

C. $-\nu\times90^\circ$　　D. $-(n-m)90^\circ$

14. 已知 $G_c(s)=\dfrac{s+1}{3s+1}$，其产生的最大滞后相角 φ_m 为(　　)。

A. $\arcsin\dfrac{1-3}{1+3}$　　B. $\arcsin\dfrac{1+3}{1-3}$

C. $\arctan3\omega-\arctan\omega$　　D. $\arctan\omega-\arctan3\omega$

15. 图示的校正网络，属于(　　)。

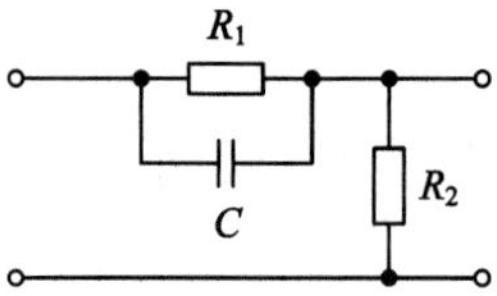

A. 相位超前校正　　B. 超前一滞后校正

C. 相位滞后校正　　D. 滞后一超前校正

16. 在非线性元件输入端输入正弦信号，则输出信号为(　　)。

A. 周期信号　　B. 正弦信号

C. 余弦信号　　D. 直流信号

17. 确定极限环振幅大小的原则是$-\frac{1}{N(A)}$与$G(\mathrm{j}\omega)$交点处的(　　)。

A. $G(\mathrm{j}\omega)$对应的振幅　　B. $G(\mathrm{j}\omega)$对应的频率

C. $-\frac{1}{N(A)}$对应的振幅　　D. $-\frac{1}{N(A)}$对应的频率

18. 零型采样控制系统，在单位阶跃信号作用下，其稳态误差是(　　)。

A. $\frac{1}{1+K_p}$　　B. 0

C. ∞　　D. $\frac{T}{K_v}$

19. 若连续函数$x(t)$的 Z 变换为$X(z)$，则$x(t-kT)$的 Z 变换为(　　)。

A. $z^kX(z)$　　B. $X(z)-z^{-k}$

C. $\frac{X(z)}{z^{-k}}$　　D. $z^{-k}X(z)$

20. 设$r(t)=1(t)$，则$R(z)$为(　　)。

A. 1　　B. $\frac{z}{z-1}$

C. $\frac{Tz}{(z-1)^2}$　　D. z^{-k}

二、双项选择题(本大题共 5 小题，每小题 1 分，共 5 分)

在每小题列出的 5 个备选项中有 2 个是符合题目要求的，请将其选出并将“答题卡”的相应代码涂黑。未涂、错涂或多涂均无分。

21. 系统的开环传递函数为$G(s)H(s)=\frac{12}{s^2(s+5)}$，该系统称为(　　)。

A. 二型系统　　B. 有差系统　　C. 0 型系统

D. 三阶无差系统　　E. 二阶无差系统

22. 系统的开环传递函数为$G(s)H(s)=\frac{k(s+2)}{s^2(s+3)(s+7)}$，则实轴上的根轨迹段为(　　)。

A. $0\to-\infty$　　B. $0\to-2$　　C. $-2\to-3$

D $-3\to-7$　　E. $-7\to-\infty$

23. 给开环传递函数增加一个极点，其根轨迹(　　)。

A. 在实轴上的分布不变　　B. 分支数不变　　C. 渐近线的条数增加

D. 向左移动　　E. 向右移动

24. 最常见的校正方式有(　　)。

A. 串联校正　　B. 开环校正　　C. 反馈校正

D. 闭环校正　　E. 补偿校正

25. 要求一个开环无右根的系统闭环稳定，必须是(　　)。

A. $\gamma>1^\circ$　　B. $h>1$ dB　　C. $h<0$ dB

D. $h>0$ dB　　E. $\gamma>0^\circ$

三、多项选择题(本大题共 5 小题，每小题 1 分，共 5 分)

在每小题列出的 5 个备选项中有 3～5 个是符合题目要求的，请将其选出并将“答题卡”的相应代码涂黑。未涂、错涂或多涂均无分。

26. 不稳定系统的闭环特征根，在 s 平面中的位置是(　　)。

A. 所有根在右侧　　B. 所有根在左侧　　C. 左右侧都有根

D. 一个根在右侧，其他根在虚轴上　　E. 两个根在虚轴上，其他根在右侧

27. 系统的开环传递函数为 $G(s)H(s)=\dfrac{5}{(0.3s+1)(0.8s+1)}$，该系统称为(　　)。

A. 0 型系统　　B. 二型系统　　C. 有差系统

D. 二阶系统　　E. 二阶无差系统

28. 建立系统数学模型的基本步骤是(　　)。

A. 由工作原理定出输入量和输出量

B. 由动态特性定律列出各元素的运动方程

C. 消除中间变量　　D. 解运动方程　　E. 标准化

29. 对系统性能指标的基本要求是(　　)。

A. 结构简单　　B. 成本低　　C. 稳定性好

D. 响应速度快　　E. 稳态误差小

30. 关于非线性控制系统具有如下特性(　　)。

A. 可采用叠加原理分析

B. 其输出与输入关系可用非线性微分方程描述

C. 其稳定性与本身的结构和参数有关，还和输入信号的性质有关

D. 其稳定性与初始条件有关

E. 非线性环节和线性环节可互换

第二部分　非选择题(共 70 分)

四、填空题(本大题共 10 小题，每小题 1 分，共 10 分)

31. 输出量的幅值随时间收敛的系统称为________________系统。

32. 振荡环节的传递函数 $G(s)=$________________。

33. 输入信号 $r(t)=\delta(t)$ 的拉氏表达式为________________。

34. 开环控制系统的____________________对控制作用不产生影响。

35. 单位负反馈系统的开环传递函数为 $G(s)=\dfrac{k}{s(0.5s+1)}$，系统根轨迹的分离点等于________________。

36. 串联超前相位校正网络的传递函数为 $\dfrac{10s+1}{s+1}$，则产生最大相角时的频率 $\omega_m=$________________。

37. 非线性系统的输出与输入关系，要用非线性微分方程来描述，但不适合用________________来分析。

38. 用闭环频率特性设计系统时，常用 $M(0)$、M_r、ω_r 和________________做技术指标。

39. 系统的开环对数幅频特性 $L(\omega)=$________________。

40. 零阶保持器的引入，会使系统的稳定性变________________。

五、简答题(本大题共 2 小题，每小题 3 分，共 6 分)

41. 何谓系统的传递函数?

42. 采样系统的优点都有哪些?

六、计算题(本大题共 6 小题，第 43、44 小题 7 分，第 45、46、47、48 小题 10 分，共 54 分)

43. 计算如图示有源网络的传递函数 $\dfrac{U_c(s)}{U_r(s)}$。

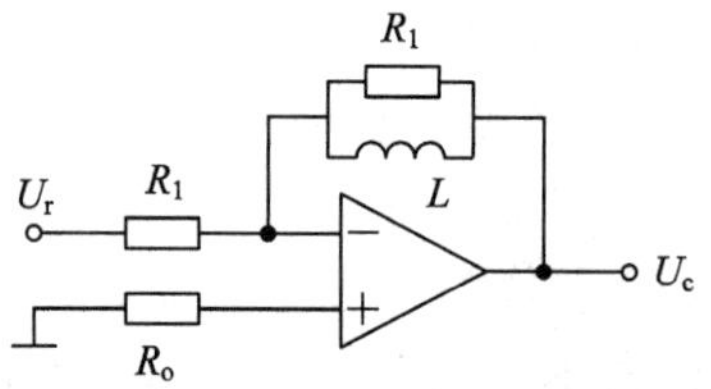

44. 控制系统如图示，试求证其闭环传递函数为 $\Phi(s)=\dfrac{C(s)}{R(s)}=\dfrac{G(s)}{1+G(s)H(s)}$。

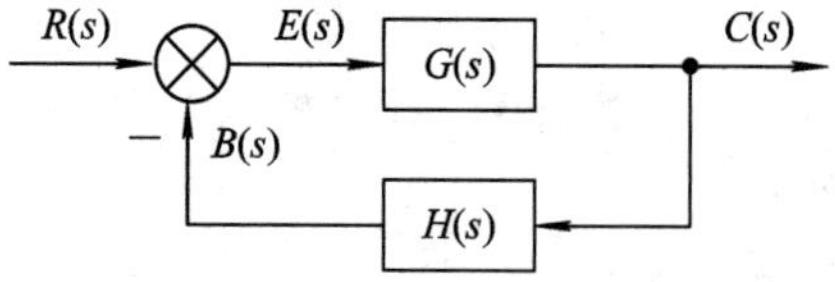

45. 设单位负反馈二阶系统在输入单位阶跃信号时，$\sigma\%=20$，$t_s=3$ s($\Delta=0.05$)。要求：

(1) 计算闭环系统的阻尼比 ζ、自然谐振频率 ω_n；

(2) 计算系统的开环传递函数；

(3) 计算系统的上升时间；

(4) 计算系统单位斜坡信号响应的稳态误差。

46. 单位负反馈系统的开环传递函数为 $G(s)=\dfrac{K}{s(s^2+2s+5)}$。

(1) 写出根轨迹在实轴上的分布；

(2) 计算根轨迹渐近线的参数；

(3) 计算根轨迹与虚轴的交点；

(4) 绘制根轨迹图。

47. 已知单位负反馈系统的开环对数幅频特性如图所示。

(1) 写出开环传递函数 $G(S)$；

(2) 写出开环频率特性 $G(\mathrm{j}\omega)$；

(3) 计算相位裕度 γ。

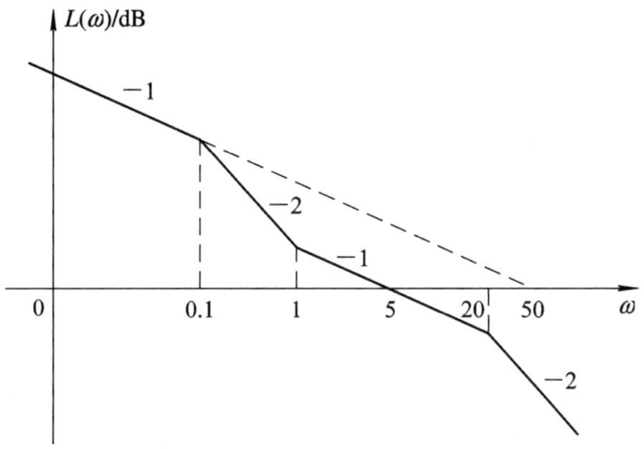

48. 非线性系统如图示，设 $G(s)=\dfrac{8}{s(s+1)(s+2)}$，　$N(A)=\dfrac{1}{\pi A+1}$。

(1) 画出 $-\dfrac{1}{N(A)}$ 的轨迹和 $G(\mathrm{j}\omega)$ 的奈奎斯特图，判断系统的稳定性；

(2) 是否存在极限环？若存在，计算自振频率和振幅。

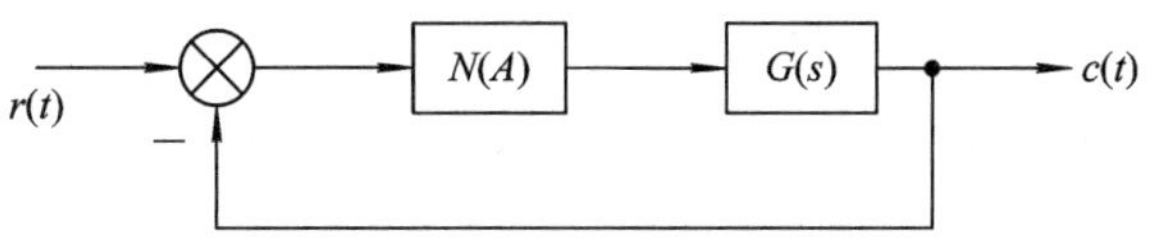

试题参考答案

一、单项选择题

1. D　2. C　3. C　4. B　5. A　6. C　7. A　8. A　9. C
10. A　11. C　12. C　13. D　14. A　15. A　16. A　17. C
18. A　19. D　20. B

二、双项选择题

21. A E　22. D E　23. C E　24. B C　25. C D

三、多项选择题

26. A C D E　27. A C D　28. A B C E　29. C D E　30. B C D

四、填空题

31. 稳定　32. $\dfrac{1}{T^2s^2+2\zeta Ts+1}$　33. 1

34. 输出　35. -1　36. $\dfrac{1}{\sqrt{10}}$　37. 叠加原理

38. 带宽 ω_b　39. $20\lg|G(j\omega)|$ 或 $20\lg|A(j\omega)|$　40. 差

五、简答题

41. 线性定常系统，初始条件为 0 时，输出量的拉氏变换与输入量的拉氏变换之比。
42. 精度高；灵敏度好；拟制噪声能力强；控制灵活；设备利用率高。

六、计算题

43. 用列方程法求解或用复阻抗法求解均可。

$$\frac{U_c(s)}{U_r(s)}=-\frac{Ls}{Ls+R_1}$$

44. $G(s)E(s)=C(s)$　(1)

$E(s)=R(s)-B(s)=R(s)-H(s)C(s)$　(2)

将式(1)代入式(2)消去中间变量 $E(s)$，得 $\Phi(s)=\dfrac{C(s)}{R(s)}=\dfrac{G(s)}{1+G(s)H(s)}$。

45. (1) 由 $\sigma\%=20$，$t_s=3$ s，得系统的阻尼比 $\zeta=o.46$，自然谐振频率 $\omega_n=2.17$；

(2) 系统的开环传递函数 $G(s)=\dfrac{4.71}{s^2+2s}$；

(3) 系统的上升时间 $t_p=\dfrac{\pi-\varphi}{\omega_n\sqrt{1-\zeta^2}}=1.1$ s；

(4) 系统单位斜坡信号响应的稳态误差 $e_{ss}=\dfrac{1}{K_v}=\dfrac{2}{4.71}=0.42$。

46. (1) 根轨迹在实轴上的分布：$0\to-\infty$；

(2) 根轨迹渐近线的参数：$\varphi_a=\pm60°$，$180°$，$\sigma_a=-\dfrac{2}{3}$；

(3) 计算根轨迹与虚轴的交点：$\omega=\sqrt{5}$，$k=10$，$\pm j\sqrt{5}$；

(4) 绘制根轨迹图。

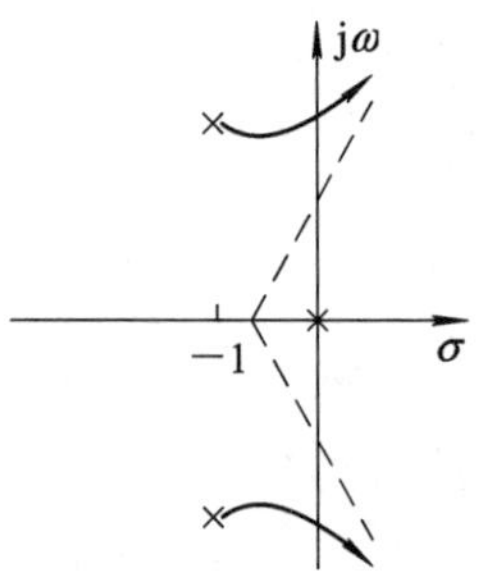

47. (1) 开环传递函数 $G(s)=\dfrac{50(s+1)}{s(10s+1)(0.05s+1)}$；

(2) 开环频率特性 $G(s)=\dfrac{50(j\omega+1)}{j\omega(j10\omega+1)(j0.05\omega+1)}$；

(3) 相位裕度 $\gamma=180^\circ+\varphi(\omega_c)=65.8^\circ$。

48. (1) $-\dfrac{1}{N(A)}$的轨迹：$A=0$，$-\dfrac{1}{N(A)}=-1$；

$$A=\infty，-\frac{1}{N(A)}=-\infty；$$

$G(j\omega)$的奈奎斯特图：起点：-90°，∞；

终点：-270°，0；

交点：$\omega_g=\sqrt{2}$，$G(j\omega)=-1.33$；

系统不稳定。

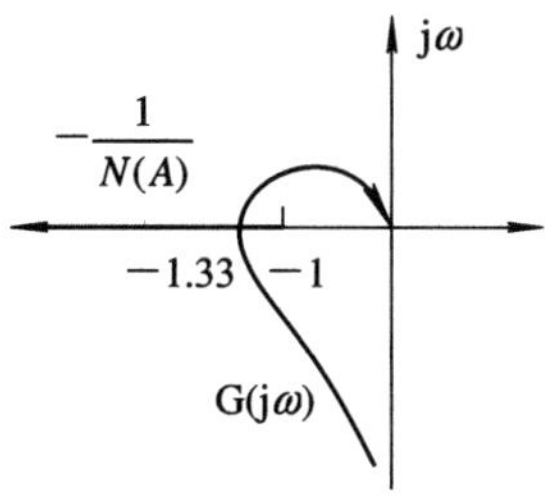

(2) 存在极限环。

极限环的频率：$\omega=\omega_g=\sqrt{2}$ rad/s；

极限环的振幅 A：$-\dfrac{1}{N(A)}=-(\pi A+1)=G(j\omega_g)=-1.33$，$A=0.105$。

参 考 文 献

[1] 孙虎章. 自动控制原理. 北京：中央广播电视大学出版社，1991.

[2] 李春甫. 自动控制原理. 北京：冶金工业出版社，1991.

[3] 沈裕康，等. 自动控制基础. 西安：西安电子科技大学出版社，1986.

[4] 李光泉. 自动控制原理. 北京：机械工业出版社，1989.

[5] 绪方胜彦. 现代控制工程. 中译本. 北京：科学出版社，1976.

[6] 李友善. 自动控制原理. 北京：国防工业出版社，1980.

[7] 刘丁. 自动控制理论. 北京：机械工业出版社，2008.

[8] 王划一. 自动控制原理. 北京：国防工业出版社，2001.

[9] 屈胜利，千博，朱欣志. 考研丛书——自动控制原理辅导. 西安：西安电子科技大学出版社，2003.

[10] 吴麒. 自动控制原理. 北京：清华大学出版社，1992.

[11] 吴麒，王诗宓. 自动控制原理. 2 版. 北京：清华大学出版社，2006.

[12] 高军伟. 自动控制原理习题精解及 MATLAB 实现. 北京：中国电力出版社，2010.

[13] 胡寿松. 自动控制原理. 3 版. 北京：国防工业出版社，1994.